新型微生物水泥

钱春香　张　旋　著

科学出版社

北　京

内 容 简 介

本书系统介绍了微生物矿化在典型建筑材料中的应用基础、作用机制及新型微生物水泥研发与工程应用。全书共 7 章，主要内容包括：典型建筑材料中的理化环境特征及适用矿化微生物的生物学特性，生物碳酸盐水泥、生物磷酸盐水泥、微生物复合水泥、微生物激发钢渣胶凝材料的研发原理与胶凝特性，以及在重金属钝化、扬尘抑制、铺装材料制备方面的工程应用。本书将自然、绿色的微生物矿化现象发展为建筑材料制备技术，为传统土木工程材料绿色化制备提供了新途径。

本书适用于土木工程材料、微生物学、土木工程和环境工程等专业领域的高校师生和科技人员。

图书在版编目（CIP）数据

新型微生物水泥/钱春香，张旋著. —北京：科学出版社，2019.12

ISBN 978-7-03-063493-1

Ⅰ. ①新… Ⅱ. ①钱… ②张… Ⅲ. 微生物－应用－水泥－生产工艺－研究 Ⅳ. ①TQ172.6

中国版本图书馆 CIP 数据核字（2019）第 262175 号

责任编辑：李涪汁 曾佳佳/责任校对：杨聪敏

责任印制：赵 博/封面设计：许 瑞

科学出版社 出版

北京东黄城根北街 16 号

邮政编码：100717

http://www.sciencep.com

北京厚诚则铭印刷科技有限公司印刷

科学出版社发行 各地新华书店经销

*

2019 年 12 月第 一 版 开本：787×1092 1/16

2025 年 6 月第三次印刷 印张：18 3/4

字数：440 000

定价：149.00 元

（如有印装质量问题，我社负责调换）

序　言

在地质演化过程中，微生物的生长代谢与地表矿物的交互作用广泛存在，并控制和诱导了地质历史上大规模碳酸盐矿物的形成。微生物不仅能诱导产生矿物沉淀，而且能控制其微观组成、结构和形貌。微生物矿化是一种天然、绿色的高级复合材料制备过程，将这存在数十亿年的自然现象发展为建筑材料制备技术，是一种大胆有益的尝试。

微生物矿化是一种广泛而复杂的固液相间、有机物间和无机物间的物理化学过程。《新型微生物水泥》一书通过交叉微生物学、材料、环境、岩土、土木等多学科知识，阐明了适用于典型建筑材料环境的多类微生物的生物学特性，研发了五类新型微生物水泥，并揭示了其胶凝特性和胶结机理，对比分析了不同胶结工艺并测试了其微观结构。该书作者及团队立足微生物水泥开展了多项工程应用研究，成功将新型微生物水泥应用于农田、矿区的重金属钝化及建筑工地扬尘治理，制备了高强度、高性能的微生物矿化钢渣建材制品，应用于多地城市道路铺装。相关工作扎实，理论与实际紧密联系。

早在 2004 年，东南大学材料科学与工程学院的钱春香教授率先在国内开始了微生物矿化的理论与技术研究，也是国际上较早、持续时间久、较为系统的研究者之一，研究成果受到了国际同行的广泛认可。该书延伸了微生物矿化在多领域、多学科的应用，是多学科交叉研究的典型代表，是从事相关专业的高校师生及相关领域科研人员的高水平参考书目，我衷心祝贺该书的出版。

中国工程院院士

張耀明

2019 年 9 月

前　　言

微生物是地表分布最广泛的生命形式，其代谢活动对地球矿物的溶解与沉积有重要影响。在一定物理化学条件下，生物有机质控制或诱导溶液离子转变为碳酸盐、磷酸盐、硫化物等固相矿物，该过程即微生物矿化，其形成的有机-无机复合材料具有特殊的高级结构和组装方式，是制造高级复合材料的新思路和途径。本书作者提出“源于自然，高于自然”的理念，加速温和、缓慢、需特定条件的微生物矿化过程转变为高效、节能、环境友好的建筑材料绿色制备技术，提升建筑材料生产和使用过程中的生态性。

本书作者团队在多项国家自然科学基金重点项目、面上项目，省、市科技计划、人才计划、成果转化项目及相关企业合作攻关和国际合作项目等资助下，持续开展了十余年的研究。筛选、驯化获得了多类适用于建筑材料环境的微生物，并阐明了其生物学特性、酶动力学过程及生物矿化结晶机理等。基于微生物矿化研发了五类生态性微生物水泥，并开展了性能和应用技术研究。产品成功应用于建筑工地扬尘治理、市政铺装材料制备、重金属污染土壤修复等。全书共 7 章。

第 1 章研究三类典型建筑材料的理化环境特征，并对筛选的四类矿化微生物进行适应性驯化，同时揭示其生长规律、产酶特性、酶动力学特征、生物矿化结晶成核机理。

第 2 章系统研究菌株种类、阴阳离子对生物碳酸钙矿物特性的影响，开发适用于深层胶结的生物碳酸盐水泥，并研究其胶凝特性，成功胶结不同尺度的砂柱。

第 3 章研究多类生物磷酸盐矿物特性，基于磷酸盐矿化菌开发生物磷酸盐类微生物水泥，对比研究其胶结工艺和产物特征，并阐明其胶结机理。

第 4 章研究生物碳酸盐水泥的氨排放及其固定方法，开发新型复合微生物水泥，对比研究不同胶结工艺及其胶结能力，阐明复合微生物水泥胶结机理。

第 5 章开展微生物水泥应用于矿山、农田等污染土壤的重金属钝化试验及植物种植试验，研究微生物水泥固结砂土的性能和微观结构，并开展针对砂土、粉土、黏土各类建筑工地扬尘抑制及作物生长试验和应用。

第 6 章研究钢渣作为胶凝材料存在的难题，阐明微生物矿化对钢渣中引发安定性问题的游离氧化钙、游离氧化镁的碳化转化动力学过程，揭示微生物对硅酸钙矿物碳化反应的影响规律。

第 7 章开发新型微生物-钢渣胶凝材料，系统研究其固相组成及浆体微观结构，探究微生物矿化钢渣制品的配合比及养护制度，并测试其制品性能、微观结构及体积稳定性，开展微生物-钢渣胶凝材料制品的产业化研究及工程应用。

本书内容由作者指导的研究生在东南大学攻读博士或硕士学位期间完成，他们是詹其伟、伊海赫、於孝牛、王凯、王欣、任立夫、罗勉、成亮、李丽、王瑞兴、王明明、荣辉等。撰写过程中得到张旋、芮雅峰、郝哲昕的大力帮助。

由于微生物矿化技术在土木工程材料领域研究起步较晚，涉及多学科交叉，尚有许多问题需进一步深入研究，加之作者水平有限，书中难免存在不足之处，敬请读者批评指正。

江苏特聘教授
东南大学特聘教授
东南大学绿色建材研究中心主任
中国建材行业微生物技术重点实验室主任
钱春香

2019 年 9 月 20 日

目　录

第 1 章　建筑材料中的微生物矿化基础

微生物矿化作用是指在一定物理化学条件下，生物有机物质控制或影响溶液离子转变为固相矿物的过程。微生物矿化现象是自然界广泛存在的一种作用，具有过程温和、绿色且需特定条件等特点，其形成的有机-无机复合材料具有优越的机械性能，因此，有潜力发展为一种绿色建筑材料制备技术。基于此，本章研究了砂土材料、水泥基材料、钢渣材料等典型建筑材料的理化环境参数。针对三类建筑材料环境，筛选胶质芽孢杆菌、碳酸盐矿化菌、嗜碱芽孢杆菌及磷酸盐矿化菌四类矿化微生物，并探究其生长繁殖规律及影响因素。且针对不同菌株进行特定驯化，例如，对应用于砂土材料的胶质芽孢杆菌进行耐低温驯化，对应用于水泥基材料的碳酸盐矿化菌进行耐碱性驯化。菌株不同，其诱导矿化方式不同，研究不同菌株的微生物产酶机制及酶活性，并进一步探明在微生物酶作用下的溶液离子形成机理及其动力学过程，构建酶促离子反应动力学方程。微生物通过产酶及自身成核加速矿物结晶过程，并进一步影响矿物颗粒形成，其矿化机理一般为诱导矿化机理。

1.1　自然界的微生物矿化

生物矿化是指由生物体通过生物大分子的调控生成无机矿物的过程，与一般矿化的最大区别在于有生物体细胞、代谢产物或有机基质参与，它广泛存在于微生物、植物和动物体内。而地球生物圈中，微生物约占生物总数的 80%，是数量最多、分布最广的生命形式，具有诱导碳酸盐、磷酸盐、硫酸盐、硫化物等矿物沉积的能力，因此微生物矿化是生物矿化的重要形式。微生物在常温常压下利用环境中极其简单常见的组分，通过一系列节能、无污染的过程，对无机晶体的成核、形貌、尺寸等进行调控，合成出结构及性能独特的材料，整个过程绿色、温和，但耗时漫长。

大自然中生物矿物至少已有 35 亿年历史，其种类超过 60 种。它们组成各异，并赋有特定生物学功能。其中，含钙矿物最多，约占生物矿物总数的一半。骨骼、牙齿、贝壳、珍珠等均为生物矿化的典型产物。这些矿物往往在有机质的引导下进行严格并有序的组装，具有人工合成材料无法比拟的优异光学和力学性能。

根据有机质在生物矿化过程中所起的作用，可将生物矿化分为生物诱导矿化和生物控制矿化。微生物诱导矿化的特点是矿物的形成取决于微生物营造的环境，是微生物活动或新陈代谢的副产品，其中微生物的生理活动起到诱导矿化的作用，包括高价硫、氮和金属作为电子受体的异化呼吸作用。

微生物控制矿化的特点在于微生物细胞决定了矿物形成的形态。微生物控制下形成的矿物具有特别的晶体结构、低可溶性、稳定同位素分馏的特点和痕量元素的不均衡。在微生物控制矿化作用中，微生物高度控制矿物颗粒的成核与生长过程，与外界环境无关，如趋磁细菌形成磁铁矿过程及单细胞藻类的二氧化硅沉积等[1]。生物控制矿化往往可以形成具有稳定结构和优质性能的矿化产物，如珍珠层、骨骼、蛋壳等。

1.2 建筑材料中的微生物矿化研究史

1.2.1 砂土中的微生物矿化

在建筑材料中的微生物矿化，迄今研究较多的是砂土和水泥基材料。在砂土中，微生物矿化主要用于深层胶结和浅层胶结两类[2]。

深层胶结主要指地基生态加固。早在1992年，美国南达科他矿业理工学院的Ferris等[3]率先开发了一种新型的固砂工艺，开始将微生物诱导沉积碳酸钙作为胶结剂，成功固结了松散砂体，同时采用计算机辅助断层扫描分析胶结前后的孔隙特征及分布，胶结后孔隙率降低50%以上，呈现出良好的胶结效果。此后，生物碳酸钙在砂土胶结领域的应用得到越来越多的关注和研究。2004年，荷兰代尔夫特理工大学的Whiffin[4]开展了生物碳酸钙胶砂试验，将微生物胶结液注入松散砂体内，得到了抗剪强度可达1.8 MPa、刚度超过250 MPa的微生物矿化胶结砂柱，同时还研究了不同酶活性对胶结体强度的影响；加利福尼亚大学戴维斯分校的Dejong等[5]研究了土壤矿物类型及孔隙溶液浓度对生物碳酸钙胶结砂土的影响，结果表明生物碳酸钙能够胶结富含二氧化硅、碳酸钙、氧化铁等矿物的不同砂土，且孔隙溶液盐度越高，微生物固结砂土效果越显著；仁川大学的Kim等[6]研究了不同类型土壤中的微生物灌浆固结效果，研究表明，相对密实度为60%的砂和相对压实度为90%的粉土中碳酸钙沉积量最高；澳大利亚莫道克大学的Cheng和Cord-Ruwisch[7]采用表面渗流方法原位胶结土壤，通过多层交替方法将菌液、胶结溶液等从砂土表面渗流进入砂体，解释了方解石的形成是改善砂柱力学性能和结构的本质原因，同时也阐述了砂土饱和度、颗粒尺寸对生物方解石胶结体力学性能的影响。

东南大学的钱春香等[8]率先在国内开展微生物水泥的研究，采用微生物方法沉积碳酸钙，根据不同尺度的微生物水泥胶结体的研究，建立了考虑微生物浓度分布的微生物水泥胶结松散砂颗粒数学模型，可以很好地对不同尺寸、不同条件下的胶结体性能进行预测。此外，该课题组[9,10]在微生物矿化研究中还发现了一类磷酸盐矿化微生物，在特定环境中能够诱导出新的矿物，具有与生物碳酸钙类似的胶凝性质。

清华大学的程晓辉等[11]通过少量微生物及营养盐灌浆，几天内即可在砂柱内产生碳酸钙，能够抵抗十多次的加载液化破坏，验证了微生物灌浆加固砂的抗液化性能；西南科技大学的黄琰等[12]通过比较巴斯德芽孢杆菌处理介质前后的质量，应用单因素方法研究了各种条件和环境对微生物诱导方解石沉积的影响。

在浅层胶结研究中，东南大学的钱春香课题组遴选、培育了一类新的微生物，利用二氧化碳矿化沉积具有胶凝作用的碳酸盐矿物，研制出了新型捕碳微生物水泥，适用于扬尘、沙漠治理等浅层固结[13,14]。

除了上述研究，国外新加坡南洋理工大学、美国爱荷华州立大学、印度撒帕尔大学、澳大利亚科廷大学、马来西亚阿卜杜勒拉赫曼大学，国内华东师范大学、山东建筑大学等也在生物碳酸钙的沉积与胶结砂土应用方面开展了大量研究，证明利用微生物诱导沉积碳酸钙技术能够有效改善砂土的工程性质。

1.2.2　水泥基材料中的微生物矿化

微生物矿化在水泥基材料中主要用于表面缺陷修复与裂缝的被动和主动修复[2]。在混凝土裂缝修复中的应用最早于 2001 年由美国南达科他矿业理工学院 Ramachandran 等[15]提出。他们将菌液与砂子混合后作为修补材料填充到混凝土裂缝中，细菌在裂缝中能诱导碳酸钙沉积而封堵裂缝，使混凝土的强度和刚度得到较好恢复。该研究采用一类能够产生脲酶的细菌，脲酶能够将尿素水解为碳酸根离子和铵根离子，然后碳酸根离子与周围溶液中的钙离子反应生成碳酸钙沉淀，在这个过程中细菌同时为碳酸钙的沉积提供了成核位点。比利时根特大学的 Dick 团队[16]利用脲酶菌诱导矿化沉积修复表面开裂的石灰石，经修复后石灰石表面吸水性能大大降低，Dick 认为脲酶菌电负性极高的 ζ 电位和高活性脲酶是控制矿化反应的关键。此外，Tittelboom 等[17]在前人研究基础上，采用硅凝胶作为保护剂固载细菌，在高碱环境下仍能保持较高酶活性。将固载后的细菌与必要的营养物质和合适的钙源混合均匀后注射进混凝土裂缝中，经过适宜的养护，能在裂缝区形成生物矿化物质，随着养护时间的进行，矿化物质起到桥接裂缝的作用，并最终完全修补宽度在 0.3 mm 以下的裂缝。国内，Qian 等[18]选取一种碳酸盐矿化菌，利用其发生的酶化反应分解底物生成 CO_3^{2-}，通过适时引入 Ca^{2+}，将水泥石试件浸泡于菌液和营养液环境中或者涂敷于试件表面，最终在水泥石表面沉积一层致密而坚硬的碳酸钙保护层。此外，通过研究发现细菌活性和 Ca^{2+}浓度是影响矿化沉积的关键[19]。王瑞兴和钱春香[20]还将离心后收集到的菌株湿细胞按一定比例与砂、尿素、琼脂及钙源混合并拌和成浆体，注入水泥石裂缝中。菌株能在适宜的环境下发生酶解，并逐渐在砂粒之间矿化沉积出碳酸钙，最终将砂粒紧密胶结在裂缝内，从而达到裂缝修复的目的。山东建筑大学的侯宏涛[21]对某一地下室渗漏工程进行了现场修复试验研究，将巴氏芽孢杆菌、尿素和钙源的混合溶液通过灌浆法及裂缝表面涂刷法进行裂缝修复，结果表明灌浆后裂缝得到了有效修复。

此外，荷兰代尔夫特理工大学的 Jonkers 和 Schlangen[22]于 2007 年提出了微生物自修复混凝土设计的概念，将耐碱芽孢杆菌和作为其食物的特定底物在拌和时预先埋入混凝土中，一旦混凝土开裂，水分及氧气的进入激活休眠的细菌，经过一系列生物化学反应，将混凝土中预埋的底物代谢转化为碳酸钙矿物，填充裂缝从而实现自修复的目的。该方法同时提出了一个新的途径，即利用细菌的有氧呼吸作用代谢分解有机酸钙，产生碳酸钙沉淀和二氧化碳，在混凝土环境中二氧化碳继续与氢氧化钙反应生成额外的碳酸钙沉淀。国内钱春香课题组在研究混凝土裂缝微生物自修复机理时，选用一类从土壤中提取得到的兼性好氧菌，对细菌在溶液中进行矿化反应试验，证明只有在有氧环境下才能沉积出方解石[23,24]。他们认为，水泥石裂缝中局部 CO_2 的富集与 $Ca(OH)_2$ 反应生成 $CaCO_3$ 才是矿化进行的关键，CO_2 主要由细菌分解底物产生，这与微生物作用底物直接生成 $CaCO_3$ 相比所引发的矿化沉积效果更加显著；他们[25,26]还提出了另一种途径，利用细菌产生的特殊酶解特性有效提高 CO_2 的水合反应，促进 CO_2 向 HCO_3^-的转变，在碱性溶液环境中，HCO_3^-与OH^-快速反应生成CO_3^{2-}，不断螯合环境中的Ca^{2+}生成碳酸钙沉淀。这类细菌的酶解作用效率高，碳酸钙沉积快，而且整个反应过程不产生NH_3或其他污染，具有更优的环境友好性。深圳大学的Zhang等[27]通过高通量方法筛选出一株芽孢杆菌，能够在9.5～11.0的pH范围内维持较高的碳酸钙沉积活性。为了使微生物在氧气受限的条件下也能够具有碳酸钙沉积活性，他们采用过氧化钙和乳酸以9∶1的质量比例制备出受控的氧气释放片，并与细菌芽孢构成二元自修复系统，当与水接触时，受控的氧气释放片能提供稳定的氧气供应，从而提高碳酸钙的沉积速率，有利于混凝土裂缝深处的自修复。

国内外大量研究结果表明，微生物矿化在水泥基材料中的应用是可行的，可以有效增强混凝土裂缝自修复能力，降低裂缝的水渗透性，从而提高混凝土结构的耐久性，降低维护成本。同时，裂缝修复产物为碳酸钙矿物，具有较好的环境友好性。

1.2.3 钢渣胶凝材料中的微生物矿化

钢渣作为炼钢过程中的副产物，排放量巨大，且长期以来未得到有效利用。堆积的巨量钢渣不仅占用大量有限的土地资源，污染环境，同时也是一种巨大的资源浪费。一方面，钢渣中含有部分胶凝矿物，可用于制备建材制品，但钢渣中的胶凝矿物活性较低，导致钢渣水化速率较慢，难以高效利用；另一方面，钢渣中存在含量较高的游离氧化钙与游离氧化镁，潜在的安定性问题使其作为建材使用存在严重安全问题。由于钢渣中富含的钙镁矿物具有与CO_2反应生成稳定的$CaCO_3$、$MgCO_3$的潜力，理论上符合CO_2矿化对原料的要求，发展前景乐观，但是目前碳化养护的钢渣胶凝材料制品生产工艺要求严苛、成本相对较高，体积稳定性问题仍未能完全解决。

东南大学钱春香课题组针对目前钢渣应用过程中存在的问题，在国内外率先提出利用微生物矿化技术制备钢渣胶凝材料的方法，加速了钢渣中钙镁矿物的离子溶出速率，并将其矿化为具有胶凝性的生物碳酸盐，解决了游离氧化钙、游离氧化镁引起的钢渣体积稳定性不良问题，实现了钢渣中钙、镁的稳定高效利用[28-30]。

1.3 几种典型建筑材料中的微生物矿化条件

1.3.1 建筑材料中微生物矿化的理化环境参数

(1) pH

在碳酸钙的结晶过程中，pH对生长速率有显著的影响。因此，pH是影响微生物矿化的重要因素[2]。

采用四分法选取不同类型的土壤、水泥试块、钢渣制品碾碎颗粒，全部通过2 mm孔径的筛孔。称取(10±0.1) g试样并置于50 mL的烧杯中，加入25 mL去离子水，密封后用振荡机或搅拌器，剧烈振荡或搅拌5 min，然后静置1～3 h。充分搅拌试样溶液后，将pH计电极插入试样溶液中，待pH计读数稳定后读取pH数值，并保留一位小数，连续测量三次求取平均值，两次独立测定结果的绝对值之差不大于0.1。三类建筑材料样品的 pH 如图 1-1 所示，土壤环境偏中性，pH 在 7.0～7.5；水泥基材料和钢渣胶凝材料都为强碱性，由于水泥基材料在水化和矿化过程中氢氧化钙含量变化较大，pH 范围较大，为 10.0～13.0；钢渣胶凝材料的水化相较于水泥基材料较弱，体系的氢氧化钙数量也更少，所以钢渣胶凝材料的 pH 变化范围和数值都更小，在 11.5～12.5。综上分析，上述建筑材料环境中的 pH 范围较宽，从中性到强碱性。

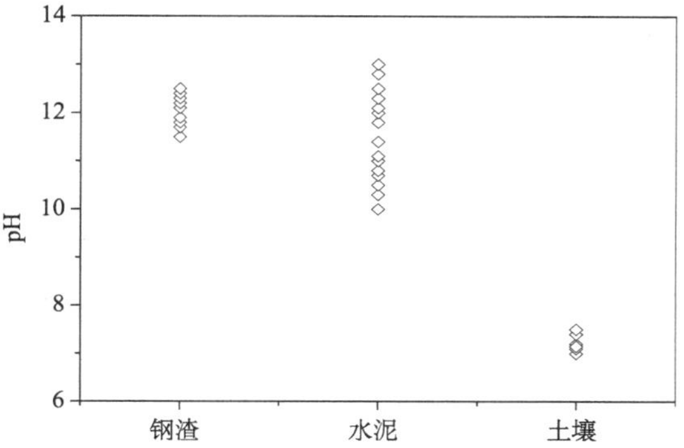

图 1-1　三类建筑材料样品的 pH 范围

(2) Ca^{2+}浓度

溶液中 Ca^{2+}浓度对碳酸钙的晶型和形貌会产生一定的影响。采用(1)中相同方法获得溶液试样，用中速滤纸过滤，用水充分洗涤，滤液和洗涤液一并收集于 250 mL 容量瓶中，用水稀释至刻度，摇匀。

用三乙醇胺掩蔽少量的 Fe^{3+}、Al^{3+}、Mn^{2+}等，采用羧酸钠盐指示剂，用乙二胺四乙酸二钠标准滴定溶液滴定 Ca^{2+}，过量的乙二胺四乙酸二钠与指示剂络合 Ca^{2+}，游离出指示剂，根据颜色变化判断反应终点，计算 Ca^{2+}含量。三类建筑材料中的 Ca^{2+}浓度如图 1-2 所示，土壤中 Ca^{2+}浓度为 1.0～3.0 mmol/L，水泥基材料中为 2.0～10.0 mmol/L；然而，钢渣胶凝材料中若外加石灰组分，Ca^{2+}浓度则高达 33.0～50.0 mmol/L。综上分析，三类建筑材料中的 Ca^{2+}浓度位于 1.0～50.0 mmol/L。

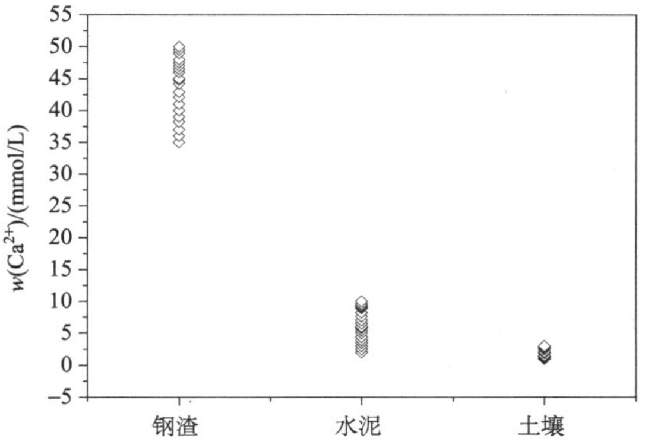

图 1-2　三类建筑材料中的 Ca^{2+}浓度范围

(3) Ca^{2+}/Mg^{2+}比值

在碳酸钙结晶过程中，Ca^{2+}/Mg^{2+}比值对方解石晶型有抑制作用，促进文石形成并使晶须趋于细化。因此，Ca^{2+}/Mg^{2+}比值是影响矿化的重要因素之一。

建筑材料环境复杂，为了便于分析和比较，采用统一的方法来表征不同建筑材料环境中的 Ca^{2+}/Mg^{2+}比值。采用中和滴定法，分别滴定 Ca^{2+}浓度和 Mg^{2+}浓度，然后计算Ca^{2+}/Mg^{2+}比值。Mg^{2+}浓度滴定的制样方法和Ca^{2+}浓度滴定一致，用三乙醇胺掩蔽少量的Fe^{3+}、Al^{3+}、Mn^{2+}等，以铬黑 T 为指示剂，用乙二胺四乙酸二钠标准滴定溶液滴定钙镁含量，根据颜色变化判断反应的终点。从中减去 Ca^{2+}含量，计算 Mg^{2+}的含量，再计算Ca^{2+}/Mg^{2+}比值。不同建筑材料环境中的Ca^{2+}/Mg^{2+}比值如图 1-3 所示。从图中可知，建筑材料环境中Ca^{2+}/Mg^{2+}比值位于 1∶1～10∶1。在钢渣胶凝材料环境中，Ca^{2+}/Mg^{2+}比值较大，范围较广；在土壤环境中，Ca^{2+}和 Mg^{2+}含量较低，但是比值范围较大；在水泥基材料环境中，Ca^{2+}/Mg^{2+}比值则较小。综上分析，典型建筑材料环境中的 Ca^{2+}/Mg^{2+}比值在 1∶1～10∶1。

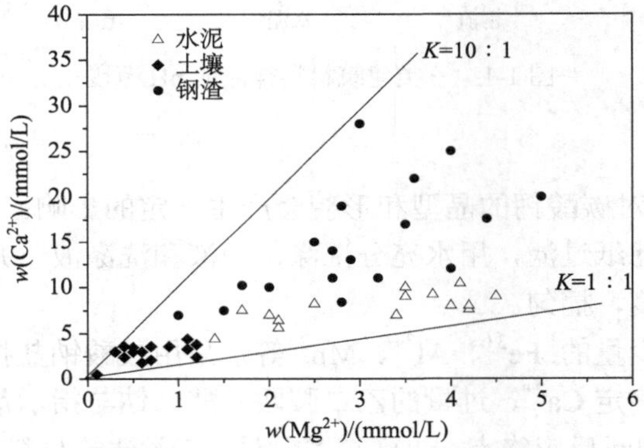

图 1-3　不同建筑材料环境中的Ca^{2+}/Mg^{2+}比值(K)范围

(4) 阴离子种类

在碳酸钙结晶过程中，阴离子种类会对碳酸钙晶体的形貌和晶体尺寸产生一定的影响。

建筑材料环境复杂，为了便于分析和比较，采用统一的方法来表征不同建筑材料环境中的阴离子浓度。采用四分法选取不同类型的土壤、水泥试块、钢渣制品碾碎颗粒，全部通过 2 mm 孔径的试验筛，过筛后的试样备用。称取(20.00±0.01) g 干燥至质量恒定的试样，置于 200 mL 烧杯中，并加入 100 mL 去离子水。将容器密封后，用振荡机或搅拌器，剧烈振荡或搅拌 5 min，然后静置 1～3 h，盖好表面皿后放到带石棉网的试验电炉或其他加热装置上煮沸 5 min，停止加热，静置冷却至室温，以快速定量滤纸过滤，获取滤液。精确移取滤液 20 mL，置于三角烧瓶中，加两滴酚酞作为指示剂，再用硝酸溶液中和至刚好无色，调整滤液 pH 至 7～10。滴定前向滤液中加入 10 滴铬酸钾指示剂，然后用硝酸银标准溶液滴至略带桃红色的黄色不消失，终点的颜色必须保持一致，记录滤液消耗的硝酸银标准溶液体积。计算 Cl^-浓度。不同建筑材料环境中的 Cl^-浓度如图 1-4

所示。水泥基材料、钢渣胶凝材料和土壤中的Cl^-含量均较低，数值在 0.015～0.04 mmol/L。

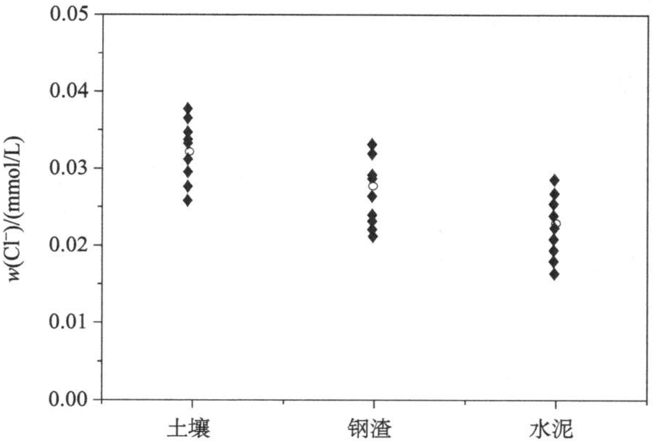

图 1-4　不同建筑材料中的Cl^-浓度范围

用四分法选取不同类型的土壤、水泥试块、钢渣制品碾碎颗粒，全部通过 2 mm 孔径的试验筛，过筛后的试样备用。称取(20.00±0.01) g 干燥至质量恒定的试样，置于 200 mL 烧杯中，并加入 100 mL 去离子水。将容器密封后，用振荡机或搅拌器，剧烈振荡或搅拌 5 min，然后静置 1～3 h。充分搅拌试样溶液后，用中速滤纸过滤，取 50 mL 滤液至 50 mL 比色管中，加 1 mL 盐酸溶液酸化。分别吸取硝酸盐氮标准使用溶液于 50 mL 比色管中，配成硝酸盐氮标准系列，用纯水稀释至 50 mL，各加 1 mL 盐酸溶液。用纯水调节仪器吸光度为 0，分别在 220 nm 和 275 nm 波长测量吸光度。在标准及样品的 220 nm 波长吸光度中减去 2 倍于 275 nm 波长的吸光度，绘制标准曲线和在曲线上直接读出样品的NO_3^-浓度。不同建筑材料环境中的NO_3^-浓度如图 1-5 所示。从图中可知，水泥基材料和钢渣胶凝材料中的NO_3^-浓度均较低，在 0.01～0.025 mmol/L；土壤环境中的NO_3^-浓度相比前两种要高很多，在 0.035～0.048 mmol/L。

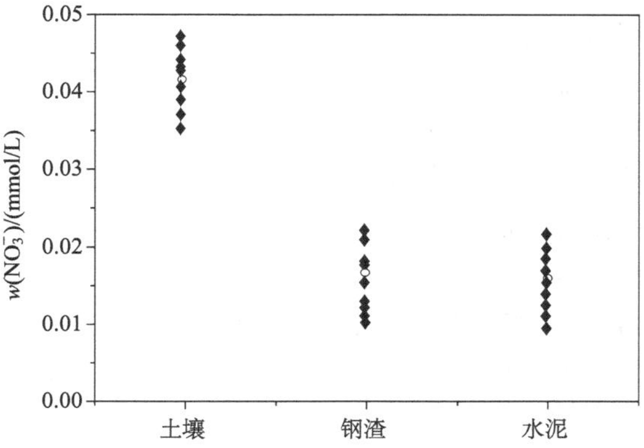

图 1-5　不同建筑材料环境中的NO_3^-浓度范围

此外，建筑材料中的阴离子类型还有SO_4^{2-}、CH_3COO^-等，但因为含量较低或对碳酸钙基本不产生影响，可以不进行测量或忽略不计。综上分析，三类典型建筑材料中的阴离子种类较多。

1.3.2 三种典型建筑材料矿化环境的模拟

土壤材料、水泥基材料和钢渣胶凝材料矿化环境复杂，生成的产物难以分析。为了便于系统比较不同建筑材料中微生物矿化碳酸钙特性的区别，配制出三种典型建筑材料的矿化环境模拟溶液，通过微生物矿化形成碳酸钙。结合三种典型建筑材料矿化环境因素的分析，土壤环境的模拟溶液如表 1-1 所示，水泥基材料环境的模拟溶液如表 1-2 所示，钢渣胶凝材料环境的模拟溶液如表 1-3 所示。

表 1-1 土壤环境的模拟溶液

离子种类	K^+	Ca^{2+}	Mg^{2+}	Na^+	Mn^{2+}	Fe^{2+}	pH
浓度/(mmol/L)	0.1212	0.1547	0.0922	0.1632	0.0029	0.0012	7.3

表 1-2 水泥基材料环境的模拟溶液

离子种类	$Ca(OH)_2$	NaOH	KOH	K_2SO_4	pH
浓度/(mmol/L)	0.005	0.2	0.54	0.003	13.0

表 1-3 钢渣胶凝材料环境的模拟溶液

离子种类	$Ca(OH)_2$	NaOH	$MgCl_2$	CH_3COONa	pH
浓度/(mmol/L)	0.04	0.1	0.005	0.003	12.5

1.4 胶质芽孢杆菌在建筑材料中的生长与驯化

1.4.1 芽孢的萌发

芽孢折光性高，而萌发后营养体折光性下降，萌发后菌液吸光度与芽孢萌发率成反比，直至萌发率达到 100%，吸光度降低到初始值的 50%左右。根据这一原理，可通过测定芽孢萌发前后菌液吸光度的变化来表征芽孢的萌发率。由于微生物菌属和环境条件不同，微生物芽孢萌发后菌液吸光度与芽孢萌发率之间的关系存在一定的差异，采用该方法测量芽孢萌发率的精度较低[31]。

另一种方法是倒置显微镜法。根据芽孢萌发前后折光性的差异，芽孢、营养体在倒置相差显微镜中分别为亮点和暗点，通过计数的方法可以快速准确地测量芽孢萌发率。将试管和移液管放入高温蒸汽灭菌锅，设定温度为 121℃、压力为 0.1 MPa，持续灭菌 25 min，灭菌后置于无菌操作台中自然冷却；在无菌操作台中，用移液管将微生物芽孢悬浮液移入三角瓶中，采用振荡培养箱培养，设定培养温度为 30℃、振荡频率为 170 r/min、培养时间为 120 min。采用倒置显微镜分析得到的微生物不同萌发阶段的芽孢、营养体分布情况如图 1-6 所示。

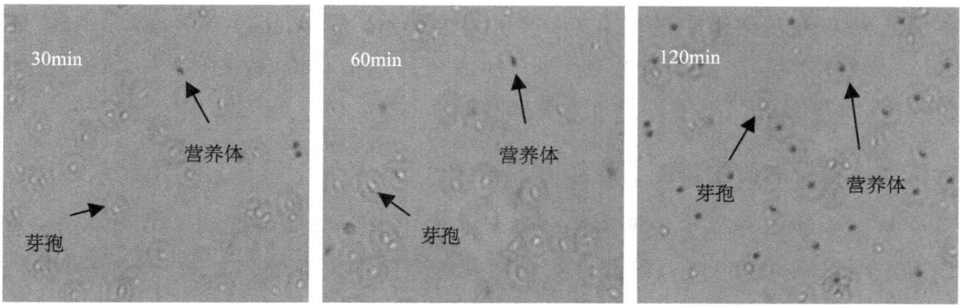

图 1-6　不同萌发阶段的芽孢、营养体分布情况

1.4.2　胶质芽孢杆菌生长特性

调节培养基初始 pH 为 7，将菌种接种到液体培养基，每隔 2 h 测量培养菌液的光密度以反映细菌数量，绘制细菌生长曲线如图 1-7 所示。

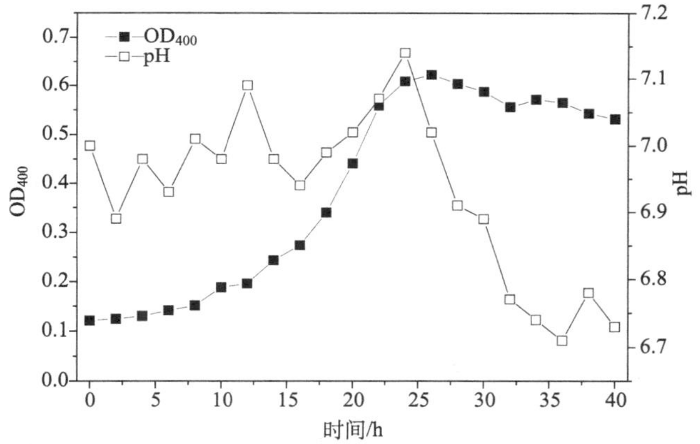

图 1-7　胶质芽孢杆菌生长特性

由图 1-7 可知，在 0～8 h，细菌生长处于延迟期，由于细菌刚刚接种到培养基上，其代谢系统需要适应新的环境，此时期光密度(OD_{400})无太大变化；进入 10 h 后，OD_{400} 快速增大并达到较高程度，在 10～22 h，细菌生长处于对数期，此时期生长最快，代谢旺盛；在 24～28 h，此时期由于营养消耗、营养物比例失调、有害代谢产物累积等因素，细菌数目保持相对稳定，生长进入稳定期，此时期总细菌数达到最高水平，细胞代谢产物积累达到最高峰；28 h 以后，OD_{400} 开始缓慢下降，细菌生长进入衰亡期，细菌死亡速度大于新生速度，细菌数目呈现负增长。

胶质芽孢杆菌培养过程中培养液 pH 总体呈下降趋势，最低 pH 为 6.7。培养液 pH 变化主要受两方面影响：①CO_2 的吸收溶解；②培养基中 $CaCO_3$ 的溶蚀；前者将酸化培养基溶液，后者将碱化培养基溶液。在前 16 h，由于细菌生长主要处于延迟期和对数前期，菌体数目和酶量增长较慢，pH 呈无规律的上下波动；随着培养时间的进行，细菌生长进入对数期后期和稳定期，期间培养液中菌体数量逐渐增大，酶量积累达到最高峰，酶活性强，对培养基溶液中的 $CaCO_3$ 产生溶蚀现象，即 $CaCO_3$ 结合溶液中的 H^+形成 $CaHCO_3$，导致培养基溶液 pH 逐渐升高；但当培养基中 $CaCO_3$ 量减少后，CO_2 的吸收溶解将快于 $CaCO_3$ 的溶蚀，培养基 pH 再次降低。

1.4.3 碳源、氮源对微生物生长的作用

首先从微生物营养体生长所需的碳源、氮源出发，遴选了蔗糖、牛肉浸膏、葡萄糖及蛋白胨，用量均为 15 g/L，碳源、氮源种类对微生物营养体生长的影响如图 1-8 所示。蔗糖、牛肉浸膏、葡萄糖及蛋白胨均不同程度地促进了微生物的生长，提高了微生物营养体生长繁殖效率；与对照试验(未加营养物质)相比，微生物菌液 OD_{400} 分别提高了 37.3%、15.7%、27.5%、7.8%，蔗糖的促进作用最为明显，葡萄糖次之，牛肉浸膏和蛋白胨效果较差。

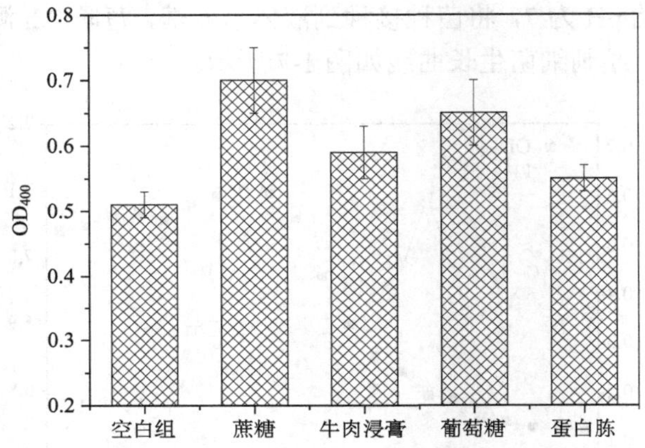

图 1-8 碳源、氮源种类对胶质芽孢杆菌生长的影响

蔗糖用量对微生物营养体生长的影响如图 1-9 所示，当蔗糖用量低于 10 g/L 时，随着蔗糖用量的增加，微生物营养体生长繁殖效率逐步提高，蔗糖用量成为微生物生长的

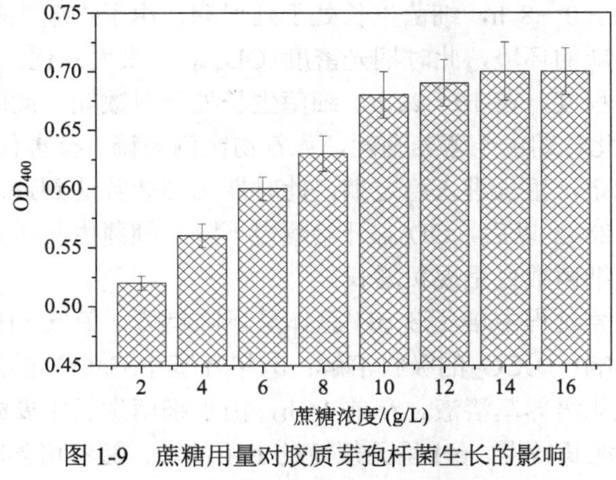

图 1-9 蔗糖用量对胶质芽孢杆菌生长的影响

促进因素；当蔗糖用量高于 10 g/L 时，随着蔗糖用量的增加，微生物菌液 OD_{400} 基本保持不变，微生物营养体生长繁殖效率提升不明显。

1.4.4　无机盐对微生物生长的作用

无机盐是微生物生长不可或缺的营养物质，是构成细胞和酶的重要组成部分，能够维持酶的活性，调节细胞的渗透压、离子浓度和氧化还原电位。采用磷酸二氢钠、氯化锌、硫酸铵、氯化钾、硫酸镁作为影响微生物生长的无机盐，用量均为 0.5 g/L，同时蔗糖用量为 10 g/L，无机盐对微生物生长的影响如图 1-10 所示，磷酸二氢钠、氯化钾不能促进微生物生长，磷酸二氢钠在一定程度上起到抑制作用；氯化锌、硫酸镁、硫酸铵均能促进微生物生长，氯化锌的促进作用最为显著。

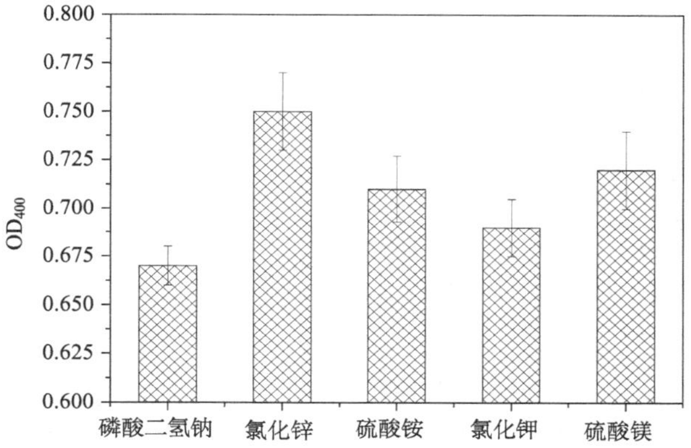

图 1-10　无机盐种类对胶质芽孢杆菌生长的影响

氯化锌用量对微生物生长的影响如图 1-11 所示，随着氯化锌用量的增加，微生物菌液 OD_{400} 先增大后减小。当氯化锌用量为 0.5 g/L 时，微生物菌液 OD_{400} 最高为 0.750；当氯化锌用量低于 0.5 g/L 时，氯化锌用量是微生物生长的促进因素，用量越大、微生物生长越好；当氯化锌用量高于 0.5 g/L 时，随着用量的增加，微生物生长趋势明显下降。

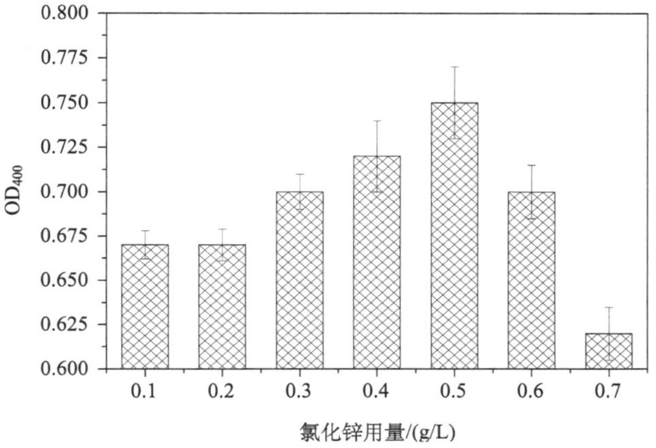

图 1-11　氯化锌用量对胶质芽孢杆菌生长的影响

1.4.5 生长因子对微生物生长的作用

微生物本身不能通过碳源、氮源合成有机物质，需要额外少量添加才能满足生长需要，称为生长因子。比较维生素、酵母提取物、氨基酸、碱基及固醇几种生长因子，用量均为 0.2 g/L，同时蔗糖用量为 10 g/L、氯化锌用量为 0.5 g/L，其对胶质芽孢杆菌生长的影响如图 1-12 所示，酵母提取物、氨基酸作为生长因子时，微生物生长促进作用较为明显，其中酵母提取物效果最佳。酵母提取物是采用自溶、酶解、分离、浓缩等现代生物高新技术，将酵母细胞内的蛋白质、核酸等进行降解后精制而成，主要成分为多肽、氨基酸、核苷酸、维生素及微量元素。由此可见，酵母提取物是多类生长因子的综合体，是微生物生长较为理想的营养物质。

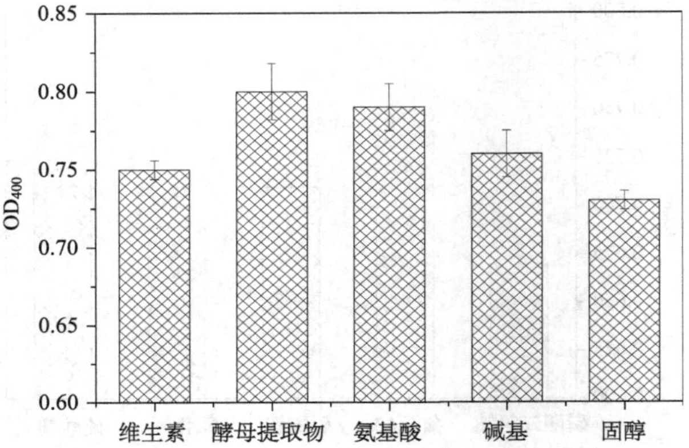

图 1-12　生长因子对胶质芽孢杆菌生长的影响

酵母提取物用量对胶质芽孢杆菌生长的影响如图 1-13 所示，当用量低于 0.3 g/L 时，随着用量的增加，微生物菌液 OD_{400} 逐步增大；当用量高于 0.3 g/L 时，随着用量的增加，微生物菌液 OD_{400} 基本保持不变。

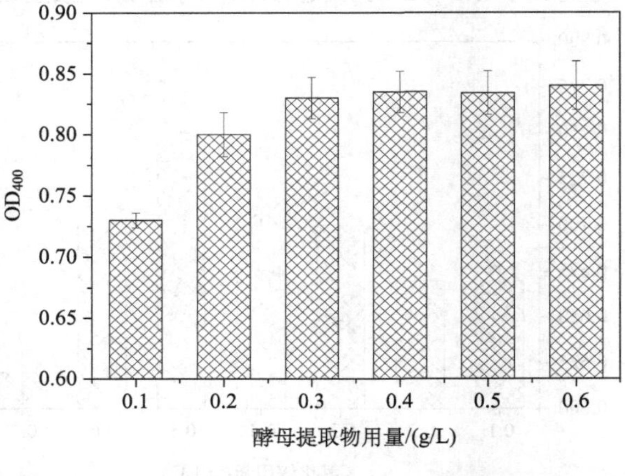

图 1-13　酵母提取物用量对胶质芽孢杆菌生长的影响

1.4.6　微生物的生长与消亡

通过改善芽孢萌发、营养体细菌生长，显著提高了微生物芽孢萌发率和营养体生长繁殖效率，可有效减少微生物在实际应用中的用量、降低微生物使用成本，有利于大规模推广应用。采取一定改善措施后，微生物生长繁殖情况如图 1-14 所示，微生物数量如图 1-15 所示。

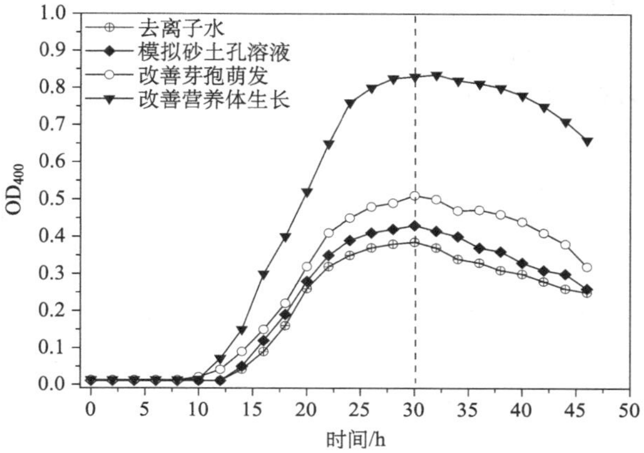

图 1-14　改善芽孢萌发、营养体细菌生长后微生物生长繁殖情况

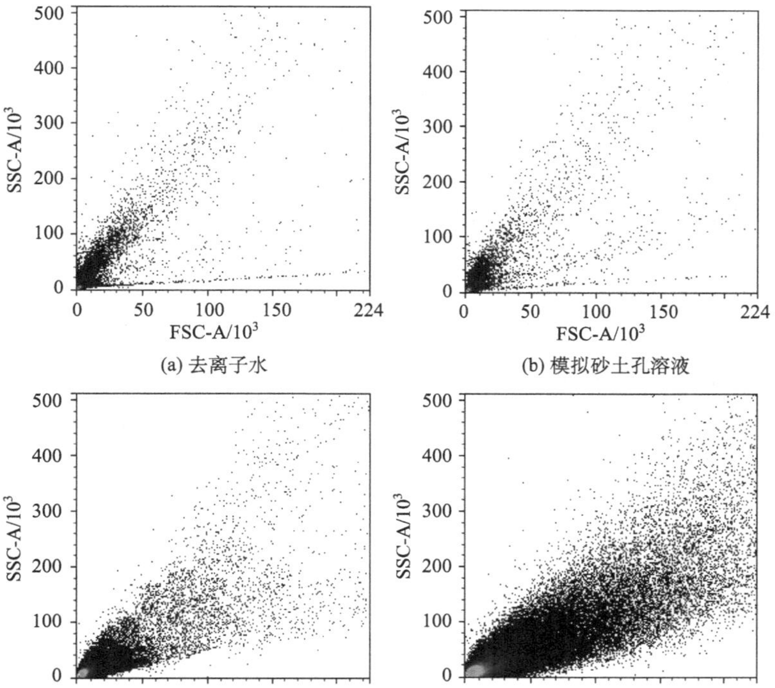

图 1-15　改善芽孢萌发、营养体细菌生长后微生物数量

由图 1-14 可知，在 30 h 微生物芽孢在去离子水、模拟砂土孔溶液中生长情况存在差异，菌液 OD_{400} 分别为 0.38、0.43；与去离子水中相比，微生物在模拟砂土孔溶液中生长繁殖效率略高，主要原因是土壤中的有机质充当了微生物的“食物”，同时表明砂土环境有利于微生物的生长。改善微生物芽孢萌发后，营养体在模拟砂土孔溶液中生长繁殖效率有所提高，菌液 OD_{400} 由 0.43 上升到 0.51。尽管如此，微生物生长繁殖效率仍处于一个较低的水平，单单用提高微生物芽孢萌发率来促进微生物生长繁殖是不够的。通过改善微生物营养体生长后，在模拟砂土孔溶液中生长繁殖效率进一步提高，菌液 OD_{400} 增至 0.83，提高 93.0%左右。采用流式细胞仪测量微生物数量(图 1-15)，在去离子水、模拟砂土孔溶液、改善芽孢萌发、改善营养体生长四种情况下，微生物数量峰值分别为 1.73×10^9 CFU/mL、1.96×10^9 CFU/mL、2.36×10^9 CFU/mL 和 3.96×10^9 CFU/mL；与去离子水中相比，模拟砂土孔溶液中微生物数量有所增长，再次表明砂土环境有利于微生物生长；通过改善芽孢萌发、营养体生长，微生物数量显著上升，分别增加 20.4%、102.0%。

由图 1-14 还可知，微生物生长繁殖过程经历了延迟期、对数期、稳定期及衰亡期四个时期。在 0～10 h，微生物生长处于延迟期；在 10～25 h，微生物生长处于对数期，生长速率最快、代谢旺盛；在 25～35 h，微生物生长处于稳定期，活细菌数保持相对稳定，总细菌数达到最高水平；在 35 h 之后，微生物生长步入衰亡期，细菌死亡速度大于新生成的速度，整个群体出现负增长。

1.4.7 耐低温胶质芽孢杆菌特性

微生物酶活性对环境温度的敏感性强，低温环境严重制约了酶活性，而矿化沉积过程是以酶活性为基础的，高效的酶活性是微生物矿化的关键因素之一。围绕低温环境下提高微生物的酶活性，国内外学者开展了大量研究。温度梯度驯化的方法可有效提高低温环境下的微生物酶活性，但该方法不能从根本上解决问题，筛选、培育耐低温的微生物成为唯一有效的途径。耐低温微生物是指在低温环境下仍具有生长能力的微生物，具有独特的生理机制及特殊的代谢产物。耐低温微生物被细分为两类：一类是嗜冷菌，另一类是耐冷菌。嗜冷菌是指必须生存在低温条件下，对热敏感的微生物；耐冷菌是指能在低温条件下生长，最高生长温度不超过 20 ℃的微生物。

本书筛选了一类耐冷菌，它们是好氧、产芽孢的细菌，为椭圆状或柱状，革兰氏阳性。采用的培养基组成见表 1-4。

表 1-4 培养基组成

营养物质	质量/g	主要作用
蛋白胨	10.0	氮源、碳源
牛肉浸膏	3.0	氮源、碳源、无机盐
NaCl	4.5	无机盐
琼脂	12.0	固体培养基
$FeCl_2$	0.1	无机盐
去离子水	1000	水

按照表 1-4 的培养基组成配制液体培养基，通过氢氧化钠溶液或稀盐酸溶液将液体培养基的 pH 调节至 7.0 左右；将 1000 mL 液体培养基平均分装于 10 个容积为 250 mL 的三角瓶中，采用纱布密封三角瓶瓶口；将 10 个三角瓶和移液管放入高温蒸汽灭菌锅，设定温度为 121℃、压力为 0.1 MPa，持续灭菌 25 min，灭菌后置于无菌操作台中自然冷却；在无菌操作台中，用 75%的酒精脱脂棉对安瓿外表面进行消毒后，用酒精灯加热其顶端，滴少量无菌水至加热的安瓿顶端使之破裂(应避免过多的水蒸气影响菌种的复活)，用锉刀或镊子敲下已经破裂的安瓿顶端；采用移液枪吸取 1.0 mL 灭菌后的培养基滴入安瓿内，轻轻振荡，使冻干菌体溶解呈悬浮状，并将菌体悬浮液均匀分装在两个三角瓶中培养；采用振荡培养箱培养，设定培养温度为 20℃、振荡频率为 170 r/min；由于菌种经过冷冻干燥保存后，延迟期较长，需要较长的培养时间或连续两次及以上的继代培养，以保证稳定性。

选取第 3 代的耐低温微生物 3 mL 在无菌环境下接种于 200 mL 的培养基中，采用振荡培养箱培养(培养温度为 20℃、振荡频率为 170 r/min)，每隔 4 h 测量微生物菌液的 OD_{400}，同时测定菌液 pH，通过微生物浓度随时间变化来表征微生物生长繁殖规律。

微生物在适宜的环境条件下，不断地吸收营养物质，并按照自己的代谢方式进行代谢活动，随着细胞质的量不断增加，体积增大，即表现为生长。简单地说，生长就是有机体的细胞组分与结构在量方面的增加。当细胞生长到一定程度时，就以二分裂方式，形成两个基本相似的子细胞，子细胞又重复以上过程。在单细胞微生物中，细胞分裂而引起的个体数目的增加，称为繁殖。在一般情况下，当环境条件适合时，生长与繁殖始终是交替进行的。耐低温微生物的生长繁殖如图 1-16 所示。

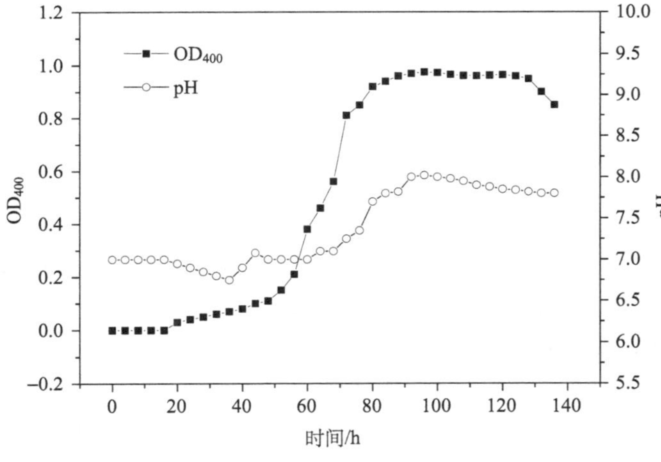

图 1-16　耐低温微生物生长曲线及菌液 pH 变化

由图 1-16 可知，耐低温微生物的生长繁殖过程也经历了四个时期，分别为延迟期、对数期、稳定期及衰亡期。在 0～50 h，微生物生长处于延迟期，生长速率几乎为零，表明微生物在培养初期并未立即繁殖，原因是微生物刚刚接种到培养基中，其代谢系统需要适应新的环境，所以此时期的微生物数目没有增加；在 50～80 h，微生物生长处于对数期，生长速率最快、代谢旺盛、酶系活跃、活细菌数和总细菌数大致接近，原因是经过延迟期的调整、准备，微生物适应了新的环境，同时为此时期的微生物生长提供了足够的物质基础；在 80～120 h，微生物生长处于稳定期，活细菌数保持相对稳定，总细菌数达到最高水平，细胞代谢产物积累达到最高峰；在 120 h 之后，微生物生长步入衰亡期，由于营养物质的消耗、有害代谢产物的积累等，细菌死亡速度大于新生成的速度，同时伴随细胞自溶现象，整个群体出现负增长。

微生物菌液 pH 总体变化呈现上升趋势，在微生物生长的延迟期，pH 较稳定，为 7.0 左右；进入微生物生长对数期，由于微生物的大量繁殖、CO_2 的吸收溶解，微生物菌液 pH 稳步上升，由 7.0 上升到 8.1 左右；在微生物生长的稳定期，细菌数最大并保持相对稳定，酶的量积累达到最高峰，酶活性强，pH 维持在 8.0 左右。

1.5 碳酸盐矿化菌的生长与驯化

1.5.1 碳酸盐矿化菌的生长特性

几种已知碳酸盐矿化菌的生长繁殖条件、好氧情况及对人体是否具有毒害作用等列于表 1-5[32]。

表 1-5 几种碳酸盐矿化菌特性比较

细菌	活性	最适 pH	好氧情况	毒性
碳酸盐矿化菌	高	嗜碱	微需氧	无毒
巴氏生孢八叠球菌	高	嗜碱	好氧	无毒
变形杆菌	中	中性	好氧	低毒
奇异变形杆菌	中	中性	好氧	中毒
幽门螺杆菌	高	嗜酸	好氧	高毒
脲解支原体	高	中性	好氧	中毒

以碳酸盐矿化菌为例，采用平板菌落计数法和比浊法结合测定其生长繁殖特性。将培养菌液的光密度(OD)分别与平板计数结果和培养细胞湿重、干重相对应，建立线性相关标定曲线，简化对微生物培养生长量的实时观测。

菌液中细胞浓度与其 OD 呈线性相关，采用分光光度计测定其 OD，再对照标定曲线即可求出菌液绝对浓度。此计数方法简单快捷，但是由于光密度除了受菌体浓度影响，还受细胞大小、形态、培养液成分及所采用的光波长等因素的影响，因此对于不同微生物的菌悬液进行光电比浊计数时，应采用相同的菌株和培养条件制作标定曲线。

将菌株碳酸盐矿化菌接种至 LB 培养基中，摇床 30℃振荡培养(振荡频率为 170 r/min)，24 h 内于不同时间取 8 次样，获得 8 种不同菌液浓度，分别于 600 nm 处测菌液 OD。同时将离心管提前烘干称重，各取 40 mL 上述不同浓度菌液离心(10000 r/min、10 min)，收集菌体，用滤纸吸干离心管表面水分称重，差量法确定细胞湿重，然后鼓风干燥机 24 h 烘干称重，差量法确定干重。最后将各浓度待测菌液分别做 10^{-1}、10^{-2}、10^{-3}、

10^{-4}、10^{-5}、10^{-6}、10^{-7}逐级稀释，将10^{-7}稀释度的稀释液取 1 mL 与熔化并冷却至 45℃左右的琼脂培养基一起倾入无菌平板中摇匀，培养。采用全自动菌落分析仪，根据 48 h 后平板上出现的菌落数(图 1-17、图 1-18)推算出原菌液所含活菌数，再按稀释比例计算出原菌液绝对浓度。将所测菌液绝对浓度、细胞湿重、细胞干重分别和菌液 OD 绘制标定曲线。

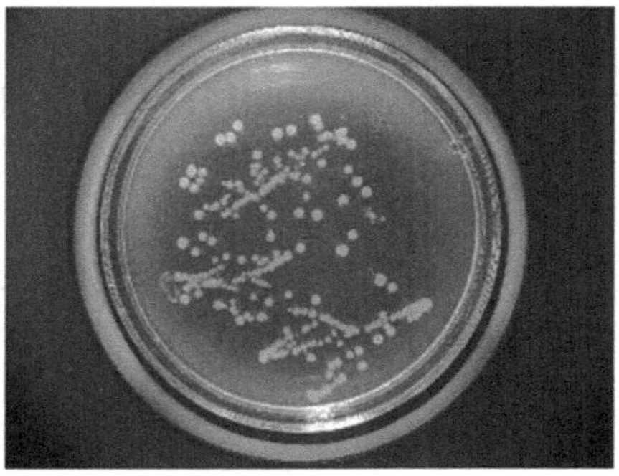

图 1-17　碳酸盐矿化菌菌落图

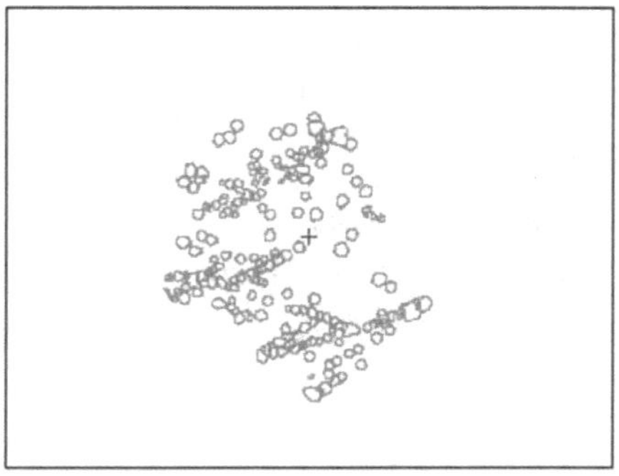

图 1-18　碳酸盐矿化菌菌落分析图

通过测定菌液 OD 分析菌株接种后的群体生长繁殖规律。取 2 mL 碳酸盐矿化菌的过夜培养液(培养 24 h)接种于盛有 200 mL 的 LB 培养基的三角瓶内，置摇床 30℃振荡培养(振荡频率为 170 r/min)，分别在培养的不同时间取出 3 mL 培养菌液，记录时间，放冰箱中储存，剩余的培养菌液置 30℃继续振荡培养。以未接种的培养基作空白对照，选用 600 nm 波长进行光电比浊测定，从取出的培养液开始依次测定菌液 OD，绘制碳酸盐矿化菌的生长曲线，如图 1-19 所示。

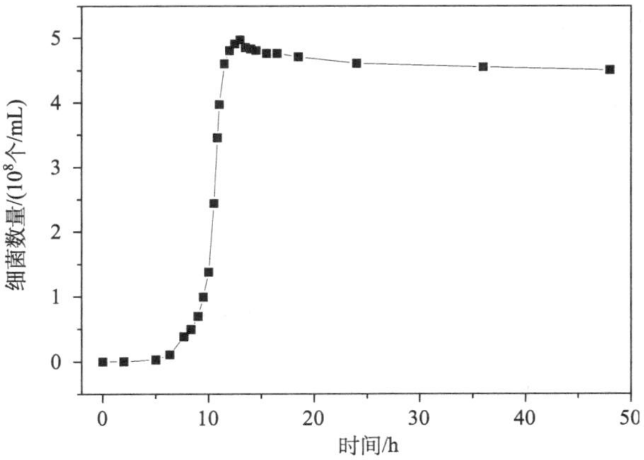

图 1-19　碳酸盐矿化菌的群体生长曲线

碳酸盐矿化菌接种至均匀的液体培养基后以二分裂繁殖，即细胞核首先进行有丝分裂，然后细胞质通过胞质分裂而分开，从而形成两个相同的个体，分裂后的子细胞都具有生存能力。由图 1-19 可知，碳酸盐矿化菌接种到培养基后并没有立即繁殖，7 h 内细胞数几乎保持不变，细胞分裂迟缓，代谢活跃，处于延迟期。7 h 之后，菌株碳酸盐矿化菌细胞经过延迟期的调整，进入快速分裂阶段，细菌数按几何级数增加，细胞代谢活性达到最强，酶活力高而稳定，组成新细胞物质最快，生长速率最大，至 13 h 达到其繁殖最高峰。之后随着营养物质的消耗、有害代谢产物的积累，细胞分裂速率降低，代谢活力减退，新增殖的细菌与死亡的逐渐趋于相等，两者处于动态平衡，生长速率趋于零，处于稳定期。24 h 之后，细菌死亡速率增加，细胞开始自溶，释放代谢产物，总活菌数下降，出现“负增长”，从而进入其衰亡期。

分析碳酸盐矿化菌生长的延迟期时间 t_y、比生长速率 μ、生长代时 t_d，以及获得的最大细胞浓度 X_m。

(1) 延迟期时间 t_y

菌株接种后的延迟期内细胞浓度增加不明显，刚刚活化成功的碳酸盐矿化菌在 LB 培养基中的延迟期约为 7 h，其主要表现为微生物对新环境的适应能力，提高菌种接种质量和对营养源的优化，均可有效缩短其延迟期。

(2) 比生长速率 μ

结束了延迟期的适应与调整，碳酸盐矿化菌在对数期得以迅速增殖，此时细胞的生长几乎不受限制，细胞质量和活细胞数也随着时间而有规律地增加。此时，微生物的增长速率正比于原有的微生物数，如式(1-1)所示：

$$\frac{\mathrm{d}X}{\mathrm{d}t}=\mu X \tag{1-1}$$

式中，X——菌液浓度，10^8 个/mL；

t——培养时间，h；

μ——碳酸盐矿化菌比生长速率，h^{-1}。

比生长速率 μ 与微生物种类、培养条件、营养源与限制性基质浓度有关。在 LB 培养基中刚刚活化成功的碳酸盐矿化菌对数期的比生长速率约为 0.86 h^{-1}。

(3) 生长代时 t_d

微生物细胞群体增加一倍时所需要的时间 t_d 称为生长代时。将式(1-1)积分后得式(1-2)：

$$X_t=X_0\mathrm{e}^{\mu t} \tag{1-2}$$

式中，X_0——接种后培养液中的原有菌体浓度，10^8 个/mL；

X_t——培养时间为 t 时的菌体浓度，10^8 个/mL；

t——培养时间，h；

μ——比生长速率，h^{-1}。

根据式(1-2)，当细胞群体增加一倍时，所需要的时间 t_d 可按式(1-3)计算，在 LB 培养基中刚刚活化成功的碳酸盐矿化菌对数期的代时约为 48 min。

$$t_d=\frac{\ln 2}{\mu}=\frac{0.693}{\mu} \tag{1-3}$$

(4) 最大细胞浓度 X_m

当营养物含量或有害物质的浓度已经达到不能再使生长继续保持最大速率时，目标菌株生长就偏离指数规律而进入稳定期，此时将达到培养菌液的生长极限，达到其最大细胞浓度，而后逐渐步入衰亡期。如图 1-19 所示，在 LB 培养基中刚刚活化成功的碳酸盐矿化菌稳定期达到的最大细胞浓度约为 5×10^8 个/mL，后期将通过营养源、培养工艺、接种质量等工艺优化进一步提高其生长极限。

1.5.2 碳酸盐矿化菌的培育优化

建筑材料中的矿化需要高浓度、高质量的碳酸盐矿化菌，营养源、培养工艺、接种质量、限制性底物等对其生长繁殖都有影响。

(1) 营养源

培养基按组成物质的纯度一般可分成合成培养基和天然培养基。前者所用的原料、化学成分明确、稳定，但营养单一，价格相对较高。工业上普遍使用天然培养基，其特点是营养丰富，价格低廉，虽然组分较复杂，但更适合微生物的生长。将培养好 OD 为 1.0 的培养菌液按 2%的接种量分别转接到合成培养基 I 和天然培养基 II 中，在 37 ℃、170 r/min 条件下振荡培养，每 1 h 测试其菌液光密度，连续 48 h，获得的最大细胞浓度 X_m 如图 1-20 所示。

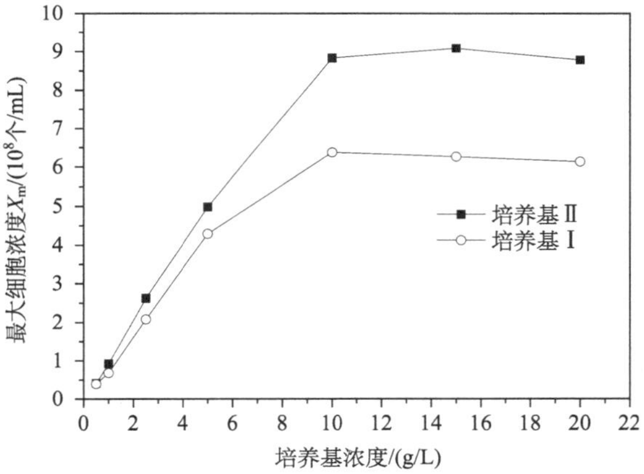

图 1-20　不同类型培养基浓度对微生物生长的影响

如图 1-20 所示，两种培养基浓度对获取微生物最大细胞生长量的影响趋势基本一致。在较低营养浓度下，由于微生物生长需要而造成营养物的迅速枯竭，细胞生长对数期提前结束，稳定期接踵而至。因此，此时提高培养基中营养物的浓度可以明显延长对数生长期，推迟稳定期的出现，所得到的最大微生物群体浓度与营养物的初始浓度近似呈线性关系。但当培养基中蛋白胨浓度继续升高直至超过 10 g/L 时，营养物浓度已经不是影响微生物生长繁殖的主要因素，微生物被迫从生长对数期进入生长稳定期的主要原因是其代谢有害产物的积累，此时单从营养源进行初始控制已无能为力，从图 1-20 中可以看出影响曲线趋于平缓。同时，对比同蛋白胨浓度的两种培养基的培育效果，天然培养基Ⅱ明显优于合成培养基Ⅰ，微生物最大培养浓度可提高40%左右，这主要得益于采用牛肉浸膏取代了葡萄糖、KH_2PO_4、Na_2HPO_4、$MgSO_4\cdot 7H_2O$这些单一化学成分，相比而言，牛肉浸膏当中含有肌酸、肌酸酐、多肽类、氨基酸类、核苷酸类、有机酸类、矿物质类及维生素类，营养更为丰富，更加适用于碳酸盐矿化菌的培育。

(2)培育温度

碳酸盐矿化菌的培育是一个复杂的生化过程，涉及的影响因素诸多。除了营养源的配比、种子质量等，还与培育工艺密切相关，如培养温度、pH、振荡速率、溶氧等，适当调节这些培育工艺参数，可以有效促进微生物的高密度生长繁殖。

温度是微生物生长培育的重要影响参数之一，它通过影响细胞结构如细胞膜的流动性及完整性来影响微生物的生长、繁殖和新陈代谢。为了寻求最适宜碳酸盐矿化菌培育的温度，将OD为1.0的事先培养好的菌液按2%的接种量分别转到pH为7.0、8.0和9.0的各新鲜培养基中，每种pH环境再取三样分别于20℃、25℃、30℃、37℃、45℃五种温度下摇床振荡培养(振荡频率为170 r/min)，每1 h测试其菌液光密度，连续48 h，计算培养24 h细菌数量、最大细胞浓度X_m(10^8个/mL)、延迟期时间t_y，结果如图1-21～图1-23所示。

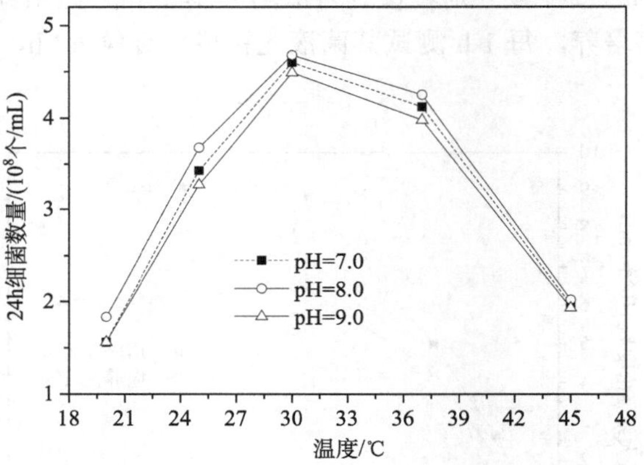

图1-21　培育温度对碳酸盐矿化菌生长繁殖的影响(24 h细菌数量)

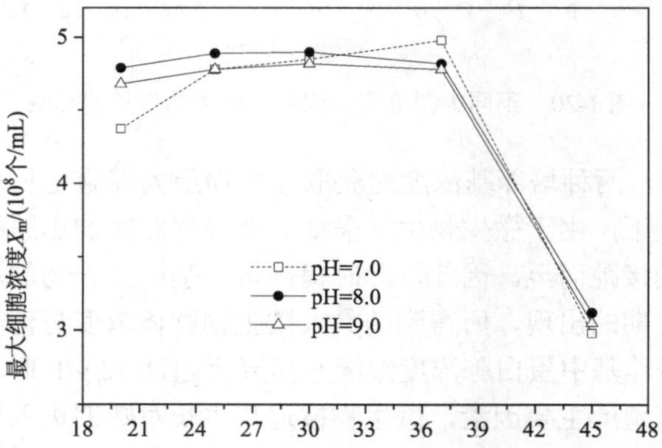

图1-22　培育温度对碳酸盐矿化菌生长繁殖的影响(最大细胞浓度)

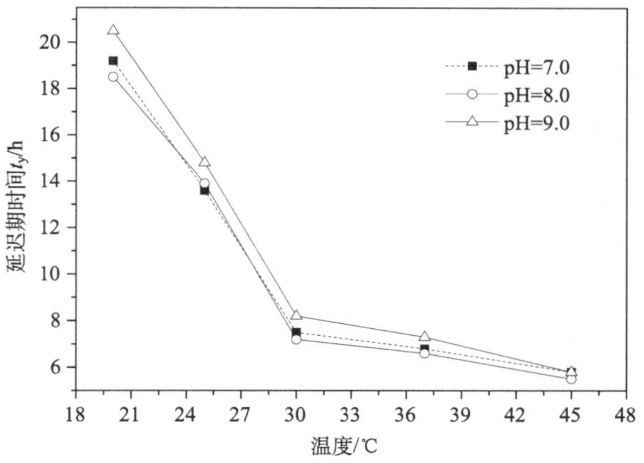

图 1-23　培育温度对碳酸盐矿化菌生长繁殖的影响(延迟期时间)

由图 1-23 可知，培育温度越低，碳酸盐矿化菌的生长延迟期时间越长，20℃条件下将近需要 20 h 才能开始进入生长对数期，24 h 时菌液浓度还远没有达到其生长高峰，生长速率相对较为缓慢。随着培育温度的逐渐升高，碳酸盐矿化菌对营养环境的适应能力逐渐增强，延迟期逐渐缩短，生长对数期更为充分，生长速率较快，30～37℃条件下，其 7 h 左右进入生长对数期，24 h 内即可达到其生长高峰。但是，随着温度的持续升高，45℃条件下，微生物生长繁殖受到了明显的抑制，过早地进入其生长稳定期和衰亡期，其所能达到的最大细胞浓度只有 30℃条件下的 60%左右。因此，在实际碳酸盐矿化菌应用中，环境温度的变化可以有效调节微生物生长速度的快慢，20～37℃温度范围内虽然能达到的最大细胞浓度基本一致，如图 1-22 所示，但是所需时间相差较大，如图 1-23 所示，可以根据应用方向有意识地加以调控与选择，而同时过高的温度(37℃以上)明显不利于碳酸盐矿化菌的生长繁殖。

(3) pH

pH 是微生物培育最重要的状态参数之一，它的变化会影响酶活性、基质利用速率和细胞结构，从而影响微生物的生长繁殖。选择适宜的培育 pH 可获得高浓度菌量和最大比生长速率。

图 1-24 为 30℃温度下 pH 对菌株碳酸盐矿化菌生长繁殖的影响。在相同培养温度下，培养液 pH 对碳酸盐矿化菌的生长繁殖影响并不大，最大细胞浓度和延迟期时间近乎一致，以 pH 为 8.0 时略优。在水泥基材料和钢渣胶凝材料中的矿化，高 pH 条件下的生长繁殖能力尤为重要。

由图 1-24 可知，碳酸盐矿化菌最高耐受 pH 为 12.0 左右，在 pH 为 7.0～9.0 培育条件下，其生长繁殖能力最强，细胞生长量最大，受 pH 影响也较小，但是随着培育 pH 的持续升高，目标菌株呼吸强度急速下降，生长繁殖能力迅速衰减，菌液浓度大幅度降低，当环境 pH 高达 13.0 时，基本探测不到菌株有生长繁殖迹象。

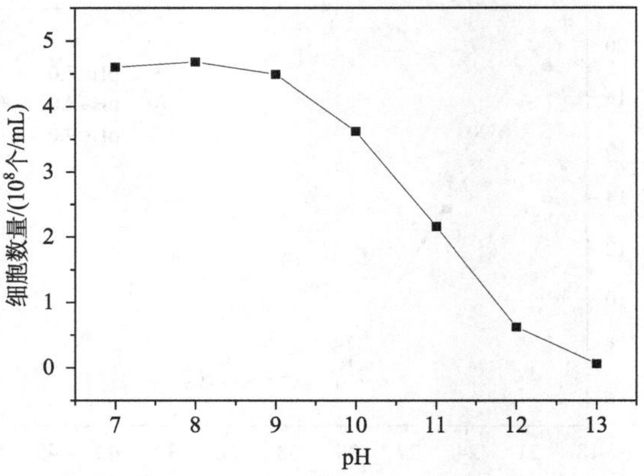

图 1-24 pH 对菌株碳酸盐矿化菌生长繁殖的影响

(4) 振荡速率(溶氧量)

溶氧(DO)是需氧微生物生长所必需的，在培育过程中溶氧往往也是控制因素之一，这主要是由于氧在水中的溶解度很低。碳酸盐矿化菌属于微好氧微生物，可以通过振荡培养，增大通气量，提高培养环境中的溶氧，从而有效促进其生长繁殖。将 OD 为 1.0 左右的事先培养好的菌液按 2%的接种量分别转至各新鲜培养基中，通过摇床转速设定为 0 r/min、60 r/min、100 r/min、170 r/min、240 r/min，调节通气量，在 30℃条件下培养，每 1 h 测试其菌液 OD，连续 72 h，计算延迟期时间 t_y、培养 24 h 菌液浓度，以及观测的 72 h 内最大细胞浓度 X_m(10^8个/mL)，结果如图 1-25 所示。

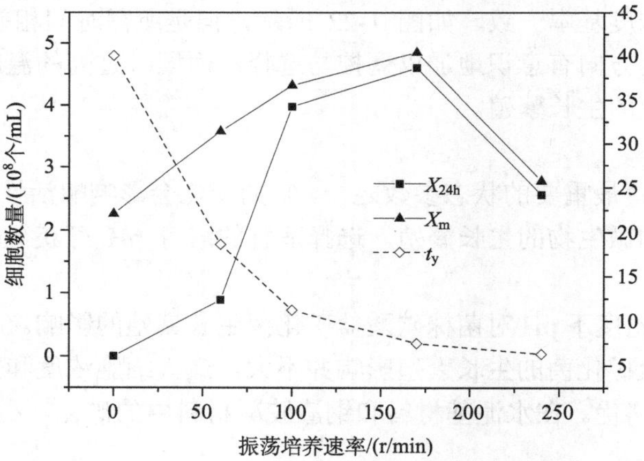

图 1-25 振荡培养速率对碳酸盐矿化菌生长繁殖的影响

由图 1-25 可知，振荡培养速率对碳酸盐矿化菌生长繁殖影响明显。过低的转速，培养液的溶氧率不能满足菌丝生长与孢子生成的需求，延迟期明显拉长，静止培养时延迟期长约 40 h，生长速率极为缓慢；而在过高的培养振荡速率(240 r/min)下，虽然培养液的通气得到改善，延迟期得到明显缩短，但过高的振荡速率会产生一定的剪切作用，不利于菌丝积累和孢子生成，无法达到理想的菌液细胞培养浓度，最大细胞浓度尚达不到

170 r/min 速率下振荡培养的 50%。

(5) 接种质量

种子液质量的优劣对碳酸盐矿化菌的培育也至关重要，种子的扩大培养应根据碳酸盐矿化菌生理特性，选择合适的培养条件来获得代谢旺盛、高细胞浓度的种子液，要求细胞生长活力强、延迟期短、生理形状稳定、接种浓度符合扩大培养要求。其中，不同接种龄期的菌种质量有很大差异。接种龄是指种子培养基中的菌体开始移入下一级培养基中时的培养时间。在种子培养液中，随着培养时间的延长，菌液浓度不断增加，但随着基质消耗及代谢产物的积累，菌液浓度不再增加，而逐渐趋于老化，因此选择适当的接种龄显得十分重要。

选取对数期、稳定期不同培养时间段 7 h、10 h、13 h 及 20 h 的种子培养液 2 mL 转接于 100 mL 新鲜培养基中，30℃、170 r/ min 条件下摇床振荡培养，每 1 h 测试其菌液光密度，连续 24 h，绘制碳酸盐矿化菌生长曲线如图 1-26 所示。

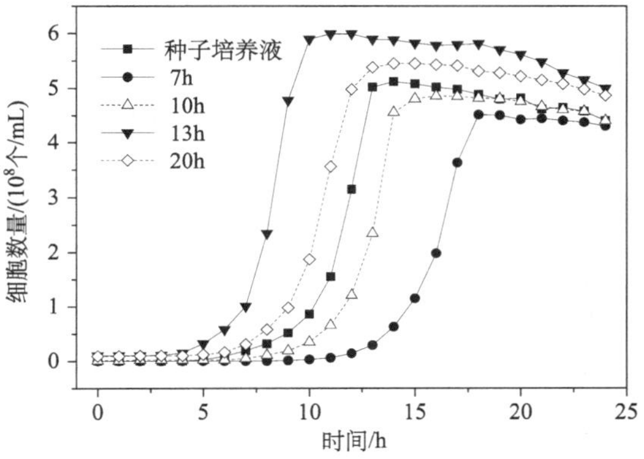

图 1-26　接种龄对碳酸盐矿化菌生长繁殖的影响

由图 1-26 可知，种子液在 7 h 左右进入其生长对数期，13 h 附近进入生长稳定期，因此分别在其对数期初期、中期、末期以及稳定后期(7 h、10 h、13 h 及 20 h)取种进行二次培养。接种龄较低，即尚处于生长对数初期和中期的碳酸盐矿化菌接种后，明显出现了生长缓慢，延迟期滞后约 3～8 h，比生长速率降低，最高细胞浓度尚明显低于种子菌液。随着种龄的增大，尤其是菌体处于生命力极为旺盛的生长对数后期(13 h)，种子液中的菌体量达到最高峰，此时取种二次培养，延迟期减短，接种后 5 h 内便迅速进入生长对数期，比生长速率得以提高，最高细胞浓度达到 5.998×10^8 个/mL，相比原种子液提高近 20%。但是随着种龄的继续增大，尤其在稳定后期，逐渐步入衰亡期，过老的种子会引起生产能力的下降而出现细胞过早自溶，此时取种质量又呈现下降趋势，延长期再度拉长。

(6) 接种量

接种量是指移入的种子液体积和接种后培养液体积的比值，接种量的大小对控制碳酸盐矿化菌在新鲜培养基中的生长繁殖速度有着重要影响。将事先培养好细胞浓度为 4.980×10^8 个/mL 的碳酸盐矿化菌母液按 0.5%、1%、2%、4%、8%、12%、16%的比例分别接种到 100 mL 的新鲜培养液中，各接种量的初始细胞浓度分别为 0.025×10^8 个/ mL、0.050×10^8 个/mL、0.100×10^8 个/mL、0.199×10^8 个/mL、0.398×10^8 个/mL、0.598×10^8 个/mL、0.797×10^8 个/mL，于 30℃、170 r/ min 条件下摇床振荡培养，每隔 2 h 测试菌液光密度，连续 24 h，所得菌液浓度如图 1-27 和图 1-28 所示。

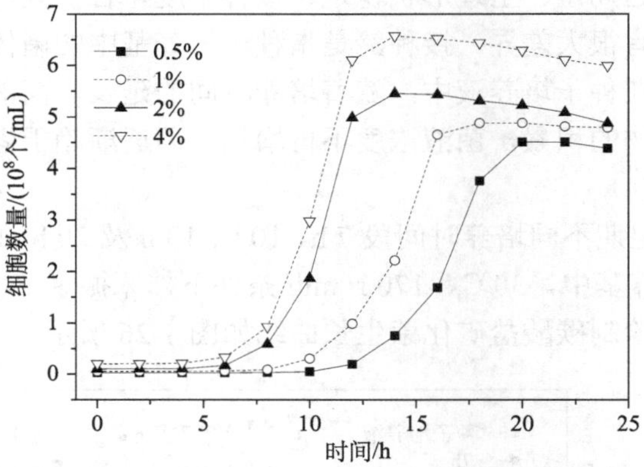

图 1-27　接种量对碳酸盐矿化菌生长繁殖的影响(接种量 0.5%～4%)

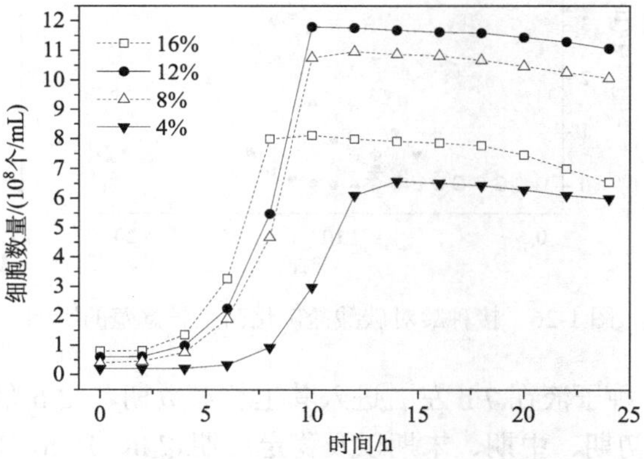

图 1-28　接种量对碳酸盐矿化菌生长繁殖的影响(接种量 4%～16%)

由图 1-27 和图 1-28 可见，随着接种量由 0.5%逐步提高至 12%，碳酸盐矿化菌的生长对数期发生了明显的向前平移，延缓期由 12 h 左右迅速缩短到 5 h 左右，比生长速率明显提高，缩短了培养液中碳酸盐矿化菌生长繁殖达到高峰的时间，最高细胞浓度也由 4.512×10^8 个/mL 提高至 11.789×10^8 个/mL。这主要由于种子量多，同时种子液中含有大量体外水解酶，有利于对基质的利用，并且碳酸盐矿化菌迅速占领整个培养环境，也减少了杂菌生长的机会。但是，当接种量过多，达到 16%时，其早期繁殖过快，培养液黏度增加，造成溶解氧不足，反而使碳酸盐矿化菌的生长对数期提前结束。同时，图 1-29 对比分析了不同碳酸盐矿化菌接种量可获得的最大细胞浓度和增殖倍数，毋庸置疑，接种量越低，碳酸盐矿化菌表现出越高的增殖倍数，但其能达到的最大细胞浓度尚远低于高接种量下的培养情况。

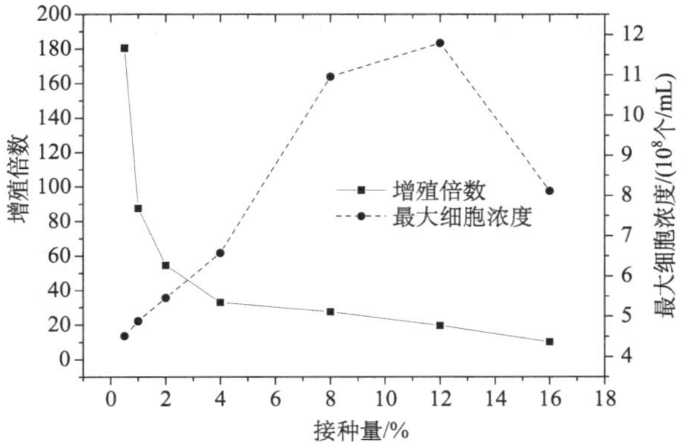

图 1-29　接种量对碳酸盐矿化菌增殖倍数和最大细胞浓度的影响

1.5.3　碳酸盐矿化菌在高碱环境中的驯化

碳酸盐矿化菌属于微好氧菌，适宜生长 pH 为 7.0～9.0，温度为 30～37℃。而建筑材料环境中 pH 有的高达 12.0 以上，因此对碳酸盐矿化菌在高碱环境中驯化很有必要。

(1) 高碱环境适应性驯化

碳酸盐矿化菌生长繁殖适宜 pH 为 7.0～9.0，之后随着环境 pH 的继续升高，碳酸盐矿化菌生长受抑制作用更为突显，48 h 最大细胞浓度急剧下降，生长繁殖能力迅速衰减。采用逐步驯化提高碳酸盐矿化菌在高碱环境条件下的适应能力。

将培养基 pH 调至 10.0，接种并于 30℃、170 r/min 条件下平板静置培养 72 h 后，将在高碱性环境中仍能够生长形成的碳酸盐矿化菌菌落分别标记挑选到多支培养基试管中，进行振荡培养，24 h 后取出测其 OD，结果如图 1-30 所示，不同的菌落个体表现出不同的对高碱环境的适应能力。在 pH=10.0 的驯化环境下，绝大多数菌落 24 h 后的培养浓度均在 3.62×10^8 个/mL 以下，而菌落样本 4 在其中表现出优异的适碱能力，接种 24 h 后的培养浓度达到 5.12×10^8 个/mL，较平均水平提升 40%左右。

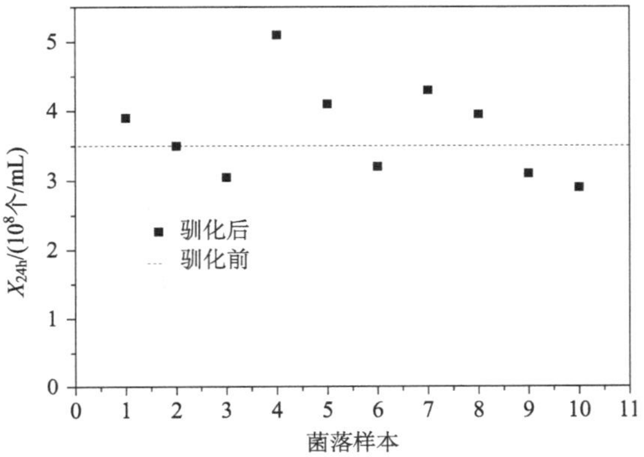

图 1-30　碳酸盐矿化菌在高碱环境下的驯化生长（pH=10.0）

将菌落样本 4 保存，同时以此为母体在 pH 为 11.0 的环境下如上重复进行划平板适碱性驯化，结果如图 1-31 所示，菌株接种母体经过第一轮适碱驯化，在 pH=11.0 的环境中，相对于未驯化菌落，整体表现出良好的适碱能力，最高提升近 94%，但个体之间仍存在一些差异。

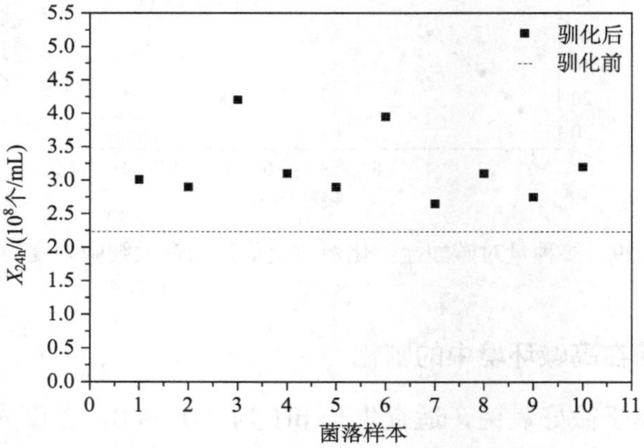

图 1-31　碳酸盐矿化菌在高碱环境下的驯化生长(pH=11.0)

将适碱能力最好的样本 3 保存(24 h 菌液培养浓度为 4.18×10^8 个/mL)，同时以此为母体在 pH 为 12.0 的环境下如上重复进行划平板适碱性驯化，结果如图 1-32 所示，菌株在 pH=12.0 环境中的适碱能力得到进一步提升，尤其样本 8 的 24 h 菌液培养浓度达到 1.89×10^8 个/mL，相对于未驯化前提高约 200%。

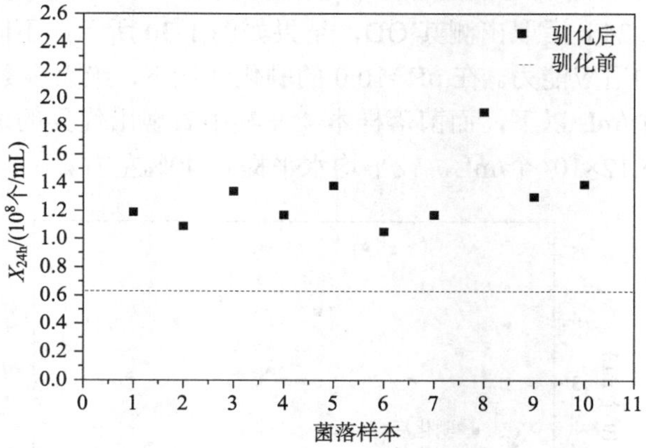

图 1-32　碳酸盐矿化菌在高碱环境下的驯化生长(pH=12.0)

将样本 8 作为母体保存，并将其在 pH 为 13.0 的环境下如上重复进行划平板适碱性驯化，结果如图 1-33 所示，在 pH=13.0 的环境中，菌株的适碱能力相对于驯化前有一定幅度的提升，但是菌株的绝对生长量出现了大幅度的衰减，适碱驯化效果并不明显。图 1-34 对比了菌株在驯化前后在高碱环境中适应生长的情况。经逐步适碱驯化后，碳酸盐矿化菌的耐碱能力明显得到提高，在 pH=10.0、11.0、12.0 的环境下，其生长量相较驯化前均有了大幅度增加，尤其在 pH=12.0 的环境中，最大细胞浓度提高了约 200%，而在 pH=13.0 的环境中也出现了菌株生长繁殖迹象。这主要可能是碳酸盐矿化菌的少数细胞在环境胁迫下发生了变异，产生了与耐碱性能密切相关的基因突变，以及其在较高碱性环境胁迫下细胞启动了另一套调节机制，如 K-Na 泵反向运输机制或 Na 梯度来促使细胞适应于较高的碱性环境。

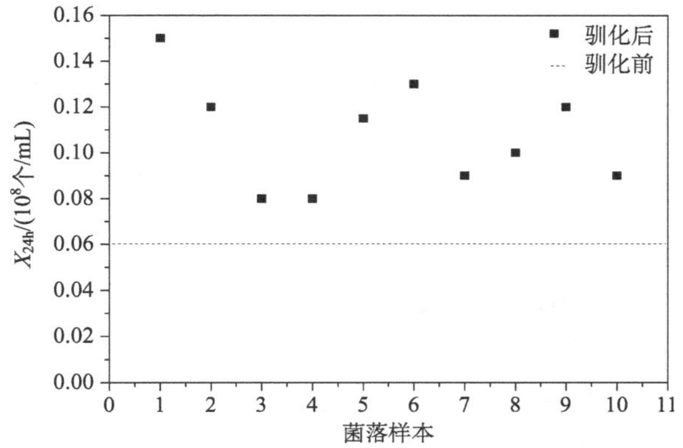

图 1-33　碳酸盐矿化菌在高碱环境下的驯化生长(pH=13.0)

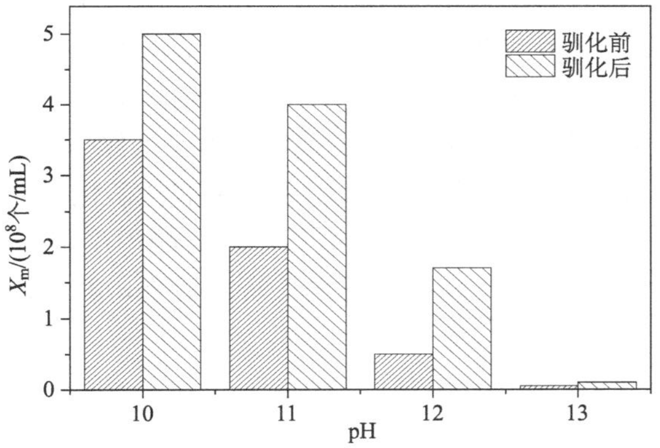

图 1-34　碱性驯化对碳酸盐矿化菌在高碱环境下生长繁殖的影响

研究表明，提高菌株接种量可以使目标菌株迅速占领培养环境，加快对基质的利用和对环境的适应能力，因此将驯化后的菌株接种量提高到 10%，再进行同条件培养。结果如图 1-35 所示，碳酸盐矿化菌适应高碱环境的能力在高接种量的条件下，再次得到大幅提升，在 pH=12.0 的环境中，菌液最大培养浓度由 1.89×10^8 个/mL 迅速提高到 4.87×10^8 个/mL，虽然细胞增殖倍数尚不如低接种量，但是菌液培养的绝对浓度提升了约 150%，使碳酸盐矿化菌细胞在高碱环境下能够正常完成新陈代谢与生长繁殖。

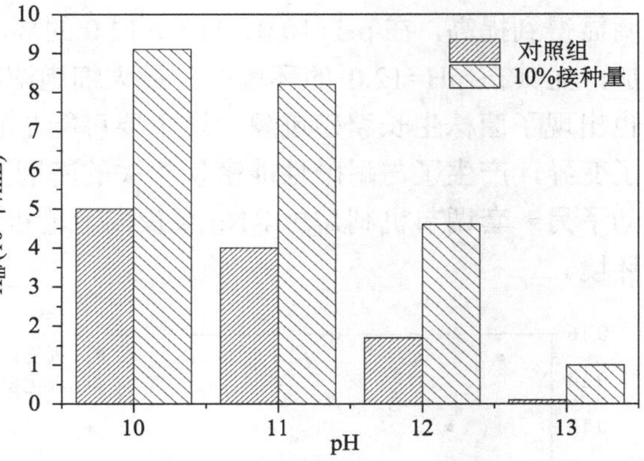

图 1-35　接种量对高碱驯化碳酸盐矿化菌生长繁殖能力的影响

(2)碳酸盐矿化菌高碱驯化的稳定性

碳酸盐矿化菌在 pH 为 10.0、11.0、12.0 的逐级适碱性驯化过程中，适碱能力强的菌株个体不断被挑选出作为新母体培养繁殖，随后在新一轮的子个体中，适碱能力更强的菌株个体作为新母体再次培养繁殖，菌株的适碱能力不断得到提高，最终完成碳酸盐矿化菌的高适碱性驯化。最终驯化得到的菌株能否长期稳定保持驯化得到的高适碱能力，不出现显著衰减，将直接影响最终的使用。

将 pH 为 10.0、11.0、12.0 分别逐级碱性驯化后得到的菌株获取保存后，进行数代连续培养，观测其在高碱环境中的驯化稳定性。将驯化菌株以 10%的接种量接种至 pH 为 12.0 的培养基中，于 30℃、170 r/min 条件下振荡培养，24 h 后，测菌液 OD，计算菌液浓度，随后以此为母体，再以 10%的接种量接种培养，持续 10 d，观测驯化菌株的适碱稳定性，结果如图 1-36 所示。随着碱性驯化后的碳酸盐矿化菌在高碱环境中的连续培养，其适碱能力在早期还出现了小幅度的增长，随后趋于平缓，培养 24 h 菌液浓度基本维持在 5.60×10^8 个/mL 左右，没有出现生长衰减迹象，其适碱驯化后的耐碱水平趋于稳定。

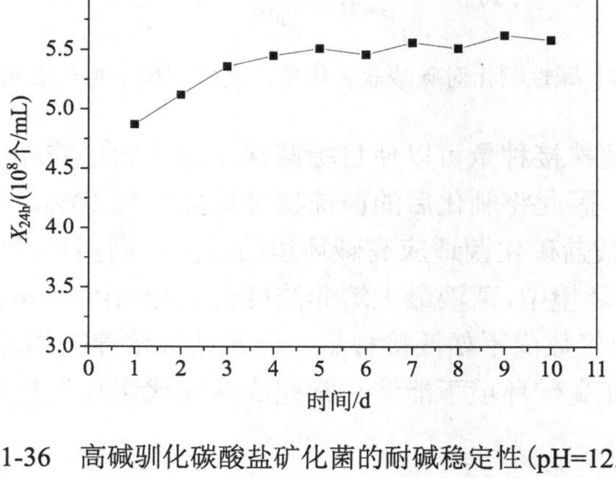

图 1-36　高碱驯化碳酸盐矿化菌的耐碱稳定性(pH=12.0)

1.5.4　Cd^{2+}对碳酸盐矿化菌生长的影响

如图 1-37 所示，无 Cd^{2+}条件，细菌生长表现出明显的延迟期、对数期和衰亡期。经过延迟期调整，细菌在对数期大量繁殖，呈几何级数增长。在低浓度 $w(Cd^{2+})$=0.595 mg/L 情况下，细菌生长与无 Cd^{2+}条件下的生长规律相似。且对数期更长，细菌繁殖数量更多，细菌的生长受到了促进。在 $w(Cd^{2+})$=5.95 mg/L 情况下，延迟期变长，对数期推迟出现，且对数期细菌繁殖数量明显少于正常情况，表明细菌生长受到一定程度抑制。而在高浓度 $w(Cd^{2+})$=59.5 mg/L 情况下，细菌在长时间内代谢缓慢，对数期不明显，数量大大降低。表明 Cd^{2+}对细菌生长有毒害作用。基于此，如持续增大 Cd^{2+}浓度，细菌数量将进一步减少，直至无法生存。

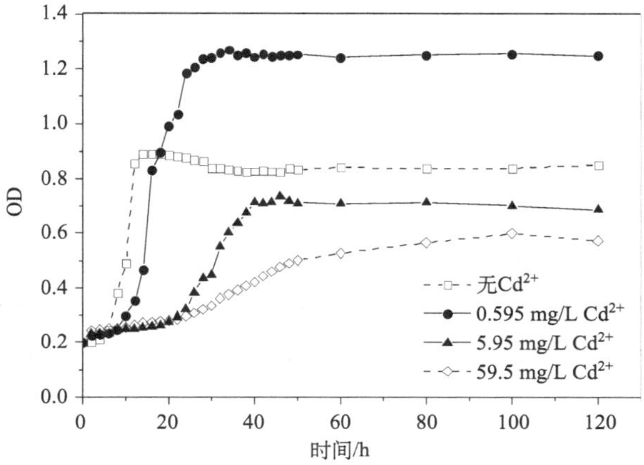

图 1-37　不同 Cd^{2+}浓度下的碳酸盐矿化菌生长曲线

1.6　嗜碱碳酸盐矿化菌的生长与选育

1.6.1　嗜碱芽孢杆菌的选择

水泥基材料和钢渣等建筑材料中 pH 都很高，除了对矿化细菌进行耐碱驯化，筛选嗜碱菌是另一重要途径。嗜碱芽孢杆菌属于兼性好氧革兰氏阳性菌，外形呈棒状结构，存在于土壤中，对高碱性环境适应性强，对人体无危害[33]。

将 30 ℃条件下振荡培养(170 r/min) 24 h 的菌液分装到 5 个锥形瓶中(100 mL/瓶)，pH 分别调节为 8、10、11、12 和 13 后，测试菌液 OD_{600} 随时间的变化情况，结果如图 1-38 所示，在 pH 为 8 和 10 的条件下能够较好存活，数量保持稳定，当 pH 达到 11 时部分死亡，当 pH 达到 12 以上时细菌大部分死亡。因此，尽管所选择的芽孢杆菌对高碱性环境有较好适应性，但仍无法满足 pH 高达 12 以上的碱性环境。

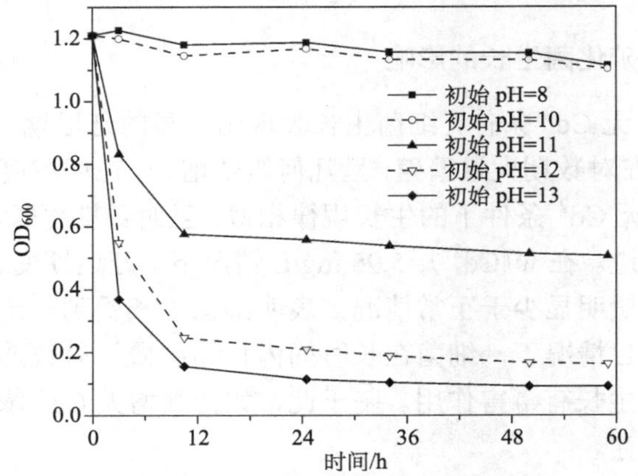

图 1-38　嗜碱芽孢杆菌的耐碱能力

1.6.2　嗜碱芽孢杆菌的培育

(1) 培养基成分及培养条件

营养琼脂：蛋白胨 5.0 g，牛肉浸膏 3.0 g，琼脂(配制固体培养基时添加) 15.0 g，去离子水 1000.0 mL。用 NaOH 溶液调节营养琼脂 pH 至 7.0，121℃高温灭菌 25 min。若需石蕊指示剂，待培养基灭菌烘干后，再往其中加入 5 mL 石蕊指示剂。无菌接种后置于摇床 30 ℃振荡培养(振荡频率为 170 r/min) 24 h，得到 OD 为 2.0 的菌液，其菌体浓度约为 10^{11} 个/mL[23]。

(2) 微生物矿化产物初判

1) 固体培养基

利用石蕊指示剂颜色的变化，判断微生物在生长繁殖过程中代谢产物的基本性质。制作好固体培养基平板，用挑菌环蘸取上述新鲜培养得到的菌液，每隔 120°连续在平板上划三次，静置于 30℃恒温培养箱中分别培养 12 h、24 h、48 h，得到如图 1-39 所示结果。发现培养 48 h 后的平板由一开始的蓝色[图 1-39(a)]逐渐变淡并且显出红色[图 1-39(c)]，该现象表明细菌的生长过程中会有酸性物质生成。

(a) 12 h　(b) 24 h　(c) 48 h

图 1-39　培养不同时间后固体培养基中石蕊颜色变化

2) 液体培养基

图 1-40 监测了嗜碱碳酸盐矿化菌正常生长过程中前 24 h 内 pH 以及 OD 的变化情况。

由图可见，随着细菌的生长繁殖，菌液的 pH 不断上升，24 h 后 pH 大于 8.0，呈弱碱性。

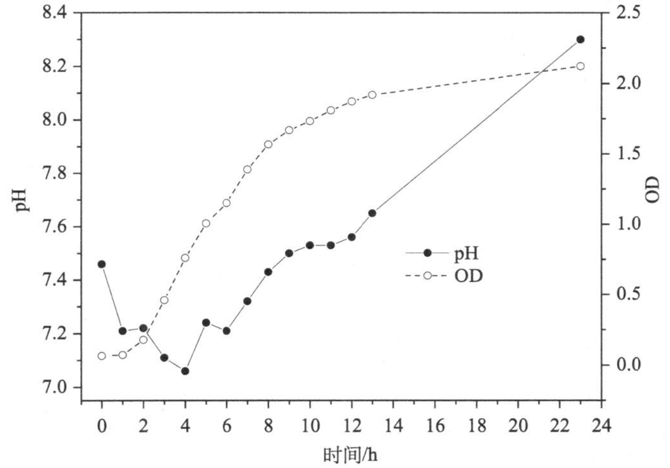

图 1-40　菌液的 pH、OD 随时间的变化

向已灭菌的培养基中加入 5 mL 石蕊指示剂及 1 g 底物，并接入 1 mL 菌种液，置于摇床 30℃振荡培养（振荡频率为 170 r/min）24 h 后取出，放入恒温静置箱中。图 1-41（a）～图 1-41（c）分别是静置 0 h、24 h、48 h 的溶液颜色变化，显示出了与固体培养基中相同的现象：液体颜色逐渐从蓝色变淡消失直至局部显出淡红色，而锥形瓶底部也有少量沉淀物质生成。

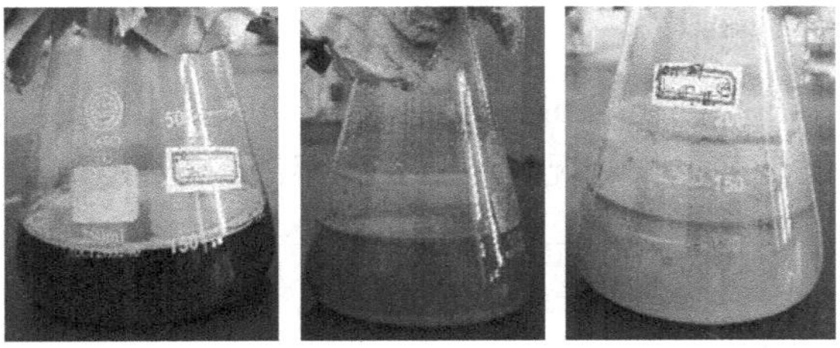

（a）0 h　（b）24 h　（c）48 h

图 1-41　培养不同时间后液体培养基中石蕊颜色变化

由图 1-40 可知，24 h 后菌液的 pH 大于 8.0，呈弱碱性，此时菌液应该呈现出蓝色，而实际却显示出了淡红色。在未加入底物时的菌液 pH 是逐渐升高的，表明细菌生长过程中的代谢产物是呈碱性的；而图 1-41 的现象说明，菌液呈酸性，而该酸性物质的来源只能是加入的底物被细菌分解得到的产物。

1.6.3　氧气的作用

图 1-42 的结果说明菌液培养好之后再往其中加入底物，48 h 后可以在锥形瓶底部发现少量沉淀物质，在此基础之上，当营养液灭菌烘干之后，往其中接种的同时一并加入

1 g 的底物，待其溶解后置于摇床开始培养。锥形瓶的瓶口只用八层纱布覆盖，不阻碍空气的进入。48 h 后可以在锥形瓶底部发现大量白色沉淀物质，如图 1-42 所示。

营养液接种振荡培养 24 h 后，得到浑浊的菌液。往其中加入 1 g 底物摇匀使其溶解，用橡胶塞将锥形瓶(250 mL)封口，并且用塑性胶带将边缘处完全封住以隔绝空气的进入，如图 1-43(a)所示。再将其放入摇床振荡培养，即使过了 46 d 之久，瓶内仍然没有沉淀物生成，如图 1-43(b)所示。以上两组实验表明，空气中的氧对于微生物的矿化起到了关键性的作用。

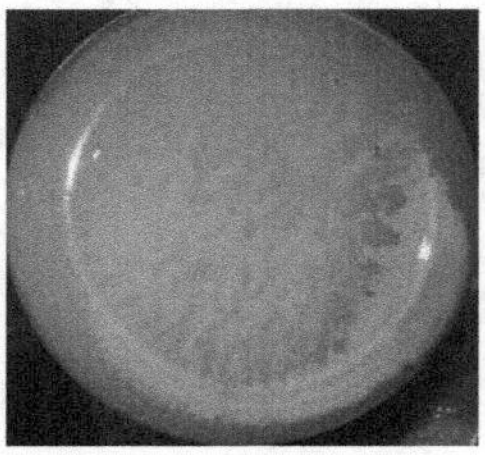

图 1-42　微生物矿化作用图

(a)隔绝空气　(b)无沉淀生成

图 1-43　微生物隔绝空气后振荡培养无法实现矿化作用

1.6.4　嗜碱芽孢杆菌的耐碱驯化

因为水泥混凝土内部的 pH 高达 11.0～13.0，尽管所选菌株为嗜碱芽孢杆菌，具有一定的耐碱性，但由图 1-40 可知，所选微生物在 pH 为 7.0 的培养基中培养 24 h 后，在其生长达到最高峰并趋于稳定时，菌液的 pH 在 8.0 左右，还远达不到能够适应水泥基材料的高碱环境。

嗜碱碳酸盐矿化菌在不同初始 pH 培养基中的 OD 变化情况如图 1-44 所示，尽管菌株为嗜碱芽孢杆菌，但是其生长情况还是会受到溶液碱度的影响，随着培养基初始 pH

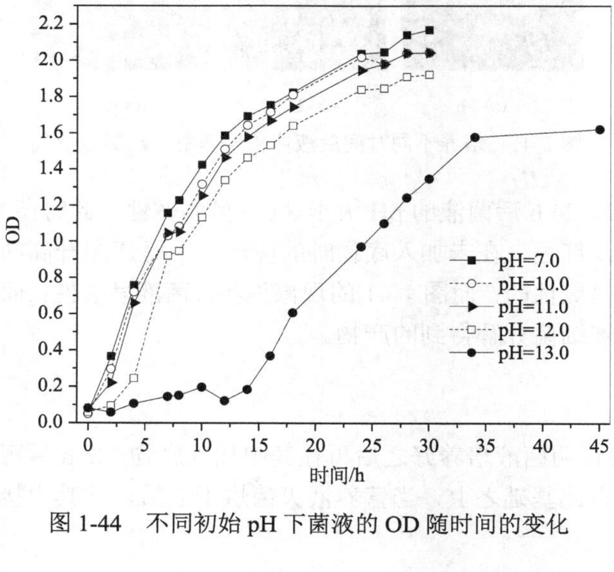

图 1-44　不同初始 pH 下菌液的 OD 随时间的变化

的增大，细菌的繁殖能力逐渐降低，OD 逐渐减小。并且当 pH≤12.0 时，细菌的生长所受抑制不大，而当 pH 达到 13.0 时，则发生了一个较大变化，在起初的 15 h 内，细菌的生长几乎处于停滞状态，之后才开始缓慢生长，而其浓度的峰值也比培养基初始 pH 为 7.0 的峰值降低了至少 30%。图 1-45 显示的是细菌在 pH=8.0 的固体培养基中以及在 pH=11.0 的固体培养基中的生长情况，可以发现在高碱性环境下微生物的生长繁殖遭到了强烈的抑制，所以在将微生物引入水泥混凝土中之前，需要对其进行适当的耐碱性驯化。

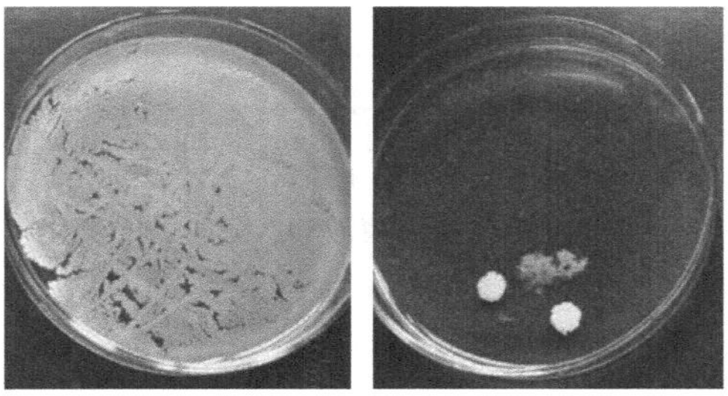

(a) pH=8.0　　(b) pH=11.0

图 1-45　不同 pH 的固体培养基中细菌的生长繁殖情况

碱驯化，就是从低碱度的菌液中挑菌，接种到高碱度的固体培养基中培养，选择生长良好的菌落到相同高碱度的液体培养基中培养，不断重复直到能在 pH=13.0 的环境下生存。可以用下面的步骤予以表示：

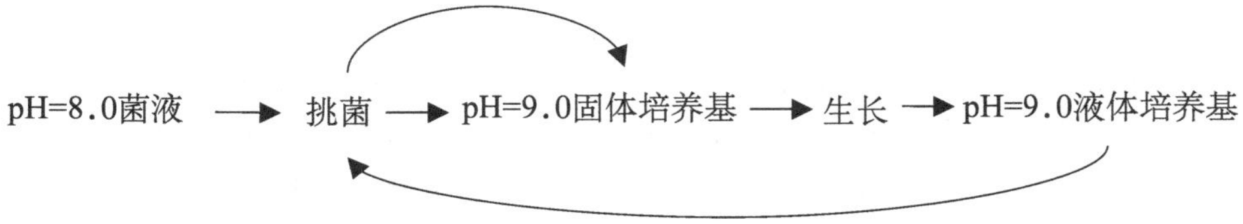

由图 1-45 可知，尽管高碱性环境抑制了微生物的生长繁殖能力，但仍存在少数菌落能够在高碱性条件下存活。将最终能够存活下来的菌落进行培养，即可得到适应碱性环境的菌液。

比较在 pH=11.0 的碱度下驯化前后微生物的生长情况，其结果如图 1-46 所示。

由图 1-46 可见，首次经过 pH=11.0 的固体培养基筛选出来的细菌与驯化之前相比较，能够在初始 pH=11.0 的液体培养基中生长繁殖的时间提前了 4 h 左右，说明经碱驯化后的微生物对于碱性条件有了更好的适应能力；尽管峰值有一定程度的下降，但可以通过大批量生产培养来加以弥补。因此，通过该方法确实能够在一定程度上提高菌株对于碱性环境的适应性。

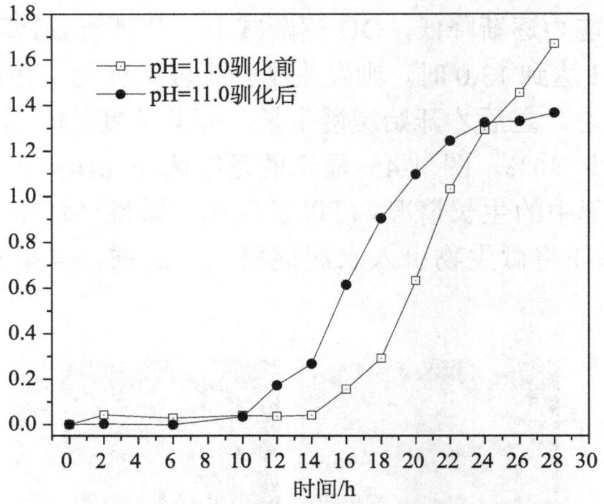

图 1-46　驯化前后菌液 OD 随时间的变化

1.6.5　嗜碱芽孢杆菌的芽孢转化与耐碱性

芽孢杆菌具有独特的"营养体—芽孢—营养体"的生活周期史，在特定环境条件下，芽孢杆菌属的细菌会经历形态分化并形成芽孢。芽孢是代谢率极低的休眠体，芽孢壁中有一层物质叫做"皮质层"，使得芽孢与营养体细胞相比对热、辐射、干燥、极端的 pH 及有毒化学物质等都具有极强的抗性，在不利的环境条件下能存活。对嗜碱芽孢杆菌耐碱能力实验中所培养细菌的形态进行镜检分析，发现基本都是杆状的营养体细胞，这也就是当pH达到12.0以上时细菌大部分死亡的原因。因此，为了提高细菌对高碱性环境的抵抗能力，可以在培养过程中先让芽孢杆菌形成芽孢，然后以芽孢的形式应用于高碱性建筑材料中。

芽孢的形成受培养基的成分及培养条件的影响较大，特别是无机盐离子，如锰离子等。因此，首先通过优化培养基配方及培养条件来制备高浓度细菌芽孢悬浮液。图 1-47 为优化后的培养基中培养不同时间下的芽孢形成率，在优化后的培养基中培养 3 d 左右，芽孢形成率可以达到 80%以上。

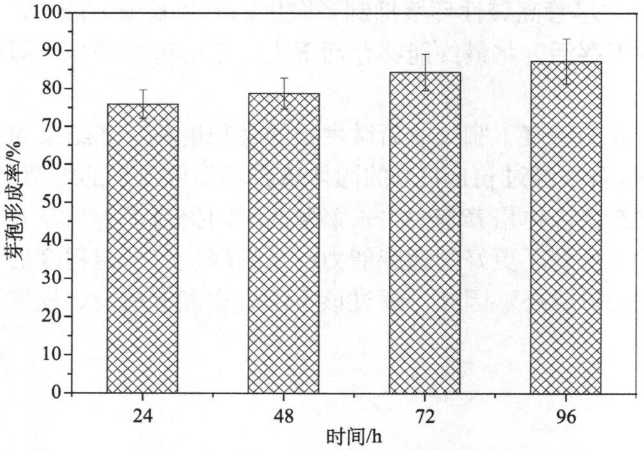

图 1-47　优化后的培养基中培养不同时间下的芽孢形成率

将获得的高芽孢形成率的菌液高速离心(8000 r/min)并去除上清液，加入去离子水洗涤得到细菌悬浮液，细菌悬浮液在 80 ℃水浴处理 20 min 获得芽孢悬浮液。通过扫描电子显微镜观察芽孢形态，如图 1-48 所示，芽孢呈椭圆形，大小约为 1 μm。芽孢在模拟水泥基材料孔隙溶液中的存活能力如图 1-49 所示，细菌营养体直接添加到模拟水泥基材料孔隙溶液中，OD_{600} 急剧下降，20 h 后下降了 80%以上，表明细菌大量死亡。而芽孢直接添加到模拟水泥基材料孔隙溶液中，150 h 后 OD_{600} 仍保持比较平稳，只是略微下降，表明细菌由营养体变为芽孢后耐碱能力显著提高。

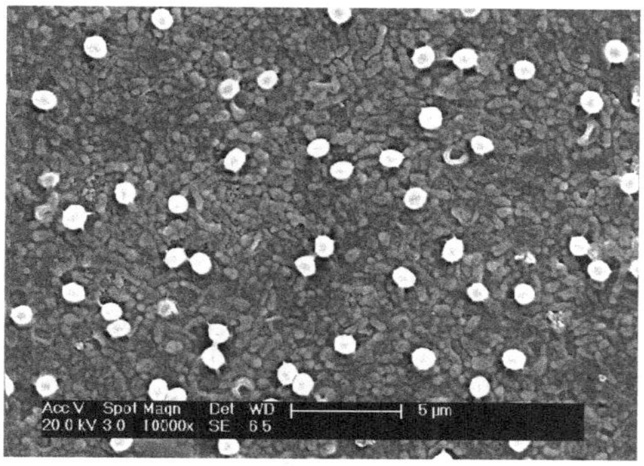

图 1-48　芽孢扫描电子显微镜图

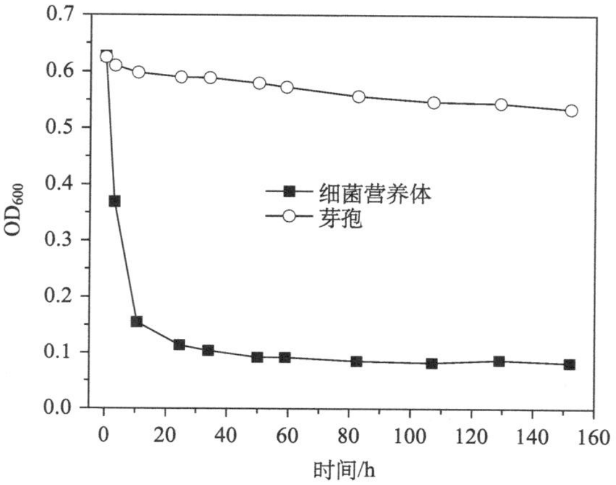

图 1-49　芽孢在模拟水泥基材料孔隙溶液中的存活能力

1.7　磷酸盐矿化菌的生长特性

1.7.1　磷酸盐矿化菌生物学特性

磷酸盐也是自然界存在的重要生物矿物之一。筛选获得一种适用于在建筑材料中矿化的磷酸盐矿化菌，属化能异养型菌，细胞呈杆状，革兰氏阳性[9]。

将细菌接种到培养液中培养，其生长曲线如图 1-50 所示，在 0～6 h，已接种细菌的培养液中细胞浓度并未出现明显增大，表明这一阶段菌株并未立即繁殖，细胞分裂迟缓，处于延迟期；6 h 之后，菌株细胞经延迟期的调整，很快进入快速分裂阶段，已适应新环境的细菌代谢活性较高，细菌数按几何指数增加，至 11 h 左右其生长速率最快，之后由于营养物质的消耗、有害代谢产物的积累等原因，细胞生长速率开始减缓，16 h 附近菌液 OD_{600} 最高。由于新增殖细菌与死亡的逐渐趋于相等，两者处于动态平衡，生长速率趋于零，处于稳定期。培养至 24 h 后，菌液 OD_{600} 有所下降，这是细胞开始自溶，细菌数量减少所致。

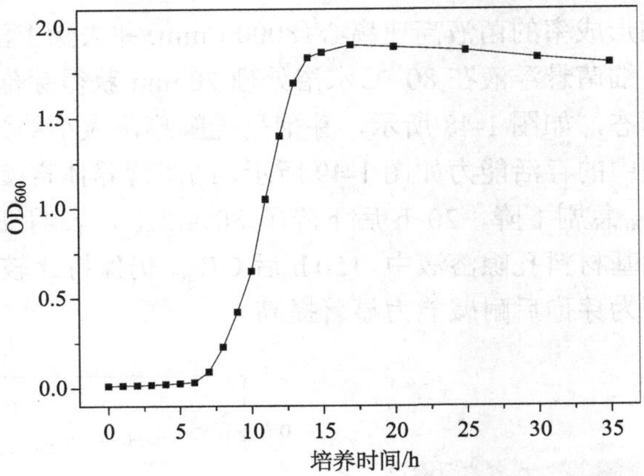

图 1-50　磷酸盐矿化菌群体生长曲线

1.7.2　菌液 pH 随培养时间的变化规律

用灭好菌的 1 mL 无菌吸管连续两次吸取 1 mL 菌种，接种至已灭菌的 100 mL 液体培养基中，置恒温振荡培养箱于 30 ℃、170 r/min 条件下培养。分别在不同培养时间下取出一定量的菌液做 pH 测试，绘制其曲线，如图 1-51 所示[34]。

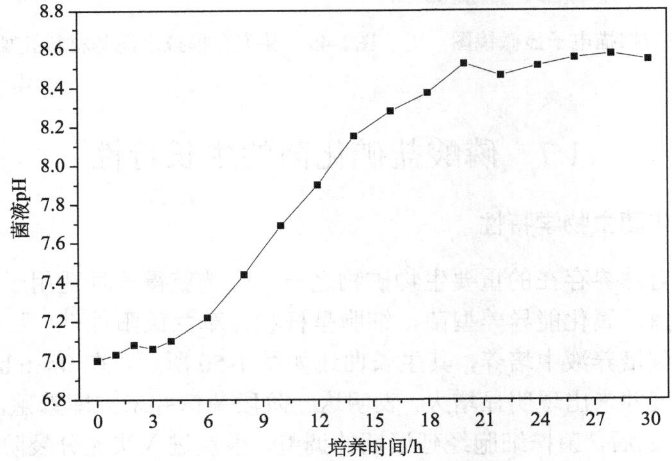

图 1-51　菌液 pH 随时间变化规律

可看出，磷酸盐矿化菌在生长过程中 pH 逐渐增加，最高达到 8.6，其曲线变化规律与图 1-50 菌株生长曲线基本保持一致。pH 之所以会提高，一方面是磷酸盐矿化菌生长代谢过程导致，另一方面是代谢产生的碱性磷酸酶所致。就磷酸盐矿物的稳定性而言，pH 升高对于其稳定性提高、溶解度降低都有益处。

1.7.3　环境条件对细菌生长的影响

环境条件对微生物生长繁殖会产生一定影响，不同培养条件下，微生物的生理、生长及繁殖等会发生一定的变化，如培养温度、培养液初始 pH 等[34]。

温度能显著改变微生物的生长及代谢，是菌种生长的一个重要环境因子，它可以从两个方面影响微生物的生长：温度较高时，微生物的生长繁殖较快，酶催化反应速度也较快；一旦温度超过某个限度后，蛋白质、核酸及细胞组分则会受到不可逆转的损害，以致微生物的生长和代谢受到抑制甚至停滞。因此，随着温度的上升，微生物的生长代谢速度会逐步增至某一极限，然后急剧下降。

环境 pH 对微生物菌种的生长繁殖也有着较大影响。pH 的大小会关系到细胞膜所带的电荷，进而影响菌液对培养基营养源的吸收，从而影响自身的生长繁殖。此外，pH 大小还影响培养基中有机物质的离子化程度，对菌液产生间接影响，促进或抑制菌液的生长繁殖。微生物通常可以在一个较宽的 pH 范围内生长，但都存在一个最适 pH，此时微生物的酶活性最高。对于磷酸盐矿化菌，温度和 pH 对其生长的影响如图 1-52 所示。

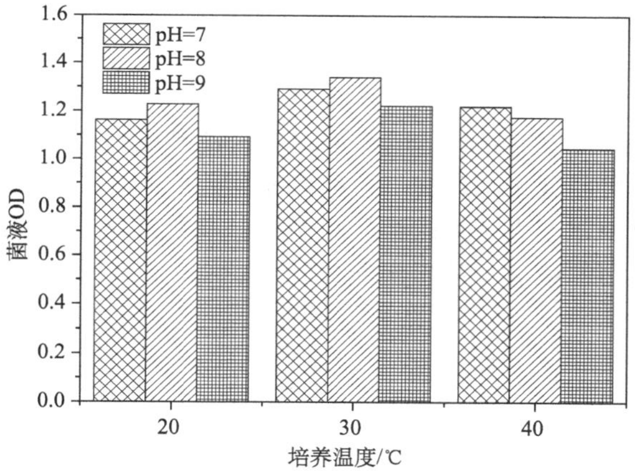

图 1-52　温度、pH 对磷酸盐矿化菌生长的影响

由图 1-52 可看出，菌株在温度为 30℃、pH 为 8 时生长最好。而在 20 ℃和 40 ℃以及 pH 为 7 和 9 条件下，菌株生长相对缓慢，这表明菌株生长需要一个最适温度和 pH。过高或过低的温度和 pH 条件均不利于菌株生长。

1.7.4　重金属离子对细菌生长的影响

通常情况下，重金属会对微生物产生毒害作用，而微生物会对重金属离子产生一定的抗性和解毒作用，吸附和转化重金属。微生物在重金属的作用下，不断增强自身耐性及选择性。图 1-53 显示了 Zn^{2+}浓度对磷酸盐矿化菌生长繁殖的影响，当细菌处在低浓度(1 mmol/L)的 Zn^{2+}环境时，其生长与未加 Zn^{2+}的细菌生长呈现出相似的规律，这表明低浓度 Zn^{2+}加入对菌液生长影响不大；当细菌处在较高浓度(10 mmol/L)的 Zn^{2+}环境时，其生长情况明显弱于低浓度的 Zn^{2+}环境，同时细菌延迟期延长，对数期推迟出现，这表

明菌株的生长受到 Zn^{2+}浓度的影响；而当细菌处在高浓度(50 mmol/L)的 Zn^{2+}环境时，细菌的生长受到极大抑制，菌液在该 Zn^{2+}浓度环境下几乎不生长，这表明高浓度的 Zn^{2+}对细菌生长有明显的毒害作用[35]。

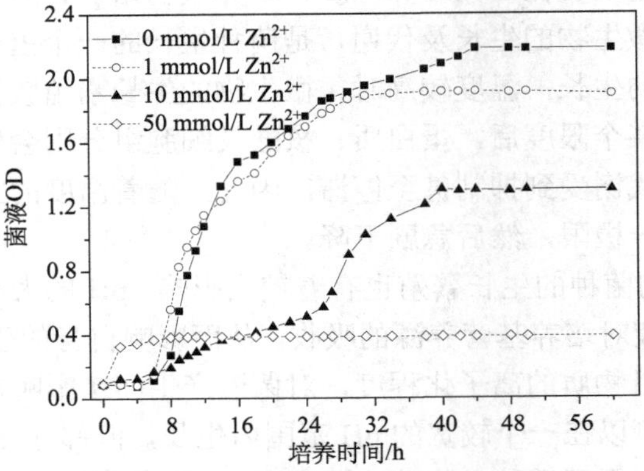

图 1-53 不同 Zn^{2+}浓度下菌株生长曲线

1.7.5 底物种类对细菌生长的影响

在 30 ℃、pH 为 7、170 r/min 下培养 24 h，四种底物对菌株生长的影响如图 1-54 所示，底物的加入会对菌液生长产生一定的抑制作用。其中，掺加底物二的菌液 OD 相比未加底物的对照组变化不大，抑制作用可忽略；掺加底物一、三的菌液，其抑制作用较明显；而掺加底物四的菌液，几乎不能生长[34]。

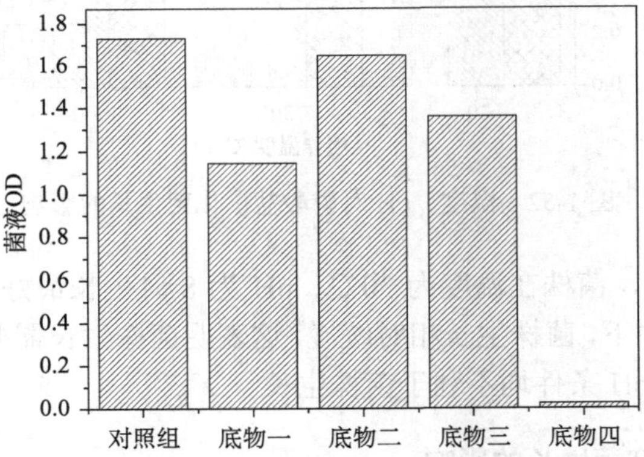

图 1-54 不同底物下菌株的生长情况

1.8 酶促离子形成与矿化机理

1.8.1 微生物酶

酶是一类生物催化剂，支配着生物的新陈代谢、营养和能量转换等许多催化过程，与生命过程关系密切的反应大多是酶催化反应。酶能够使细胞内错综复杂的物质代谢过程有条不紊地进行，使物质代谢与正常的生理机能互相适应。酶的催化机理和一般化学催化剂基本相同，通过降低反应能来提高化学反应的速度，在恒定温度下，反应体系中每个反应物分子所含的能量虽然差别较大，但其平均值较低，这是反应的初态。底物到产物这个反应之所以能够进行，是因为有相当部分的底物分子已被激活成为活化分子，活化分子越多，反应速度越快。酶能加快化学反应的速度，效率提高 10^7 倍以上，但不能改变化学反应的平衡点，也就是说酶在促进正向反应的同时也以相同的比例促进逆向反应，所以酶的作用是缩短了到达平衡所需的时间，但平衡常数不变，在无酶的情况下达到平衡点需几个小时，在有酶时可能只要几秒钟就可达到平衡。自然界数十亿年前已经存在的微生物矿化作用可以为人类所用，酶的加速反应进程起着极其重要的作用。

微生物产酶包括细胞内、细胞外两种方式。胞内酶是指在细胞内产生并在细胞内起催化作用的酶，胞内酶在细胞内常与颗粒体结合并有着一定的分布；胞外酶是指在细胞内产生而在细胞外起作用的酶，包括位于细胞外表面或细胞外质空间的酶，也指释放入培养基的酶，利用这种胞外酶催化反应，可以不必把细胞破坏，胞外酶在细胞质中以游离状态存在，能从细胞中释放到细胞外环境。

1.8.2 胶质芽孢杆菌酶活性

(1) 酶活性表征方法

酶活性是指酶催化某一化学反应的能力，酶活性的大小可通过单位时间内催化的某一化学反应的反应物消耗量或产物生成量来表示(在特定条件下)。胶质芽孢杆菌矿化作用酶能够特定催化乙酸对硝基苯酯和二乙基丙二酸的反应，生成对硝基苯酚，对硝基苯酚具有显色作用，不同程度的显色与其浓度直接相关，可通过全波长酶标仪(BioTek)快速确定对硝基苯酚显色程度与浓度的关系[31]。对硝基苯酚浓度与吸光度的关系如图 1-55 所示。

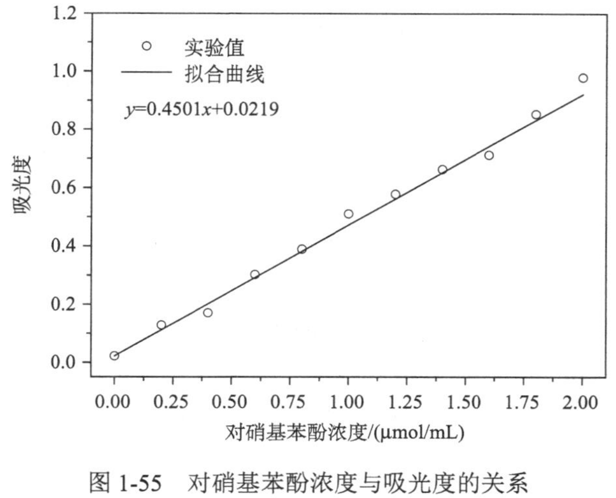

图 1-55　对硝基苯酚浓度与吸光度的关系

将 0.02 mmol 乙酸对硝基苯酯溶于 1 mL 无水乙醇中，另将 0.02 mmol 二乙基丙二酸用 9 mL 磷酸缓冲溶液溶解，两者混合作为工作溶液；将微生物菌液稀释 5 倍，采用移液枪移取 1 mL 微生物菌液和 1 mL 工作溶液，混合后放入全波长酶标仪检测箱中，设置检测箱温度为 30℃；反应 30 min 后，在波长 460 nm 处测量溶液的吸光度，对照对硝基苯酚浓度与吸光度的关系曲线获得生成对硝基苯酚的量，通过单位时间对硝基苯酚生成量来表征胶质芽孢杆菌矿化作用酶的活性。

(2) 温度对微生物酶活性的影响

微生物菌液和工作溶液混合后，调节混合溶液 pH 为 7，分别将其在不同温度环境下静置 30 min，之后迅速移入酶标仪测量吸光度，确定对硝基苯酚的生成量，并通过计算获得微生物酶活性。温度对微生物酶活性的影响如图 1-56 所示。

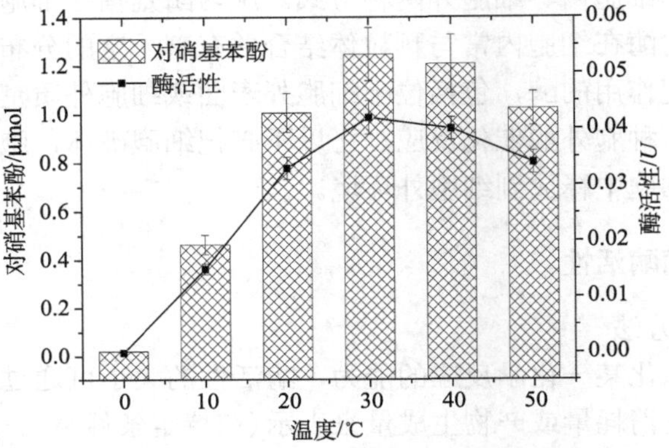

图 1-56 温度对微生物酶活性的影响

由图 1-56 可知，从低温到高温，微生物酶活性存在显著的差异，在不同环境温度下，对硝基苯酚的生成量分别为 0.021 μmol、0.463 μmol、1.004 μmol、1.246 μmol、1.205 μmol 和 1.021 μmol，微生物酶活性分别为 0.001 *U*、0.015 *U*、0.033 *U*、0.042 *U*、0.040 *U* 和 0.034 *U*。环境温度为 30 ℃时，微生物酶活性最大，随着环境温度的降低，微生物酶活性急剧下降；与 30 ℃时微生物酶活性相比，20 ℃、10 ℃时微生物酶活性分别下降了 21.4%、64.3%，0 ℃时微生物酶活性基本不存在；随着环境温度的上升，微生物酶活性有下降的趋势，与 30 ℃时微生物酶活性相比，40 ℃、50 ℃时微生物酶活性分别下降了 4.7%、19.0%。由此可见，温度是影响微生物酶活性的重要因素，较低的温度严重限制了微生物酶活性，过高的温度对微生物酶活性也存在负面影响。

(3) pH 对微生物酶活性的影响

将菌液和工作溶液混合后，调节溶液 pH 分别为 6、7、8、9、10、11，并分别将其在 30 ℃环境下静置 30 min，迅速移入酶标仪测量吸光度，确定对硝基苯酚的生成量和微生物酶活性。pH 对微生物酶活性的影响如图 1-57 所示。

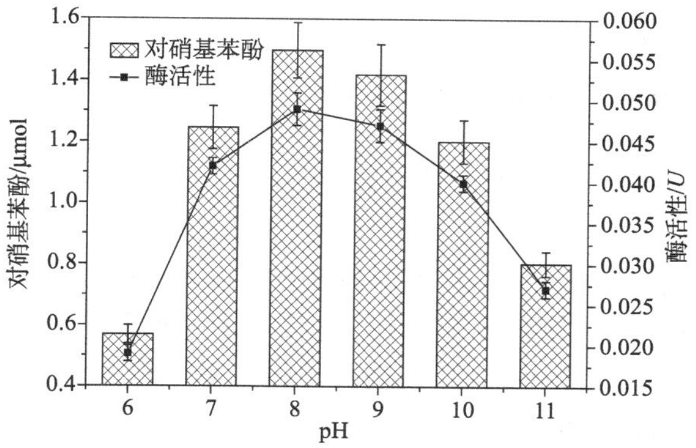

图 1-57　pH 对微生物酶活性的影响

由图 1-57 可知，在 pH 为 6、7、8、9、10、11 环境下，对硝基苯酚的生成量分别为 0.569 μmol、1.246 μmol、1.498 μmol、1.419 μmol、1.202 μmol 和 0.803 μmol，微生物酶活性分别为 0.019 *U*、0.042 *U*、0.049 *U*、0.047 *U*、0.040 *U* 和 0.027 *U*。在弱酸（pH=6）环境下，对硝基苯酚的生成量、微生物酶活性均处于最低水平；在中性（pH=7）、弱碱（pH=8、9）环境下，对硝基苯酚的生成量、微生物酶活性均较高；在较强碱性（pH=10、11）环境下，对硝基苯酚的生成量、微生物酶活性有所下降。实验结果表明，弱酸性环境和较强的碱性环境均不利于微生物酶催化反应能力的发挥，原因可能是上述环境会破坏微生物菌体，影响微生物的稳定性，甚至造成微生物菌体死亡溶解，进而影响微生物产酶数量和酶的稳定性，降低了微生物酶催化反应的能力；与较强碱性（pH=10、11）环境相比，弱酸（pH=6）环境对微生物酶活性的负面影响更为显著。

1.8.3　碳酸盐矿化菌产脲酶机制与酶活性测定

脲酶又称尿素酶，其系统命名为酰胺水解酶，是人类首次获得晶体并发现含有镍离子的金属酶，其分子量为 120000～130000，在有水的情况下，它能将尿素分解为氨与二氧化碳，最大水解速度一般为 2.0～4.0 mmol 尿素/（h·mg 酶蛋白），10^{14} 倍于无脲酶催化时的反应速度。脲酶在自然界广泛存在，从低等微生物到高等植物都能分离出脲酶，实际应用往往更多主要来源于豆类植物，如刀豆脲酶、黄豆脲酶等。但是，这些植物生长周期较长，收获时间也受季节限制，脲酶提纯工艺复杂，成本较高，相对于建筑材料中矿化应用而言，可在原位快速生长产酶的微生物脲酶更具高效、经济的优势[32]。

（1）脲酶活性测定

脲酶的活性以其在单位时间内分解尿素的能力来表征，可采用酶活力 U 以及单位酶活力 S 共同表征菌液中的脲酶活性，定义如下：

$$S = U / D \tag{1-4}$$

式中，U——酶活力，mmol/（L·min）；

S——单位酶活力，mmol/（L·min·OD）；

D——菌液于 600 nm 测得的 OD。

采用对二甲氨基苯甲醛比色法与电导率法测试菌液中的脲酶活性。

1) 对二甲氨基苯甲醛比色法

可采用对二甲氨基苯甲醛比色法测定菌液中的尿素含量变化，监测酶解过程中尿素分解率来表征菌液酶活力与单位酶活力。在酸性条件下，对二甲氨基苯甲醛与尿素反应，生成的对二甲氨基甲醛脲为柠檬黄色化合物，其颜色深浅与尿素含量成正比，可以通过比色测定。

准确称取 10 g 分析纯对二甲氨基苯甲醛试剂，加入 400 mL 蒸馏水、36 mL 浓硫酸，冷却后加入 10 mL 浓氨水，转移至 500 mL 容量瓶中，稀释至刻度，储于棕色瓶中，待用。同时配制 $c(1/2H_2SO_4)$=2.0 mol/L 硫酸及 40 g/L 尿素标准液各 100 mL，待用。

配制 0、5 mg/mL、10 mg/mL、20 mg/mL、30 mg/mL、40 mg/mL、50 mg/mL、60 mg/mL、70 mg/mL、80 mg/mL、90 mg/mL、100 mg/mL 不同浓度尿素标定液。分别吸取各 2 mL 尿素浓度标定液样品于 12 个 50 mL 容量瓶中。用蒸馏水稀释至 25 mL，并加入 1 滴 1% 酚酞溶液，用 2 mol/L 硫酸溶液调至无色，再多加 2 mL，并用力摇匀，用移液枪准确加入 2 mL 对二甲氨基苯甲醛显色试剂，稀释至刻度。5 min 后，采用 756 型紫外分光光度计，430 nm 波长，1 cm 比色皿，以试剂空白为参比，测定其吸光度。标定的尿素浓度与 430 nm 处测得的光密度呈线性相关，可采用式(1-5)表示，对二甲氨基苯甲醛试剂与尿素标准溶液的吸光度与浓度符合朗伯-比尔定律，而且线性范围较宽，可以用单点标定校准的方法比色测定尿素含量。

$$N = 145.3 \cdot OD_{430} - 0.355 \tag{1-5}$$

式中，N——尿素浓度，mg/mL；

OD_{430}——待测液在 430 nm 测得的光密度。

在一定酶反应时间间隔 t 内，前后分两次各取 2 mL 待测菌液样品，采用对二甲氨基苯甲醛比色法测定 430 nm 处待测液光密度，根据式(1-5)计算菌液中两次的尿素浓度 N_1、N_2，尿素初始浓度大于 100 mg/mL 的样品需先稀释至标定曲线测定范围内，再按稀释倍数进行换算。菌液酶活力 U 如式(1-6)计算，单位酶活力如式(1-4)计算：

$$U = \frac{N_1 - N_2}{t} \times \frac{1000}{60} \tag{1-6}$$

式中，U——菌液酶活力，mmol/(L·min)；

N_1——酶解前菌液中尿素浓度，mg/mL；

N_2——酶解后菌液中尿素浓度，mg/mL；

t——酶解反应时间，min。

2) 电导率法

菌液中的脲酶活性还可以通过溶液中电导率的变化进行测定与计算。菌液中的尿素被脲酶分解后，如式(1-7)所示，生成 NH_4^+ 与 CO_3^{2-}，菌液中的离子数量迅速增加，菌液中的电导率也随之迅速反应增大。根据 Whiffin 的研究结果，其电导率的变化速率与菌液中脲酶的酶活性呈线性相关。将菌液在 25 ℃反应条件下，注入 1.5 mol/L 尿素溶液中，连续测量 5 min 内的电导率，则菌液的脲酶活性可如式(1-8)计算：

$$H_2N—CO—NH_2 \longrightarrow 2NH_4^+ + CO_3^{2-} \tag{1-7}$$

$$U=11.11f \quad (R^2=0.9988) \tag{1-8}$$

式中，U——菌液酶活力，mmol/(L·min)；

f——菌液中电导率变化速率，mS/min。

(2)胞内脲酶

根据脲酶作用的位置可分为胞内脲酶、胞外脲酶以及细胞间质脲酶。胞外脲酶合成于细胞内，而在细胞外起作用，包括位于细胞外表面或细胞外质空间的酶，这种酶在细胞质中以游离状态存在，其酶解尿素的整个过程都在细胞外进行，利于提纯，酶活性较高，但也正由于其缺少细胞壁的保护，其酶活性受环境因素影响较大，更易丧失。胞内脲酶合成于细胞内，并在细胞内完成酶解过程，酶解结束后再将产物代谢于细胞壁外。这种脲酶过程更为复杂，而且需要经过细胞破碎才能提取脲酶，但是相对于胞外脲酶，其增添了细胞壁层的保护，更有利于恶劣环境中酶活性的保持与稳定。

为了探明选取的碳酸盐矿化菌脲酶作用方式，将菌株接种培养至稳定期，取 50 mL 菌液，以 4000 r/min 离心 10 min，取上清液，即得 *S*1。将沉淀 *P*1 重悬于 10 mL PBS 溶液中(20 mmol/L，pH9.0)，混匀后于 6000 r/min 离心，收获上清液，重复一次。合并两次上清液得 *S*2。合并 *S*1、*S*2，得到胞外脲酶 *M*1。

再将沉淀 *P*2 重悬于渗透休克的蔗糖溶液中，混匀，冰浴 30 min 后于 8000 r/min 离心 10 min，收获上清液得 *S*3。将沉淀 *P*3 重悬于 10 mL 冰水中，混匀，冰浴 20 min，8000 r/min 离心 10 min，收获上清液得 *S*4，合并 *S*3 和 *S*4，即得细胞间质脲酶 *M*2。

将沉淀 *P*4 重悬于 10 mL PBS 溶液中(20 mmol/L，pH9.0)，混匀后，超声波破碎细胞；45%功率，超声波 3 s，停 3 s，破碎细胞总时间 30 min。8000 r/min 离心 10 min，收获上清液得 *S*5，即得胞内脲酶 *M*3。

以 1 mol/L 尿素为底物，采用对二甲氨基苯甲醛比色法分别测定所获得的胞外脲酶 *M*1、细胞间质脲酶 *M*2 以及胞内脲酶 *M*3 的活性，实验结果列于表 1-6。可以看出，细胞培养液的胞外和间质部位均未检测到脲酶活性，而从细胞破碎中提取的上清液里检测到较高的脲酶活性，达到 4.35 mmol/(L·min)，证实碳酸盐矿化菌为胞内脲酶，其酶解尿素过程如图 1-58 所示。底物尿素首先通过细胞膜渗入细胞内，随之在胞内合成的脲酶作用下，分解形成 NH_4^+ 与 CO_3^{2-}，再以 H^+、NH_3、CO_3^{2-}的形式通过细胞膜，排出细胞体外。菌液环境中底物尿素含量不断减少，NH_4^+ 与 CO_3^{2-}逐渐大量累积，环境 pH 升高，最终完成尿素酶解的整个过程。在此过程中，脲酶从未释放至细胞体外，而是底物与产物不断通过细胞膜的交换出入完成能量的转换，同时对胞内脲酶起到了较好的保护作用。

表 1-6 细胞不同部位脲酶活性

酶种类	胞外脲酶 *M*1	细胞间质脲酶 *M*2	胞内脲酶 *M*3
脲酶活性/[mmol/(L·min)]	0	0	4.35

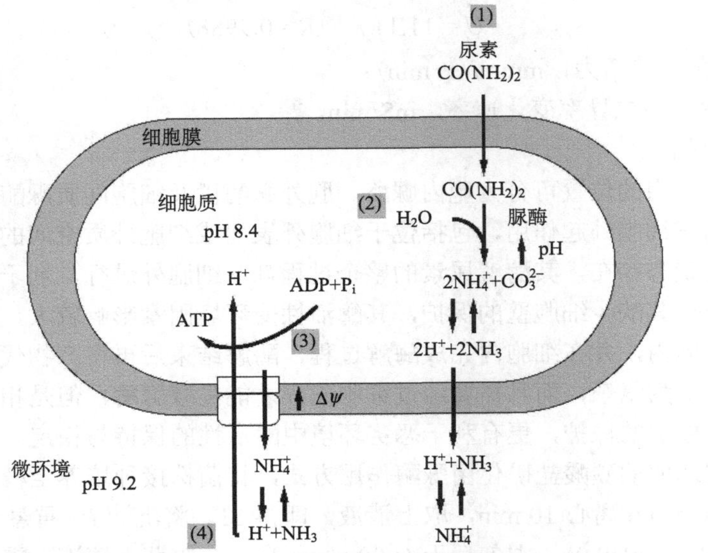

图 1-58　碳酸盐矿化菌胞内脲酶分解尿素示意图

(3) 尿素诱导酶

微生物专性酶的形成是否需要物质诱导，是酶应用中的重要特征之一。如上所述，碳酸盐矿化菌在新陈代谢过程中形成的脲酶为胞内酶，对于酶活性的稳定保持具有积极的意义，但是在形成过程中是否必须要有尿素的诱导参与，将直接影响应用中脲酶的利用方式及效果。若碳酸盐矿化菌的胞内酶为尿素诱导酶，也就是必须在尿素的充分参与下才能形成，菌株培养过程中添入的尿素已完成绝大部分分解，Ca^{2+}一旦引入，$CaCO_3$迅速沉淀，则无法在缓慢矿化沉积出方解石的过程中完成矿化胶结，从而影响应用效果。

以 1%的接种量将碳酸盐矿化菌分别接种于 100 mL 不加尿素与添加 0.5 mol/L 尿素的牛肉浸膏蛋白胨培养基中，于 37 ℃、170 r/min 条件下振荡培养 24 h 后取出，往菌液中再次添加 4 mol/L 尿素 10 mL，静置 5 min 后，采用对二甲氨基苯甲醛比色法测定菌液中的脲酶活性，以探明底物尿素的诱导是否是碳酸盐矿化菌产脲酶的必要条件。

实验结果列于表 1-7，无论在培养过程中是否加入尿素，碳酸盐矿化菌均能顺利产生脲酶，但是酶活性差异较大。通过对菌液中 pH 的监测发现，尿素诱导培育的菌液在培养过程中就已经完成尿素的酶解，其在尿素的诱导作用下，可以获得更高的酶活性；而未加尿素培养的菌液中虽有少量酶，但这主要是培养基中含氮物质降解时产生的少量尿素所致。可见，碳酸盐矿化菌形成的胞内脲酶确为尿素诱导酶，其诱导机理如图 1-59 所示，在无底物尿素存在时，调节基因(R)产生的阻遏蛋白与操纵基因(O)结合，启动基因上的 mRNA 聚合酶就无法到达结构基因(S)，转录无法进行，就不能合成相应的脲酶蛋白，即脲酶的生物合成受阻。而当诱导底物尿素存在时，如图 1-59 所示，其能与阻遏蛋白结合而使阻遏蛋白的结构发生改变，失去了与操纵基因的结合能力。阻遏蛋白不与操纵基因结合，mRNA 聚合酶就可以到达结构基因，顺利进行转录，翻译后即合成结构基因对应的脲酶，完成对脲酶的诱导作用。

表 1-7　尿素诱导培养 24 h 菌液酶活性

培养方法	U/[mmol/(L · min)]	初始 pH	培养后 pH	水解后 pH
无尿素培养基	0.38	7.0	7.5	9.1
含尿素培养基	3.19	7.0	9.1	9.5

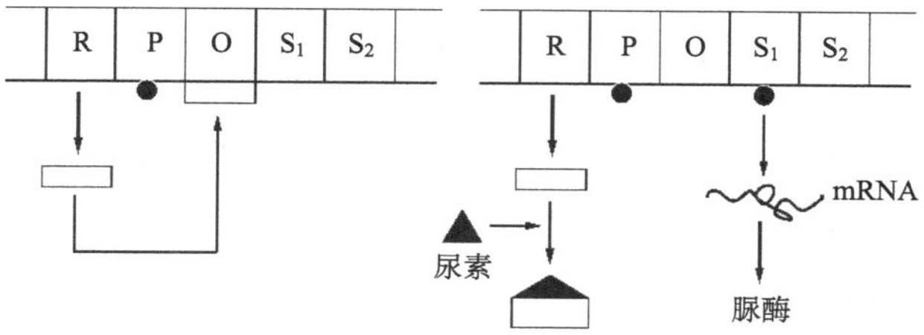

图 1-59　尿素诱导机理

R. 调节基因；O. 操纵基因；S. 结构基因

如上所述，碳酸盐矿化菌的胞内脲酶确为尿素诱导酶，其在培养过程中底物尿素的适量参与可以显著提高其酶活性。这种脲酶合成的诱导对于微生物具有十分重要的意义。从营养的角度看，碳酸盐矿化菌可以根据环境所提供的尿素，诱导合成脲酶，以分解底物尿素，吸收营养，进行代谢活动，从而加强其对环境的适应能力；从细胞经济的角度看，微生物仅在需要时(底物尿素存在时)才能合成脲酶，在不需要时便不合成，避免了生物合成的原料和能量的浪费。

(4) 延续合成酶

碳酸盐矿化菌细胞的生长过程较为复杂，经历延迟期、对数期、稳定期、衰亡期，而其胞内脲酶何时开始形成，何时达到高产高峰，它的形成是否与细胞生长同步进行，对于有效利用其酶活性具有重要的指导意义。

将碳酸盐矿化菌以 2%的接种量接种于高温灭菌的 1.5.2 节提到的天然培养基 II 中，其中尿素过滤灭菌后掺入，浓度为 20 g/L，于 37℃、170 r/min 条件下振荡培养，每 2 h 测试其菌液光密度(600 nm)，同时采用电导率法测试菌液的酶活性，连续 48 h，测试结果如图 1-60 所示。

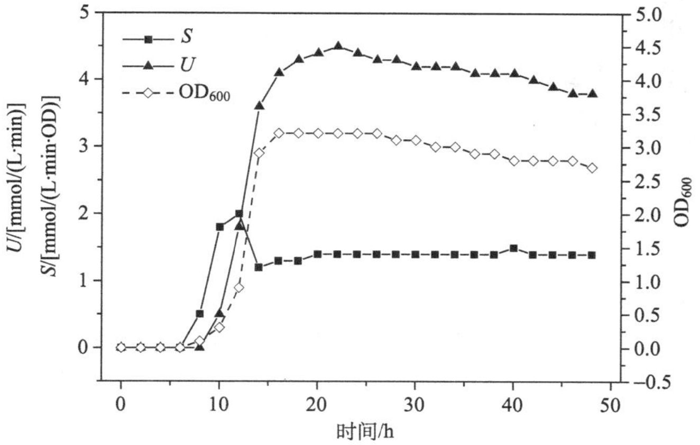

图 1-60　碳酸盐矿化菌细胞生长与脲酶合成关系

由图 1-60 可以看出，碳酸盐矿化菌胞内脲酶的合成伴随着细胞的生长而开始，几乎同步进行脲酶的合成，但当细胞生长进入稳定期后，其脲酶仍可以延续合成较长一段时间，在细胞完成对数期 6 h 后，其酶活力 U 才达到峰值 4.48 mmol/(L·min)，而菌株单位酶活力 S 则在细胞对数期达到峰值 2.02 mmol/(L·min·OD)，随后迅速衰减，并逐渐趋于稳定在 1.40 mmol/(L·min·OD)。脲酶在细胞生长达到稳定期以后，新的 mRNA 不再生成，但仍可以延续合成，表明碳酸盐矿化菌合成脲酶对应的 mRNA 相当稳定，在稳定期以后的相当长一段时间内仍然可以通过翻译合成脲酶。由此可见，碳酸盐矿化菌以延续合成的模式合成脲酶，使其在发酵过程中没有生长期与产酶期的明显区别，酶合成时间比较长，有利于缩短产酶周期，提高产酶率。

1.8.4 磷酸盐矿化菌酶活性

碱性磷酸酶是一种非特异性的单磷酸酯水解酶，即通过水解底物，将其分子上的磷酸基团除去，同时生成磷酸根离子，可催化几乎所有的磷酸单酯的水解反应，广泛存在于微生物和生物体内，在磷生物地球化学循环中起着重要作用。磷酸盐矿化菌在生长过程中产生碱性磷酸酶并与细胞膜紧密结合。

(1) 酶解机理分析

菌株的酶化作用主要分为 4 个环节：①底物向细胞迁移到细胞附近区域；②底物被细胞吸收到细胞体内；③底物在细胞体内被酶化分解；④产物被排出细胞体外。

酶催化作用的本质是酶活性中心与底物分子之间通过短程非共价力(氢键、离子键和疏水键等)的作用，形成 E-S(酶–底物)反应中间物(图 1-61、图 1-62)，使底物价键的形态发生变化或极化，从而可激活底物分子、降低过渡态活化能，使底物发生酶解作用而分解。

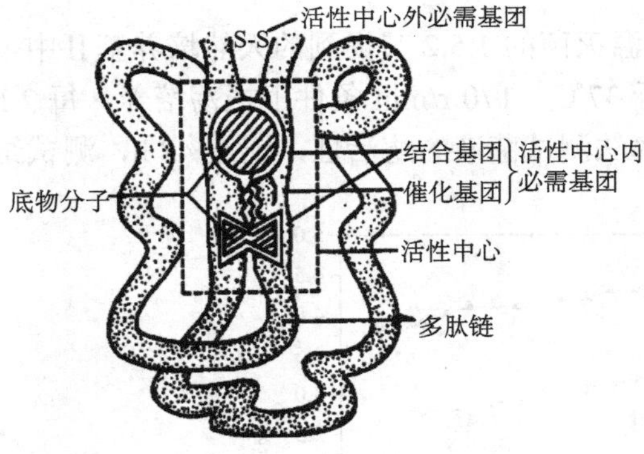

图 1-61　酶的活性中心结构图[35]

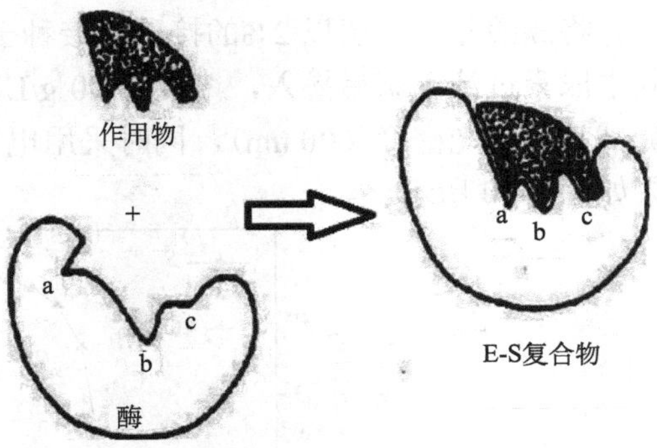

图 1-62　酶和底物作用示意图[35]

底物的水解催化及转移反应过程如图 1-63 所示。

碱性条件下($pH > 9$)，非共磷酸复合物($E \cdot P_i$)的解离(磷酸基团的释放)是反应的限速步骤。酸性条件下($pH < 6$)，磷酸–酶共价复合物(E-P)的水解是限速步骤。

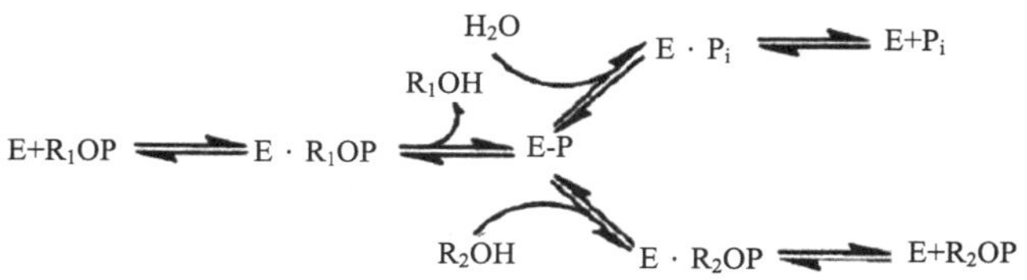

图 1-63　AP 催化磷酸酶单酯的水解反应和转移反应的动力学图解[16]

(2)酶活力表征方法

利用甘油铜比色法[式(1-9)]测定磷酸酶的活性大小，所需要的仪器、材料为 756 型紫外分光光度计、电子天平、振荡器、去离子水、恒温水浴锅；甘油、$CuSO_4$、NaOH，均为分析纯；自配 $CuSO_4$ 溶液，0.3 mol/L；自配 NaOH 溶液，1 mol/L。碱性条件下，甘油会和铜离子作用，生成深蓝色的络合物(图 1-64)，其在一定波长下存在最大吸收峰，可用比色法进行测定。

$$\text{底物}\xrightarrow{\text{碱性磷酸酶}}\text{甘油}+\text{磷酸根，甘油}+Cu^{2+}\xrightarrow{OH^-}\text{甘油铜络合物（深蓝色）}\quad(1\text{-}9)$$

1)最佳波长确定

配制甘油溶液，浓度为 0.1 mol/L；在试管中加入 1 mL $CuSO_4$ 溶液、4 mL 碱液，摇匀后加入上述甘油溶液 10 mL，振荡 12 min 后过滤，测量滤液在 510～670 nm 各波长下的吸光度，并确定最大吸光度处的波长。吸光度随波长变化的曲线如图 1-65 所示，甘油铜在 630 nm 处存在最大吸光度。

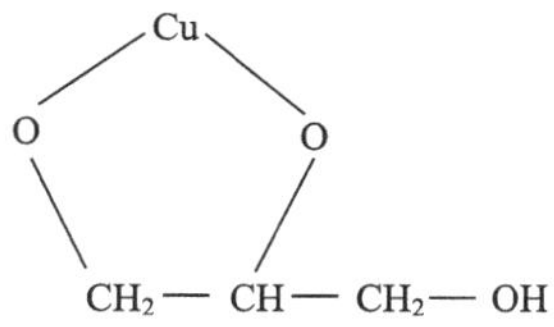

图 1-64　甘油铜络合物结构

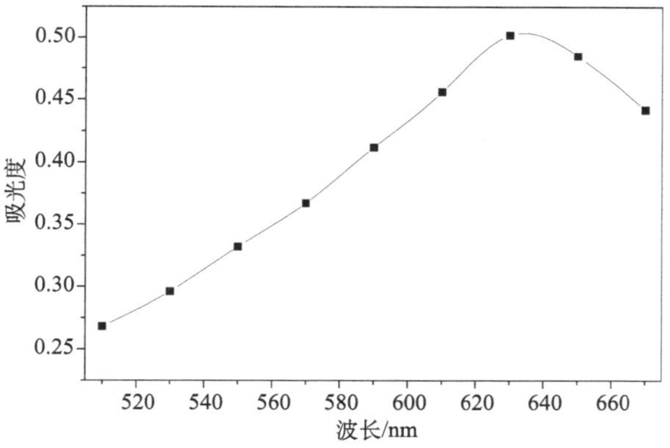

图 1-65　吸光度随波长变化的曲线

2)甘油含量标准曲线

取试管多支，分别加入 $CuSO_4$ 溶液 1 mL、碱液 4 mL，摇匀，然后加入不同摩尔浓度(0.01 mol/L、0.02 mol/L、0.03 mol/L、0.04 mol/L、0.05 mol/L、0.06 mol/L、0.07 mol/L、0.08 mol/L、0.09 mol/L、0.10 mol/L、0.11 mol/L、0.12 mol/L、0.13 mol/L、0.14 mol/L、0.15 mol/L、0.16 mol/L、0.17 mol/L、0.18 mol/L、0.19 mol/L、0.20 mol/L、0.30 mol/L、0.40 mol/L、0.50 mol/L、0.80 mol/L、1.00 mol/L)的甘油溶液 10 mL，显色振荡 12 min，过滤，在 630 nm 处测定吸光度。

不同甘油浓度下的吸光度如图 1-66 所示，溶液中甘油浓度低于 0.15 mol/L 时，甘油浓度与吸光度近似呈线性关系；甘油浓度超过 0.15 mol/L 时，吸光度与甘油浓度不再呈线性关系，因此待测溶液中甘油浓度不宜超过 0.15 mol/L。将甘油浓度在 0.01～0.15 mol/L 作标准曲线，如图 1-67 所示。

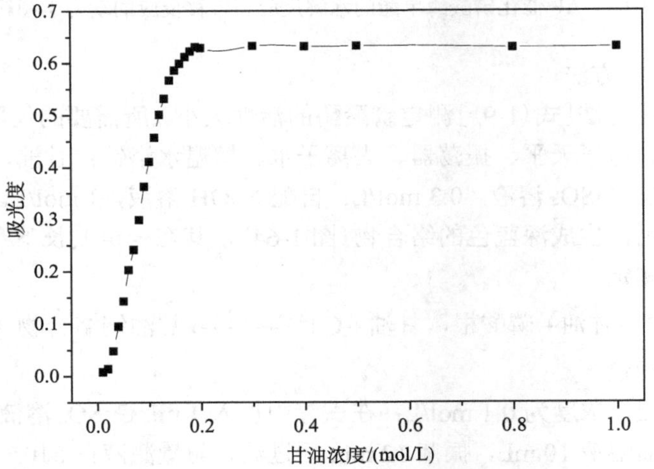

图 1-66　不同甘油浓度下的吸光度

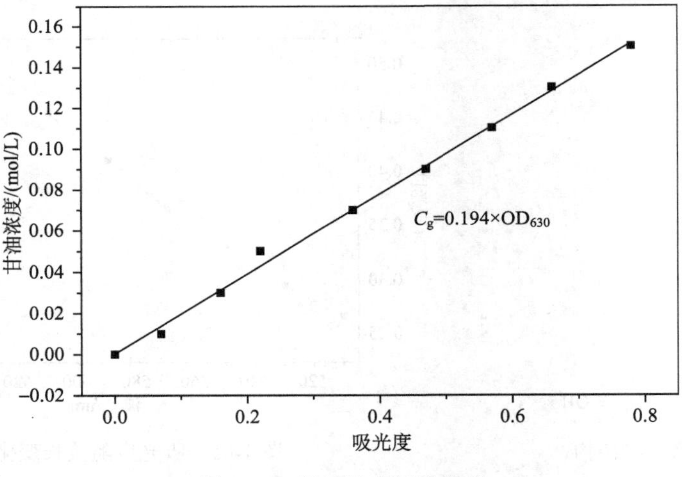

图 1-67　甘油浓度标准曲线

由图 1-67 可知，甘油的浓度 C_g 在一定范围内（0～0.15 mol/L）和吸光度呈线性关系，拟合关系式为

$$C_g=0.194\times OD_{630} \tag{1-10}$$

通过式(1-10)可确定底物分解量，理论上每生成 1 mol 甘油，即有 1 mol 底物发生分解，底物分解质量 η_s 为

$$\eta_s=0.194\times OD_{630}\times 216\times V_0 \tag{1-11}$$

式中，V_0——溶液体积。

3）底物分解量随时间变化关系

在定量菌液（1 L，OD_{630}=1.6）的前提下，考察不同底物浓度对于菌液酶化作用的影响。向培养好的菌液中添加不同质量的底物，配成浓度分别为 5 g/L、10 g/L、20 g/L、30 g/L、40 g/L 和 50 g/L 的底物-菌液。放置于摇床中，在 170 r/min、温度 30 ℃条件下进行酶解，并于不同时间对溶液进行取样测试，测定底物分解量，实验结果如图 1-68 所示。

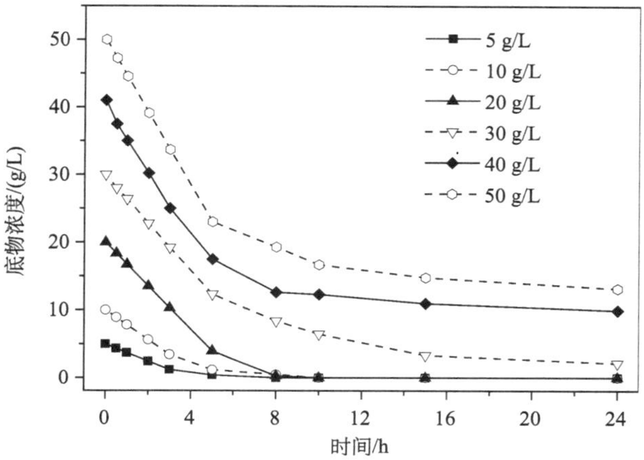

图 1-68　不同底物浓度下菌液对底物分解速率

由图 1-68 可知，底物分解速率随浓度增加而增加，随着底物的消耗，分解速率逐渐减小。在 0～3 h 可认为分解速率与时间成正比，并可以考虑以 3 h 为时间间隔来表征酶催化反应速率。

以 3 h 为测量时间间隔，则酶活力 U[g/(L·h)]可以表示为

$$U=0.194\times OD_{630}\times 216/3=13.97\times OD_{630} \tag{1-12}$$

从图 1-68 中还可看出，该菌产酶分解底物能力具有一定的限度，定量菌液 24 h 内分解量在 30 g 左右，实际应用时底物 S 用量低于 30 g/L 为宜。

4）酶活力表征方法

取待测酶活性的菌液 20 mL，均匀放于两支试管中，分别编号Ⅰ、Ⅱ。向Ⅰ加入底物 0.5 g，Ⅱ加底物 0.5 g 并立即加入 NaOH 溶液 4 mL（1 mol/L）。静置 3 h 后，向Ⅰ试管中加入 $CuSO_4$ 溶液 1 mL（0.3 mol/L），NaOH 溶液 4 mL（1 mol/L）；向Ⅱ试管中加入 $CuSO_4$ 溶液 1 mL（0.3 mol/L）。显色振荡 12 min，过滤后在 630 nm 处测定吸光度，分别记为 OD_1 和 OD_2。则酶活力计算方法：

$$U=13.97\times(OD_1-OD_2) \tag{1-13}$$

（3）菌液生长与酶活力关系

用灭好菌的 1 mL 无菌吸管连续两次吸取 1 mL 菌种，接种至已灭菌的 100 mL 液体培养基中，置恒温振荡培养箱于 30℃、170 r/min 条件下培养。分别在不同培养时间下，测定菌液生长和酶活力随时间的变化规律，研究菌液生长与产酶规律，如图 1-69 所示。

为进一步研究不同菌液浓度下酶活性的大小，将菌液稀释为不同浓度，分别测定对应浓度下的酶活力大小，结果如图 1-70 所示。

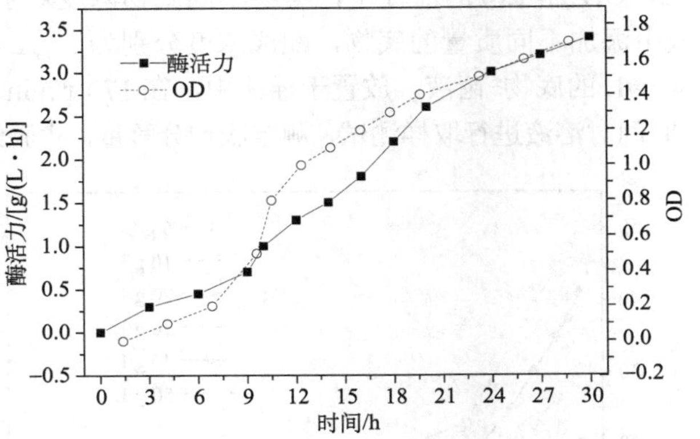

图 1-69　菌液生长及酶活力随时间的变化规律

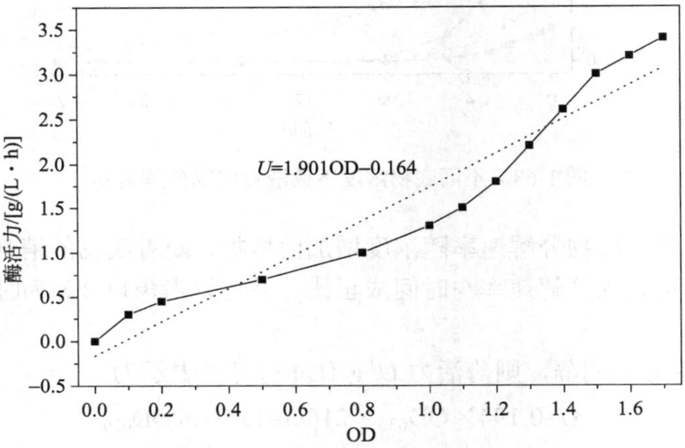

图 1-70　菌液浓度(OD)与酶活力关系

由图 1-69 可知，菌株随着时间变化不断生长繁殖，菌液酶活性也以同样的规律随时间增长，即菌液酶活性随着菌液 OD 的增大而增大。从图 1-70 中可以看出菌液酶活力与菌液生长呈正相关，菌液 OD 越高，则酶活力越高，近似线性拟合可得到酶活力与 OD 之间的关系为

$$U \approx 1.9 \times OD_{630} - 0.164 \tag{1-14}$$

(4) pH 和温度对酶活力的影响

反应液 pH 对酶的催化影响很大，每种酶都有其最适宜的 pH 范围及最适 pH。在最适宜 pH 范围内，酶会充分发挥其催化活性，酶催化效率达到最佳。pH 对酶催化作用的影响，主要来自于对酶分子及底物中的基团的离解作用，从而使得酶分子的构象发生变化，影响酶与底物分子的结合能力和催化能力。极端 pH 条件下，酶分子的空间结构发生较大变化，并导致酶的变性失活。

温度也会对酶的催化作用产生影响，每种酶都有其最适宜的温度范围，此时酶的催化效率较高，最适温度条件下，酶催化效率达到最大。温度会从两个方面影响酶的活性：一方面，随温度的变化，酶催化反应速率会显著增加；另一方面，酶是生物大分子，温度过高会使其失活，甚至引起酶的变性而丧失其催化活性。因此，在两个方面的共同影响下，酶催化反应速率会在某一特定的温度条件下达到最大，即最适温度。

向 1 L 菌液中加入 25 g 底物，研究不同 pH 和温度对酶活力的影响，如图 1-71、图 1-72 所示。

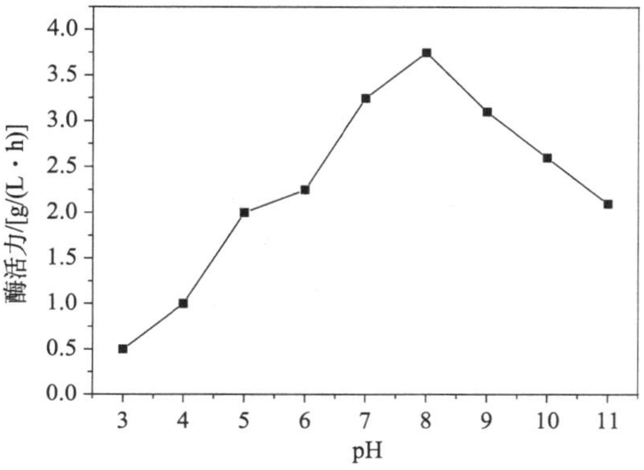

图 1-71　不同 pH 下菌液酶活力变化

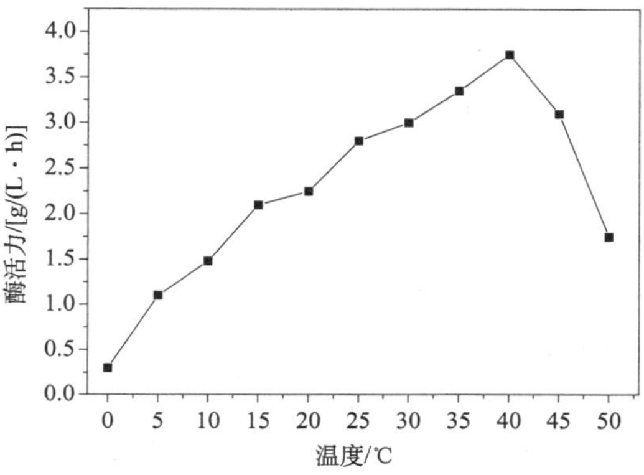

图 1-72　不同温度下菌液酶活力变化

由图 1-71 可知，pH 过低不利于酶活力的提升，最佳酶促反应 pH 为 7～9；由图 1-72 可知，温度过高或过低都不利于酶活力的提升，最佳酶反应温度为 25～45℃。

(5) 重金属离子对酶活力的影响

以常见的 Zn^{2+}、Cu^{2+}、Pb^{2+}和 Cd^{2+}为例，分别研究不同浓度下重金属离子对碱性磷酸酶活力的影响，并对比了该条件下的脲酶活力，结果如图 1-73～图 1-76 所示。

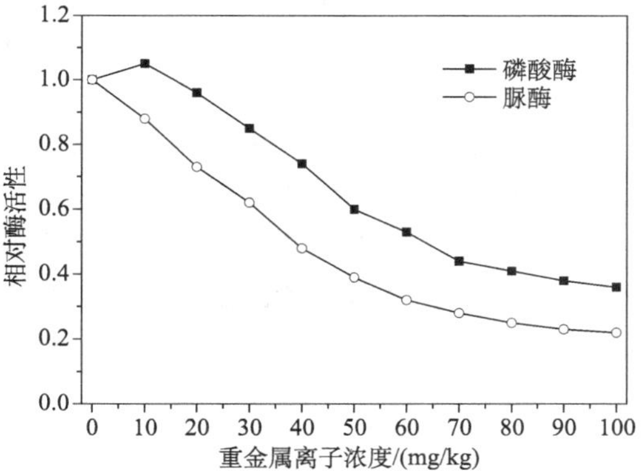

图 1-73　Zn^{2+}浓度对磷酸酶及脲酶活性的影响

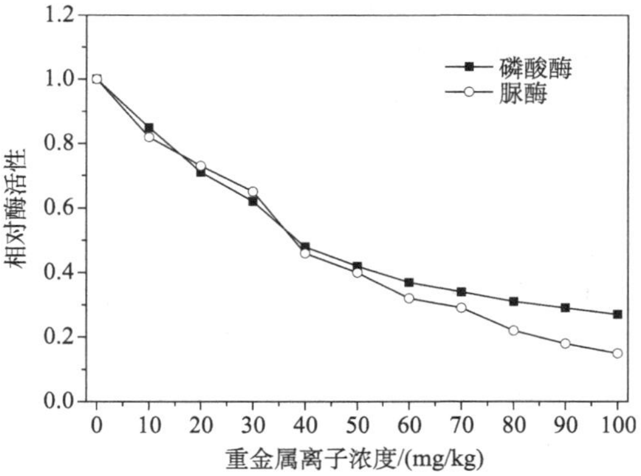

图 1-74　Cu^{2+}浓度对磷酸酶及脲酶活性的影响

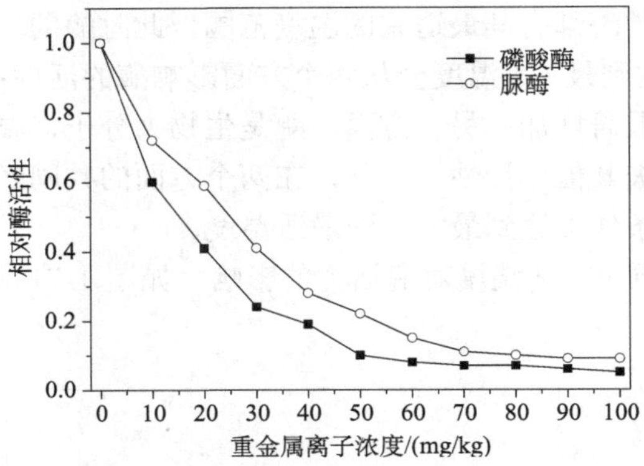

图 1-75 Pb^{2+}浓度对磷酸酶及脲酶活性的影响

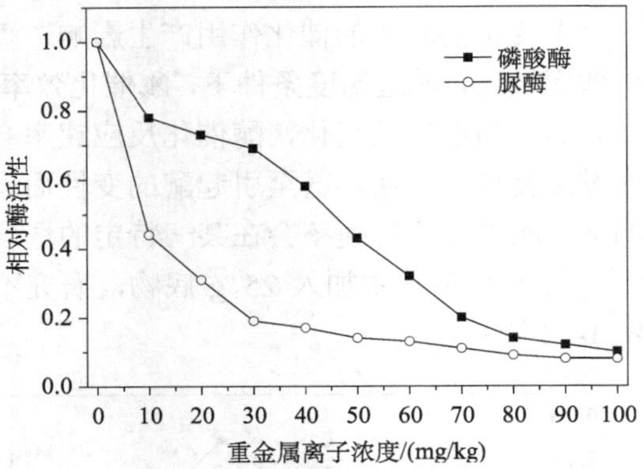

图 1-76 Cd^{2+}浓度对磷酸酶及脲酶活性的影响

从图 1-73 可看出，Zn^{2+}对磷酸酶的抑制作用弱于脲酶，低浓度的 Zn^{2+}甚至可激活磷酸酶的活性；从图 1-74 可看出，Cu^{2+}对磷酸酶和脲酶的抑制作用相当；从图 1-75 可看出，Pb^{2+}对磷酸酶的抑制作用强于脲酶；从图 1-76 可看出，Cd^{2+}对磷酸酶的抑制作用明显弱于脲酶。

不同种类不同浓度的重金属离子对酶活力的影响不同，随着重金属离子浓度增大，酶活力降低；不同重金属离子对磷酸酶和脲酶的抑制作用不同，其中 Zn^{2+}、Cd^{2+}对磷酸酶抑制作用较弱，Pb^{2+}对脲酶抑制作用较弱，Cu^{2+}抑制作用相当。由此可见，对于重金属离子污染治理应用，磷酸酶矿化菌和碳酸盐矿化菌对不同的重金属离子治理各有优劣。

(6)酶活力的抑制与激活

1)抑制剂的影响

酶的抑制剂指的是能降低酶的活性甚至使其活性丧失的物质。有些抑制剂是细胞正常代谢的产物，其可以作为某一种酶的抑制剂在细胞的代谢调节中起作用。多数的抑制剂为外源物质，主要包括各种无机离子、小分子有机物和蛋白质等。抑制剂有可逆抑制剂和不可逆抑制剂之分。不可逆抑制剂与酶分子结合后，抑制剂难以除去，酶活性不能恢复。可逆抑制剂与酶的结合是可逆的，只要将抑制剂除去，酶活性即可恢复。重金属离子、EDTA、NaOH 对磷酸酶有不同的抑制作用。

重金属离子对磷酸酶抑制作用较强，其中 Zn^{2+}在低浓度时抑制作用较弱，这可能是由于 Zn^{2+}可以形成酶的活性中心。EDTA 会显著降低酶活性，直至使酶失活，如图 1-77 所示。可能因为 EDTA 结合磷酸酶活性中心的 Mg^{2+}及 Zn^{2+}，改变酶的空间构象，使得酶活性下降，当添加量为 150 mmol/L 时，磷酸酶失活。NaOH 溶液对磷酸酶有极强的抑制作用，如图 1-78 所示，随着浓度的增加，磷酸酶活性急剧下降，添加量超过 40 mmol/L 时即失活。

2)激活剂的影响

酶的激活剂指的是能增加酶的催化活性或者使其活性显示出来的物质。经激活剂作用，酶的催化活性会提高或者由无活性的酶原生成有催化活性的酶。常见的激活剂有 Ca^{2+}、Mg^{2+}、Co^{2+}、Zn^{2+}、Mn^{2+}等金属离子和 Cl^-等无机阴离子。为了充分发挥酶的催化功能，在酶的应用过程中，一般应当添加适宜的活化剂使酶得以活化。

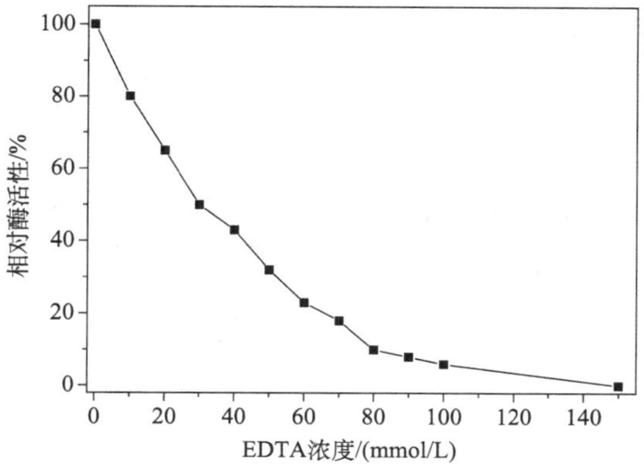

图 1-77　EDTA 溶液对酶活性的影响

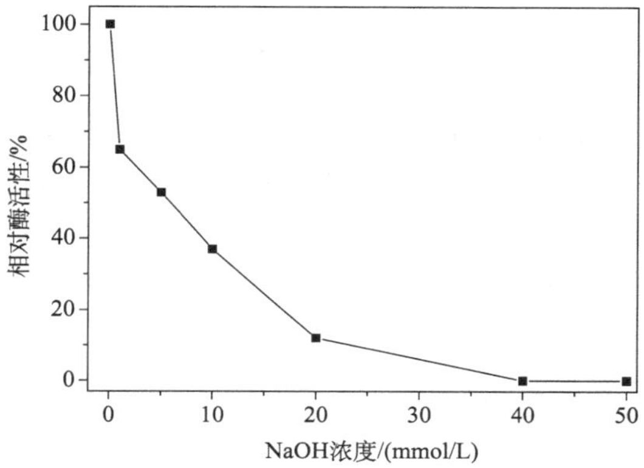

图 1-78　NaOH 溶液对酶活性的影响

磷酸酶催化活力及磷酸基团的亲和力，依赖于缓冲液中 Mg^{2+}及 Zn^{2+}的含量，如图 1-79 所示，0～3 mmol/L，磷酸酶活力随金属离子浓度增加而增加；浓度继续增加后，酶活力开始降低，一方面可能是结合位点的过饱和导致空间构象的变化，另一方面是金属离子浓度增加会抑制菌液的生长繁殖，从而减缓微生物产酶过程的进行。被重金属抑

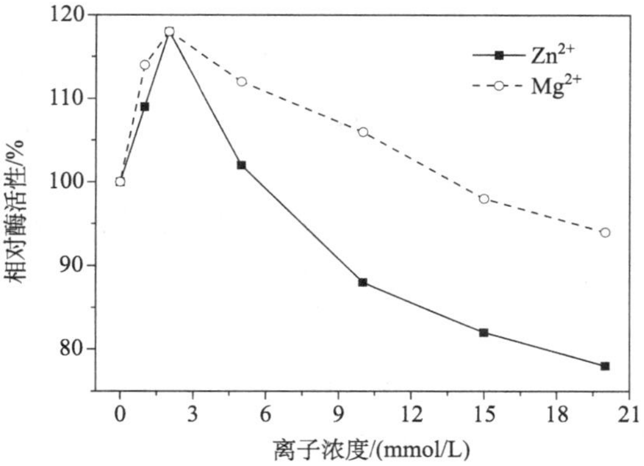

图 1-79　$ZnCl_2$ 和 $MgCl_2$ 溶液对酶活性的影响

制的磷酸酶添加少量(1 mmol/L) Mg^{2+}后活性会有所提升。当磷酸酶活性被 EDTA 或 NaOH 抑制失活时，添加不同量的 Mg^{2+}、Zn^{2+} ($c(Zn^{2+})/c(Mg^{2+})=2$)，结果如表 1-8 所示，酶活性仍可被一定程度地激活。

表 1-8　Mg^{2+}和 Zn^{2+}对被 EDTA 和 NaOH 抑制失活的磷酸酶的激活作用

$c(Mg^{2+})$/(mmol/L)	$c(Zn^{2+})$/(mmol/L)	EDTA 抑制下的激活率/%	NaOH 抑制下的激活率/%
0	0	0	
1	2	10	
5	10	24	
10	20	38	0
20	40	64	
50	100	57	
100	200	48	

从表 1-8 中可以看出，被 EDTA 抑制失活的磷酸酶可以被再次激活，但是活性会有所下降；而被 NaOH 抑制失活的磷酸酶无法被激活。EDTA 为此种磷酸酶的可逆抑制剂，而 NaOH 为不可逆抑制剂。Zn^{2+}的丢失会阻止其配位羟基对 E-P 的亲核攻击，是酶活性降低的主要原因，AP 的催化活力及和磷酸酶基团的亲和力，均依赖于缓冲液中 Zn^{2+}的含量，并随着其浓度升高而加强；另外，失活酶的恢复也依赖于缓冲液中 Mg^{2+}的浓度。

1.8.5　酶促离子形成与酶反应动力学

(1) 微生物酶解形成 CO_3^{2-}

脲酶菌在一定条件下可产生脲酶，一种含镍的寡聚酶，最适 pH7.0，具有绝对专一性，特异性地催化底物水解释放出氨和二氧化碳。反应方程式如下[36]：

$$NH_2—CO—NH_2 + H_2O \longrightarrow 2NH_3 + CO_2 \tag{1-15}$$

随着底物的不断分解，NH_3不断释放，溶液的 pH 升高，即

$$NH_3 + H_2O \longrightarrow NH_4^+ + OH^- \tag{1-16}$$

同时 pH 升高又促使以下可逆反应往正方向进行：

$$CO_2 + H_2O \longrightarrow H_2CO_3 \longrightarrow HCO_3^- + H^+ \longrightarrow CO_3^{2-} + 2H^+ \tag{1-17}$$

使得 CO_3^{2-}的浓度不断提高。此时往溶液中补充适量的 Ca^{2+}，菌体细胞膜界面处带负电荷的 SM(水可溶有机质)会立即不断螯合 Ca^{2+}，诱导出局部的晶体，阴离子(CO_3^{2-})浓度进一步增大，从而吸引更多的 Ca^{2+}，直到晶体前驱物浓度增大到利于核化，从而沉积出起固结作用的矿化物质 $CaCO_3$颗粒，如式(1-18)和式(1-19)所示：

$$\text{细菌}+Ca^{2+} \longrightarrow \text{细菌-}Ca^{2+} \tag{1-18}$$

$$\text{细菌-}Ca^{2+} + CO_3^{2-} \longrightarrow \text{细菌-}CaCO_3 \tag{1-19}$$

微生物生命过程中新陈代谢的有机产物与无机矿物之间有着复杂的生物矿化作用，无机相的结晶严格受生物分泌有机质的控制。有研究验证了碳酸盐矿化菌所具有的酶化

特征乃是沉积矿化出 $CaCO_3$ 的关键。因此，在上述反应中，微生物酶解形成 CO_3^{2-}，即式(1-15)是最关键的一步，控制着后续反应的进行，决定着 $CaCO_3$ 的生成速率。$CaCO_3$ 一旦生成，就很快沉积，细菌细胞自身可作为形核中心。方解石是 $CaCO_3$ 的一种晶型，能够在砂颗粒之间沉积，将相邻的砂粒胶黏起来，起到桥接作用，在宏观上表现为松散状态的砂粒固结成为具有一定强度的砂柱体，如图 1-80、图 1-81 所示。在整个胶结过程中，形成 CO_3^{2-} 是整个反应体系内最不易控制速度的阶段，而 Ca^{2+} 和 CO_3^{2-} 的结合在瞬间就发生，两者相比，控制反应速度的关键是 CO_3^{2-} 的形成速度。

图 1-80　微生物胶结的砂柱体[37]

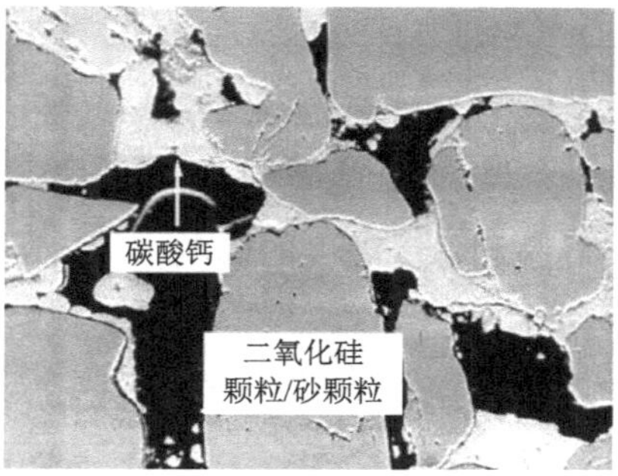

图 1-81　微生物矿化胶结砂柱后横切面观察

(2) 酶动力学参数计算与分析方法

对于酶动力学分析，有很多方法并固化在相应的一些软件中，例如，SPSS 公司基于 SigmaPlot 开发了针对酶动力学分析的软件，含酶动力学分析模块(Enzyme Kinetics Module, EKM)。使用酶动力学分析模块 Enzyme Kinetics Module 1.1 和图形绘制软件 SigmaPlot 2000 v6.1 可以得到酶动力学相关数据分析和图形模拟，求解酶动力学中的重要参数。

(3) 底物和 Ca^{2+} 浓度及添加方式的影响

1) 底物浓度

在研究浓度对尿素水解速率的影响实验中选择了两套底物浓度范围：0.02～0.20 mol/L 和 0.20～2.00 mol/L。采用 NaOH 滴定法测定反应体系中 NH_4^+ 的浓度。之后将图 1-82 和图 1-83 中底物浓度与 $NH^+{}_4$ 的浓度(表征尿素水解反应速率)的数据先后分两次在酶动力学分析模块中录入并自动求解酶动力学参数(米氏常数 K_m，最大水解速率 V_{max})。

软件计算得出，尿素浓度为 0.02～0.20 mol/L 时，$K_{m,11}$ =0.0140 mol/L、$V_{max,11}$= 75.0 μg/min；尿素浓度为 0. 20～2.00 mol/L 时，$K_{m,21}$=0.0220 mol/L、$V_{max,21}$=109.9 μg/min。可见尿素浓度在0.20～2.00 mol/L 的最大水解速率大于0.02～0.20 mol/L 的最大水解速率。

2) Ca^{2+}浓度

在微生物酶促尿素水解形成碳酸盐的反应体系中，除了底物浓度会对反应动力学产生影响，Ca^{2+}浓度对反应动力学也存在不可忽视的影响。为研究 Ca^{2+}浓度的影响效果，采用以下实验设计，并对得到的实验结果进行讨论。

选取的 $CaCl_2$ 浓度分别是 1 mol/L、2 mol/L 和 3 mol/L，用量均为 2 mL。

底物尿素浓度共 5 个，20 g/L、40 g/L、80 g/L、120 g/L 和 180 g/L。

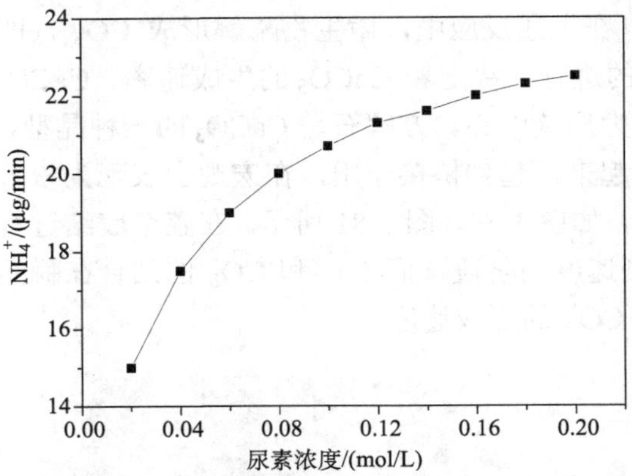

图 1-82　0.02～0.20 mol/L 尿素生成 NH_4^+速率

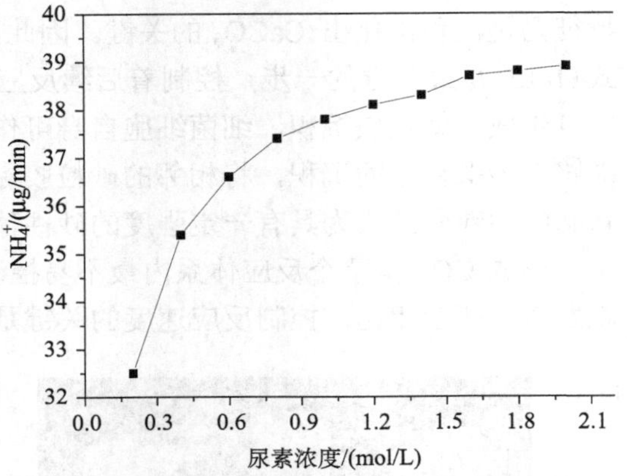

图 1-83　0. 20～2.00 mol/L 尿素生成 NH_4^+速率

电导率测量受温度的影响很大，因此在实验中采用水浴。当室温高于 30 ℃时，在水浴锅内放置事先冷冻好的冰袋以保持水浴温度恒定在(25±0.5) ℃。实验结果见图 1-84、表 1-9。

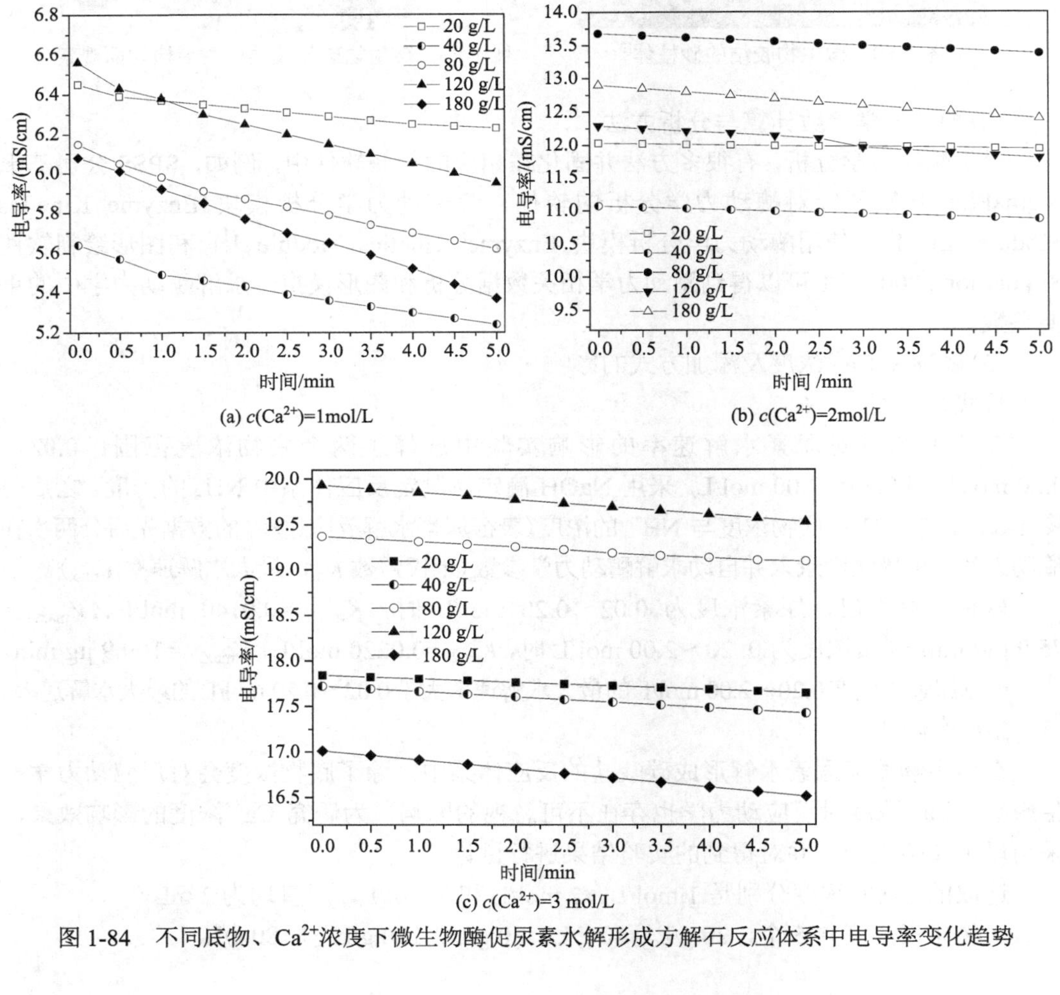

图 1-84　不同底物、Ca^{2+}浓度下微生物酶促尿素水解形成方解石反应体系中电导率变化趋势

表 1-9　不同 Ca^{2+}浓度下微生物酶促反应的酶活性

尿素/(g/L)	电导率变化率/[mS/(cm·min)]			脲酶活性/[mmol/(L·min)]		
	1 mol/L	2 mol/L	3 mol/L	1 mol/L	2 mol/L	3 mol/L
20	0.040	0.040	0.040	0.444	0.444	0.444
40	0.060	0.060	0.050	0.666	0.666	0.555
80	0.080	0.080	0.060	0.888	0.888	0.666
120	0.100	0.120	0.070	1.111	1.322	0.777
180	0.090	0.100	0.100	0.999	1.111	1.111

图 1-84 是 1 mol/L、2 mol/L 和 3 mol/L Ca^{2+}对微生物酶促尿素水解形成方解石反应体系中电导率变化趋势，结合表 1-9 可知：在所用的 Ca^{2+}浓度和底物浓度下，在产酶菌的调控下，2 mol/L $CaCl_2$ 和 120 g/L(2 mol/L)尿素发生反应时体系内电导率值相对变化较大。电导率值相对变化大表明反应体系离子浓度变化大，体系内酶解反应速率大。

将表 1-9 中数据分别录入 EKM 模块中，求解出酶动力学参数，结果如图 1-85 所示，不同 Ca^{2+}浓度影响下酶促尿素水解产碳酸盐反应的酶动力学参数 K_m 和 V_{max} 的软件求解结果列于表 1-10。由图 1-85 可以得出，Ca^{2+}浓度对反应动力学的影响显著性顺序是：2 mol/L Ca^{2+}大于 1 mol/L Ca^{2+}大于 3 mol/L Ca^{2+}。

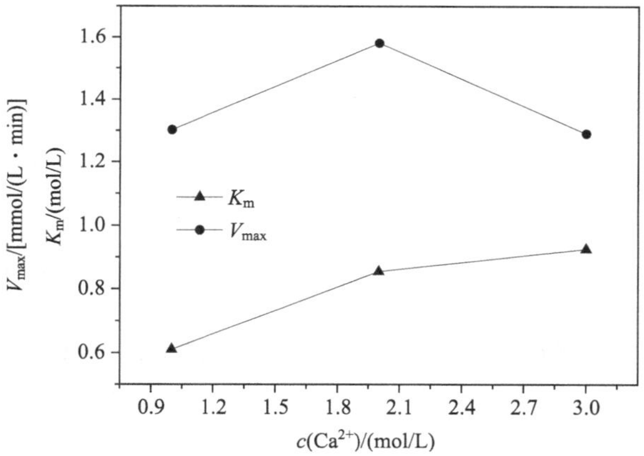

图 1-85　不同 Ca^{2+}浓度下酶动力学米氏常数和最大水解速率

表 1-10　不同 Ca^{2+}浓度下微生物酶促尿素水解反应酶动力学参数

$c(Ca^{2+})$/(mol/L)	V_{max}/[mmol/(L·min)]	K_m/(mol/L)
1.0	1.3026	0.6100
2.0	1.5806	0.8544
3.0	1.2908	0.9260

(4) 温度的影响

采用水浴恒温法确保整个反应体系的温度恒定，对 15 ℃、25 ℃和 35 ℃三个温度条件下酶促尿素水解反应体系的电导率变化过程进行追踪和测定，结果如图 1-86 所示。

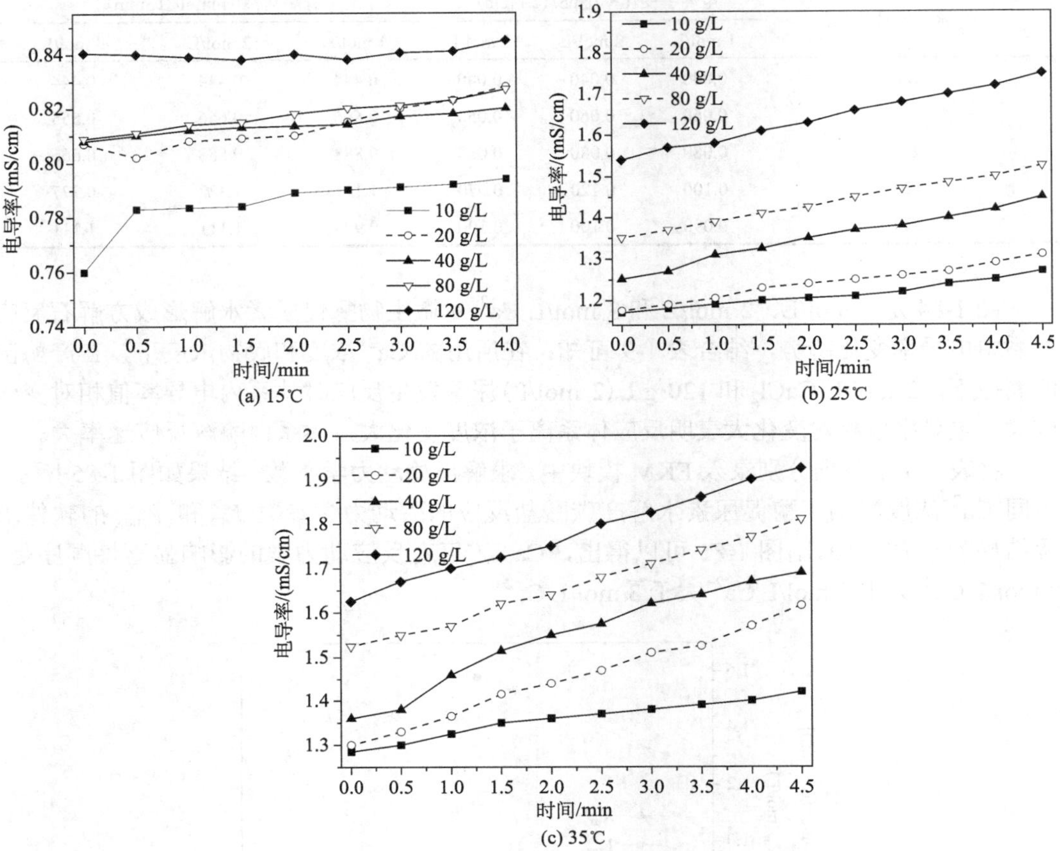

图 1-86　不同温度条件下微生物酶促尿素水解反应体系内电导率变化

将图中电导率变化的线性斜率记为 k，单位为 mS/(cm·min)，将 k 乘上一个特定的系数 A[A=11.11 mmol·cm/(L·mS)]，得到底物浓度的变化率，即酶活力 U，单位为 mmol/(L·min)。依照此法，整理图 1-86 中数据，得到 15 ℃、25 ℃和 35 ℃条件下微生物酶促尿素水解反应的酶活性，列于表 1-11。

表 1-11　不同温度条件下微生物酶促尿素水解反应的酶活性

尿素/(g/L)	电导率变化率/[mS/(cm·min)]			脲酶活性/[mmol/(L·min)]		
	15 ℃	25 ℃	35 ℃	15 ℃	25 ℃	35 ℃
10	0.0007	0.0199	0.0364	0.0074	0.2211	0.4044
20	0.0030	0.0279	0.0522	0.0333	0.3100	0.5799
40	0.0053	0.0341	0.0618	0.0592	0.3789	0.6866
80	0.0037	0.0393	0.0632	0.0408	0.4366	0.7021
120	0.0080	0.0457	0.0638	0.0889	0.5077	0.7088

分析表 1-11 中数据，15 ℃条件下的反应速率均小于 25 ℃条件下的反应速率，35 ℃条件下的反应速率均大于 25 ℃条件下的反应速率，表明在 15～35 ℃，温度升高，微生物酶促尿素水解反应的速率加快。

将表 1-11 中数据分三次录入 EKM 模块中，求解出酶动力学参数，结果列于表 1-12。将三个温度下的最大水解速率和米氏常数进行对比发现：随着温度的升高，V_{max} 逐渐增大，K_m 逐渐减小。可见，在 15～35 ℃，温度高更有利于脲酶催化底物的分解。这对胶结有指导意义，它表明尽可能提高环境温度，利于酶促尿素水解反应的快速进行，酶促尿素水解反应加速后会带动碳酸钙沉积的加快。

表 1-12　不同温度下酶促尿素水解反应酶动力学米氏常数和最大水解速率

温度/℃	K_m/(mol/L)	V_{max}/[mmol/(L·min)]
15	1.0227	0.1152
25	0.2634	0.5475
35	0.1328	0.7806

（5）pH 的影响

本书测定了 pH=7、8、9、10、11 条件下的酶促反应酶动力学参数。在加入菌液之前，先用标准氢氧化钠溶液或标准盐酸将溶液调节到待测的 pH，放入 25 ℃恒温水浴锅中，然后加入细菌液，稳定后记录电导率，如图 1-87 所示，并计算菌液酶活性，结果列于表 1-13、表 1-14。

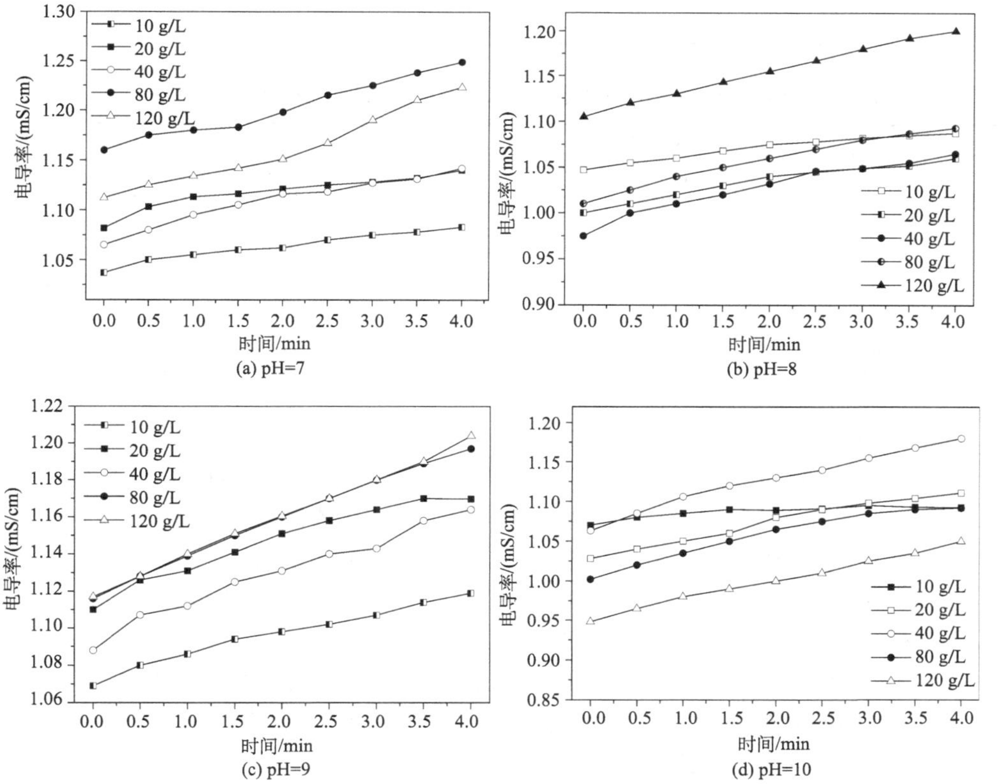

(a) pH=7　(b) pH=8

(c) pH=9　(d) pH=10

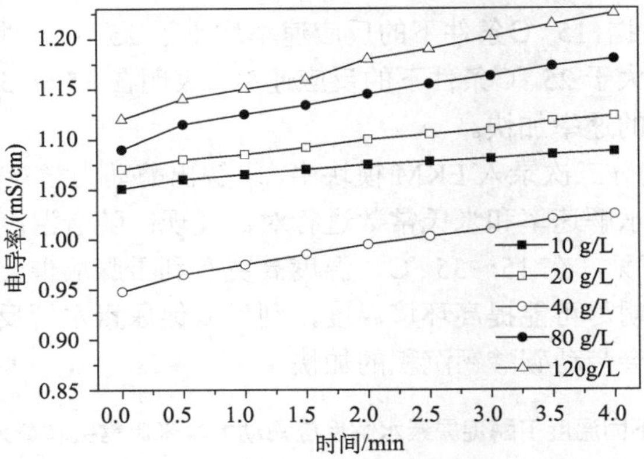

(e) pH=11

图 1-87　不同 pH 条件下微生物酶促尿素水解反应电导率

表 1-13　pH 变化对微生物酶促尿素水解反应的酶活性影响的数据处理（Ⅰ）

尿素/(g/L)	电导率变化率/[mS/(cm·min)]			脲酶活性/[mmol/(L·min)]		
	pH=7	pH=8	pH=9	pH=7	pH=8	pH=9
10	0. 0080	0.0100	0.0080	0.0880	0.1100	0.0880
20	0. 0140	0.0140	0.0140	0.1540	0.1540	0.1540
40	0. 0160	0.0200	0.0180	0.1760	0.2200	0.1980
80	0.0200	0.0220	0.0200	0.2200	0.2420	0.2200
120	0.0260	0.0240	0.0220	0.2820	0.2640	0.2420

表 1-14　pH 变化对微生物酶促尿素水解反应的酶活性影响的数据处理（Ⅱ）

尿素/(g/L)	电导率变化率/[mS/(cm·min)]		脲酶活性/[mmol/(L·min)]	
	pH=10	pH=11	pH=10	pH=11
10	0.0080	0.0080	0.0880	0.0880
20	0.0200	0.0140	0.2200	0.1540
40	0.0240	0.0160	0.2640	0.1560
80	0.0260	0.0200	0.2820	0.2200
120	0.0280	0.0220	0.3080	0.2420

将表 1-13 与表 1-14 中数据分五次录入 EKM 模块中，求解出酶动力学参数，结果列于表 1-15。从表中可以看出，V_{max} 从 pH=7 至 pH=9 逐渐降低，pH=10 又升高，达到峰值，到 pH=11 再次降低。从 V_{max} 的角度来分析，pH=10 条件最佳。从 K_m 的角度分析，从 pH=7 至 pH=9，pH 越高越有利于反应，这与 V_{max} 的结果相反。但是 pH=9 和 pH=10 时，K_m 却显示出一样的结果，表明 pH=10 是最佳的反应条件。pH 再升高，K_m 增大。综合以上分析，pH=10 最有利于反应的进行。

实际上，当微生物经过了 24 h 的培养之后，细菌液变成碱性，自身的 pH 可以达到 9 左右。从上面的分析来看，pH=9 只是中等有利的反应条件。在胶结工艺中，可以考虑在细菌液中滴加少量氢氧化钠溶液，适量增加体系 pH。

表 1-15　不同 pH 下微生物酶促反应酶动力学参数

pH	7	8	9	10	11
K_m/(mol/L)	0.4489	0.2942	0.3014	0.3041	0.3461
V_{max}/[mmol/(L·min)]	0.3206	0.3021	0.2779	0.3605	0.2751

(6)脲酶酶解活性与底物浓度关系

细菌培育 24 h 后取出，经高速离心机 5000 r/min 转速离心 5 min 后，用去离子水洗出离心菌体，再用一定量去离子水溶解，制备成 OD 为 1.2 的细菌水溶液，相应的细菌含量为 3.844×10^8 个/mL。

配制不同浓度底物溶液各 200 mL，分别加入上述菌液 50 mL(3.844×10^8 个/mL)。底物溶液与菌液混合所得反应溶液，其中细菌浓度为 0.77×10^8 个/ mL，底物浓度分别为 10 g/L、20 g/L、40 g/L、80 g/L、120 g/L。将反应液置于摇床中，在 170 r/min、温度 30℃条件下反应。基于底物显色法在可见分光光度计上利用比色法测量不同时间底物浓度变化。

由图 1-88 可以看出：在菌株浓度为 0.77×10^8 个/ mL 时，尿素分解速率是随底物浓度的增加而增加的，同时随着尿素的消耗，分解反应速率逐渐减小，符合酶反应动力学米氏方程(Michaelis-Menten equation, MME)。

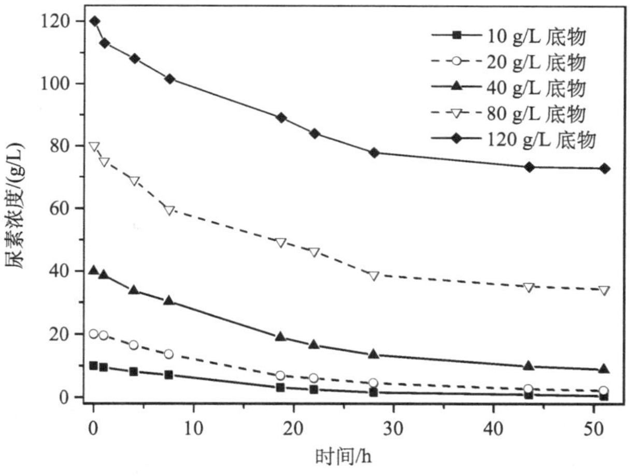

图 1-88　不同尿素浓度脲酶菌分解速率曲线

根据单底物酶促反应动力学原理, MME 为

$$V=\frac{V_{\max}[S]}{K_m+[S]} \tag{1-20}$$

式中，K_m——米氏常数(脲酶常数)；

$[S]$——底物浓度；

V——不同底物尿素浓度下的初始酶催化反应速率；

V_{max}——酶反应最大速率。

K_m 反映了生物酶同底物间的亲和力大小。K_m 越小，表示酶与底物的亲和力强，反应趋于完全；K_m 越大，表明酶与底物的亲和力弱，反应不完全。

根据图 1-88 中各浓度尿素条件下的菌株 A 酶降解曲线，通过拟合各曲线初始时间段的曲线斜率，求得相应初始反应速率，得表 1-16。

表 1-16　不同尿素浓度下的酶催化反应速率

尿素浓度/(g/L)	0	10	20	40	80	120
反应速率/[g/(L·h)]	0	0.46662	0.88145	1.60314	2.59875	2.66748

图 1-89 为根据表 1-16 绘制的 MME 曲线，并进行方程拟合。经过拟合得到最大反应速率和米氏常数分别为 V_{max}=4.55278 g/(L·h)，K_m=73.84381 g/L=1.231 mol/L。由此得到在菌株浓度为 0.77×10^8 个/mL 时，酶解反应最大速率 V_{max}=4.55278 g/(L·h)，同时可以得知菌株生物酶的米氏常数为 1.231 mol/L。

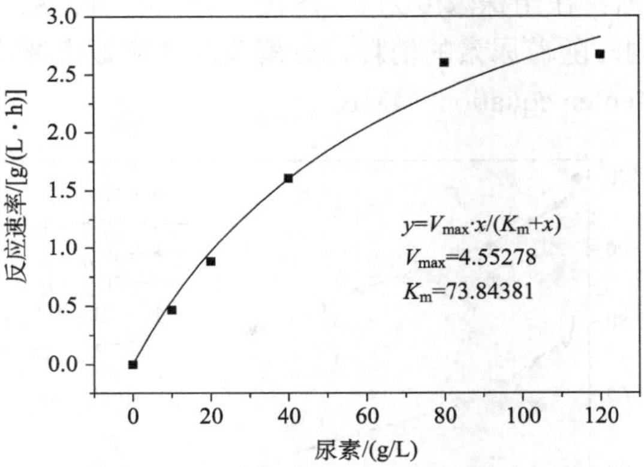

图 1-89　米氏方程曲线及拟合常数

细菌酶化作用主要分为 4 个部分：①底物迁移至细胞附近区域；②底物被细胞吸收到细胞体内；③底物在细胞体内被酶化分解；④分解产物排出细胞体外。而通常提取的生物酶 K_m 在 9.2～230 mmol/L。实验所培养的菌株体内脲酶的 K_m 为 1.231 mol/L，远远大于常见纯化酶的 K_m，这是因为计算的酶解曲线包括了上述菌株酶化作用①～④的总过程。比较得出：底物与细胞被吸收到细胞体内及产物排出体外的过程，在整个微生物酶解过程中是速率较慢的两个过程，在整个酶解反应过程中起着限制作用，控制着脲酶分解尿素的速率。

(7) 脲酶菌浓度与表观酶活性关系

细菌培育 24 h 后取出，经高速离心机以 5000 r/min 转速离心 5 min，用去离子水洗出离心菌体，并用一定量去离子水溶解，制备成 OD 分别为 1.5、1.2、0.9、0.6、0.3 的细菌水溶液 50 mL，相应的细菌含量分别为 4.8048×10^8 个/mL、3.844×10^8 个/mL、2.8829×10^8 个/mL、1.9219×10^8 个/mL、0.961×10^8 个/mL。配制 5 份浓度为 50 g/L 的底物

溶液 200 mL，分别加入上述不同浓度的菌液 50 mL。最终配制得菌液浓度为 A（0.961×10^8 个/mL）、B（0.7688×10^8 个/mL）、C（0.5766×10^8 个/mL）、D（0.3844×10^8 个/mL）、E（0.1922×10^8 个/mL），底物浓度为 40 g/L 的反应溶液。将反应溶液置于摇床中，在 170 r/min、温度 30℃条件下反应。基于底物显色法在可见分光光度计上利用比色法测量不同时间底物浓度变化。

如图 1-90 所示反应曲线，不同细菌浓度下底物分解曲线变化规律一致，均随时间推移，底物含量持续降低并趋于平缓。对比以上 5 条曲线来看，底物浓度一定时，随细菌浓度增加，底物分解速率逐渐增加，但增幅是随浓度提高而减小。其特性符合米氏曲线特性。

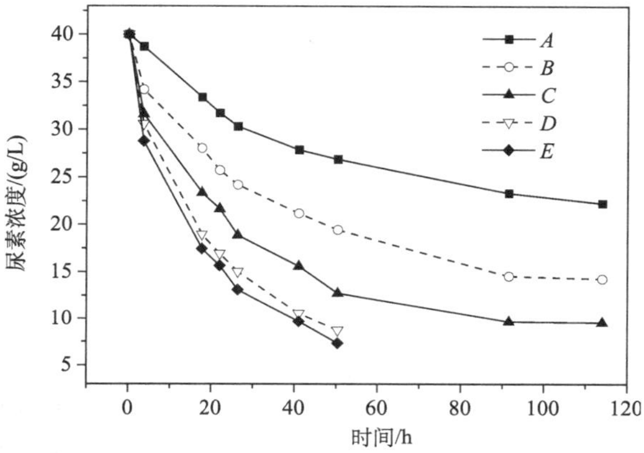

图 1-90　不同浓度菌株分解底物（40 g/L）曲线

同样对各条曲线的初始反应速率进行求解，得到表 1-17。

表 1-17　细菌浓度与反应速率

底物浓度/(10^8 个/mL)	A(0.961)	B(0.7688)	C(0.5766)	D(0.3844)	E(0.1922)	0
反应速率/[g/(L·h)]	3.11828	2.61649	2.32975	1.6129	0.37729	0

利用类米氏公式进行曲线拟合，得到类米氏曲线：

$$V=\frac{V_a[C]}{B_m+[C]} \tag{1-21}$$

式中，$[C]$——细菌浓度。

由图 1-91 底物分解速率的类米氏曲线拟合得出参数 V_a、B_m 数值：

V_a= 13.8694[g/(L·h)]

B_m= 3.22263 (10^8 个/ mL)（自定义为类米氏常数）

基于上述实验研究，可通过下述方式提高碳酸盐矿化菌酶化速率：在定量细菌浓度和底物浓度的反应条件下，提高细菌浓度与底物浓度都能使酶解反应速率增加。为有效提高酶解反应速率，可以通过如下关系判断提高菌株浓度或底物浓度：

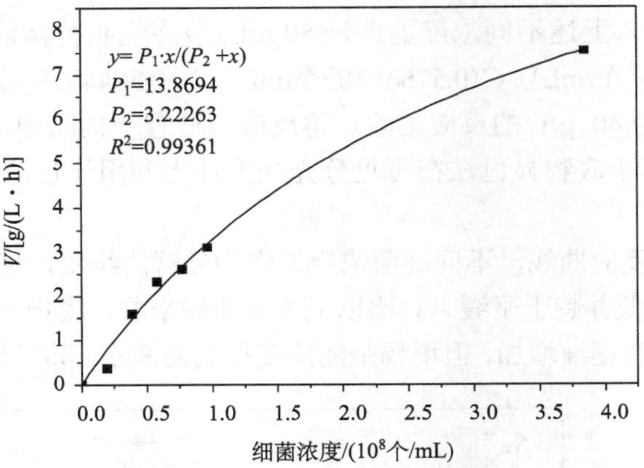

图 1-91 底物分解速率的类米氏曲线拟合

$$\frac{V}{V_{\max}} < \frac{V}{V_a} \tag{1-22}$$

$$\frac{V}{V_{\max}} > \frac{V}{V_a} \tag{1-23}$$

V 为实测反应速率；$V_{\max}$ 为以实测时菌株浓度为定量，变化底物浓度得到的米氏曲线所拟合出的最大反应速率；V_a 为以实测时底物浓度为定量，变化菌液浓度得到的类米氏曲线所拟合出的最大反应速率。当表达式(1-22)成立时，提高底物浓度有效；当表达式(1-23)成立时，提高菌株浓度有效。

(8) 磷酸酶催化反应动力学方程

菌液培养 24 h 后(OD=1.6)加入底物 S 配成不同浓度，在 pH 为 7 和室温下，碱性磷酸酶作用于底物 3 h，使之水解生成酸根和甘油。甘油在碱性溶液中和硫酸铜溶液反应，生成深蓝色络合物，在 630 nm 波长处比色测定其 OD，实验结果如表 1-18、图 1-92 所示。

表 1-18 不同底物浓度下的酶促反应速率

组别	1	2	3	4	5	6
底物浓度[S]/(g/L)	5	10	20	30	40	50
1/[S]	0.2	0.1	0.05	0.033	0.025	0.02
酶促反应速率 V/[g/(L·h)]	1.26	2.18	3.24	3.60	4.98	5.44
1/V	0.795	0.459	0.309	0.278	0.201	0.184

以 1/[S]为横坐标、1/V 为纵坐标作图，如图 1-92 所示，经拟合得

$$\frac{1}{V} = 3.2986 \cdot \frac{1}{[S]} + 0.1357 \tag{1-24}$$

对照酶促反应动力学方程

$$\frac{1}{V} = \frac{K_m}{V_{\max}} \cdot \frac{1}{[S]} + \frac{1}{V_{\max}} \tag{1-25}$$

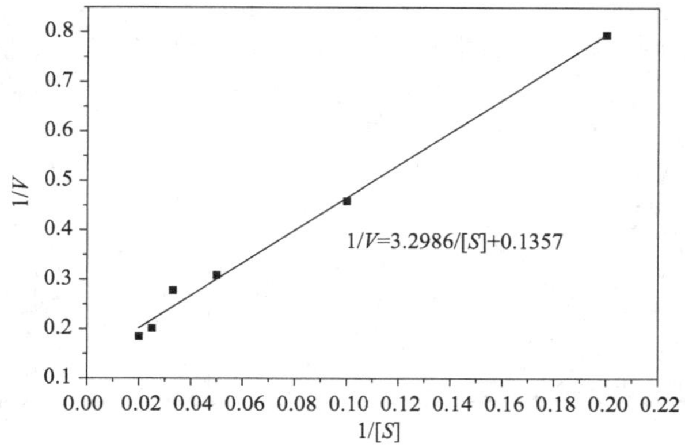

图 1-92　米氏方程曲线及拟合

可知：

$$V_{\max}=7.37\ \mathrm{g/(L\cdot h)},\ K_m=24.3\ \mathrm{g/L} \tag{1-26}$$

酶解反应最大速率为 7.37 g/(L·h)，同时可以得知菌株生物酶的米氏常数为 24.3 g/L。实际应用时，1 L 菌液（OD=1.6）添加底物 25 g 为宜，此时酶活力大小为 3.3 g/(L·h) 左右。

1.8.6　细菌体成核和加速结晶作用及其验证

（1）细菌体对碳酸钙结晶的影响

细胞膜主要是由双层磷脂分子整齐排列而成的，其中每一个磷脂分子由一个带正电荷且能溶于水的极性头（磷酸端）和一个不带电荷、不溶于水的非极性端（烃端）构成。极性头朝向内外两表面，呈亲水性，而非极性端的疏水尾则埋在膜的内层，从而形成磷脂双分子层。同时在磷脂双分子层中镶嵌有蛋白质，按照蛋白质在膜中的存在位置分为两大类：一类为周边蛋白（peripheral protein），存在于膜的内外表面；另一类为内嵌蛋白（intrinsic protein），镶嵌于磷脂双分子层中，多为非水溶性蛋白。生物膜上的极性分子在水溶液中极易电离，通常电离的结果是使生物膜表面带负电荷。这就使得在含有阳离子的溶液中，阳离子和生物膜表面的阴离子能够发生相互作用[32]。

将菌株接种至装有培养基的三角瓶中，每 100 mL 培养基接种 1 mL 菌株。采用不添加底物的方式培养。摇床 30℃振荡培养（振荡频率为 170 r/min），初始 pH 条件为 7.0，培养 24 h 取出。将混浊菌液分批用高速离心机（5000 r/min）离心 5 min，去除上清液，用 100 mL 去离子水洗出离心菌体。以 $V_{菌体液}:V_{CaCl_2}:V_{Na_2CO_3}=2:1:1$，依次加入浓度为 40 mmol/L 的 $CaCl_2$ 和 Na_2CO_3 溶液。

从图 1-93、图 1-94 看出，晶体形貌呈现具有规则表面的多棱体。在晶体上可以明显看出细菌体遗留的孔洞印记，表明细菌体单独存在时，并不能改变晶体形貌。细菌体带电的细胞膜能够为晶体的形成提供成核位点；同时表明在晶体生长过程中，当晶体发育到一定尺寸时，细菌体有可能会吸附在某个晶体的生长晶面上。细菌体与 Ca^{2+} 在 90 min 时间内的相互作用，对于晶体的形貌并没有太大的影响。利用化学方法模拟研究细菌体对碳酸钙形貌的影响时，细菌体对晶体形貌的影响是十分微小的。

图 1-93　细菌体混合 Ca^{2+}瞬间诱导产生碳酸钙晶体形貌

图 1-94　细菌体混合 Ca^{2+} 90 min 诱导产生碳酸钙晶体形貌

(2)细菌体在培养过程中诱导产生碳酸钙结晶

首先在培养初期，每 100 mL 培养液中加入 0.01 mol 的 $CaCl_2$，底物量与接种量保持不变。待细菌液培养 24 h 后，过滤、干燥，在扫描电子显微镜(SEM)下观察晶体形貌。通过扫描电子显微镜对晶体形貌的观察，发现碳酸钙晶体呈现大颗粒、曲面结构的特性。颗粒尺寸较大，在 100～200 μm；同时碳酸钙晶体在外观上无固定形态，没有明显的棱角[图 1-95(a)]；同时晶体表面并没有出现细菌体所遗留的孔洞[图 1-95(b)]。这些现象与利用化学方法模拟的细菌体诱导产生碳酸钙结晶的晶体形貌有很大差别(图 1-94)。

进一步研究细菌细胞膜对晶体形成的影响，将经过 24 h 无底物培养的细菌液高速离心(5000 r/min)5 min，用 100 mL 去离子水洗出离心菌体，加入 0.01 mol 的 $CaCl_2$ 和等量底物，放入摇床中继续培养。24 h 后将溶液过滤、干燥，在扫描电子显微镜下观察晶体形貌。

通过对晶体形貌的观察，对比图 1-96，24 h 培养后离心菌体与在新陈代谢过程中所诱导产生的碳酸钙晶体首先在颗粒尺寸上更小，在 5～10 μm；其次，晶体在整体形貌上同样呈现出光滑曲面的球形或近似球形；出现大量类似虫蛹一样的晶体壳层(图 1-96)。

(a) 初期碳酸钙颗粒形貌　　(b) 初期碳酸钙颗粒表面形貌

图 1-95　Ca^{2+}添加于细菌体初期培养体系中所形成的碳酸钙形貌

(a) 24h碳酸钙颗粒形貌　　(b) 24h碳酸钙颗粒表面形貌

图 1-96　Ca^{2+}添加于 24 h 培养的细菌溶液中所形成的碳酸钙形貌

当外加 CO_3^{2-}和 Ca^{2+}于细菌体溶液中时，体系立刻远远过饱和。在这样的情况下，非常高的过饱和度使溶液中晶核的形成非常容易，并且迅速越过晶体生长势垒而进入晶体长大阶段。这样晶体的形成就非常类似于在水溶液中的结晶反应。随着晶体的生长，膜表面带有负电荷的细菌细胞就有可能吸附在晶体的特定晶面上(一般是显正电荷的晶面)，从而在晶体的最终形态上遗留下细菌体的痕迹。

当培养初期就加入 Ca^{2+}，细菌的生长代谢与生物矿化同时进行。初期的细菌量是很少的，按照接种量初期细菌液的菌液浓度为 3.844×10^{6} 个/mL。当 Ca^{2+}与菌株混合时，由于此刻菌株还未进行新陈代谢，体系中还没有 CO_3^{2-}离子，Ca^{2+}有充分时间与细菌体相互作用，而吸附在细胞膜表面上。一个个微生物细胞就成了 Ca^{2+}的富集区，这种效应在金属阳离子为重金属离子时更加明显。因此，当新陈代谢发生时，溶液中的 CO_3^{2-}逐渐增多，底物经由细胞膜被细菌吸收到细胞体内，在体内发生酶解反应，CO_3^{2-}及其他副产物再由细胞膜运输到细胞体外。在这样一个过程中，CO_3^{2-}显然先与细胞膜上吸附的 Ca^{2+}接触，优先结晶成核区域就在细胞膜表面。一方面此处的过饱和度要大于体系中，另一方面，由于界面的存在而降低了晶体形成的界面能，因此菌株就成为晶体形成的晶核。晶体的尺寸与晶核数量是成反比的，初期溶液中较少的细菌体以及 Ca^{2+}的加入导致细菌生长数量的减少，这一切都使后期晶体生长的晶核数量较少，晶体生长巨大，细菌体被包覆在巨大的晶体中，而表面几乎看不见菌体痕迹。

相应地在菌株培养 24 h 后添加 Ca^{2+}离子，这与初期添加最大的区别就在于体系存在的细菌体数量。24 h 后培养的细菌液中细菌含量为 3.844×10^8 个/mL，为初期的 100 倍左右。这就为后期晶体的形成提供了更多的晶核，因而晶体尺寸要小很多。很多仅仅在细菌体周围生长了一层碳酸钙晶体而已。同时还可能存在过量的细菌体将会在晶体生长过程中吸附在晶体上，形成可观察到的细菌体痕迹。

对于新陈代谢过程中所形成的球状或类似球状的晶体外形，一方面是由于细菌体本身具有曲面外形，以此为晶核而向外生长形成的晶体自然就具有曲面几何外形［图 1-96(b)］；另一方面，在新陈代谢过程中，细菌分泌大量有机质，这些高分子有机物有可能对晶体外形产生巨大影响。

(3)细菌分泌物基质调控碳酸钙晶体形貌

菌液矿化沉积碳酸钙系统中，菌体细胞自身作为成核位点，并提供胞内脲酶，而真正对碳酸钙晶体形貌起着调控作用的是细胞新陈代谢活动所产生的可溶性基质(soluble substance)。

将培养好的细菌高速离心后，提取上清液制成细胞分泌有机基质溶液，将其与 0.1 mol/L 的 Na_2CO_3按照 1∶1 的体积比混合搅拌，随后缓慢掺入等体积的 0.1 mol/L $CaCl_2$溶液，待反应完全结束后，将沉淀晶体过滤、干燥，在扫描电子显微镜下观察碳酸钙晶体形貌，如图 1-97 所示。

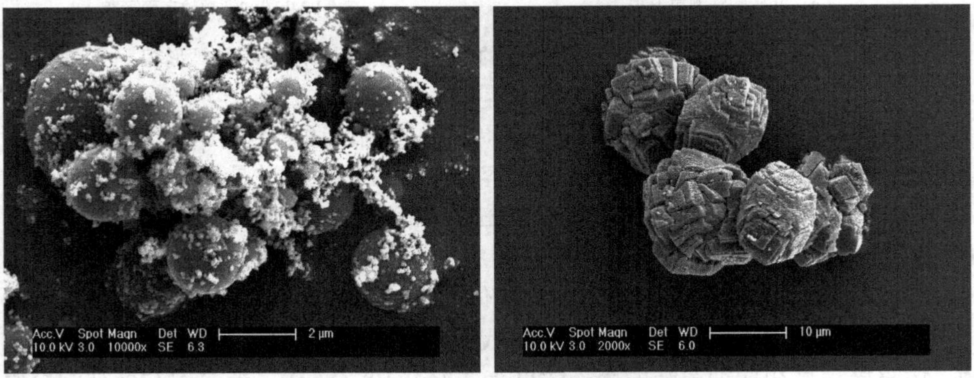

图 1-97　菌体细胞分泌基质参与下的化学沉积碳酸钙的晶体形貌

由图 1-97 中可以看出，当菌体细胞分泌基质参与到化学沉积过程中时，碳酸钙的晶体形貌呈现了明显的差异，碳酸钙晶体呈大小不一的球形、花簇形。这种碳酸钙晶体形貌的形成主要是由于晶体受有机大分子调控，产生多级生长和相互聚集。Ca^{2+}与带负电有机质相互间的静电、螯合作用，使 Ca^{2+}在带电有机质周围微环境中富集，形成局部过饱和。有机质-Ca^{2+}模板的存在使得晶体成核界面能降低，易于成核结晶。而有机质-Ca^{2+}

模板数是由单个有机大分子表面电荷密度所决定，通常有机大分子在水溶液中将非极性基团藏于分子内部，极性基团暴露于分子表面。Ca^{2+}的加入，会中和有机质表面负电荷，使多个分子絮凝成一大分子团。本来表面电荷不均的单个分子，就形成了宏观广域上各向同性的大分子。由于有机质-Ca^{2+}模板使得界面异相成核要优于体相均匀成核，根据负离子配位多面体生长基元模型，负离子配位多面体作为晶体生长基元以相等的概率向大分子团表面的基元模板上沉积，成为一个个独立的生长位点。当各位点生长到一定尺寸后，不同生长单元的各晶面周期性电荷层就会产生空间位阻，导致晶体不能正常发育。同时，有机质相互团聚所形成的分子间微空间，往往成为晶体生长的限制空间，晶体只能沿此特定的方向生长，最后形成所观察到的球状、表面花簇状等不同形貌的碳酸钙晶体。

(4) 碳酸钙晶体成核生长过程

在微生物矿化沉积碳酸钙系统中，碳酸钙晶体究竟何时开始成核，何时完成其晶体生长过程，对于缺陷修复而言，具有重要的实际指导意义。在培养好的 *Bacillus pasteurii* 菌液中掺入 0.1 mol/L 的尿素和 Ca^{2+}混合溶液，混合后以液滴形式置于载玻片上，于生物显微镜下观察碳酸钙晶体的沉积过程，如图 1-98 所示。

(a) 30 min

(b) 4 h

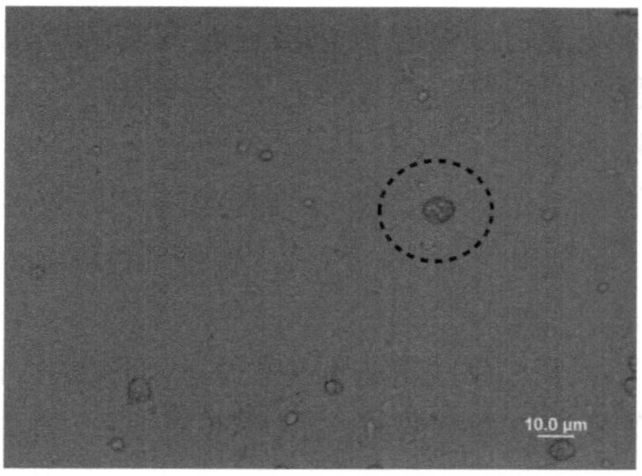

(c) 6 h

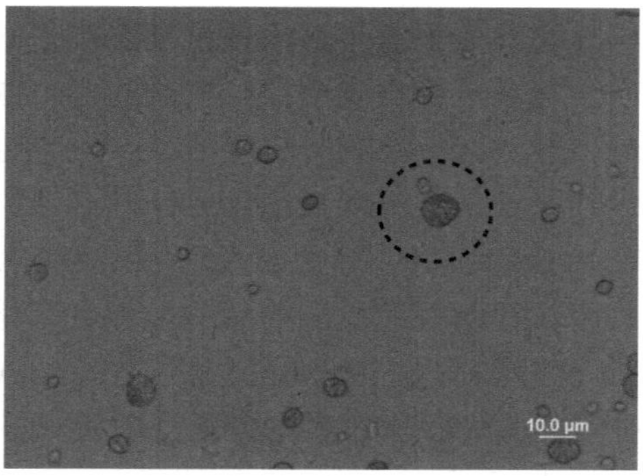

(d) 8 h

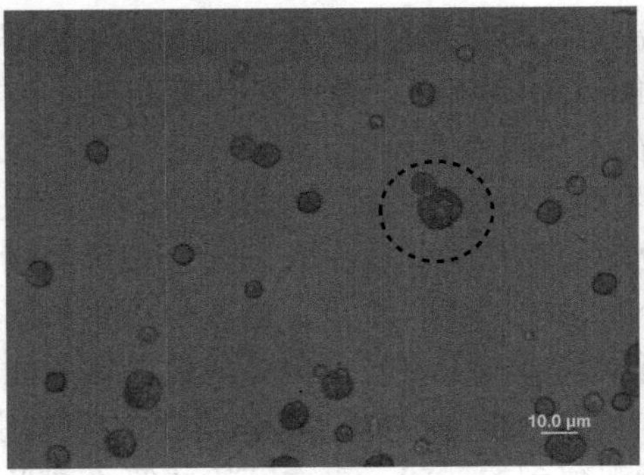

(e) 12 h

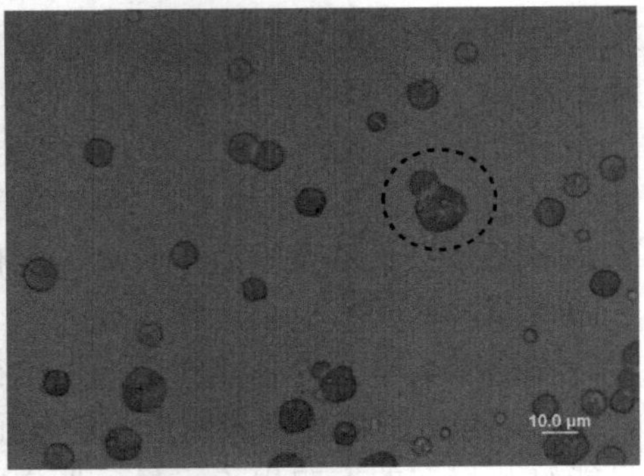

(f) 16 h

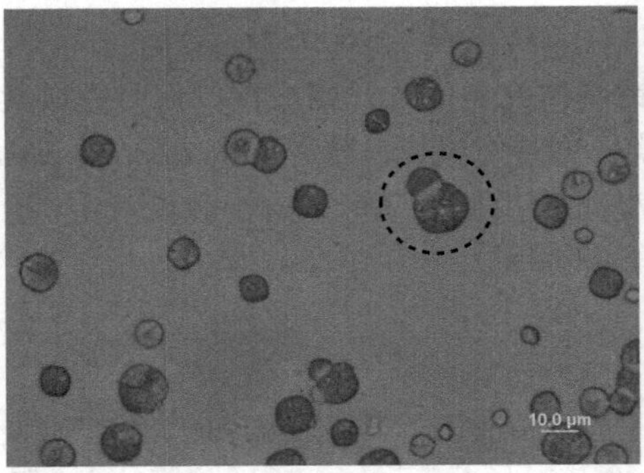

(g) 2 0h

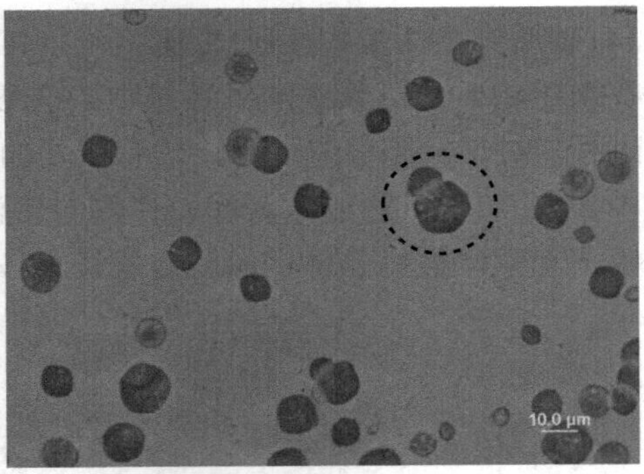

(h) 24 h

图 1-98　在生物显微镜下观察到的不同时刻碳酸钙结晶与生长过程

由图 1-98 中可以看到碳酸钙晶体颗粒在菌液系统混合 30 min 左右就已经开始成核结晶，随着底物尿素的持续不断分解，出现越来越多的成核点，并且晶体逐渐生长，尺寸变大，最终在 16～20 h 完全完成晶体的生长，随后在菌液系统中碳酸钙晶体的数量与尺寸大小趋于稳定，不再变化，直径维持在 10～20 μm。

(5) 生物矿化反应溶液电导率变化

电导率参数表征了溶液中游离态离子的总浓度。实验前后溶液电导率的降低反映了溶液中正负离子结合成不导电物质的一个过程。主要是 Ca^{2+} 与 CO_3^{2-} 离子结合形成不溶碳酸钙晶体导致溶液中离子浓度的减少，导电能力降低。

设计采用三种不同反应体系：水溶液、细菌体溶液、细菌分泌物溶液。调节各个体系的初始 pH 为 7.0，分别加入等体积等浓度 $CaCl_2$ 和 Na_2CO_3 溶液。利用 DDS-12A 型数显电导率仪检测溶液反应前后的电导率变化。

A、*B* 分别代表 10 mmol/L 和 20 mmol/L Ca^{2+} 及 CO_3^{2-} 浓度反应条件，下标数字 1、2、3 分别代表水溶液、细菌体溶液、细菌分泌物溶液作为碳酸钙沉积环境。

从表 1-19 可以看出，在低浓度 (10 mmol/L) 和高浓度 (20 mmol/L) 反应体系中，以细菌分泌物溶液作为碳酸钙沉积环境，其前后 $\Delta\gamma$ 值要明显小于以水溶液和以细菌体溶液作为反应环境的前后电导率降低值 $\Delta\gamma$。

表 1-19　不同体系反应前后电导率测量结果

实验序列	体系电导率值 γ/(mS/cm)		$\Delta\gamma$/(mS/cm)
	反应前	反应后	
A_1	0.936	0.68	–0.256
A_2	1.107	0.828	–0.243
A_3	1.735	1.56	–0.175
B_1	1.864	1.562	–0.302
B_2	1.78	1.47	–0.31
B_3	2.63	2.4	–0.23

在水溶液或细菌体溶液中，Ca^{2+}与 CO_3^{2-}充分接触反应，由于按化学比添加所以离子反应完全。电导率降低反映了正负离子消耗量。当细菌分泌物溶液作为反应体系时，Ca^{2+}与负电性蛋白质大分子之间存在强相互作用，中和蛋白质带电表面，使分子间相互靠近形成团聚体；又或者形成金属螯合物。这部分被团聚体包裹在中间的 Ca^{2+}将无法参与碳酸钙的形成，导致 CO_3^{2-}相对过量而存在溶液中。电导率变化说明 Ca^{2+}与有机大分子之间存在着相互作用。

1.8.7　碳酸钙的微生物诱导矿化机理

微生物作用下的碳酸钙沉积一般认为由诱导机制控制，其矿物类型很大程度上取决于环境因素。碳酸钙沉淀需要足够浓度的 Ca^{2+}和 CO_3^{2-}，以使离子活度积超过溶解平衡常数，而反应体系中的 CO_3^{2-} 浓度与既定反应环境中的溶解无机碳浓度和 pH 有关[9]。

微生物通过自养或异养途径，利用自身生理活动提供有利于碳酸钙沉淀的碱性环境。例如，在乙酸盐和硝酸根存在的条件下，脱氮假单胞菌利用代谢作用使硝酸根成为电子受体而被还原成氮气，同时消耗体系中的 H^+，导致环境 pH 升高，并生成 CO_2，如式(1-27)所示。

$$2.6\,H^+(aq)+1.6\,NO_3^-(aq)+CH_3COO^- \longrightarrow 0.8N_2(g)+2CO_2(g)+2.8H_2O \tag{1-27}$$

黄色黏细菌在其新陈代谢过程中也能分解有机物并释放 CO_2 和 NH_3，引起反应体系中的 pH 升高以及 $CO_3{}^{2-}$浓度增加，与外界作用并导致碳酸钙沉积，如式(1-28)～式(1-30)所示。

$$NH_3(g)+H_2O \longleftrightarrow NH_4^+(aq)+OH^-(aq) \tag{1-28}$$

$$CO_2(g)+H_2O \longleftrightarrow HCO_3^-(aq)+H^+(aq) \longleftrightarrow CO_3^{2-}(aq)+2H^+(aq) \tag{1-29}$$

$$CO_3^{2-}(aq)+Ca^{2+}(aq) \longleftrightarrow CaCO_3(aq) \longleftrightarrow CaCO_3(s) \tag{1-30}$$

此外，自然界中还存在一种硫酸盐还原菌，在厌氧环境中可将硫酸盐作为电子受体而被还原成 H_2S，并从溶液体系中逃逸，导致环境 pH 升高，为碳酸钙沉积提供了有利条件，如式(1-31)和式(1-32)所示。

$$CaSO_4\cdot 2H_2O \xrightarrow{\text{细菌}} Ca^{2+}+SO_4^{2-}+2H_2O \tag{1-31}$$

$$2(CH_2O)+SO_4^{2-} \longrightarrow HS^-+HCO_3^-+CO_2+H_2O \tag{1-32}$$

另一种微生物诱导碳酸钙沉积则是以微生物参与的尿素水解为机制的一系列生物化学反应。以芽孢杆菌为主的产脲酶菌，在其新陈代谢活动中分泌脲酶，水解环境中的尿素产生 NH_3 和 CO_2，并使得反应体系呈碱性，在外界 Ca^{2+} 的存在条件下析出碳酸钙晶体，如式(1-33)和式(1-34)所示。

$$(NH_2)_2CO+3H_2O \xrightarrow{\text{细菌}} 2NH_4^++HCO_3^-+OH^- \tag{1-33}$$

$$HCO_3^-+OH^-+Ca^{2+} \longrightarrow CaCO_3(s) \tag{1-34}$$

上述四类微生物矿化过程都可沉积出生物碳酸钙，但未必都适用于建筑材料环境中矿化应用。

参考文献

[1] 钱春香，王欣，於孝牛. 微生物水泥研究与应用进展[J]. 材料工程, 2015, 43(8): 92-103.

[2] 王凯. 理化环境参数对微生物诱导碳酸钙特性的影响[D]. 南京: 东南大学, 2018.

[3] Ferris F G, Stehmeier L G. Bacteriogenic mineral plugging [P]: United States, 664769. 1992.

[4] Whiffin V. Microbial $CaCO_3$ precipitation for the production of biocement[D]. Perth: Murdoch University, 2004: 81-107.

[5] Dejong J T, Martinez B C, Mortensen B M, et al. Upscaling of bio-mediated soil improvement[C]. Proceedings of the 17th International Conference on Soil Mechanics and Geotechnical Engineering, Alexandria, 2009.

[6] Kim D, Park K, Kim D. Effects of ground conditions on microbial cementation in soils[J]. Materials, 2013, 7(1): 143-156.

[7] Cheng L, Cord-Ruwisch R. In situ soil cementation with ureolytic bacteria by surface percolation[J]. Ecological Engineering, 2012, 42(42): 64-72.

[8] 钱春香，王瑞兴，王剑云. 利用微生物沉积制备碳酸钙的方法[P]: 中国, CN1778934. 2006.

[9] 王欣. 微生物水泥胶结砂体的界面及其对性能的影响[D]. 南京: 东南大学, 2015.

[10] 於孝牛. 生物磷酸盐水泥和复合水泥的研制及其胶结机理[D]. 南京: 东南大学, 2016.

[11] 程晓辉，麻强，杨钻，等. 微生物灌浆加固液化砂土地基的动力反应研究[J]. 岩土工程学报, 2013, 35(8): 1486-1495.

[12] 黄琰，罗学刚，杜菲. 微生物诱导方解石沉积加固的影响因素[J]. 西南科技大学学报, 2009, 24(3): 87-93.

[13] Zhan Q W, Qian C X, Yi H H. Microbial-induced mineralization and cementation of fugitive dust and engineering application [J]. Construction and Building Materials, 2016, 121: 437-444.

[14] Zhan Q W, Qian C X. Effect of treatment process on consolidation efficiency of fugitive dust cemented by bio-activated cementitious material based on CO_2 capture[J]. Science China Technological Sciences, 2016, 59(8): 1194-1200.

[15] Ramachandran S K, Ramakrishnan V, Bang S S. Remediation of concrete using micro-organisms[J]. Journal of the American Concrete Institute, 2001, 98(4): 3-9.

[16] Dick J, Windt W D, Graef B D, et al. Bio-deposition of a calcium carbonate layer on degraded limestone by Bacillus species[J]. Biodegradation, 2006, 17(4): 357-367.

[17] Tittelboom K V, Belie N D, Muynck W D, et al. Use of bacteria to repair cracks in concrete[J]. Cement and Concrete Research, 2010, 40(1): 157-166.

[18] Qian C X, Wang J Y, Wang R X, et al. Corrosion protection of cement-based building materials by surface deposition of $CaCO_3$ by *Bacillus pasteurii*[J]. Materials Science and Engineering C, 2009, 29(4): 1273-1280.
[19] 王瑞兴，钱春香，王剑云. 微生物沉积碳酸钙研究[J]. 东南大学学报(自然科学版)，2005, 35(s1): 191-195.
[20] 王瑞兴，钱春香. 微生物沉积碳酸钙修复水泥基材料表面缺陷[J]. 硅酸盐学报, 2008, 36(4): 37-44.
[21] 侯宏涛. 微生物诱导碳酸钙沉积修复混凝土裂缝技术的研究和应用[D]. 济南：山东建筑大学, 2012.
[22] Jonkers H M, Schlangen E. Crack repair by concrete-immobilized bacteria[C]. Proceedings of the First International Conference on Self Healing Materials, Noordwijk aan zee, 2007: 18-20.
[23] 潘庆峰. 混凝土裂缝的微生物自修复机理及自修复剂研究[D]. 南京：东南大学, 2012.
[24] 钱春香，罗勉，潘庆峰，等. 自修复混凝土中微生物矿化方解石的形成机理[J]. 硅酸盐学报, 2013, 41(5): 620-626.
[25] 任立夫，钱春香. 碳酸酐酶微生物沉积碳酸钙修复水泥基材料表面裂缝[J]. 硅酸盐学报，2014, 42(11): 1389-1395.
[26] Qian C X, Chen H C, Ren L F, et al. Self-healing of early age cracks in cement-based materials by mineralization of carbonic anhydrase microorganism[J]. Frontiers in Microbiology, 2015, 6(314): 1-9.
[27] Zhang J L, Wu R S, Li Y M, et al. Screening of bacteria for self-healing of concrete cracks and optimization of the microbial calcium precipitation process[J]. Applied Microbiology and Biotechnology, 2016, 100(15): 6661-6670.
[28] Yi H H, Qian C X, Zhan Q W. Microbial-induced synthesis of mineralization products in steel slag cementing material: Characteristics, interfacial bonding properties[J]. Journal of the Chinese Chemical Society, 2018, 5: 16-21.
[29] Yi H H, Qian C X. The influence of microbial agent on the mineralization rate of steel slag[J]. Advances in Materials Science and Engineering, 2018, (4): 1-10.
[30] Yi H H, Qian C X, Zhan Q W. Influence of curing condition on mechanical properties of bio-mineralization steel slag cementing material [J]. Science of Advanced Material, 2018, 10: 1750-1758.
[31] 詹其伟. 微生物捕碳浅层矿化胶结沙土及其抑尘应用[D]. 南京：东南大学, 2018.
[32] 王瑞兴. 微生物调控碳酸钙形成及其在水泥基材料缺陷修复中的应用[D]. 南京：东南大学, 2009.
[33] 罗勉. 基于微生物矿化的自修复水泥基材料性能及微观结构[D]. 南京：东南大学, 2017.
[34] 王明明. 磷酸盐矿化菌钝化重金属离子研究[D]. 南京：东南大学, 2014.
[35] 陈凤娟. 碱性磷酸酶结构与活性的研究及 DNA 化学酶、MoFeco 的模拟合成[D]. 兰州：兰州大学, 2009.
[36] 李丽. 微生物酶促形成方解石胶结砂粒的试验与模拟[D]. 南京：东南大学, 2011.
[37] Cheng L, Qian C X, Wang R X, et al. Study on the mechanism of calcium carbonate formation induced by carbonate-mineralization microbe[J]. Acta Chimica Sinica, 2007, 65(19): 2133-2138.

第 2 章　生物碳酸盐水泥

基于微生物诱导产生生物碳酸钙沉淀胶结松散物料的生物碳酸盐水泥，具有胶结强度高且可控等特点，适用于地基加固、库底防渗、土坝加固等深层胶结领域。如第 1 章所述，微生物通过自身产酶及成核控制矿物结晶。微生物种类不同，其产酶机制及催化离子形成机理存在差异，进而导致其诱导矿物晶型、物相、形貌、晶粒及颗粒尺寸不同，从而影响其矿物分解温度和黏附力。通过对比四类微生物产物特性，建立微生物种类与产物特性的关系。并针对砂土材料、水泥基材料、钢渣材料等典型建筑材料理化环境特征，分析溶液中阳离子(Ca^{2+}、Mg^{2+}、Ca^{2+}/Mg^{2+}比值)、阴离子(CH_3COO^-、Cl^-、NO_3^-)及 pH 的影响，揭示阴、阳离子对生物矿物产物特性的影响规律。胶凝材料-玻璃板界面胶结强度实验表明生物碳酸钙与玻璃板的界面结合能力优于 CSH 凝胶。应用生物碳酸胶凝材料成功胶结了不同尺度砂柱(ϕ3 cm×11 cm 砂柱、ϕ10 cm×50 cm 砂柱、0.5 m×0.5 m×0.5 m 立方体砂堆)。其产生胶凝性的原因在于生物碳酸钙与砂粒间产生的氢键作用。

2.1　微生物对生物碳酸钙特性的影响

比较四种典型碳酸盐矿化微生物与化学法在溶液中沉积的碳酸钙，在物相和晶型、形貌、晶粒和颗粒尺寸、分解温度、黏附力之间存在区别，建立了微生物种类与产物特性之间的对应关系[1]。

2.1.1　微生物对矿化率的影响

筛选四种碳酸盐矿化菌，20 ℃条件下测量模拟溶液中 Ca^{2+}浓度和 $CaCO_3$ 沉积量的变化。如图 2-1 所示，微生物均加速了溶液中 Ca^{2+}的消耗，且转化成 $CaCO_3$ 的比例也提

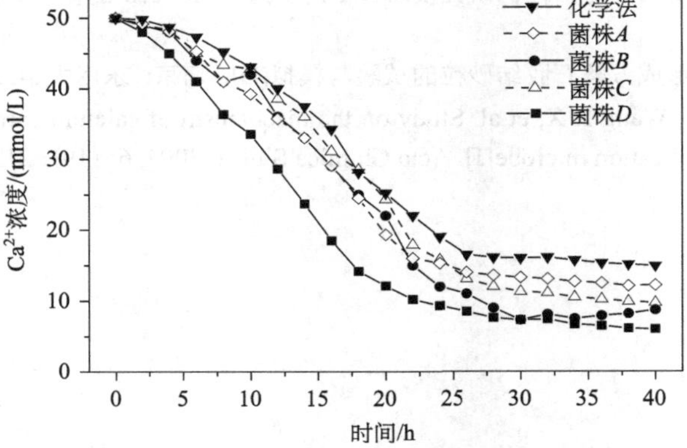

图 2-1　不同微生物种类下模拟溶液中 Ca^{2+}浓度的变化

高(图 2-2)，以巴氏芽孢杆菌 *D* 最为显著。主要原因是微生物分泌的水溶性有机质对 Ca^{2+} 具有螯合作用。

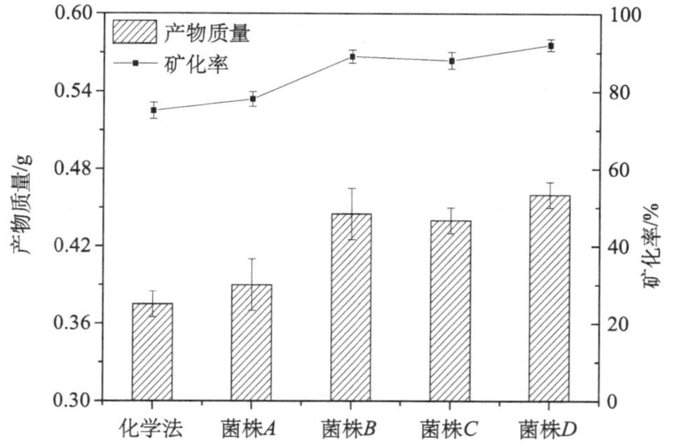

图 2-2　不同微生物种类下模拟溶液中的产物质量和矿化率

2.1.2　生物矿物特性

(1) 物相特性

不同微生物种类下模拟溶液中获得的沉淀物质 XRD 图谱如图 2-3 所示，均为碳酸钙晶体，晶型均含方解石，主特征峰的位置基本一致，但峰强度有一定差异。相比化学法，四种微生物诱导矿化形成的方解石晶体主特征峰的峰强度较低，这表明微生物诱导矿化形成的方解石晶体结晶程度较差。这是因为方解石晶体在微生物产生的有机大分子调控下，会产生多级生长和相互聚集。由于水可溶有机质带有很强的负电荷，能与溶液中的 Ca^{2+}发生相互静电、螯合作用，使 Ca^{2+}在带电的有机质周围微环境中富集，形成局部过饱和，形成的有机质-Ca^{2+}基元模板将作为方解石结晶成核位点，同时会降低方解石成核界面能，有利于其成核结晶[2]。一般情况下，水可溶有机质在水溶液中将非极性基团藏

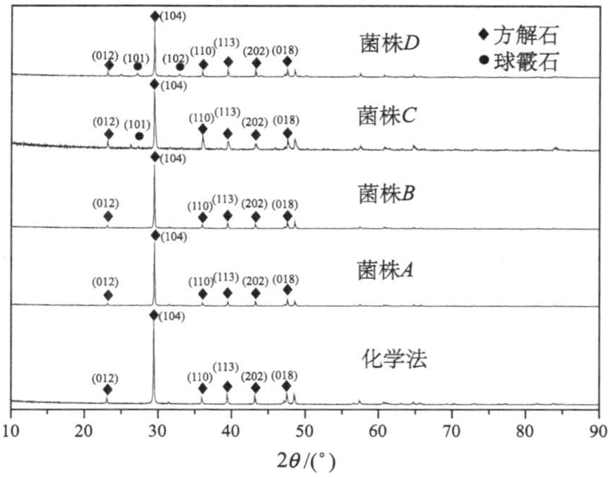

图 2-3　不同微生物种类下模拟溶液中获得的沉淀物质 XRD 图谱

于分子内部，极性基团暴露于分子表面。有机质在周围 Ca^{2+}存在情况下会不断与 Ca^{2+}发生相互碰撞，并不断被 Ca^{2+}中和表面的负电荷，从而使多个有机质分子絮凝成为一个大分子团，限制晶体生长。另外，原本表面电荷不均的单个分子，在上述不断碰撞过程中形成了宏观广域上的各向同性大分子。有机质-Ca^{2+}基元模板使得界面异相成核要优于体相均匀成核，同时根据负离子配位多面体生长基元模型，大量负离子配位多面体作为晶体生长基元在水可溶有机质调控作用下不断向大分子团表面的基元模板上堆积，成为一个个独立的生长位点。当晶体生长基元生长到一定尺寸后，不同生长单元受到大分子基团的静电排斥和空间位阻等一系列作用，抑制了晶体正常的动力学、热力学生长，导致晶体不能正常发育。因此，微生物诱导矿化形成的方解石晶体结晶程度较差。

比较不同微生物种类下的模拟溶液中形成的方解石晶体的晶面，发现主要为(012)(104)(110)(113)(202)(018)。其中，菌株 *C* 诱导矿化形成的方解石在晶面(104)上的生长取向最为明显，菌株 *A* 诱导矿化形成的方解石在晶面(110)上的生长取向最为微弱。分析认为菌株 *C* 分泌形成的有机质-Ca^{2+}基元模板在(104)晶面上分布较多，作为方解石结晶成核位点更容易在(104)晶面生长。此外，菌株 *C* 和菌株 *D* 的 XRD 图谱还出现了微弱的球霰石晶体的衍射峰，但化学法、菌株 *A* 和菌株 *B* 却未出现球霰石晶体的衍射峰。菌株 *C* 诱导矿化形成的球霰石的衍射峰出现在(101)晶面，菌株 *D* 诱导矿化形成的球霰石的衍射峰出现在(101)晶面和(102)晶面。分析认为，菌株 *C* 和菌株 *D* 分泌的有机质除了可以诱导方解石的矿化形成，还能诱导少量的球霰石晶体的生成。

(2) 晶格常数

晶格常数是晶体物质的基本结构参数，它与原子间的结合能有直接的关系。晶格常数的变化反映了晶体内部的成分、受力状态等的变化。晶格常数也称为点阵常数。在材料科学研究中，为了便于分析晶体中的粒子排列，可以从晶体的点阵中取出一个具有代表性的基本单元(通常是最小的平行六面体)作为点阵的组成单元，称为晶胞，晶胞不一定是最小的重复单元，其一般是原胞(一般认为原胞是组成晶体的最小单元)体积的整数倍。三维空间中的晶格一般有 3 个晶格常数，分别用 *a*、*b* 和 *c* 来表示。晶格常数也可称为晶格参数。但实际上，完整的晶格参数应当由 3 个晶格常数和 3 个夹角来描述。晶胞的点阵常数与很多因素有关。例如，对单一物相检索时，可能会发现很难精确地将衍射图谱与 PDF 卡片标准谱对应起来，因为角度位置上总有那么一点点差异。这可能是掺杂或温度引起的晶格畸变，引发了基体的点阵常数扩大或缩小。

利用 Jade 软件精修后，不同微生物诱导矿化形成的方解石的点阵常数如表 2-1 所示，

表 2-1　不同微生物诱导矿化形成的方解石的点阵常数

晶胞参数	*a* 轴	*b* 轴	*c* 轴
化学法	4.985	4.985	17.038
菌株 *A*	4.986	4.986	17.046
菌株 *B*	4.987	4.987	17.064
菌株 *C*	4.985	4.985	17.061
菌株 *D*	4.986	4.986	17.068

微生物种类对方解石点阵常数的 a 轴和 b 轴数值影响不大，但是晶胞参数的 c 轴差异较为明显，四种微生物诱导矿化形成的方解石的 c 轴数值均大于化学法方解石。不同微生物分泌的有机质存在着一定的差异，导致有机质-Ca^{2+}基元模板在诱导碳酸钙生成时有不同的晶格畸变，引发 c 轴点阵常数的扩大。

(3) 电子衍射谱

透射电子显微镜使用 CCD 记录衍射花样。它的标尺是 5 (1/nm)，以 (1/nm) 为单位，5 为放大因子 (factor)。可以根据标尺得到某个倒易矢量（即花样上的斑点）对应的倒空间长度为 x (1/nm)。在 Word 软件中测量平行四边形的长度和倾斜角度，把选中的平行四边形用线段单独标出，把标尺也标出，选中线段，点击 Word 选项卡“格式”，读出一个高度和宽度，这条线段为斜边的直角三角形的两条直角边的长度，并可以计算出角度，然后根据标尺计算晶面间距。查找碳酸钙的 PDF 数据库，比对晶面指数和晶面间距，并进行标定。化学法和微生物诱导矿化形成的方解石电子衍射谱如图 2-4～图 2-8 所示。经过衍射图样的标定和计算，化学法和四种微生物法得到的衍射花样标定结果和 PDF 卡片 05-0586 方解石型碳酸钙的晶格常数最为接近。这个结果与使用 Jade 5.0 软件精修的碳酸钙晶胞参数的结果基本一致。

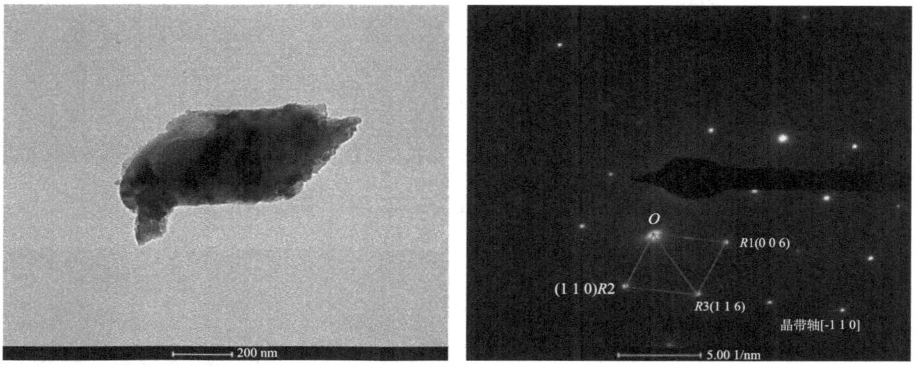

图 2-4　化学法形成的方解石电子衍射谱

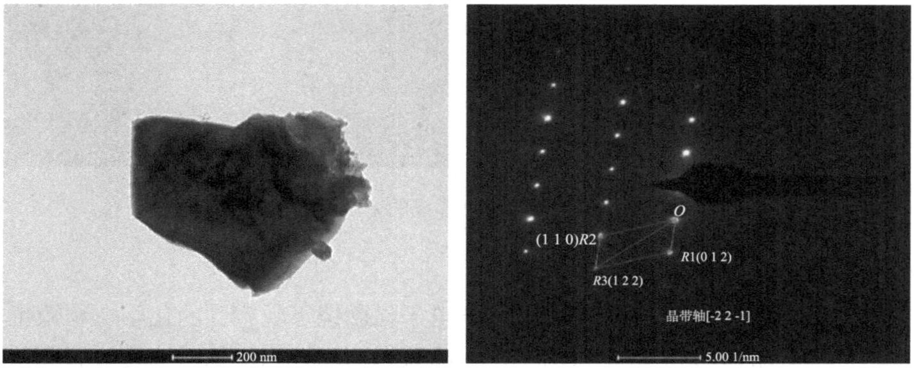

图 2-5　菌株 A 诱导矿化形成的方解石电子衍射谱

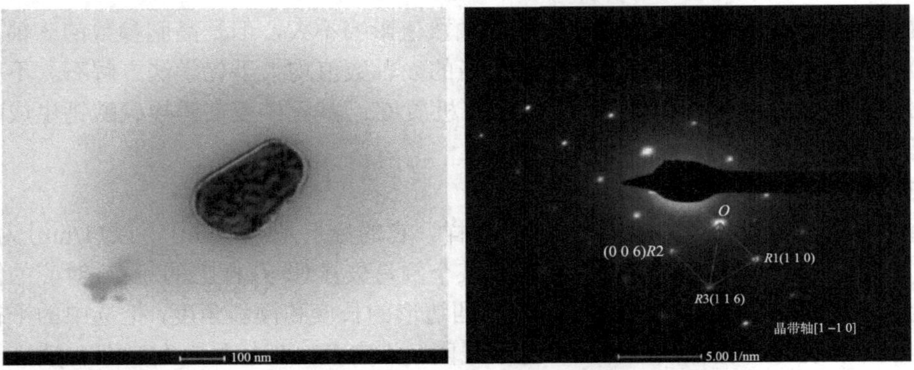

图 2-6　菌株 *B* 诱导矿化形成的方解石电子衍射谱

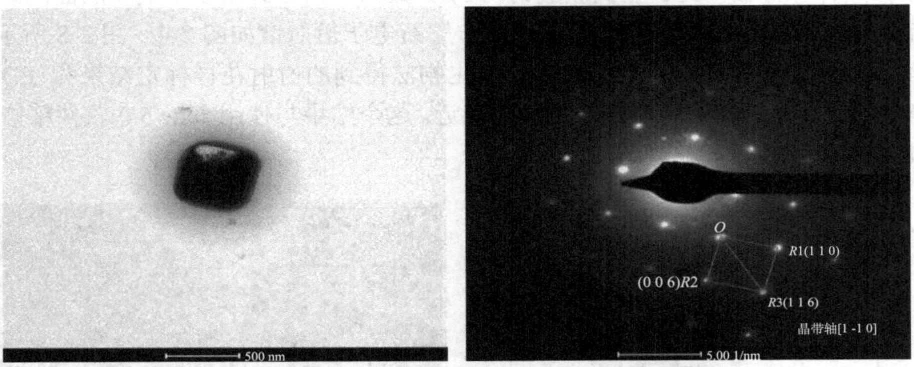

图 2-7　菌株 *C* 诱导矿化形成的方解石电子衍射谱

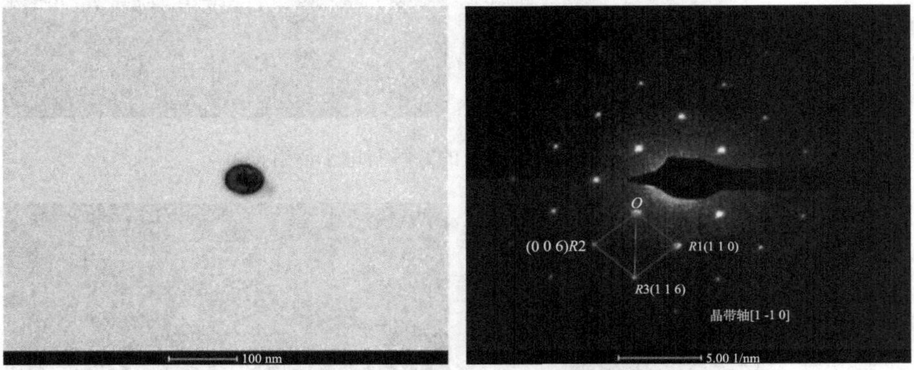

图 2-8　菌株 *D* 诱导矿化形成的方解石电子衍射谱

(4) 生物矿物形貌

图 2-9～图 2-13 显示的是在场发射扫描电子显微镜下观察到的化学法和微生物诱导矿化形成的方解石的形貌。可见采用不同方法获得的沉淀物质虽同为方解石类型，但表现出来的形貌却完全不同。化学法形成的方解石晶体以斜六方晶格结构发育，晶体颗粒大小分布较为均匀且较大，出现片状或斜方六面体单晶、孪晶和其聚集体(图 2-9)。菌

株 *A* 诱导矿化形成的方解石晶体以多面体为主，存在少量的球状颗粒(图 2-10)。菌株 *B* 诱导矿化形成的方解石晶体主要为多面体和球状颗粒掺杂分布(图 2-11)。菌株 *C* 诱导矿化形成的方解石晶体则呈现为各种不规则形状颗粒(图 2-12)。菌株 *D* 诱导矿化形成的方解石晶体形貌则是大小不一的球型或球状聚集体(图 2-13)。

图 2-9　化学法形成的方解石形貌

图 2-10　菌株 *A* 诱导矿化形成的方解石形貌

图 2-11　菌株 *B* 诱导矿化形成的方解石形貌

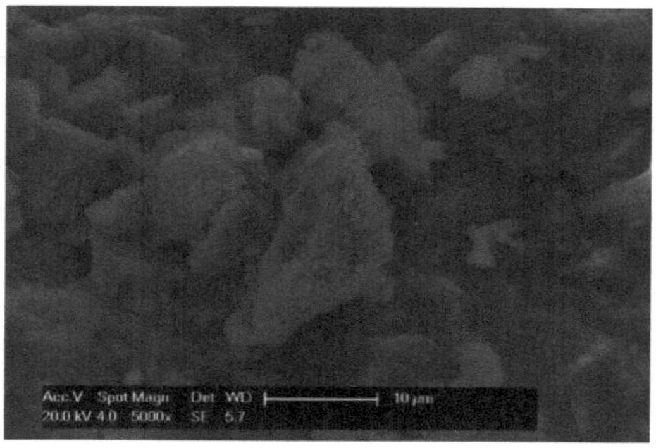

图 2-12　菌株 *C* 诱导矿化形成的方解石形貌

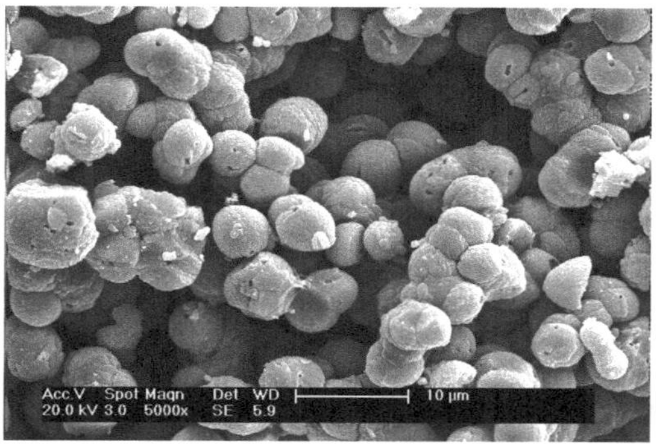

图 2-13　菌株 *D* 诱导矿化形成的方解石形貌

晶体形貌主要取决于晶体在各个方向的相对生长速率。而生长速率又依赖于表面过程，对于周围环境中外来成分的影响是高度敏感的。由于晶格的不同部分暴露在外界环境中，使得不同的面具有不同的表面结构。因为不同的面上扭折区、台阶区和螺旋位错的数量都不同，表面黏附和离子结合所需要的能量也各不相同，所以它们以不同的速率生长。在微生物诱导矿化形成方解石晶体的过程中，不同微生物新陈代谢会产生不同的生物有机质，包括水可溶有机质(SM)和不可溶有机质(IM)。其中不可溶大分子主要由疏水性蛋白质和多糖组成，主要起结构构架作用；而可溶性分子一般作为生物矿化的形核面。有机基质中含有的羧基残基可与钙离子发生化学键合作用[2]，因此方解石成核在有机-无机界面上优先发生。方解石晶体优先成核后，晶面可通过吸附的微生物分泌有机基质来阻止该晶面的生长，而未被选择性吸附的晶面继续生长，这样通过动力学上的生长改变了晶体的形貌，同时认为有机基质与碳酸钙表面有着强烈的吸附作用，从而限制了方解石晶粒的尺寸，分散的颗粒团聚后形成多晶结构。这些多晶产物沿着它们的晶轴 *c* 向各个方向生长。随着时间的推移，包裹在细胞上和细胞分泌的有机物上的方解石数量越来越多，这样造成越来越少的方解石晶体从细胞膜的表面向外扩展，而是沿着结晶方向向外生长。

为了定量分析微生物矿化对形貌的影响，将化学法和四种微生物诱导矿化形成的方解石分别分三次独立试验制备，每次制备的试样在扫描电子显微镜下随机选取三处，在相同的景深下放大2000倍进行拍摄，基于拍摄图片进行形貌统计，分为球体或椭球体、多面体、不规则颗粒。化学法和四种微生物诱导矿化形成的方解石形貌相图如图2-14所示，化学法和四种微生物诱导矿化形成的方解石形貌曲线如图2-15所示。可见，化学法和菌株 *A* 诱导矿化制备的方解石以多面体为主，而菌株 *C* 诱导矿化得到的方解石以不规则颗粒为主，菌株 *D* 诱导矿化制备的方解石以球体或椭球体为主，其中的机理尚有待进一步研究。

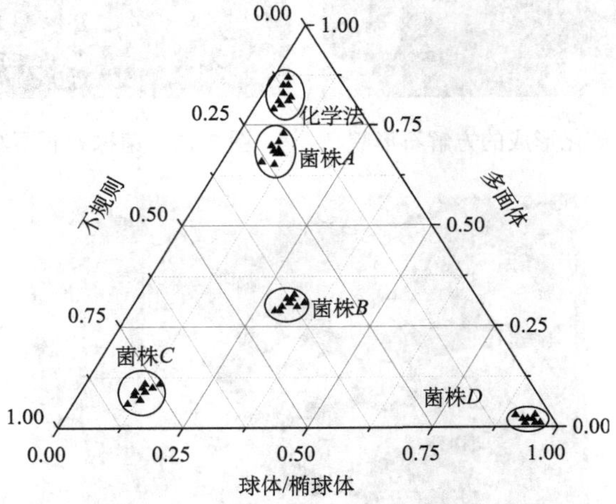

图 2-14　化学法和四种微生物诱导矿化形成的方解石形貌相图

(5) 生物矿物晶粒尺寸

根据X射线衍射理论，当样品晶粒尺寸小于100 nm时，随着晶粒尺寸的变小，衍射峰宽化变得显著，样品晶粒尺寸可采用谢乐(Scherrer)公式进行计算：

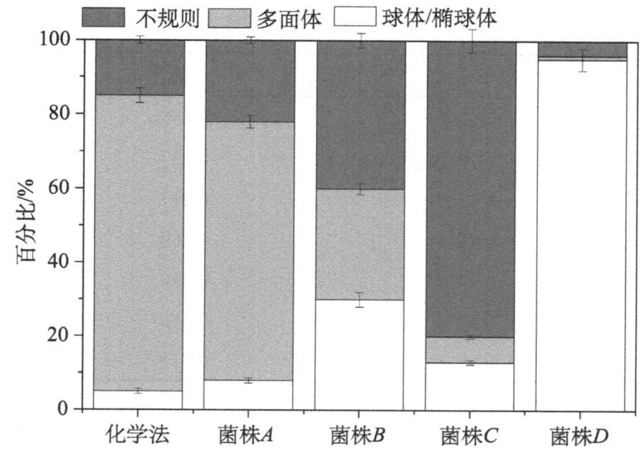

图 2-15 化学法和四种微生物诱导矿化形成的方解石形貌曲线

$$D = \frac{k\lambda}{\beta_{1/2}\cos\theta} \tag{2-1}$$

式中，D——晶粒平均尺寸，Å；

k——系数，取 0.89；

λ——试验所用衍射线波长，1.5406 Å；

$\beta_{1/2}$——选取衍射峰的半高宽，rad；

θ——选取衍射峰所对应的衍射角。

化学法和四种微生物诱导矿化形成的方解石晶粒大小的谢乐方程参数计算如表 2-2～表 2-6 所示，化学法形成的方解石晶粒大小为 55.8 nm，菌株 A 诱导矿化形成的方解石晶粒大小为 46.5 nm，菌株 B 诱导矿化形成的方解石晶粒大小为 38.3 nm，菌株 C 诱导矿化形成的方解石晶粒大小 45.1 nm，菌株 D 诱导矿化形成的方解石晶粒大小为 27.0 nm。四种微生物诱导矿化形成的方解石晶粒尺寸均小于化学法形成的方解石晶粒尺寸，且菌株 D 诱导矿化形成的方解石晶粒尺寸最小，菌株 A 诱导矿化形成的方解石晶粒尺寸较大。方解石晶体成核后，晶面可通过吸附的微生物分泌有机基质来阻止该晶面的生长，同时有机基质与碳酸钙表面有着强烈的吸附作用，这种吸附作用限制了方解石晶粒的尺寸，因此四种微生物诱导矿化形成的方解石晶粒尺寸均小于化学法。

表 2-2 化学法形成的方解石晶粒大小的谢乐方程参数计算

2θ /(°)	$\cos\theta$	$\beta_{1/2}$	D/Å
23.115	0.9797	0.145	553
29.469	0.9671	0.137	593
31.497	0.9625	0.141	579
36.028	0.9510	0.153	540
39.458	0.9413	0.150	556
43.206	0.9298	0.154	549
48.543	0.9116	0.160	539

表 2-3　菌株 *A* 诱导矿化形成的方解石晶粒大小的谢乐方程参数计算

$2\theta/(°)$	$\cos\theta$	$\beta_{1/2}$	D/Å
23.092	0.9798	0.155	517
29.432	0.9672	0.157	517
31.457	0.9626	0.213	383
36.007	0.9510	0.160	516
39.438	0.9414	0.180	464
43.187	0.9298	0.189	447
48.539	0.9116	0.211	408

表 2-4　菌株 *B* 诱导矿化形成的方解石晶粒大小的谢乐方程参数计算

$2\theta/(°)$	$\cos\theta$	$\beta_{1/2}$	D/Å
23.115	0.9797	0.220	364
29.431	0.9672	0.193	421
31.376	0.9627	0.289	282
36.049	0.9509	0.179	462
39.457	0.9413	0.218	383
43.227	0.9297	0.218	388
48.500	0.9118	0.228	378

表 2-5　菌株 *C* 诱导矿化形成的方解石晶粒大小的谢乐方程参数计算

$2\theta/(°)$	$\cos\theta$	$\beta_{1/2}$	D/Å
23.133	0.9797	0.150	535
29.472	0.9671	0.169	481
31.516	0.9624	0.206	396
36.049	0.9509	0.173	478
39.496	0.9412	0.186	449
43.245	0.9296	0.186	454
48.580	0.9115	0.236	365

表 2-6　菌株 *D* 诱导矿化形成的方解石晶粒大小的谢乐方程参数计算

$2\theta/(°)$	$\cos\theta$	$\beta_{1/2}$	D/Å
23.113	0.9797	0.305	263
29.432	0.9671	0.220	369
32.081	0.9611	0.295	277
36.029	0.9510	0.451	183
39.438	0.9414	0.281	297
43.267	0.9296	0.398	212
48.503	0.9118	0.299	288

为了对比，分别采用化学法和四种微生物诱导矿化法，分别分三次试验制备方解石，每次制备的试样在透射电子显微镜下随机选取三处并在相同的景深下进行拍摄，进行晶粒尺寸的测量和统计分析。不同方法诱导矿化形成的方解石晶粒尺寸的比较如图 2-16 所示。分析可知，统计学方法下方解石晶体晶粒尺寸的规律和谢乐公式计算结果一致，数值比计算值略小。

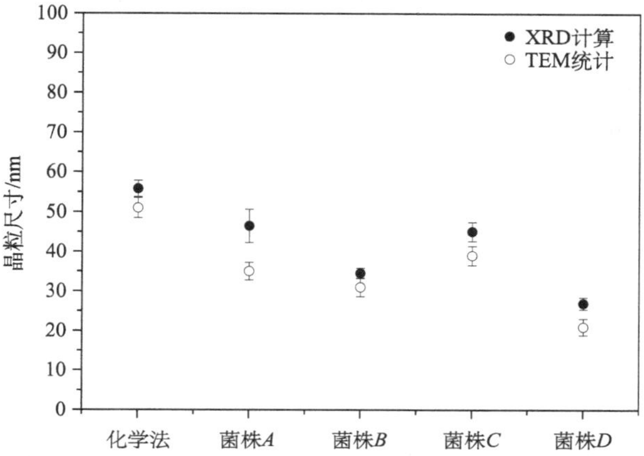

图 2-16　不同方法诱导矿化形成的方解石晶粒尺寸的比较

(6) 生物矿物颗粒尺寸

对于团聚成颗粒的尺寸分析，采用扫描电子显微镜拍摄的图片进行统计。由图 2-17 可知，化学法形成的方解石颗粒尺寸均小于四种微生物诱导矿化形成的方解石颗粒尺寸，与晶粒尺寸大小的规律相反。菌株 *C* 诱导矿化形成的方解石颗粒尺寸最大，菌株 *A* 诱导矿化形成的方解石颗粒尺寸最小，菌株 *B* 和菌株 *D* 诱导矿化形成的方解石颗粒尺寸位于两者之间。

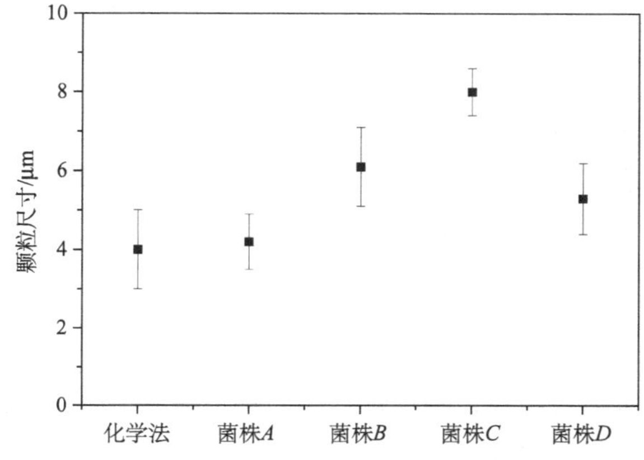

图 2-17　不同方法诱导矿化形成的方解石颗粒尺寸的比较

微生物分泌的有机质使得分散的晶粒团聚后形成多晶颗粒结构，因此四种微生物诱导矿化形成的方解石颗粒尺寸均大于化学法。

(7) 生物矿物分解温度

图 2-18 显示的是采用化学法和四种微生物诱导矿化形成的方解石的热重曲线，分解温度都处于 735～770℃，碳酸钙晶体分解温度刚好位于方解石分解温度区间内，可以推定晶型为方解石。其中菌株 *A* 诱导矿化形成的方解石分解温度为 748.66℃，菌株 *B* 诱导矿化形成的方解石分解温度为 757.17℃，菌株 *C* 诱导矿化形成的方解石分解温度为 758.74℃，菌株 *D* 诱导矿化形成的方解石分解温度为 765.80℃，而化学法形成的方解石在 739.58℃下开始分解。化学法形成的方解石分解温度均低于四种微生物法，分解温度最高相差 26.22℃。这表明尽管采用不同方法同样获得的是方解石晶体，但形成的方解石性质却存在着差异，从而在宏观上表现为分解温度不同。

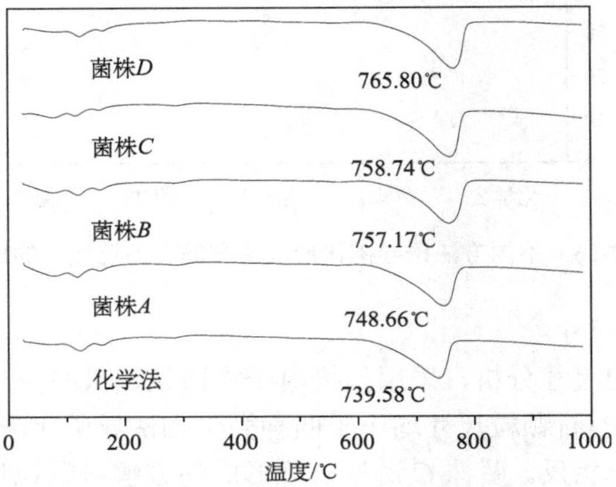

图 2-18 不同方法诱导矿化形成的方解石的热重曲线

造成上述现象的原因有两种可能，第一种可归结于微生物分泌的有机基质与方解石间发生了复杂的相互作用，从而使四种微生物诱导矿化形成的方解石与化学法形成的方解石性质不同。

第二种可能是微生物黏附在方解石晶体表面，而微生物结构中的肽聚糖在高温下分解时会生成部分碳，掺入方解石中，使得方解石的分解温度升高，所以微生物诱导矿化形成的方解石分解温度高于化学法。不同微生物在高温下分解时生成的碳数量存在差异，因此不同微生物诱导矿化形成的方解石分解温度不同。

(8) 生物矿物的黏附力

生物碳酸钙在纳观尺度的黏附力大小直接决定了微观、宏观尺度的黏结力，这是作为胶凝材料最重要的性能之一。原子力显微镜(AFM)可测量近场力。如图 2-19 所示，首先探针需要安装在微悬臂自由端，当探针与表面接近或接触时，所产生的作用力会使微悬臂产生弯曲，根据微悬臂弯曲程度的变化得到力的大小。

因此，在测量碳酸钙颗粒与探针之间的相互作用力时，当黏结在悬臂梁上的探针颗粒与碳酸钙颗粒表面接近或接触时，两个颗粒之间所产生的作用力会使微悬臂产生弯曲，使得通过微悬臂背面反射到光电检测器的激光束发生偏转。弯曲量与两个颗粒之间的距离有关，微悬臂的弯曲量由微悬臂位置探测器测出。如果使悬臂梁在竖直方向来回运动，系统则记录在两个颗粒相互接近和回退提拉过程中微悬臂弯曲方向和弯曲程度的变化，再将这一变化转化为力随距离变化的曲线，即得到力谱测量过程中的力-距离曲线。通过测量悬臂梁最前端与基底上碳酸钙颗粒的水平距离来实现颗粒的精确定位。反复上下移动悬臂梁的位置，使两个颗粒不断处于接触—压陷—分离的循环过程，得到多组力曲线，每组力曲线分别包括接触力和回程力。原子力显微镜下碳酸钙颗粒的力曲线如图 2-20 所示。

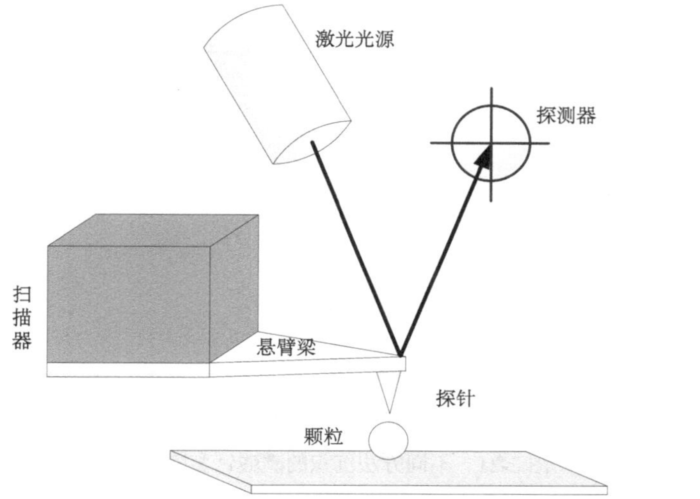

图 2-19　原子力显微镜基本构造及相互作用力测量示意图

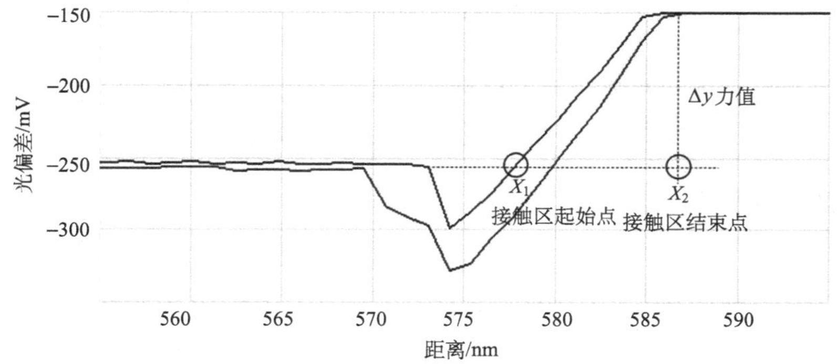

图 2-20　原子力显微镜下碳酸钙颗粒的力曲线

在进行实验数据分析之前，需要对测得的数据进行后处理。首先力曲线文件由 NanoScope Analysis 1.5 软件打开，输入测得的灵敏度和弹性常数，得到的每组力曲线分为接触力和回程力。若采用接触力曲线进行分析，确定曲线的零点，即两个颗粒间距为零，是数据后处理过程中的关键环节，例如，可采用接触区的起始点作为曲线的零点。从图 2-20 可看出，力在某个区间内有一个突变，表明两个颗粒之间出现相互作用的引力，且以很大斜率增长，这与理论曲线趋势相符。同时在接触力曲线的最低点，曲线斜率开始趋于恒定，并逐渐变为斥力，这就是接触区。接触区的起始点，即引力的最大值点，就作为测力曲线的零点。

不同方法沉积的碳酸钙黏附力的比较如图 2-21 所示，菌株 *A* 诱导沉积的碳酸钙黏附力为 37.56 nN，菌株 B 诱导沉积的碳酸钙黏附力为 52.77 nN，菌株 *C* 诱导沉积的碳酸钙黏附力为 54.11 nN，菌株 *D* 诱导沉积的碳酸钙黏附力为 68.91 nN，而化学法沉积的碳酸钙黏附力为 30.12 nN。可见，化学法沉积的碳酸钙的黏附力均小于四种微生物诱导沉积的碳酸钙的黏附力。菌株 *D* 诱导沉积的碳酸钙的黏附力最大，菌株 *A* 诱导沉积的碳酸钙的黏附力最小，菌株 *B* 和菌株 *C* 诱导沉积的碳酸钙的黏附力介于上述两者之间。

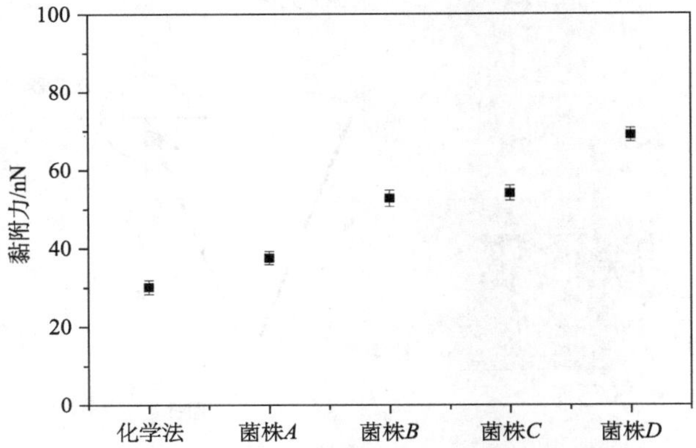

图 2-21　不同方法沉积的碳酸钙黏附力的比较

2.2　阳离子对生物碳酸钙的影响

在水泥基材料、钢渣材料和砂土材料等建筑材料中，微生物矿化常遇的阳离子包括 Ca^{2+}、Mg^{2+}，它们的浓度和比值对于矿化产物的形貌和尺寸等都有重要影响[1]。

2.2.1　Ca^{2+}浓度的影响

(1) 矿化率

采用碳酸盐矿化菌在 20 ℃溶液中矿化，不同初始 Ca^{2+}浓度下溶液中 Ca^{2+}浓度的变化如图 2-22 所示，在 16 h 前 Ca^{2+}浓度下降速率较为平稳；在 16～20 h，Ca^{2+}浓度下降速率迅速增加，此时碳酸钙大量沉积；20 h 之后 Ca^{2+}浓度下降速率又逐渐减慢，最终趋于稳定。

不同初始 Ca^{2+}浓度下化学法模拟溶液中 Ca^{2+}浓度的变化如图 2-23 所示。不同初始 Ca^{2+}浓度下化学法模拟溶液中 Ca^{2+}浓度下降速率一直保持较为平稳，最终趋向于一个较为稳定的数值。

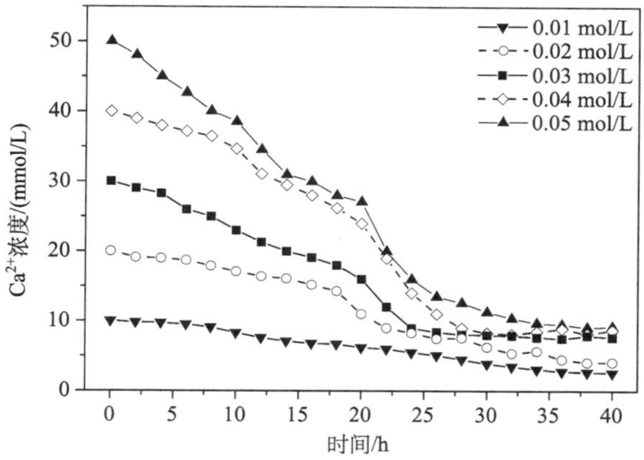

图 2-22　不同初始 Ca^{2+}浓度下溶液中 Ca^{2+}浓度的变化

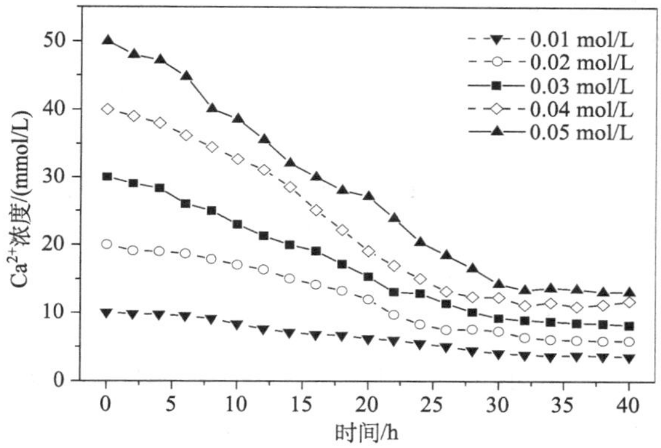

图 2-23　不同初始 Ca^{2+}浓度下化学法模拟溶液中 Ca^{2+}浓度的变化

对于 Ca^{2+}转化为碳酸钙的效率，即矿化率，比较图 2-24 和图 2-25 可知，微生物的存在提高了矿化率，且在含微生物的体系中，随着 Ca^{2+}浓度的提高，矿化率先增长后下降。而在对应的化学法体系中，矿化率随 Ca^{2+}浓度的提高一直下降。分析认为，生物法

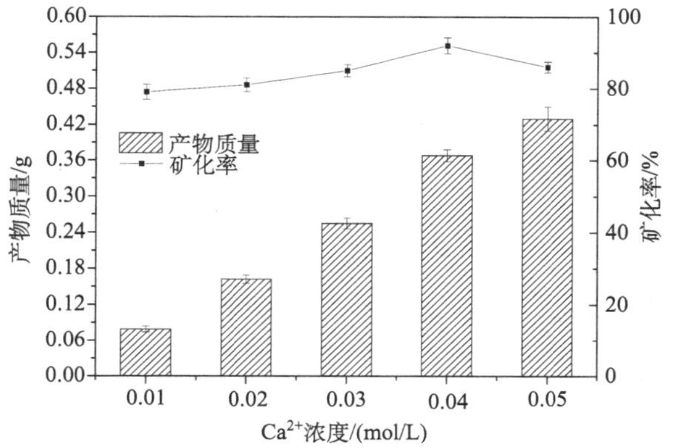

图 2-24　不同初始 Ca^{2+}浓度下生物法模拟溶液中的矿化率

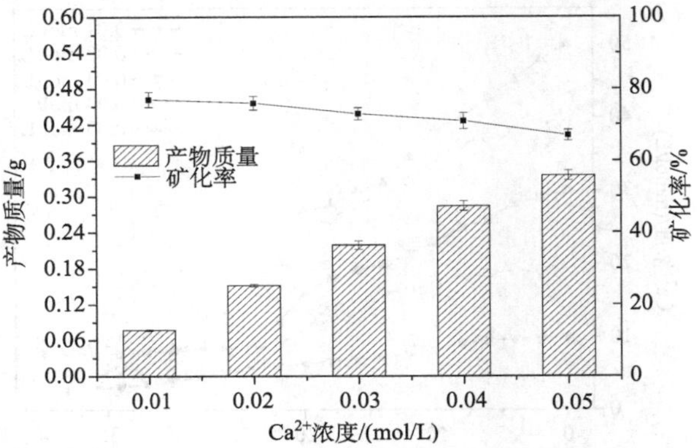

图 2-25 不同初始 Ca^{2+}浓度下化学法模拟溶液中的矿化率

模拟溶液中 Ca^{2+}浓度越高，在相同空间范围内 Ca^{2+}和水可溶有机质碰撞的概率越大，从而更容易和 CO_3^{2-}结合生成碳酸钙沉淀，提高了矿化率和模拟溶液中 Ca^{2+}浓度的下降速度。随着 Ca^{2+}浓度提高到一定程度，Ca^{2+}开始影响微生物的活性，过高的 Ca^{2+}浓度会抑制微生物分泌水可溶有机质，反而降低矿化率。因此，生物法模拟溶液中的矿化率随着 Ca^{2+}浓度的提高先增加后减小。根据反应动力学，化学法模拟溶液中 Ca^{2+}浓度越高，虽然可以生成更多的碳酸钙沉淀，但是矿化率反而开始降低。因此，化学法模拟溶液中的矿化率随着 Ca^{2+}浓度的增加不断减小。

(2) 生物矿物物相和晶型

不同 Ca^{2+}浓度下的模拟溶液中获得的沉淀物质的 XRD 图谱如图 2-26 所示。采用分析软件 MDI Jade 5.0 对 XRD 图谱进行物相的检索，分析发现在不同 Ca^{2+}浓度下的模拟溶液中获得的沉淀物质均为碳酸钙晶体，晶型主要为方解石，对应 PDF 卡片库为 05-0586，此外还出现了球霰石晶型，对应 PDF 卡片库为 72-0506。Ca^{2+}浓度对方解石晶体在(104)晶面的生长有比较大的影响，Ca^{2+}浓度过高或过低都会使方解石晶体在(104)

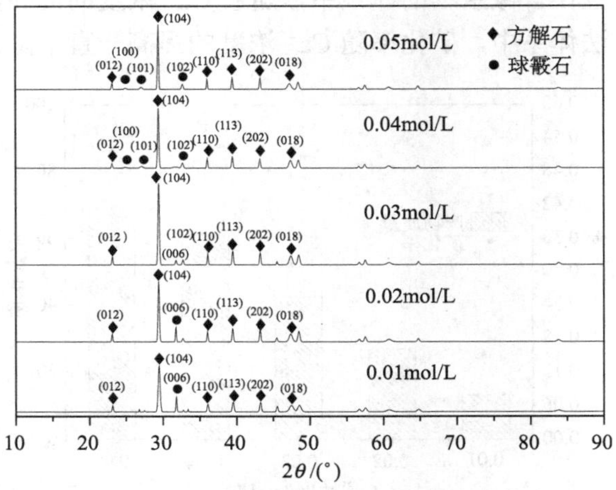

图 2-26 不同 Ca^{2+}浓度下的模拟溶液中获得的沉淀物质的 XRD 图谱

晶面的生长受阻，模拟溶液中最适宜方解石晶体在(104)晶面生长的 Ca^{2+}浓度为 0.03 mol/L。随着 Ca^{2+}浓度的不断增大，球霰石在(006)晶面的生长开始受阻，当 Ca^{2+}浓度高于 0.03 mol/L 时，已看不出 XRD 衍射峰；相反，球霰石在(102)晶面的生长趋势随着 Ca^{2+}浓度的不断增加而取向明显。总之，过高的 Ca^{2+}浓度会使方解石晶体的结晶受阻，促进球霰石晶粒的结晶和生长。分析认为，模拟溶液中的 Ca^{2+}会抑制微生物的活性，改变微生物分泌水可溶有机质的数量和空间结构，从而改变碳酸钙的物相和晶体结构。

不同 Ca^{2+}浓度下模拟溶液中获得的沉淀物质的傅里叶红外光谱如图 2-27 所示。采用分析软件 Nicolet Omnic 8.2 分析，参照无机非金属材料图谱手册，碳酸钙中 CO_3^{2-}基团有四个振动模式，即对称伸缩振动(υ_1)、面外弯曲振动(υ_2)、二重简并反对称振动(υ_3)、二重简并面内弯曲振动(υ_4)。其中 υ_2、υ_3、υ_4 是红外活性的，而 υ_1 对具有方解石结构的晶体来说是严格禁止的。典型方解石矿物的特征峰分别位于 1458 cm^{-1}、875 cm^{-1}、713 cm^{-1} 处。比较不同 Ca^{2+}浓度下模拟溶液中获得的沉淀物质的傅里叶红外光谱发现均含有方解石晶体的二重简并反对称振动峰(υ_3)、面外弯曲振动峰(υ_2)、二重简并面内弯曲振动峰(υ_4)。当 Ca^{2+}浓度大于 0.03 mol/L 时，随着模拟溶液中 Ca^{2+}浓度的不断增大，微生物法诱导生成的方解石矿物的二重简并反对称振动峰(υ_3)频率开始逐渐减小，最大相差达到 7.74 cm^{-1}；分析可知，模拟溶液中的 Ca^{2+}浓度会影响碳酸钙官能团的微结构。因此，模拟溶液中过高的 Ca^{2+}浓度会对方解石晶体结构的稳定性造成影响。

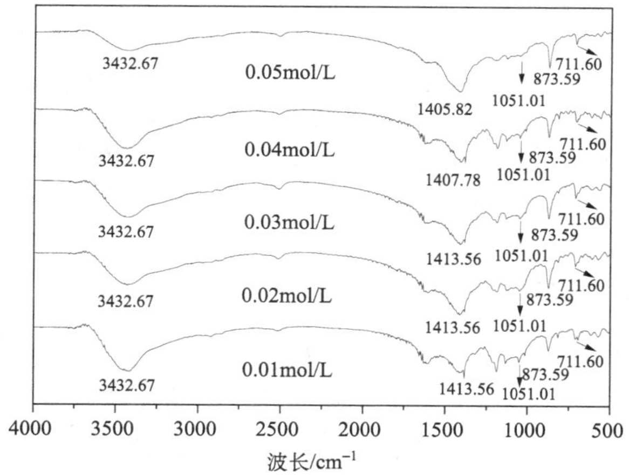

图 2-27　不同 Ca^{2+}浓度下模拟溶液中获得的沉淀物质的傅里叶红外光谱

(3) 生物矿物形貌

图 2-28～图 2-37 显示的是不同 Ca^{2+}浓度下模拟溶液中微生物诱导矿化形成的碳酸钙的形貌图和能谱图。可见，获得的沉淀物质虽同为方解石类型，但形貌却有所差异。模拟溶液中 Ca^{2+}浓度为 0.01 mol/L 时微生物诱导矿化形成的方解石晶体形貌是较多的不规则形状颗粒、少量大小不一的多面体以及球体或椭球体，晶体颗粒大小分布较为不均(图 2-28)，能谱图证实为碳酸钙(图 2-29)；模拟溶液中 Ca^{2+}浓度为 0.02 mol/L 时微生物诱导矿化形成的方解石晶体形貌以不规则颗粒为主、少量多面体、基本看不到球体或椭

球体，晶体颗粒大小分布较不均(图 2-30)，能谱图则证实该晶体成分为碳酸钙(图 2-31)；模拟溶液中 Ca^{2+}浓度为 0.03 mol/L 时微生物诱导矿化形成的方解石晶体形貌是较多的不规则形状以及大小不一的球体或球状聚集体，晶体颗粒大小分布较均匀(图 2-32)，能谱图则证实该晶体成分为碳酸钙(图 2-33)；模拟溶液中 Ca^{2+}浓度为 0.04 mol/L 时微生物诱导矿化形成的方解石晶体形貌存在大量的球体或球状聚集体、少量多面体以及部分的不规则形状，晶体颗粒大小分布较为均匀(图 2-34)，能谱图则证实该晶体成分为碳酸钙(图 2-35)；模拟溶液中 Ca^{2+}浓度为 0.05 mol/L 时微生物诱导矿化形成的方解石晶体形貌存在较多的球体或椭球体、部分不规则形状、少量堆积的多面体，晶体颗粒大小分布较为均匀(图 2-36)，能谱图则证实该晶体成分为碳酸钙(图 2-37)。产生上述形貌差异现象的原因可能是方解石晶体在生长过程中所处的 Ca^{2+}浓度环境不同造成的。

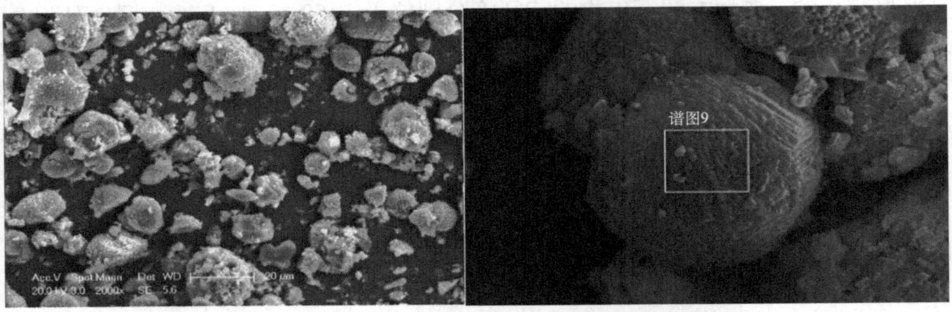

图 2-28　模拟溶液 Ca^{2+}浓度为 0.01 mol/L 时微生物诱导矿化形成的碳酸钙形貌图

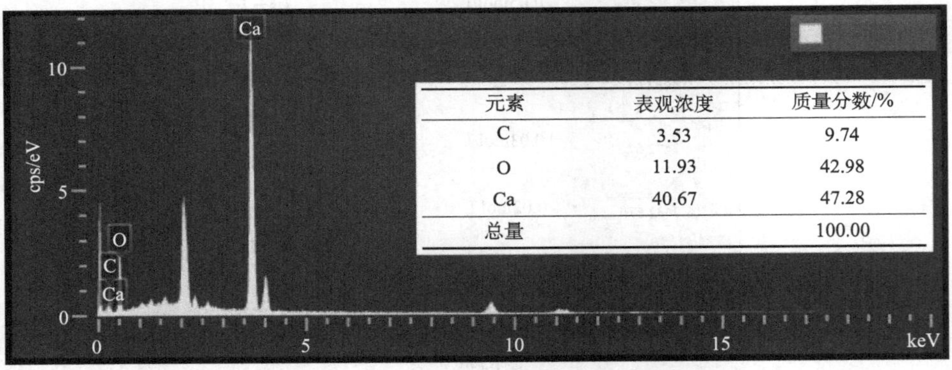

元素	表观浓度	质量分数/%
C	3.53	9.74
O	11.93	42.98
Ca	40.67	47.28
总量		100.00

图 2-29　模拟溶液 Ca^{2+}浓度为 0.01 mol/L 时微生物诱导矿化形成的碳酸钙能谱图

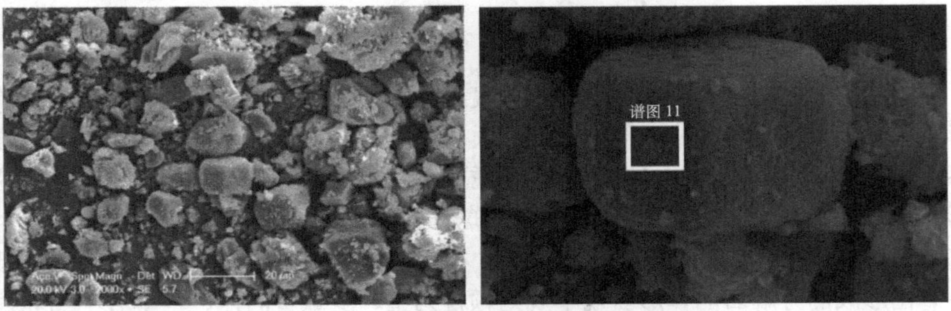

图 2-30　模拟溶液 Ca^{2+}浓度为 0.02 mol/L 时微生物诱导矿化形成的碳酸钙形貌图

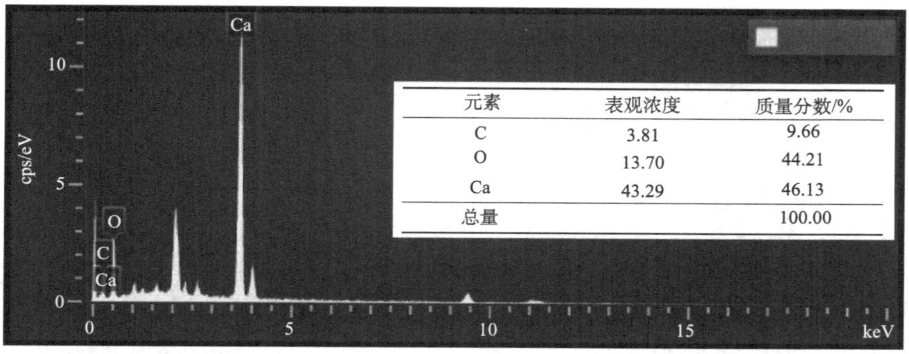

元素	表观浓度	质量分数/%
C	3.81	9.66
O	13.70	44.21
Ca	43.29	46.13
总量		100.00

图 2-31　模拟溶液 Ca^{2+}浓度为 0.02 mol/L 时微生物诱导矿化形成的碳酸钙能谱图

图 2-32　模拟溶液 Ca^{2+}浓度为 0.03 mol/L 时微生物诱导矿化形成的碳酸钙形貌图

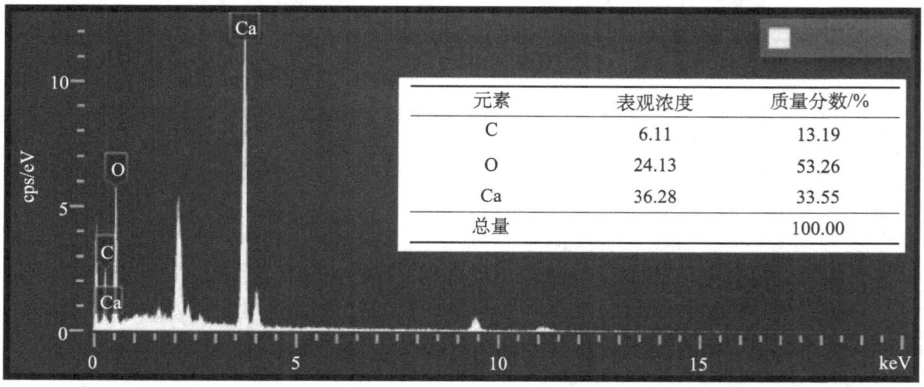

元素	表观浓度	质量分数/%
C	6.11	13.19
O	24.13	53.26
Ca	36.28	33.55
总量		100.00

图 2-33　模拟溶液 Ca^{2+}浓度为 0.03 mol/L 时微生物诱导矿化形成的碳酸钙能谱图

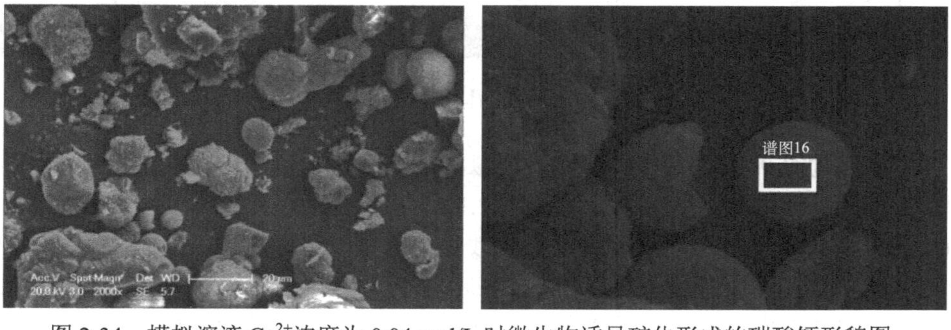

图 2-34　模拟溶液 Ca^{2+}浓度为 0.04 mol/L 时微生物诱导矿化形成的碳酸钙形貌图

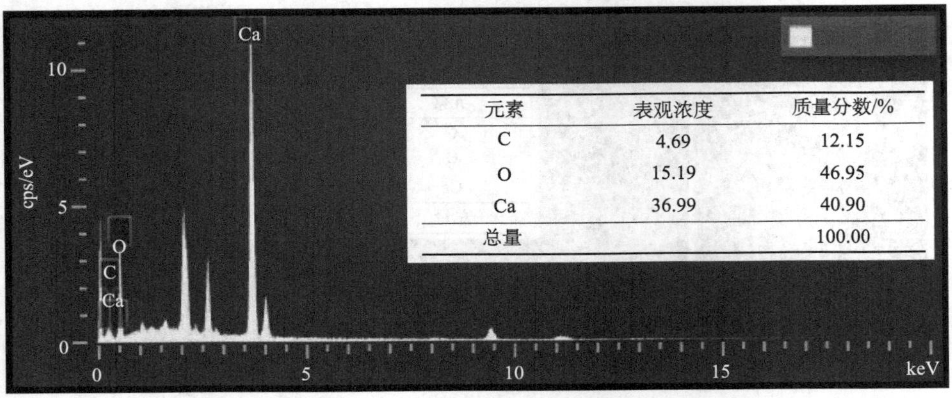

图 2-35　模拟溶液 Ca^{2+}浓度为 0.04 mol/L 时微生物诱导矿化形成的碳酸钙能谱图

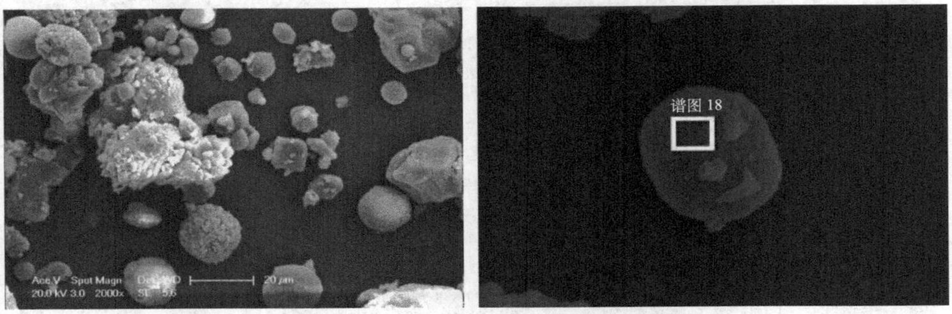

图 2-36　模拟溶液 Ca^{2+}浓度为 0.05 mol/L 时微生物诱导矿化形成的碳酸钙形貌图

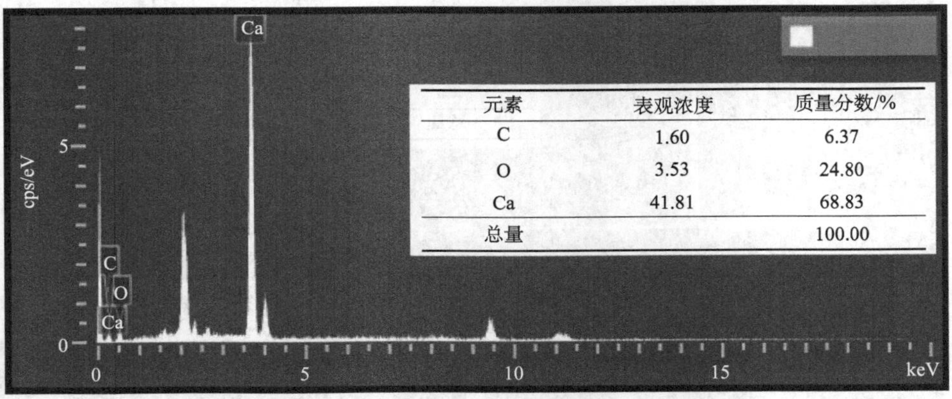

图 2-37　模拟溶液 Ca^{2+}浓度为 0.05 mol/L 时微生物诱导矿化形成的碳酸钙能谱图

为了更好地分析在不同 Ca^{2+}浓度下模拟溶液中微生物诱导矿化形成的碳酸钙形貌的区别，运用统计学方法进行分析，方法同 2.1.2(4)，结果如图 2-38、图 2-39 所示，比较可知，随着模拟溶液中 Ca^{2+}浓度的增大，微生物诱导矿化形成的碳酸钙中球体或椭球体颗粒百分比含量先减小再增大后减小，在 Ca^{2+}浓度为 0.04 mol/L 时球体或椭球体颗粒所占比例达到最高；多面体颗粒的百分比含量则随着 Ca^{2+}浓度的增大而逐步增加；不规则颗粒的百分比含量则随着 Ca^{2+}浓度的增大先增加后减少，在 Ca^{2+}浓度为 0.02 mol/L 时达到最大，当 Ca^{2+}浓度大于 0.02 mol/L 时不规则颗粒含量迅速减少。分析可知，提高模拟溶液中的 Ca^{2+}浓度可以提高生物碳酸钙形貌中球体或椭球体颗粒的百分比含量。

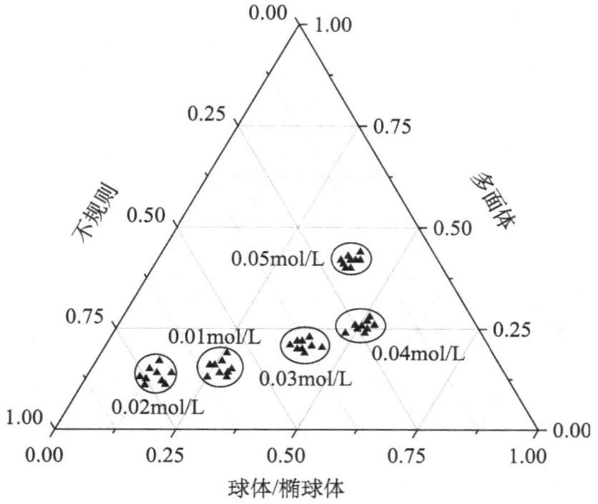

图 2-38 不同 Ca^{2+}浓度下模拟溶液中微生物诱导矿化形成的碳酸钙形貌相图

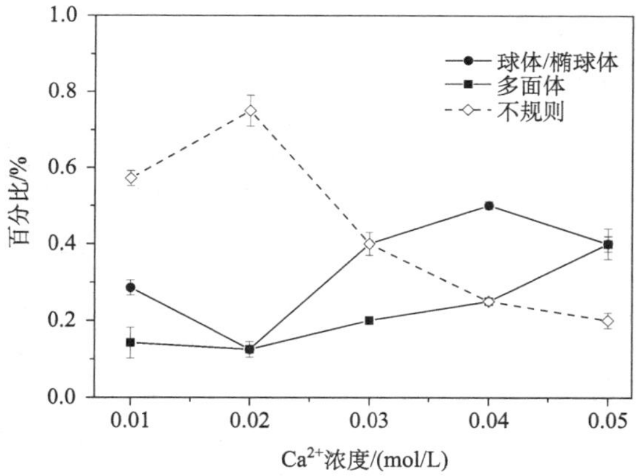

图 2-39 不同 Ca^{2+}浓度下模拟溶液中微生物诱导矿化形成的碳酸钙形貌曲线

为了更好地观察在不同 Ca^{2+}浓度模拟溶液中微生物诱导矿化形成的方解石颗粒的表面形貌，比较高倍扫描电子显微镜图像和原子力显微镜图像，如图 2-40～图 2-44 所示。模拟溶液 Ca^{2+}浓度为 0.01 mol/L 时微生物诱导矿化形成的方解石表面呈现各种纹理，晶界和位错很多，较为粗糙；模拟溶液 Ca^{2+}浓度为 0.02 mol/L 时微生物诱导矿化形成的方解石表面有各种凸起和小颗粒；模拟溶液 Ca^{2+}浓度为 0.03 mol/L 时微生物诱导矿化形成的方解石表面纹理更加致密，呈现树枝状；模拟溶液 Ca^{2+}浓度为 0.04 mol/L 时微生物诱导矿化形成的方解石表面较为光滑平整；模拟溶液 Ca^{2+}浓度为 0.05 mol/L 时微生物诱导矿化形成的方解石表面有明显的台阶和凸起，呈现出层状结构。

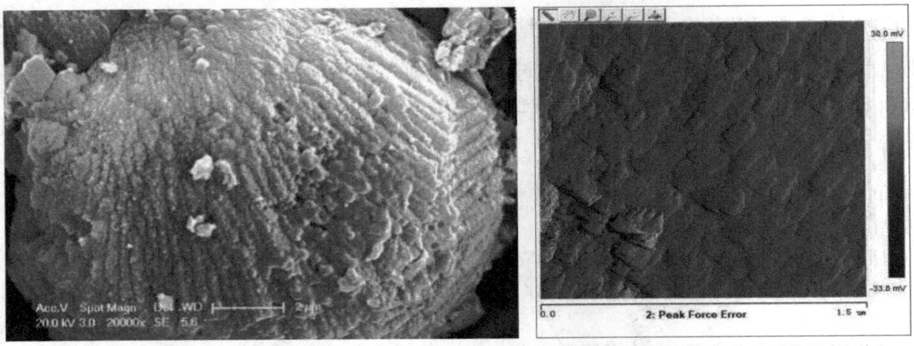

图 2-40　模拟溶液 Ca^{2+}浓度为 0.01 mol/L 时微生物诱导矿化形成的方解石表面

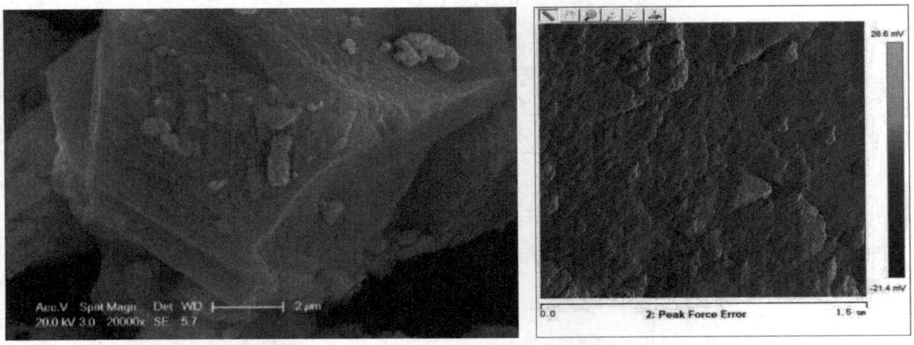

图 2-41　模拟溶液 Ca^{2+}浓度为 0.02 mol/L 时微生物诱导矿化形成的方解石表面

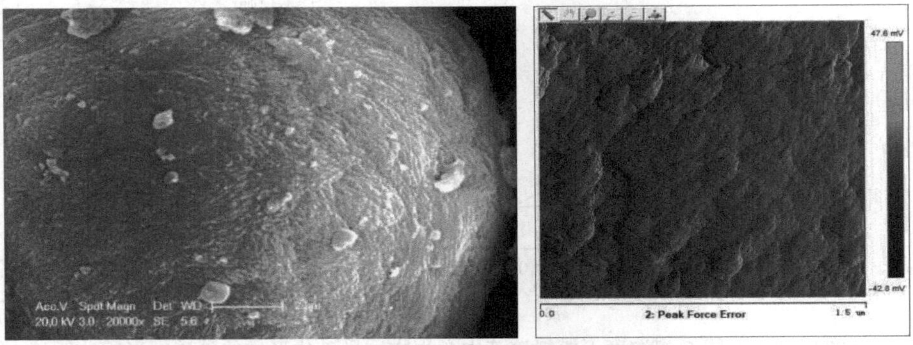

图 2-42　模拟溶液 Ca^{2+}浓度为 0.03 mol/L 时微生物诱导矿化形成的方解石表面

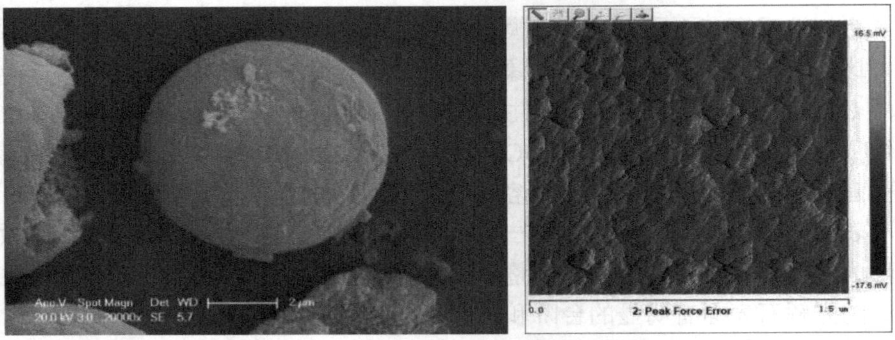

图 2-43　模拟溶液 Ca^{2+}浓度为 0.04 mol/L 时微生物诱导矿化形成的方解石表面

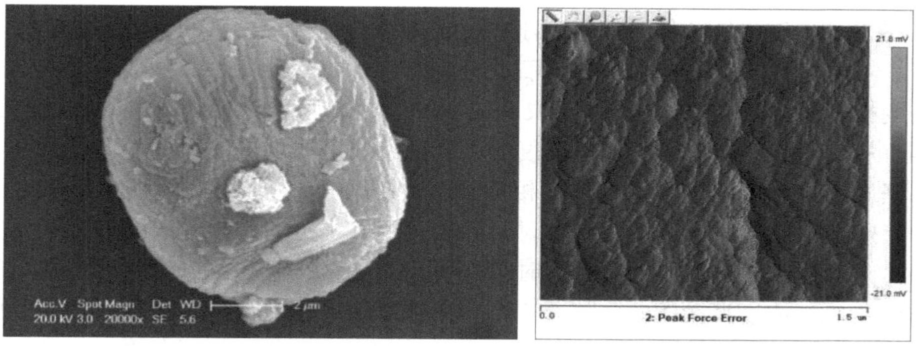

图 2-44　模拟溶液 Ca^{2+}浓度为 0.05 mol/L 时微生物诱导矿化形成的方解石表面

(4) 晶粒尺寸

运用谢乐公式计算不同 Ca^{2+}浓度下模拟溶液中碳酸钙晶粒尺寸的大小，并运用统计学方法对 AFM 观察图像进行分析比较。图 2-45 是不同 Ca^{2+}浓度下模拟溶液中碳酸钙的晶粒尺寸。随着 Ca^{2+}浓度的不断增大，化学法形成的方解石晶粒和微生物诱导矿化形成的晶粒都开始逐渐变大。化学法形成的晶粒大小在 55～65 nm，高于微生物诱导矿化形成的晶粒尺寸 35～45 nm。对比两种晶粒尺寸分析方法，XRD 计算法比 AFM 统计法晶粒尺寸略大，初步认为是 XRD 计算带来的误差。

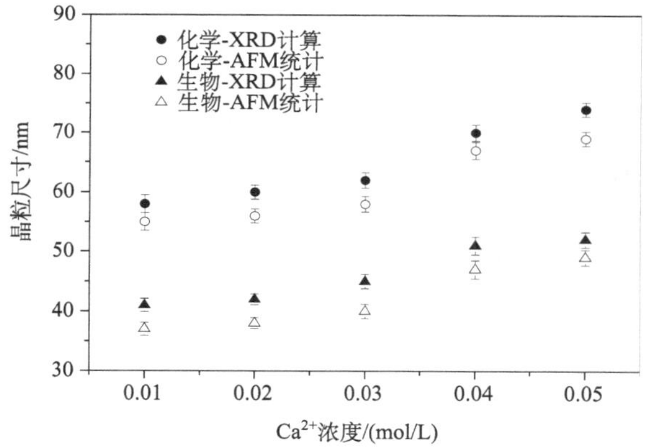

图 2-45　不同 Ca^{2+}浓度下模拟溶液中碳酸钙的晶粒尺寸比较

(5) 颗粒尺寸

运用统计学方法分析 SEM 观察图片，不同 Ca^{2+}浓度下模拟溶液中形成的颗粒尺寸有较大差别(图 2-46)。随着 Ca^{2+}浓度的不断增大，方解石颗粒尺寸也不断增大。生物法诱导矿化形成的颗粒尺寸均大于化学法。生物法诱导矿化形成的颗粒尺寸为 10～18 μm，而化学法形成的颗粒尺寸为 6～10 μm。

(6) 生物矿物分解温度

不同 Ca^{2+}浓度对微生物诱导矿化形成的碳酸钙分解温度的影响如图 2-47 所示。从图中可知，不同 Ca^{2+}浓度下形成的碳酸钙晶体分解温度存在一定的差异，但分解温度都处于 750～780℃，碳酸钙晶体分解温度刚好位于方解石分解温度区间内，可以推断晶型为方解石。随着 Ca^{2+}浓度的增大，方解石的分解温度开始逐渐变大，最高可达 775.64℃，分解温度相差最大可达 20.49℃。这表明在不同 Ca^{2+}浓度下形成的方解石在性质上存在着差异，从而在宏观上表现为分解温度的不同。造成上述现象的一种解释是微生物分泌的有机基质与方解石间发生了复杂的相互作用[2]，即在含有胶结特性的方解石中存在一种新的特殊作用。方解石在发生分解时，除要克服其本身的化学键束缚外，还得克服特殊作用的束缚，这意味着方解石分解时需要更高的能量。微生物分泌的有机基质的三维空间结构和 Ca^{2+}浓度直接相关，随着 Ca^{2+}浓度的增大，虽然微生物的相对活性降低，分泌的有机基质数量减少，但有机质-Ca^{2+}的空间结构发生变化，从而有更多的机会和方解石颗粒之间形成分子间作用力，所以方解石的分解温度也有所升高。

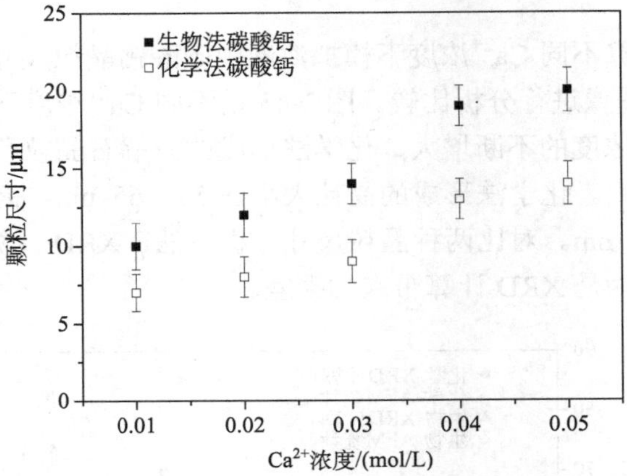

图 2-46　不同 Ca^{2+}浓度下模拟溶液中颗粒尺寸的比较

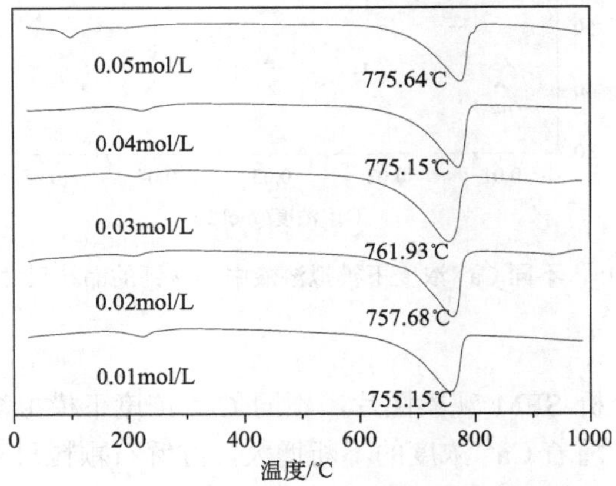

图 2-47　不同 Ca^{2+}浓度对微生物诱导矿化形成的碳酸钙分解温度的影响

(7) 生物矿物黏附力

通过原子力显微镜测量并计算不同 Ca^{2+}浓度下模拟溶液中碳酸钙的黏附力，如图 2-48 所示，在同一 Ca^{2+}浓度下的模拟溶液中，生物法形成的碳酸钙的黏附力均大于化学法，生物法碳酸钙的黏附力为 45 nN 左右，化学法碳酸钙的黏附力为 25 nN 左右，两者相差最大可达 30 nN。随着 Ca^{2+}浓度的增大，化学法碳酸钙的黏附力逐渐增大，但增大幅度相对较小。生物法碳酸钙的黏附力随 Ca^{2+}浓度的增大先增加后减小，在 Ca^{2+}浓度为 0.04 mol/L 时达到最大，当 Ca^{2+}浓度大于 0.04 mol/L 时，生物法碳酸钙的黏附力反而开始减小。

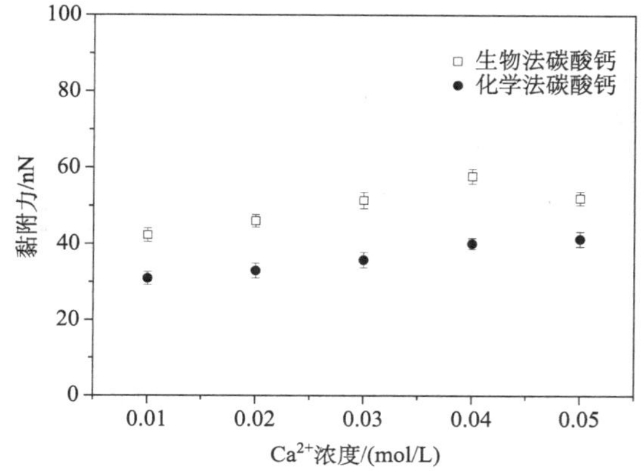

图 2-48　不同 Ca^{2+}浓度下模拟溶液中碳酸钙黏附力的比较

2.2.2　Ca^{2+}/Mg^{2+}值的影响

(1) 矿化率

在恒定 20 ℃下，不同 Ca^{2+}/Mg^{2+}值溶液中 Ca^{2+}浓度随时间变化规律分别如图 2-49、图 2-50 所示。

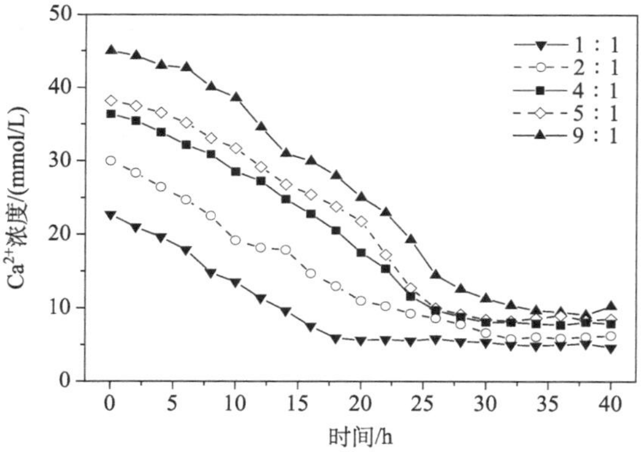

图 2-49　不同 Ca^{2+}/Mg^{2+}值下生物法模拟溶液中 Ca^{2+}浓度的变化

不同 Ca^{2+}/Mg^{2+}值下生物法模拟溶液中的矿化率如图 2-51 所示，在低 Ca^{2+}/Mg^{2+}值，即 Mg^{2+}较多时，碳酸盐矿物的矿化率较高，但由于碳酸钙矿物中进入了 Mg^{2+}代替部分 Ca^{2+}，从而导致碳酸钙的沉积质量较小。不同 Ca^{2+}/Mg^{2+}值下化学法模拟溶液中的矿化率如图 2-52 所示，随着 Ca^{2+}/Mg^{2+}值的变化，碳酸盐矿物的矿化率基本保持恒定，说明 Ca^{2+}/Mg^{2+}值对碳酸盐矿化沉积的矿化率没有大影响。但碳酸钙矿物中进入了 Mg^{2+}代替部分 Ca^{2+}，从而导致碳酸钙的沉积质量也有所减小。分析认为，Mg^{2+}不仅可以提高微生物的活性，还能在碳酸盐矿物沉积过程中建立更好的骨架，从而加速矿物的沉积。

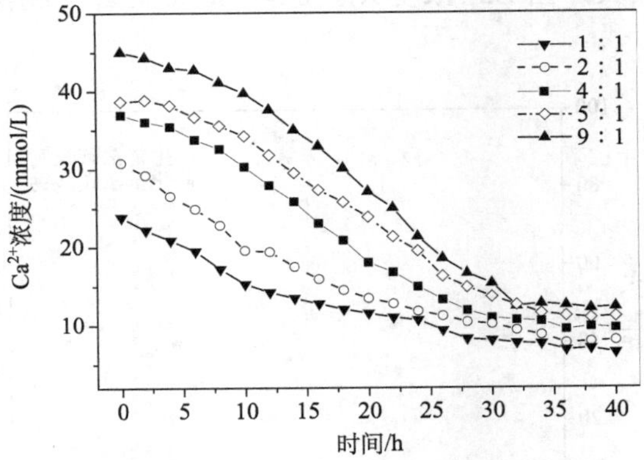

图 2-50　不同 Ca^{2+}/Mg^{2+}值下化学法模拟溶液中 Ca^{2+}浓度的变化

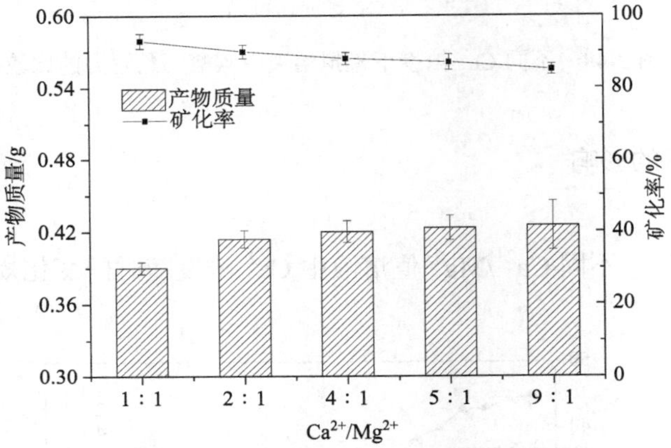

图 2-51　不同 Ca^{2+}/Mg^{2+}值下生物法模拟溶液中的矿化率

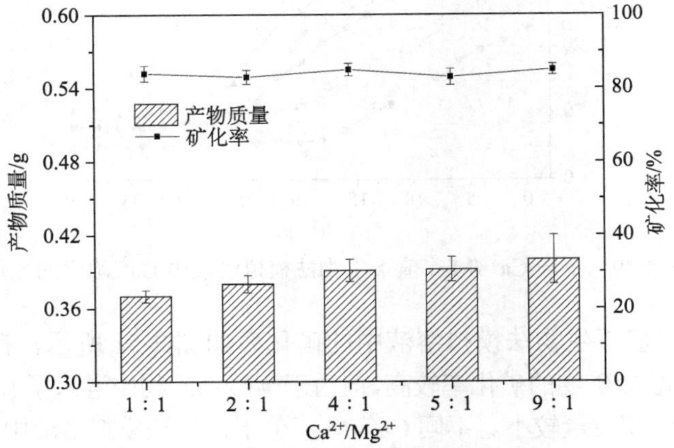

图 2-52　不同 Ca^{2+}/Mg^{2+}值下化学法模拟溶液中的矿化率

(2) 生物矿物物相和晶型

不同 Ca^{2+}/Mg^{2+} 值下的模拟溶液中微生物诱导矿化形成的沉淀物质的 XRD 图谱如图 2-53 所示。采用分析软件 MDI Jade 5.0 分析发现，在不同 Ca^{2+}/Mg^{2+} 值下的模拟溶液中获得的沉淀物质碳酸钙晶体中主要晶型为方解石，其中部分 Ca^{2+} 被 Mg^{2+} 所取代，对应 PDF 卡片库为 43-0697，此外还出现了球霰石晶型，对应 PDF 卡片库为 72-0506。Ca^{2+}/Mg^{2+} 值对方解石晶粒在 (104) 晶面的生长有比较大的影响，Mg^{2+} 增加会使方解石晶粒在 (104) 晶面上的生长受阻。随着 Ca^{2+}/Mg^{2+} 值的不断增大，球霰石在 (102) 晶面的生长趋势更加明显。相反，球霰石在 (101) 晶面的生长趋势随着 Ca^{2+}/Mg^{2+} 值的不断增加而开始受阻。总之，Ca^{2+}/Mg^{2+} 值会使方解石晶粒的结晶取向发生改变。

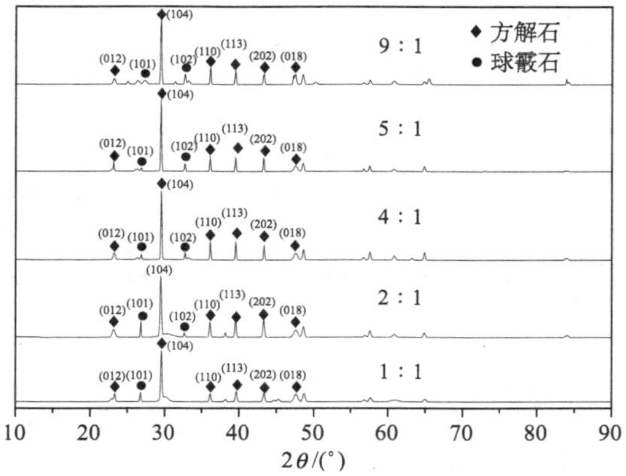

图 2-53　不同 Ca^{2+}/Mg^{2+} 值下模拟溶液中微生物诱导矿化形成的沉淀物质的 XRD 图谱

在不同 Ca^{2+}/Mg^{2+} 值下模拟溶液中微生物诱导矿化形成的沉淀物质的傅里叶红外光谱图谱如图 2-54 所示。在各 Ca^{2+}/Mg^{2+} 值下的模拟溶液中获得的沉淀物质的红外光谱图谱均含方解石晶体的二重简并反对称振动峰 (υ_3)、面外弯曲振动峰 (υ_2)、二重简并面内

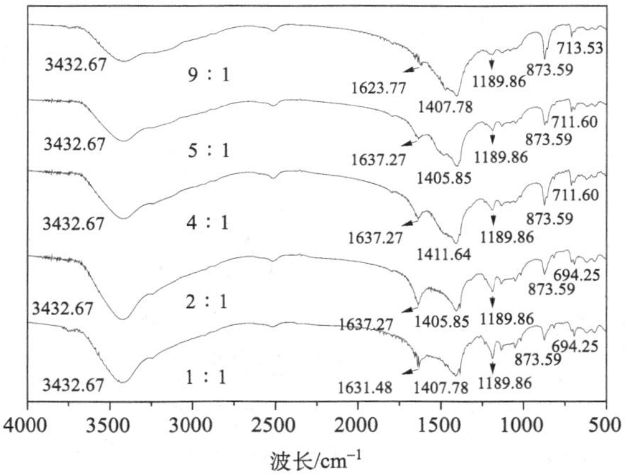

图 2-54　不同 Ca^{2+}/Mg^{2+} 比下模拟溶液中微生物诱导矿化形成的沉淀物质的傅里叶红外光谱图谱

弯曲振动峰(υ_4)。随着 Ca^{2+}/Mg^{2+}值的增大微生物诱导矿化形成的方解石矿物的二重简并面内弯曲振动(υ_4)频率开始逐渐增大，最大相差达到 19.28 cm^{-1}。分析可知，模拟溶液中 Ca^{2+}/Mg^{2+}值会影响碳酸钙官能团的微结构。因此，模拟溶液中 Ca^{2+}、Mg^{2+}复合更利于方解石晶体的矿化和结构的稳定。

(3) 生物矿物形貌

图 2-55～图 2-64 显示的是在不同 Ca^{2+}/Mg^{2+}值下模拟溶液中微生物诱导矿化形成的碳酸盐的形貌图和能谱图。对比在不同 Ca^{2+}/Mg^{2+}值下模拟溶液中的形貌图可明显看出，获得的沉淀物质的形貌有所差异。

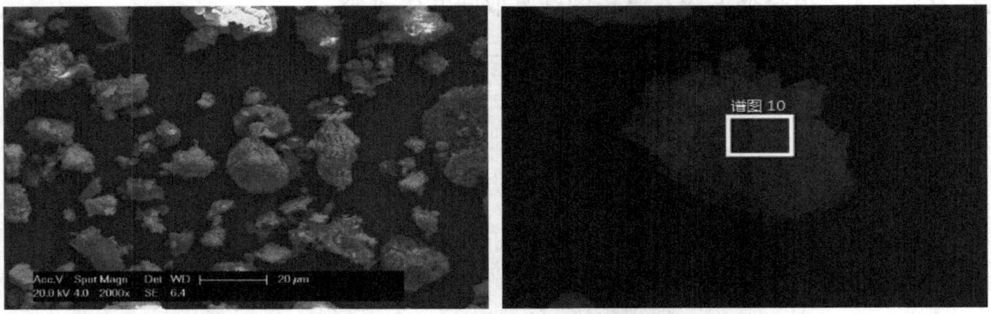

图 2-55　模拟溶液 Ca^{2+}/Mg^{2+}=1∶1 时微生物诱导矿化形成的碳酸盐形貌图

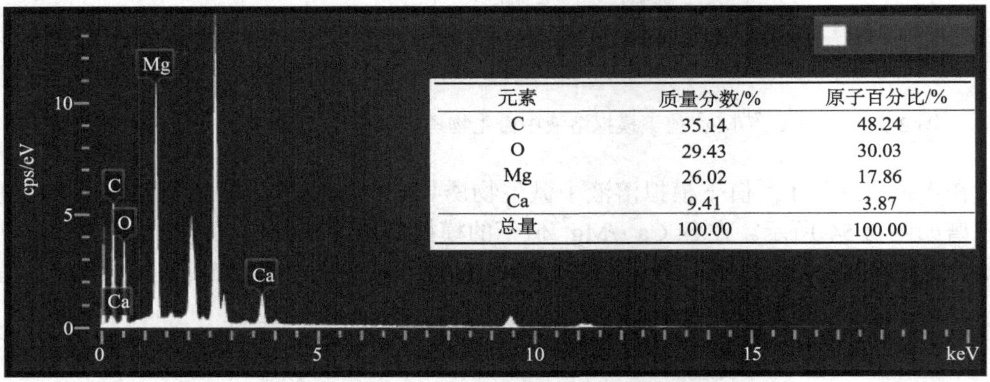

元素	质量分数/%	原子百分比/%
C	35.14	48.24
O	29.43	30.03
Mg	26.02	17.86
Ca	9.41	3.87
总量	100.00	100.00

图 2-56　模拟溶液 Ca^{2+}/Mg^{2+}=1∶1 时微生物诱导矿化形成的碳酸盐能谱图

图 2-57　模拟溶液 Ca^{2+}/Mg^{2+}=2∶1 时微生物诱导矿化形成的碳酸盐形貌图

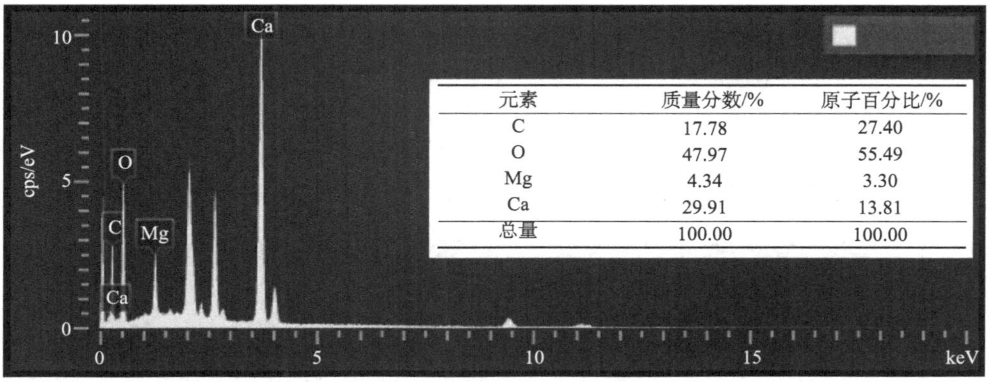

元素	质量分数/%	原子百分比/%
C	17.78	27.40
O	47.97	55.49
Mg	4.34	3.30
Ca	29.91	13.81
总量	100.00	100.00

图 2-58　模拟溶液 $Ca^{2+}/Mg^{2+}=2:1$ 时微生物诱导矿化形成的碳酸盐能谱图

图 2-59　模拟溶液 $Ca^{2+}/Mg^{2+}=4:1$ 时微生物诱导矿化形成的碳酸盐形貌图

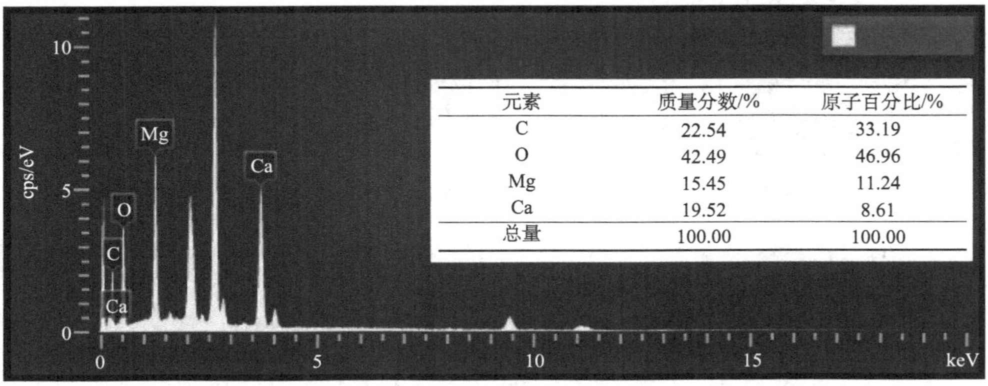

元素	质量分数/%	原子百分比/%
C	22.54	33.19
O	42.49	46.96
Mg	15.45	11.24
Ca	19.52	8.61
总量	100.00	100.00

图 2-60　模拟溶液 $Ca^{2+}/Mg^{2+}=4:1$ 时微生物诱导矿化形成的碳酸盐能谱图

模拟溶液 Ca^{2+}/Mg^{2+} 值为 1：1 时微生物诱导矿化形成的碳酸盐晶体形貌大部分为不规则形状颗粒、少量大小不一的多面体以及球体或椭球体，晶体颗粒大小分布较为不均(图 2-55)；模拟溶液 Ca^{2+}/Mg^{2+} 比值为 2：1 时微生物诱导矿化形成的碳酸盐晶体形貌以不规则颗粒为主，少量多面体，基本看不到球体或椭球体，晶体颗粒大小分布较不均(图 2-57)；模拟溶液 Ca^{2+}/Mg^{2+} 比值为 4：1 时微生物诱导矿化形成的碳酸盐晶体形貌较多的为不规则形状，少量大小不一的球体或球状聚集体，晶体颗粒大小分布较均匀(图 2-59)；模拟溶液 Ca^{2+}/Mg^{2+}比值为 5∶1 时微生物诱导矿化形成的碳酸盐晶体形貌存在较多的不规则形状、少量的多面体，晶体颗粒大小分布较为均匀(图 2-61)；模拟溶液 Ca^{2+}/Mg^{2+}比值为 9∶1 时微生物诱导矿化形成的碳酸盐晶体形貌存在较多的球体或椭球体、部分不规则形状、少量堆积的多面体，晶体颗粒大小分布较为不均(图 2-63)。

图 2-61　模拟溶液 Ca^{2+}/Mg^{2+}=5∶1 时微生物法诱导矿化形成的碳酸盐形貌图

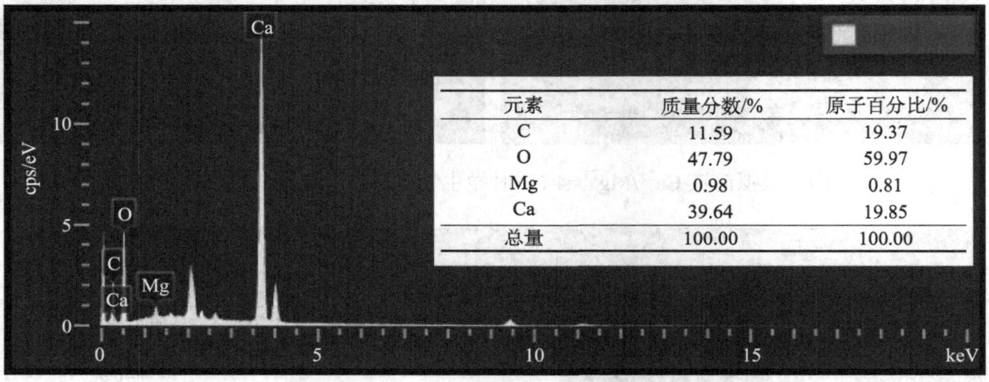

图 2-62　模拟溶液 Ca^{2+}/Mg^{2+}=5∶1 时微生物法诱导矿化形成的碳酸盐能谱图

图 2-63　模拟溶液 Ca^{2+}/Mg^{2+}=9∶1 时微生物法诱导矿化形成的碳酸盐形貌图

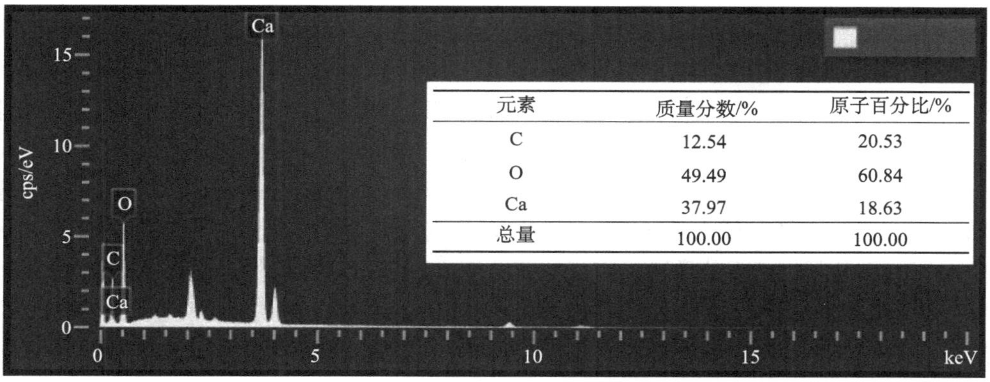

元素	质量分数/%	原子百分比/%
C	12.54	20.53
O	49.49	60.84
Ca	37.97	18.63
总量	100.00	100.00

图 2-64　模拟溶液 Ca^{2+}/Mg^{2+}=9：1 时微生物法诱导矿化形成的碳酸盐能谱图

为了更好地比较在不同 Ca^{2+}/Mg^{2+}值下模拟溶液中微生物诱导矿化形成的碳酸盐形貌的区别，运用统计学方法分析扫描电子显微镜观察获得的图片。Ca^{2+}/Mg^{2+}值对微生物诱导矿化形成的碳酸盐形貌相图和分布图如图 2-65、图 2-66 所示。

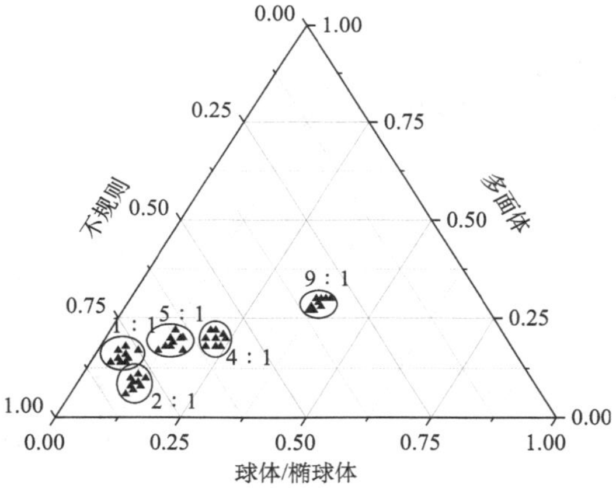

图 2-65　不同 Ca^{2+}/Mg^{2+}值下模拟溶液中碳酸盐形貌相图

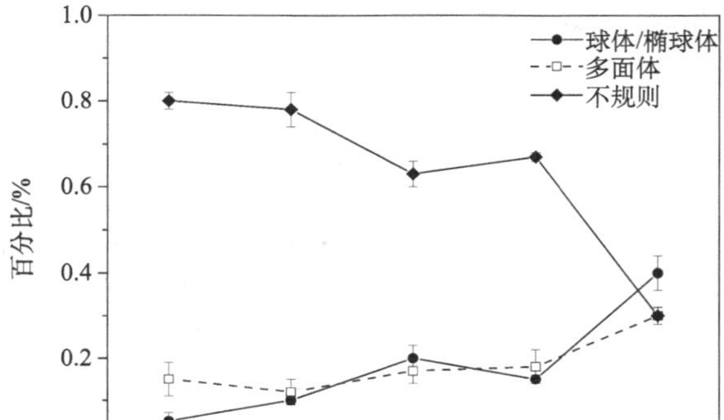

图 2-66　不同 Ca^{2+}/Mg^{2+}值下模拟溶液中碳酸盐的形貌分布图

比较图 2-65 和图 2-66 可以看出，微生物诱导矿化形成的碳酸盐中球体或椭球体颗粒的含量处于一个较低的水平，随着模拟溶液中 Ca^{2+}/Mg^{2+}值的不断增大，球体或椭球体颗粒的含量也开始不断增加；当 Ca^{2+}/Mg^{2+}值小于 5 时，多面体颗粒的含量处于一个较低的水平并基本保持不变，但当 Ca^{2+}/Mg^{2+}值大于 5 时，多面体颗粒的含量开始显著增加；当 Ca^{2+}/Mg^{2+}值小于 5 时，不规则颗粒的含量则处于一个较高水平，并随着 Ca^{2+}/Mg^{2+}值的增大其含量缓慢下降，但当 Ca^{2+}/Mg^{2+}值大于 5 时，不规则颗粒的含量急剧降低。分析认为，Mg^{2+}进入碳酸钙晶格取代部分 Ca^{2+}诱发晶格畸变，从而改变方解石晶体的形貌，使得不规则程度增加。

为了能够更好地分析在不同 Ca^{2+}/Mg^{2+}值下模拟溶液中微生物诱导矿化形成的碳酸盐颗粒的表面形貌，比较高倍扫描电子显微镜图像和原子力显微镜图像，如图 2-67～图 2-71 所示。

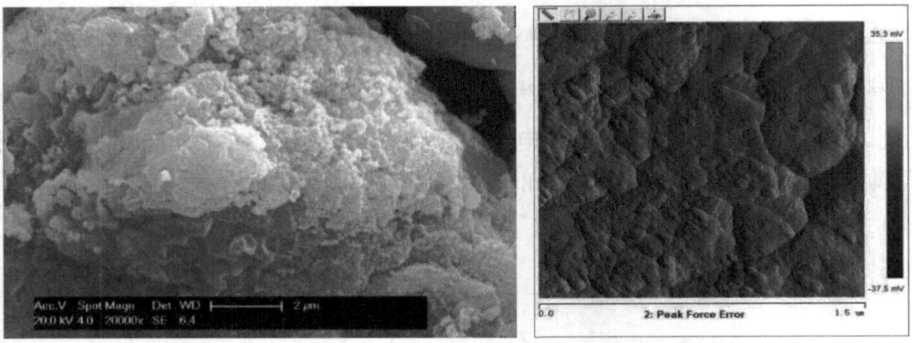

图 2-67　模拟溶液 Ca^{2+}/Mg^{2+}值为 1∶1 时微生物诱导矿化形成的碳酸盐表面

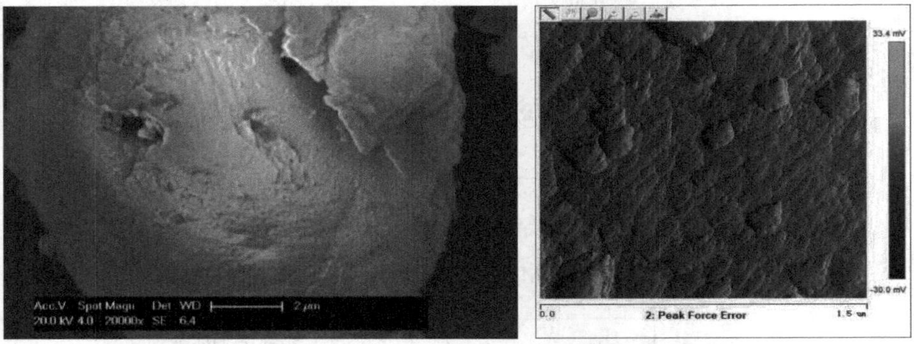

图 2-68　模拟溶液 Ca^{2+}/Mg^{2+}值为 2∶1 时微生物诱导矿化形成的碳酸盐表面

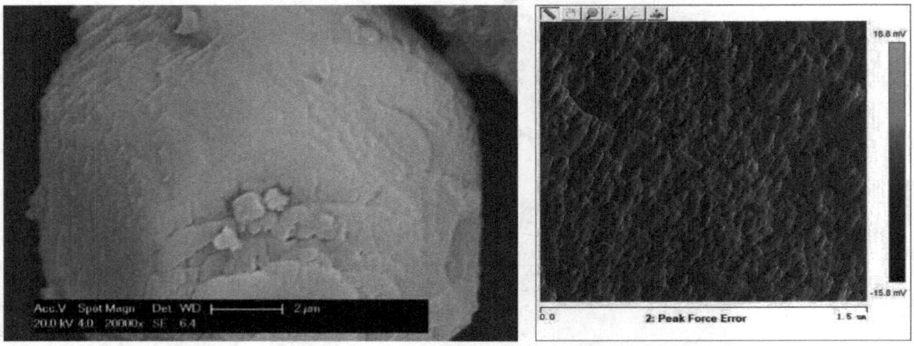

图 2-69　模拟溶液 Ca^{2+}/Mg^{2+}值为 4∶1 时微生物诱导矿化形成的碳酸盐表面

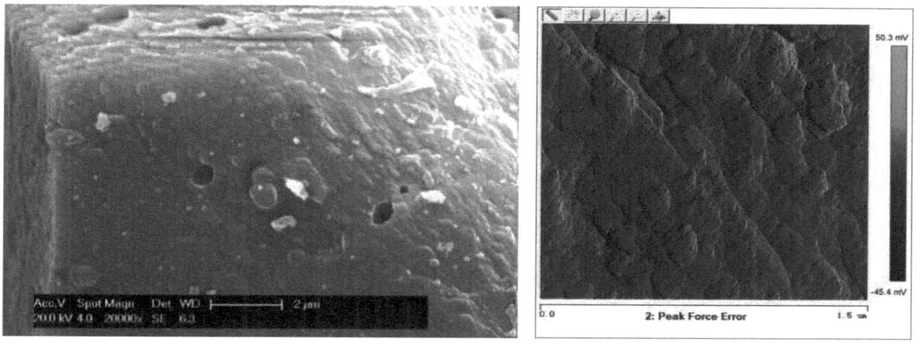

图 2-70　模拟溶液 Ca^{2+}/Mg^{2+}值为 5∶1 时微生物诱导矿化形成的碳酸盐表面

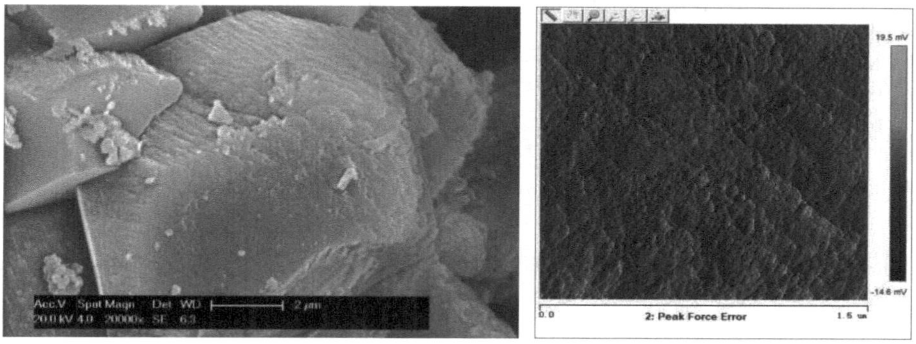

图 2-71　模拟溶液 Ca^{2+}/Mg^{2+}值为 9∶1 时微生物诱导矿化形成的碳酸盐表面

模拟溶液 Ca^{2+}/Mg^{2+}值为 1 时，微生物诱导矿化形成的碳酸盐表面呈现不规则的粗糙颗粒；模拟溶液 Ca^{2+}/Mg^{2+}值为 2 时，微生物诱导矿化形成的碳酸盐表面有各种凹坑和缺陷；模拟溶液 Ca^{2+}/Mg^{2+}值为 4 时，微生物诱导矿化形成的方解石表面晶粒团聚在一起；模拟溶液 Ca^{2+}/Mg^{2+}值为 5 时，微生物诱导矿化形成的碳酸盐表面呈现均匀的凸起和部分小凹坑；模拟溶液 Ca^{2+}/Mg^{2+}值为 9 时，微生物诱导矿化形成的碳酸盐表面较为光滑，呈现出同一个方向的条状纹理。

(4) 晶粒尺寸

运用谢乐公式计算和运用统计学方法分析原子力显微镜获得的晶粒尺寸如图 2-72 所示。随着 Ca^{2+}/Mg^{2+}值的增大，化学法和微生物诱导矿化形成的方解石晶粒都开始逐渐变小；化学法形成的碳酸盐晶粒尺寸在 65～75 nm，高于微生物诱导矿化形成的晶粒尺寸 50～60 nm。XRD 计算法比 AFM 统计法得到的晶粒尺寸略大，初步认为是 XRD 计算带来的误差。

(5) 颗粒尺寸

运用统计学方法分析扫描电子显微镜图片，获得沉积产物的颗粒尺寸如图 2-73 所示。随着 Ca^{2+}/Mg^{2+}值的增大，碳酸盐颗粒尺寸反而不断减小；生物法诱导形成的颗粒尺寸均大于化学法。前者为 12～18 μm，后者则为 6～12 μm。

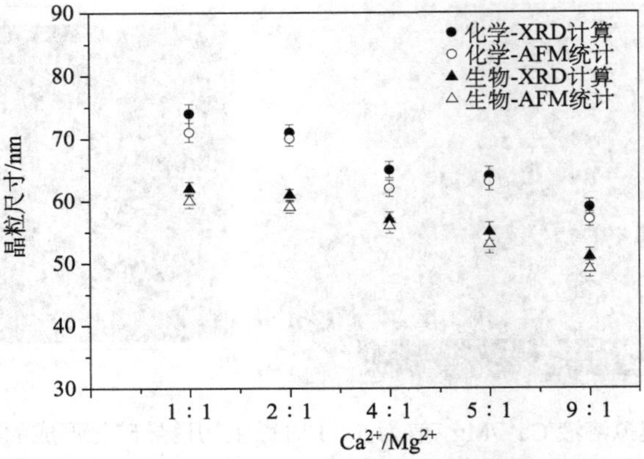

图 2-72　不同 Ca^{2+}/Mg^{2+} 值下模拟溶液中形成的晶粒尺寸

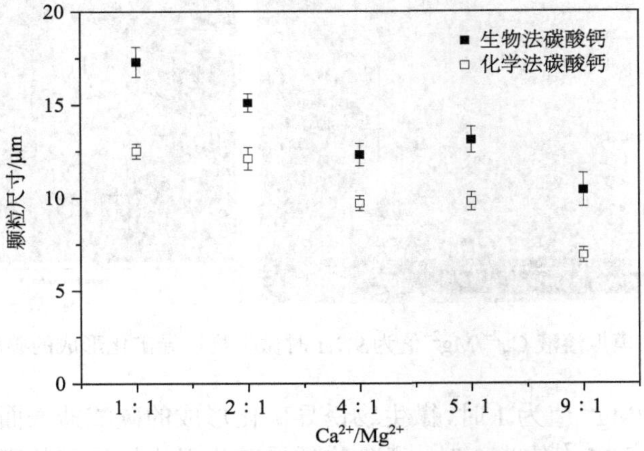

图 2-73　不同 Ca^{2+}/Mg^{2+} 值下模拟溶液中沉积产物的颗粒尺寸比较

(6) 分解温度

Ca^{2+}/Mg^{2+} 值对微生物矿化碳酸盐分解温度的影响如图 2-74 所示，都处于 735～770℃，根据无机非金属材料图谱手册可知碳酸钙晶体分解温度刚好位于方解石分解温度区间

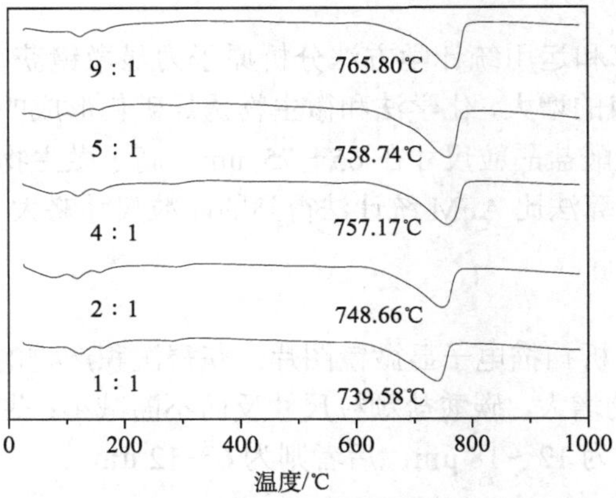

图 2-74　不同 Ca^{2+}/Mg^{2+} 值对微生物矿化碳酸盐分解温度的影响

内，可以推定晶型为方解石。随着 Ca^{2+}/Mg^{2+} 值的增大，方解石的分解温度开始逐渐变大，最高可达 765.80℃，分解温度相差最大可达 26.22℃。在方解石形成过程中，Mg^{2+} 进入碳酸钙晶体结构取代部分 Ca^{2+} 发生晶格畸变，破坏了原子间的平衡状态，使得晶格发生扭曲，结构更加不稳定。因此，Mg^{2+} 含量越高，进入碳酸钙晶体结构取代 Ca^{2+} 的概率越大，方解石晶体结构越不稳定，越容易发生分解，分解温度也更低。

(7) 黏附力

通过原子力显微镜测量并计算不同 Ca^{2+}/Mg^{2+} 值下模拟溶液中碳酸钙的黏附力，如图 2-75 所示，生物法形成的碳酸钙的黏附力均大于化学法，前者黏附力为 45 nN 左右，后者为 30 nN 左右，两者相差可达 15 nN。随着 Ca^{2+}/Mg^{2+} 值的增大，生物法碳酸钙的黏附力和化学法碳酸钙的黏附力都基本保持稳定不变。分析可知，Mg^{2+} 的加入基本不会改变方解石颗粒之间相互作用力的大小。

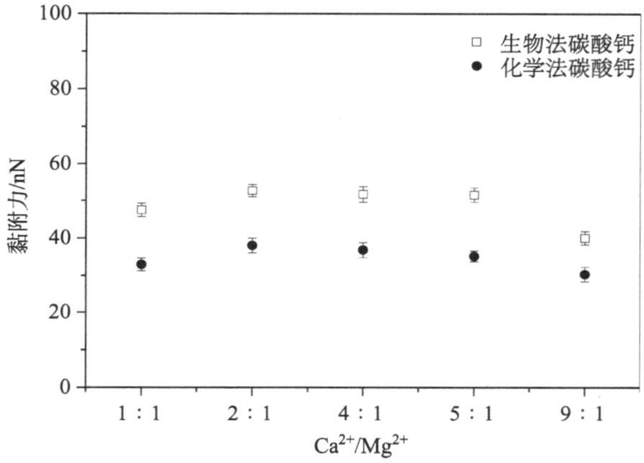

图 2-75　Ca^{2+}/Mg^{2+} 值对碳酸钙黏附力的影响

2.3　阴离子对生物碳酸钙的影响

在水泥基材料、钢渣材料和砂土材料等建筑材料中，微生物矿化系统可能遇到的阴离子包括 CH_3COO^-、Cl^-、NO_3^- 等，它们对矿化产物的形貌和尺寸等都有重要影响[1]。

2.3.1　阴离子种类的影响

(1) 矿化率

在恒定 20 ℃下，微生物矿化法和化学法中，不同阴离子种类溶液 Ca^{2+} 浓度变化分别如图 2-76 和图 2-77 所示。在微生物矿化中，溶液中 Ca^{2+} 消耗速率在 0～16 h 最快，16 h 之后 Ca^{2+} 浓度开始趋向于稳定，表明碳酸盐矿物沉积基本完成。其中 CH_3COO^- 存在时，溶液中 Ca^{2+} 消耗远高于 Cl^- 和 NO_3^- 生物模拟溶液。CH_3COO^- 的相对质量较大，作为空间位阻有助于分散有机质-Ca^{2+} 基元模板，避免 Ca^{2+} 团聚，从而加速生物模拟溶液中碳酸盐矿物的沉积，增加溶液中 Ca^{2+} 的消耗速度。

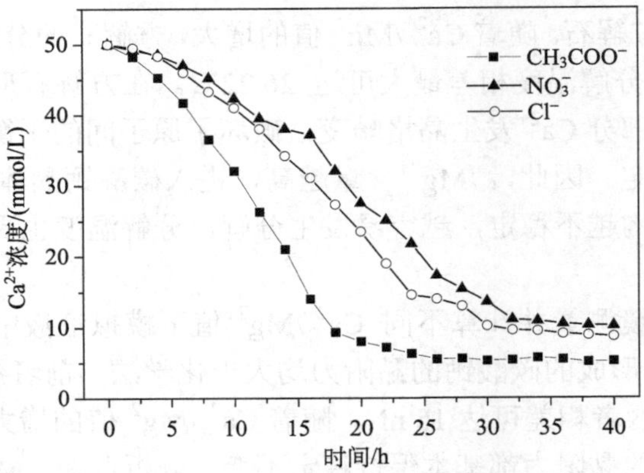

图 2-76　阴离子种类对微生物模拟溶液中 Ca^{2+}浓度变化的影响

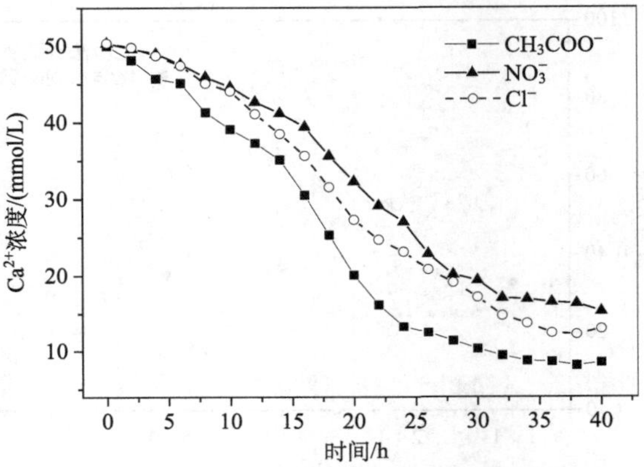

图 2-77　阴离子种类对化学法模拟溶液中 Ca^{2+}浓度变化的影响

在化学法中，溶液中 Ca^{2+}浓度变化如图 2-77 所示，浓度下降速率较为稳定。由于 CH_3COO^-在水溶液中会发生微弱的水解作用，结合溶液中的 H^+放出部分 OH^-，所以 CH_3COO^-存在时 Ca^{2+}浓度下降略快。

矿化率如图 2-78 所示，微生物存在时，含 CH_3COO^-和 Cl^-溶液中的矿化率相较于含 NO_3^-溶液的矿化率较高；在化学法中，如图 2-79 所示，三种阴离子对矿化率的影响相近，保持一个较为稳定的数值。

(2) 生物矿物物相和晶型

微生物诱导矿化生成的沉淀物质的 XRD 图谱如图 2-80 所示，沉淀物质均为碳酸钙晶体，晶型主要为方解石，此外还出现了球霰石晶型。阴离子种类会影响方解石晶粒在(104)晶面的生长，Cl^-和 CH_3COO^-可以促进碳酸钙在(104)晶面上的生长，而 NO_3^-对碳酸钙在(104)晶面的生长没有影响。但是当模拟溶液中的阴离子为 NO_3^-时，出现了球霰石的衍射峰，并呈现出沿着(100)晶面和(101)晶面的生长取向。主要是由于 NO_3^-可以诱导球霰石晶体的生成，Cl^-和 CH_3COO^-可以促使方解石晶体生长取向更加明显。

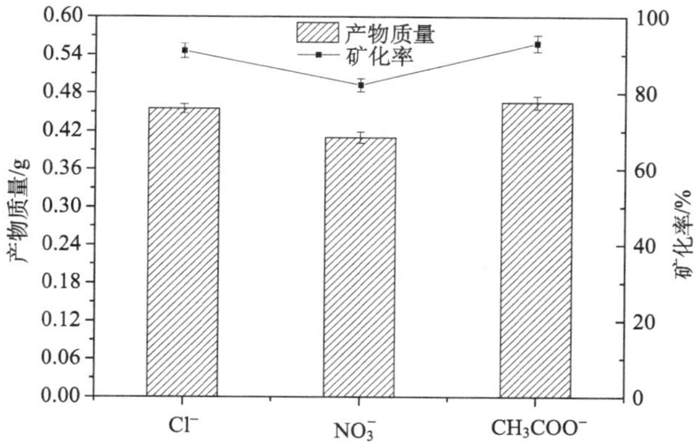

图 2-78　阴离子种类对微生物矿化率的影响

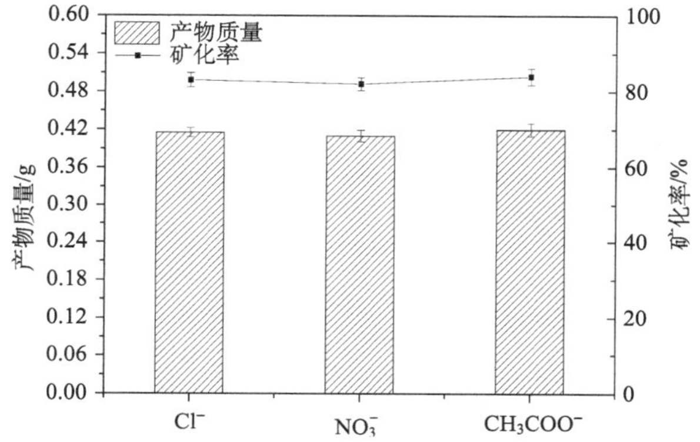

图 2-79　阴离子种类对化学法矿化率的影响

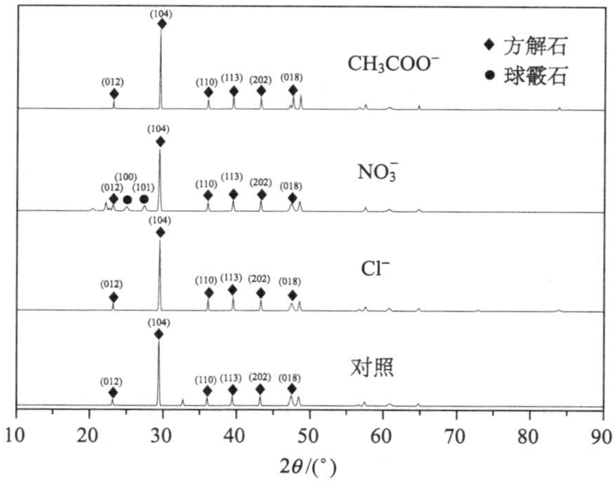

图 2-80　微生物诱导矿化生成的沉淀物质的 XRD 图谱

微生物诱导矿化生成的沉淀物质的傅里叶红外光谱如图 2-81 所示。碳酸钙中 CO_3^{2-}基团有四个振动模式，即对称伸缩振动(υ_1)、面外弯曲振动(υ_2)、二重简并反对称振动(υ_3)、二重简并面内弯曲振动(υ_4)。其中 υ_2、 υ_3、υ_4 是红外活性的，而 υ_1 对具有方解石结构的晶体来说是严格禁止的。典型方解石矿物的特征峰分别位于 1458 cm^{-1}、875 cm^{-1}、713 cm^{-1} 处。比较不同阴离子种类下获得的沉淀物质的红外图谱，发现均含有方解石晶体的二重简并反对称振动峰(υ_3) 、面外弯曲振动峰(υ_2)和二重简并面内弯曲振动峰(υ_4)。阴离子种类对方解石的面外弯曲振动频率影响较大。化学法的面外弯曲振动频率为 1411.64 cm^{-1}，Cl^-模拟溶液的面外弯曲振动频率为 1380.78 cm^{-1}，NO_3^-模拟溶液的面外弯曲振动频率为 1471.42 cm^{-1}，CH_3COO^-模拟溶液的面外弯曲振动频率为 1425.14 cm^{-1}。因此，阴离子种类可以影响方解石结晶过程中的结构，使其化学键发生偏移。

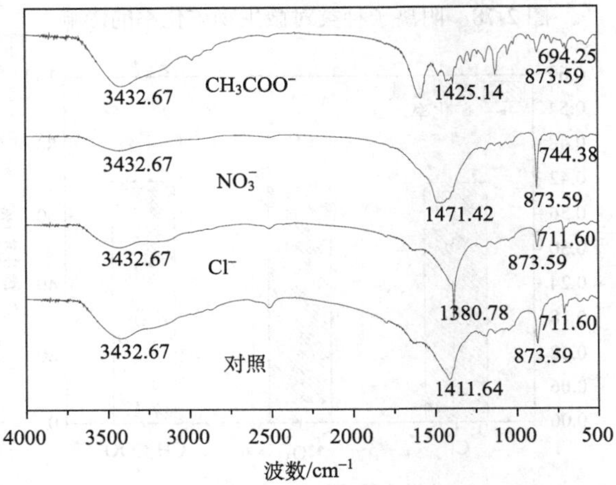

图 2-81　微生物诱导矿化生成的沉淀物质的傅里叶红外光谱

(3) 生物矿物的形貌

图 2-82～图 2-89 显示的是在不同阴离子种类下模拟溶液中微生物诱导矿化形成的方解石的形貌图和能谱图，对比可知，沉淀物质虽同为方解石晶型，但阴离子种类对形貌有影响。阴离子为 Cl^-时，微生物诱导矿化形成的方解石晶体形貌是较多的不规则形状颗粒、大小不一的多面体以及少量球体或椭球体，晶体颗粒大小分布较为不均(图 2-82)，能谱图证实为碳酸钙(图 2-83)；模拟溶液阴离子为 NO_3^-时微生物诱导矿化形成的方解石晶体形貌以多面体为主，少量不规则颗粒、球体或椭球体，晶体颗粒大小分布严重不均(图 2-84)，能谱图证实该晶体成分为碳酸钙(图 2-85)；模拟溶液阴离子为 CH_3COO^-时微生物诱导矿化形成的方解石晶体形貌以大小不一的球体或球状聚集体为主，少量的不规则颗粒和多面体，晶体颗粒大小分布较均匀(图 2-86)，能谱图则证实该晶体成分为碳酸钙(图 2-87)。化学法中，方解石晶体形貌全部为多面体颗粒，基本不存在球体或不规则颗粒，晶体颗粒大小分布非常均匀(图 2-88)，能谱图证实该晶体成分为碳酸钙(图 2-89)。

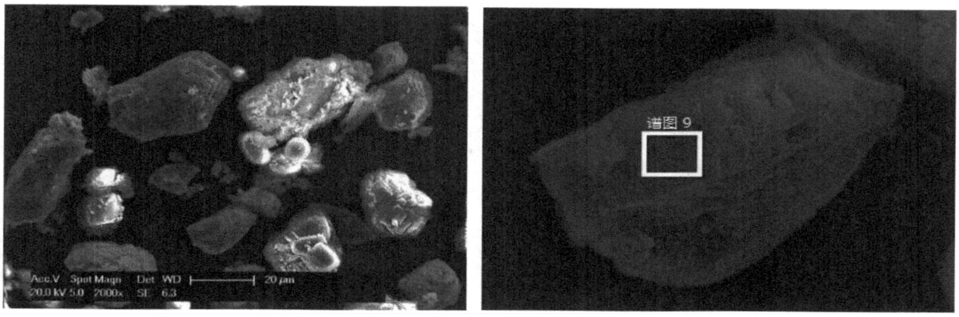

图 2-82　模拟溶液阴离子为 Cl^- 时微生物诱导矿化形成的方解石形貌图

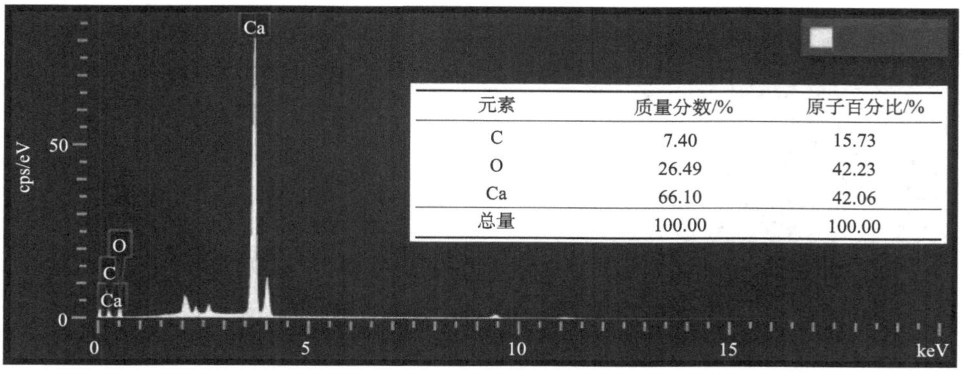

元素	质量分数/%	原子百分比/%
C	7.40	15.73
O	26.49	42.23
Ca	66.10	42.06
总量	100.00	100.00

图 2-83　模拟溶液阴离子为 Cl^- 时微生物诱导矿化形成的方解石能谱图

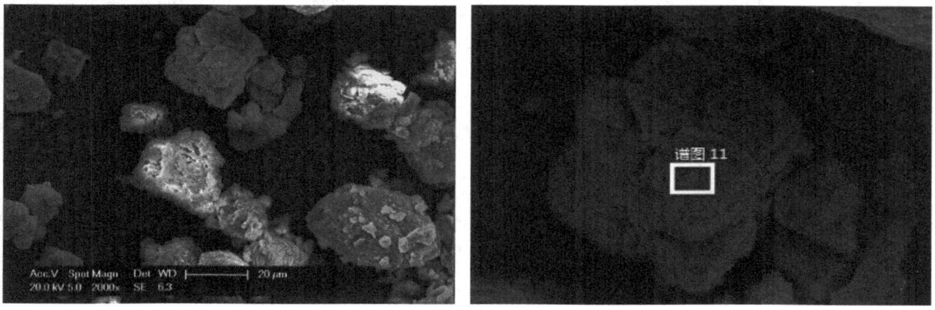

图 2-84　模拟溶液阴离子为 NO_3^- 时微生物诱导矿化形成的方解石形貌图

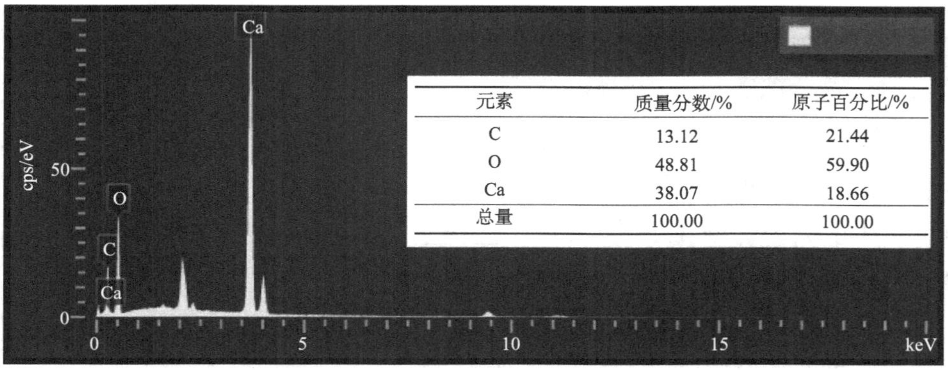

元素	质量分数/%	原子百分比/%
C	13.12	21.44
O	48.81	59.90
Ca	38.07	18.66
总量	100.00	100.00

图 2-85　模拟溶液阴离子为 NO_3^- 时微生物诱导矿化形成的方解石能谱图

图 2-86　模拟溶液阴离子为 CH_3COO^- 时微生物诱导矿化形成的方解石形貌图

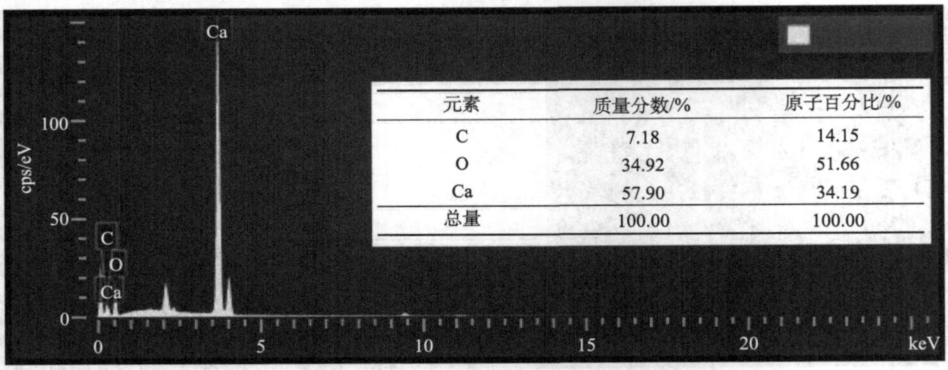

元素	质量分数/%	原子百分比/%
C	7.18	14.15
O	34.92	51.66
Ca	57.90	34.19
总量	100.00	100.00

图 2-87　模拟溶液阴离子为 CH_3COO^- 时微生物诱导矿化形成的方解石能谱图

图 2-88　模拟溶液化学法诱导矿化形成的方解石形貌图

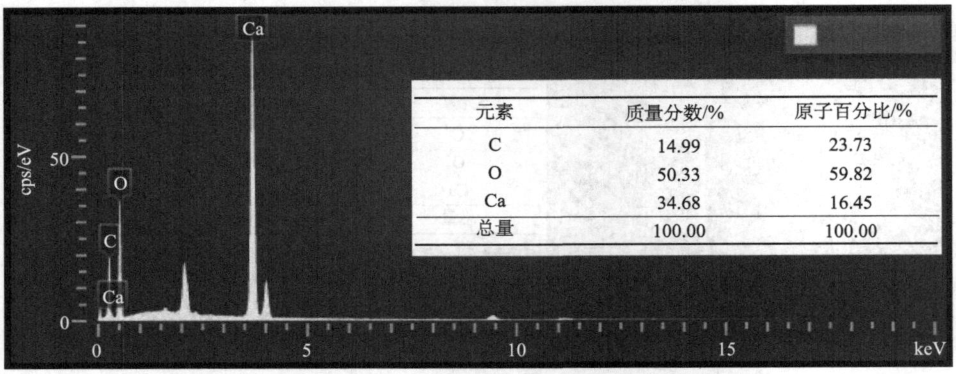

元素	质量分数/%	原子百分比/%
C	14.99	23.73
O	50.33	59.82
Ca	34.68	16.45
总量	100.00	100.00

图 2-89　模拟溶液化学法诱导矿化形成的方解石能谱图

为了更好地分析阴离子对微生物诱导矿化形成的方解石形貌的影响，运用统计学方法进行分析，按三大类：球体或椭球体、多面体、不规则。阴离子种类不同时，溶液中微生物诱导矿化形成的方解石形貌相图、曲线分布图如图2-90和图2-91所示。

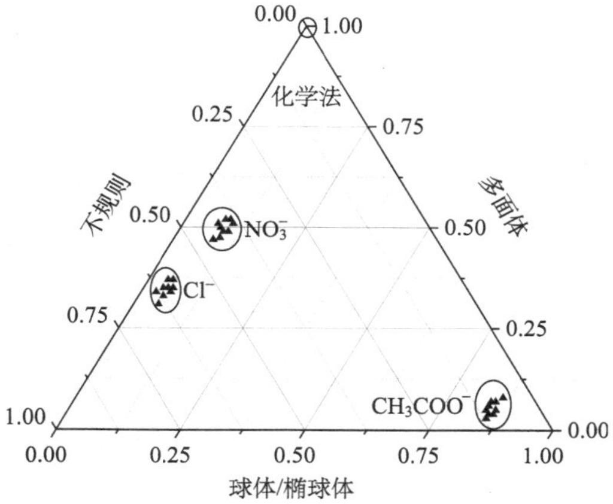

图2-90 不同阴离子种类下模拟溶液中方解石的形貌相图

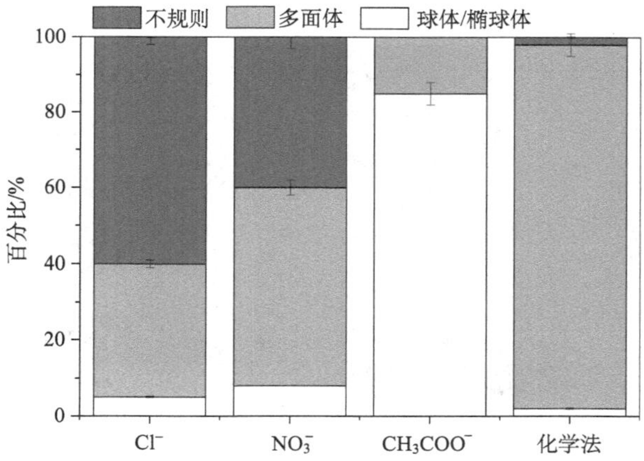

图2-91 不同阴离子种类下模拟溶液中方解石的形貌曲线

比较图2-90和图2-91可以看出，方解石晶体在微生物分泌的有机大分子的双重调控下，一方面以有机质-Ca^{2+}作为基元模板促进结晶成核，另一方面限制晶体生长发展，在不同阴离子种类的模拟溶液中，晶体在各方向上将以不同的速率生长，从而形成了各不相同的形貌。Cl^-存在时，生成的碳酸钙形貌以不规则颗粒和多面体为主；NO_3^-存在时，生成的碳酸钙形貌则是多面体和不规则颗粒各占一半左右；CH_3COO^-存在时，生成的碳酸钙形貌则有较多的球体或椭球体；化学法中，生成的碳酸钙形貌则全部是规则的多面体颗粒。因此，在微生物矿化过程中可以通过改变阴离子种类和数量来诱导生成各种不同形貌的碳酸钙晶体。

为了能够更好地观察阴离子种类对微生物诱导矿化形成的方解石颗粒形貌的影响，

比较场发射扫描电子镜图像和原子力显微镜图像，如图 2-92～图 2-95 所示。阴离子为 Cl^-时，微生物诱导矿化形成的方解石表面呈现不规则的凸起和方向各异的划痕，表面还吸附了细小的颗粒物；阴离子为 NO_3^-时，方解石表面有各种凹坑，晶界清晰可见，表面很有层次感；阴离子为 CH_3COO^-时，方解石表面较为光滑，球形颗粒明显，表面吸附很多碎屑状的小颗粒，球体颗粒相互吸附在一起；化学法中，方解石表面非常光滑，台阶明显，形状规则。

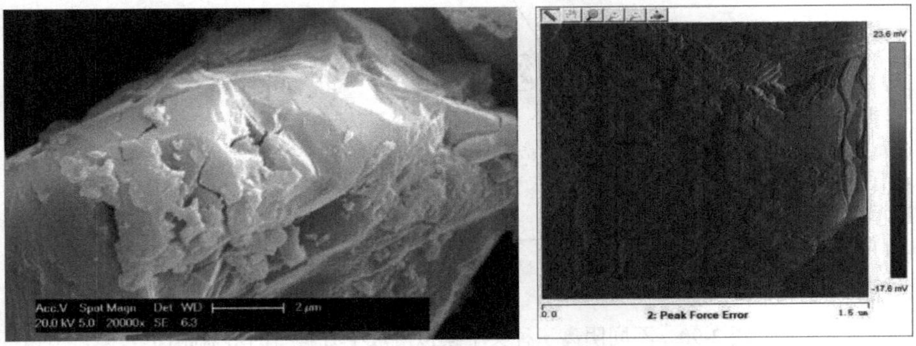

图 2-92　模拟溶液阴离子为 Cl^-时微生物诱导矿化形成的方解石表面

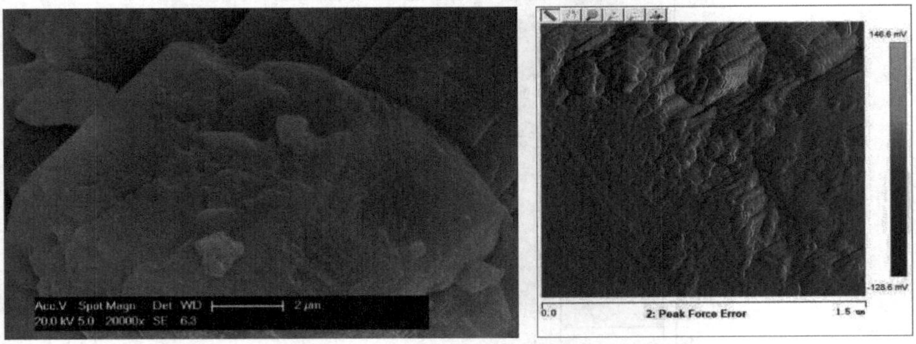

图 2-93　模拟溶液阴离子为 NO_3^-时微生物诱导矿化形成的方解石表面

图 2-94　模拟溶液阴离子为 CH_3COO^-时微生物诱导矿化形成的方解石表面

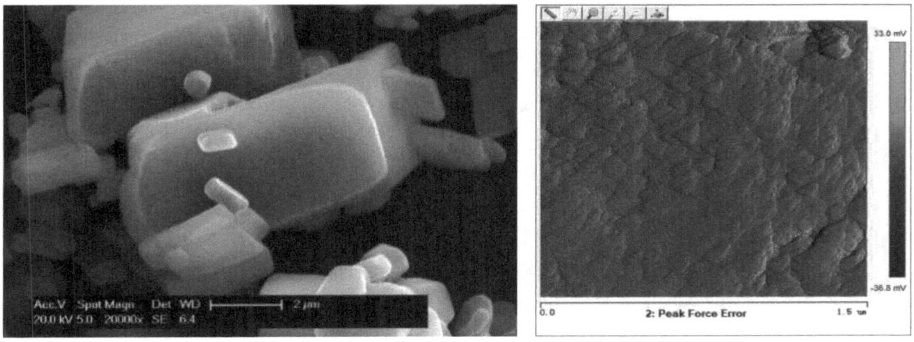

图 2-95　化学法合成的方解石表面

(4)矿物晶粒尺寸

根据 X 射线理论，利用谢乐公式计算方解石晶粒尺寸。运用统计学方法对原子力显微镜图像进行测量比较。图 2-96 是不同阴离子种类下模拟溶液中方解石的晶粒尺寸比较，可见，微生物诱导矿化形成的方解石晶粒尺寸都比化学法小。比较三种不同阴离子的微生物矿化产物，CH_3COO^-时方解石晶粒最小，为 55 nm 左右；NO_3^-时晶粒尺寸次之，为 61 nm 左右；Cl^-时方解石晶粒最大，晶粒尺寸为 63 nm 左右。对比两种晶粒尺寸分析方法，XRD 计算法比 AFM 统计法晶粒尺寸略大，可能是 XRD 计算带来的偏差。

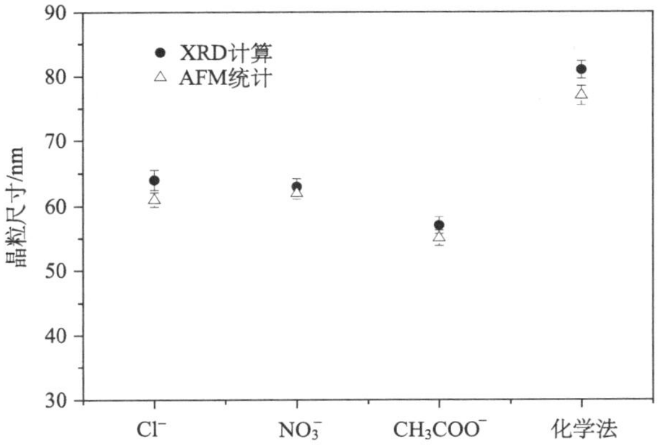

图 2-96　不同阴离子种类下模拟溶液中方解石的晶粒尺寸比较

(5)颗粒尺寸

运用统计学方法分析不同阴离子种类下模拟溶液中形成的方解石在颗粒尺寸上的区别。图 2-97 是阴离子种类对方解石颗粒尺寸的影响，可见，微生物诱导矿化形成的方解石颗粒均比化学法生成的方解石颗粒大。其中，NO_3^- 存在时生成的微生物方解石颗粒尺寸远大于化学法，而 CH_3COO^-存在时微生物诱导矿化形成的方解石颗粒尺寸最接近化学法。

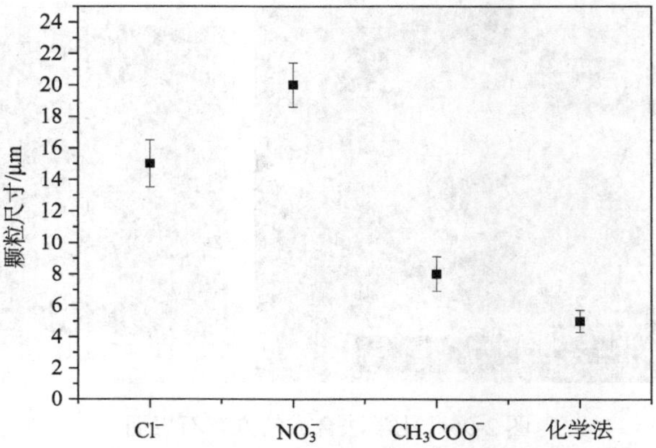

图 2-97　不同阴离子种类下模拟溶液中方解石颗粒尺寸的比较

(6)矿物分解温度

不同阴离子种类下微生物诱导矿化形成的碳酸钙分解温度的比较如图 2-98 所示。阴离子种类对碳酸钙晶体分解温度有一定影响，但分解温度都处于 750～805℃，碳酸钙晶体分解温度刚好位于方解石分解温度区间内，可以推定晶型为方解石。化学法形成的方解石晶体分解温度最低，为 756.53℃，阴离子存在可以使模拟溶液中生成的方解石分解温度提高。其中，CH_3COO^-提升最为显著，分解温度高达 802.98℃；NO_3^-次之，温度为 786.16℃；Cl^-提升最小，分解温度为 766.33℃。造成上述现象的一种解释是微生物分泌的有机基质的三维空间结构和阴离子种类直接相关，阴离子可以协助参与微生物的矿化过程，在这一过程中有机质-Ca^{2+}的空间结构发生变化，从而有更多的机会和方解石颗粒之间形成分子间作用力，所以方解石的分解温度也有所升高。

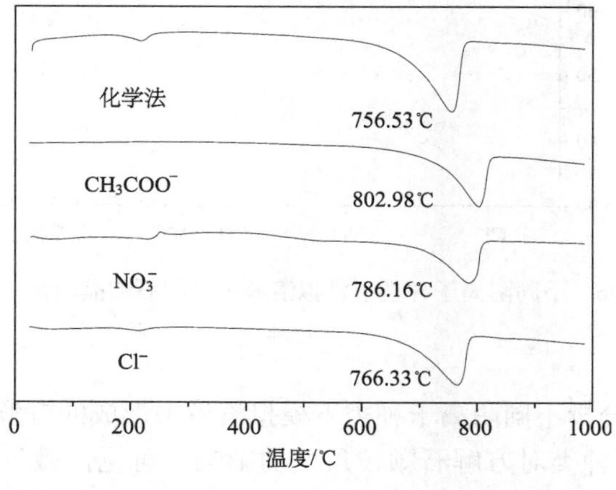

图 2-98　不同阴离子种类下微生物诱导矿化形成的碳酸钙分解温度的比较

(7)生物矿物黏附力

通过原子力显微镜测量并计算不同阴离子种类下模拟溶液中碳酸钙之间的黏附力，如图 2-99 所示。化学法模拟溶液中形成的碳酸钙的黏附力为 41 nN，阴离子的存在可以使碳酸钙的黏附力增大。在不同阴离子种类的生物法模拟溶液中，CH_3COO^-存在时，碳酸钙的黏附力最大，达到 75 nN；NO_3^-存在时，黏附力为 65 nN；Cl^-存在时，为 60 nN。生物法模拟溶液中诱导形成的方解石颗粒的黏附力主要来源于微生物分泌的黏性多糖物质，相互作用力类型可能为氢键，导致三种阴离子模拟溶液碳酸钙的黏附力均大于化学法模拟溶液。此外，生物法模拟溶液中的阴离子种类可以影响方解石的形貌和表面粗糙程度。CH_3COO^-存在时，生物方解石晶体形貌更多的呈现球体或椭球体，颗粒之间更容易相互吸引；此外，颗粒表面相对更为粗糙，增加了颗粒之间的接触点。

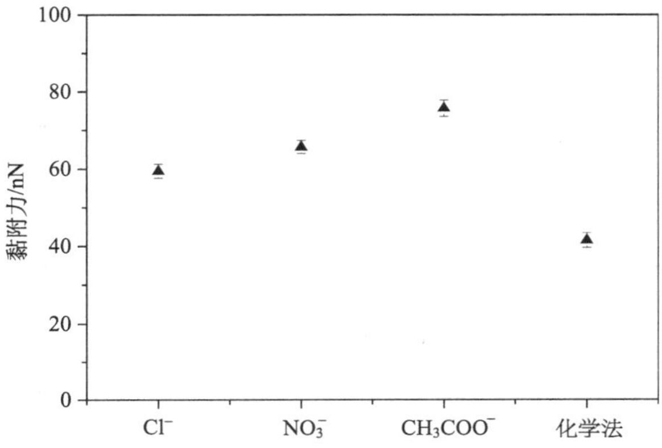

图 2-99　不同阴离子种类对模拟溶液中形成的碳酸钙黏附力的影响

2.3.2　pH 的影响

(1) 矿化率

pH 对微生物法和化学法制备碳酸钙溶液中 Ca^{2+}浓度经时演化的影响分别如图 2-100 和图 2-101 所示。在微生物矿化沉积碳酸钙体系中，在 16 h 前溶液 Ca^{2+}浓度下降速度较快，16 h 后 Ca^{2+}浓度下降速度逐渐减慢，最后趋于稳定。比较不同 pH 下 Ca^{2+}浓

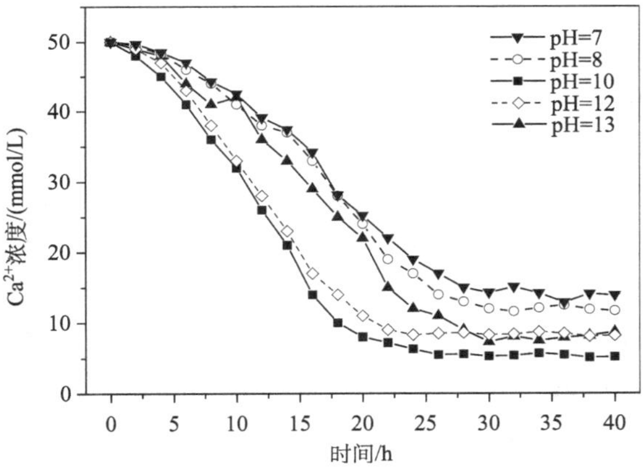

图 2-100　pH 对微生物矿化模拟溶液中 Ca^{2+}浓度经时演化的影响

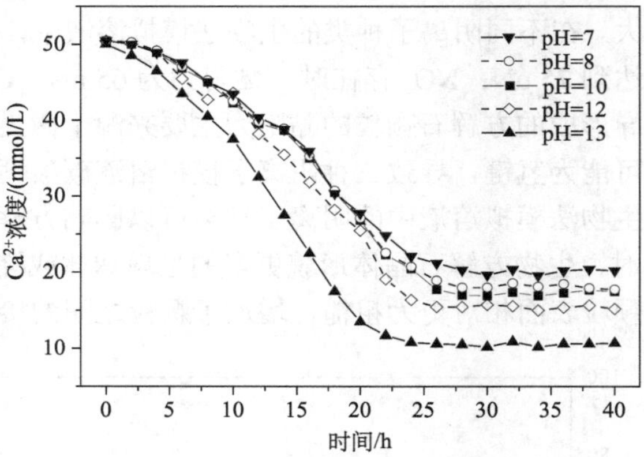

图 2-101　pH 对化学法沉积溶液中 Ca^{2+}浓度经时演化的影响

度的下降速度，从快到慢 pH 依次为 10、12、13、8、7。一方面 pH 越大，模拟溶液的碱性越强，可以吸收更多的 CO_2 从而溶解生成 CO_3^{2-}，Ca^{2+}有更多的机会和 CO_3^{2-}反应生成碳酸钙，Ca^{2+}浓度的下降速度也就越快；另一方面，微生物分泌的特定酶可以加速 CO_2 的水合反应速度，从而生成更多的 CO_3^{2-}与 Ca^{2+}反应生成碳酸钙，而微生物酶的活性与 pH 相关，pH 过高会使微生物酶失活。因此，当 pH 大于 10 时，微生物酶活性降低带来的影响开始占主导，导致 CO_2 生成 CO_3^{2-}的数量开始不断减少，从而使 Ca^{2+}浓度的下降速度减慢。

在化学法中，溶液 Ca^{2+}浓度的变化如图 2-101 所示。在 16 h 前 Ca^{2+}浓度下降速度较快，之后 Ca^{2+}浓度下降速度逐渐减慢，最后趋于稳定。比较不同 pH 下溶液 Ca^{2+}浓度的下降速度可见，不同于微生物法，随着 pH 提高，溶液 Ca^{2+}浓度的下降速度也增大，由于化学法模拟溶液中没有微生物，Ca^{2+}浓度的下降速度只与溶液的碱性相关，pH 越大，碱性越强，可以吸收更多的 CO_2 从而溶解生成 CO_3^{2-}，Ca^{2+}有更多的机会和 CO_3^{2-}反应生成碳酸钙，Ca^{2+}浓度的下降速度也就越快。

由于 pH 会影响微生物酶的活性，所以生物法模拟溶液的最适矿化 pH 在 10 左右；化学法模拟溶液的 pH 越大，吸收的 CO_2 更多，所以矿化 pH 反而越大越好。相应地，从矿化率而言，微生物法中最适宜的 pH 也为 10 左右，此时可以获得较高的矿化率，如图 2-102 所示；而化学法中，pH 越高越有利于提高矿化率，如图 2-103 所示。

(2) 物相和晶型

在不同 pH 下的模拟溶液中，微生物诱导矿化生成的沉淀物质的 XRD 图谱如图 2-104 所示。在不同 pH 下的模拟溶液中获得的沉淀物质均为碳酸钙晶体，晶型均为方解石。晶面主要为(012)、(104)、(110)、(113)、(202)、(018)。不同 pH 下形成的产物，在晶面(104)上的主特征峰位置完全一致，但主特征峰的强度有一定差异。随着溶液 pH 增大，微生物诱导矿化形成的方解石晶体主特征峰的峰强度开始逐渐降低，这表明形成的方解石晶体沿(104)晶面上的择优生长取向减弱，结晶程度逐渐变差。因为随着 pH 的增加，微生物酶的活性逐渐降低，分泌的水可溶有机质数量开始减少，导致在(104)晶面上有机质-Ca^{2+}基元模板数量减少，所以形成的方解石晶体在(104)晶面上的主特征峰开始减弱。如果要获得晶体取向明显的方解石晶体，模拟溶液的 pH 不宜过大，溶液中诱导碳酸钙最适宜的 pH 为 10 左右。

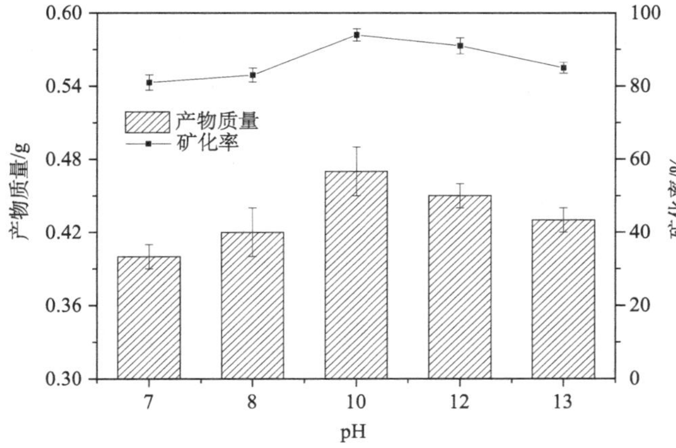

图 2-102　pH 对微生物法矿化率的影响

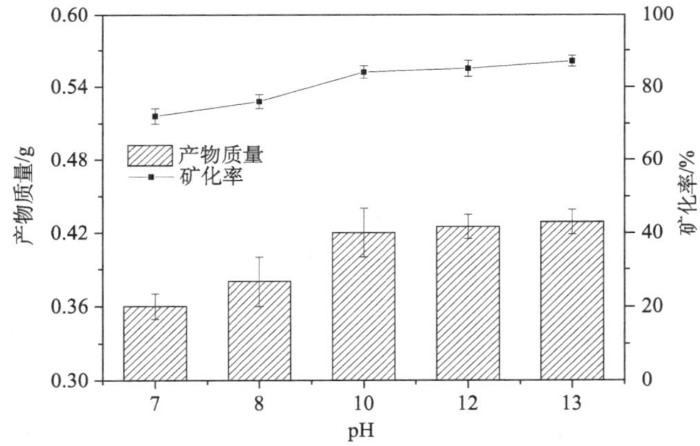

图 2-103　pH 对化学法矿化率的影响

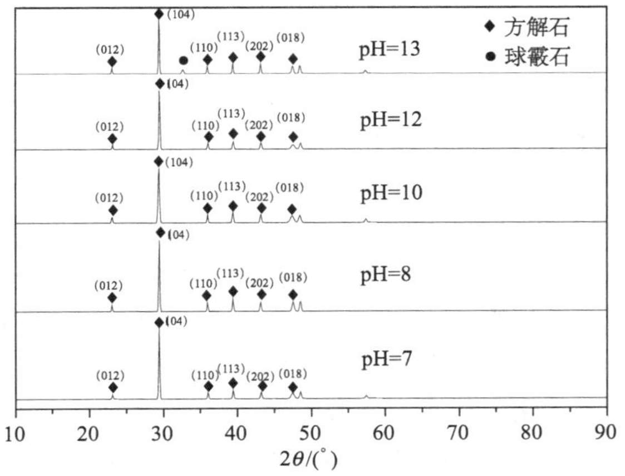

图 2-104　不同 pH 下模拟溶液中微生物诱导矿化生成的沉淀物质的 XRD 图谱

不同 pH 下模拟溶液中微生物诱导矿化生成的沉淀物质的傅里叶红外光谱图谱如图 2-105 所示，获得的沉淀物质均含有方解石晶体的二重简并反对称振动峰(υ_3) 、面外弯曲振动峰(υ_2)、二重简并面内弯曲振动峰(υ_4)。随着 pH 增大，微生物诱导矿化生成的方解石矿物的二重简并反对称振动峰(υ_3)频率开始逐渐增大，最大相差达到 25.02 cm^{-1}；这是由于 pH 的变化可以使微生物分泌的水可溶有机质结构发生改变，从而改变方解石晶体结构。此外，在 1621.84 cm^{-1} 和 1191.79 cm^{-1} 两处均存在吸收峰，分别为酸胺基 $RCONH_2$ 的伸缩振动酰胺 I 峰和酸胺 III 带 C—N 的伸缩振动峰；在 1133.94 cm^{-1} 可能为磷酸酯和糖环的振动峰。这些红外吸收峰均为微生物分泌的黏性多糖物质。

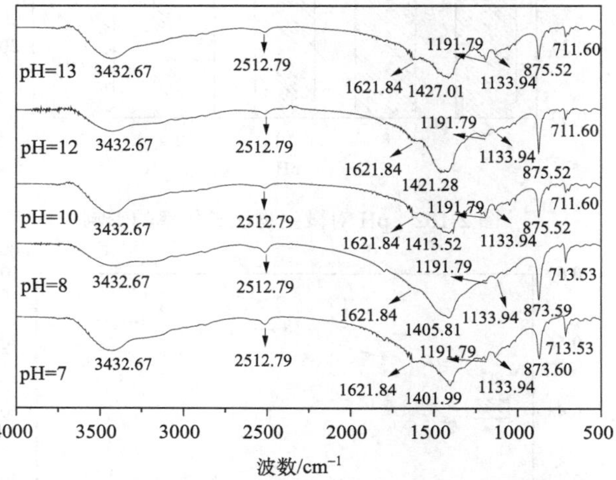

图 2-105 不同 pH 下模拟溶液中微生物诱导矿化生成的沉淀物质的傅里叶红外光谱图谱

细菌的细胞结构荚膜对 Ca^{2+}的吸附产生一定的影响。许多细菌能分泌一种黏性物质(主要为多糖)于细胞壁的表面，这层黏性物质称为荚膜。而多个菌体细胞被其分泌的高聚物包围时，则称为菌胶团，当它们松散地与细胞结合或游离于培养基时，就称为黏液层或黏液。许多荚膜物质可以以黏液的形式分泌到培养基中。细菌的荚膜成分为多糖，其一般结构见图 2-106。所用菌株的荚膜除了含葡聚糖，还含有氨基糖、鼠李糖、各种糖的糖醛酸以及丙酮酸和乙酸等有机酸和多肽、蛋白质、核酸等物质。这些物质的合成都有尿苷三磷酸(UTP)和类脂细菌萜醇二磷酸参与。被 UTP 激活后糖就结合于类脂载体上，以连接成同型或异型聚合物的结构单位，并从原生质运送到细胞的外层，在那里连接成大分子外多糖。这些成分相互作用产生聚合阴离子，从而使微生物具有对 Ca^{2+}的吸附作用。菌株 *B* 的细胞壁上主要存在两种结合位，一种是共价结合位，如蛋白、多糖组分中的氨基、羰基等；另一种为离子电荷结合位，如羟基、羧基和磷酸根等。所以 Ca^{2+}一方面可以与蛋白、多糖等组分中的基团发生络合反应；另一方面可以与细胞壁上含有的极性基团发生结合反应。其结合反应过程可表示为以下形式。

1)活性基团的脱质子化，其反应可表示为

$$R—COOH \Longrightarrow R—COO^- + H^+ \tag{2-2}$$

$$R—OH \rightleftharpoons R—O^- + H^+ \tag{2-3}$$

$$R—PO_4H \rightleftharpoons R—PO_4^- + H^+ \tag{2-4}$$

2) Ca^{2+}与细胞壁上活性基团的结合，其反应可表示为

$$R—COO^- + Ca^{2+} \rightleftharpoons R—COOCa^+ \tag{2-5}$$

$$R—O^- + Ca^{2+} \rightleftharpoons R—OCa^+ \tag{2-6}$$

$$R—PO_4^- + Ca^{2+} \rightleftharpoons R—PO_4Ca^+ \tag{2-7}$$

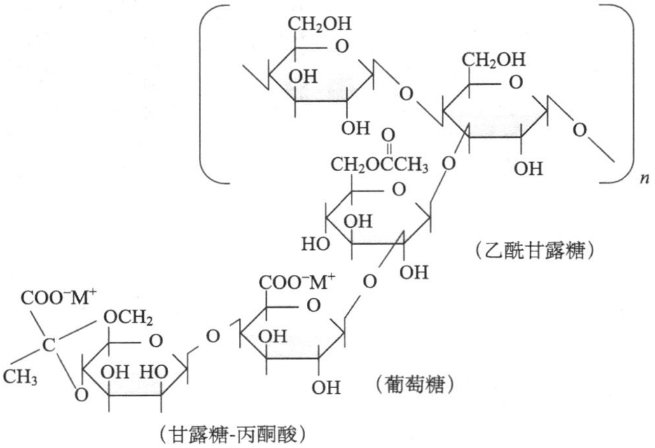

图 2-106　多糖-黄杆胶的结构图[3]

(3) 生物矿物形貌

晶体形貌主要取决于晶体在各个方向的相对生长速率。而生长速率又依赖于表面过程，对于周围环境中外来成分的影响是高度敏感的。晶格的不同部分暴露在外界环境中，这使得不同的面具有不同的表面结构。因为不同的面上扭折区、台阶区和螺旋位错的数量都不同，表面黏附和离子结合所需要的能量也各不相同，因此它们以不同的速率生长[4]。

图 2-107～图 2-116 显示的是在不同 pH 下模拟溶液中微生物诱导矿化形成的方解石的形貌图和能谱图，对比发现，获得的沉淀物质虽同为方解石类型，但表现出来的形貌却有所差异。模拟溶液 pH=7 时，微生物诱导矿化形成的方解石晶体形貌是大小不一的球体或椭球体、多面体以及少量的不规则形状，晶体颗粒大小分布严重不均(图 2-107)，能谱图证实为碳酸钙(图 2-108)；模拟溶液 pH=8 时，微生物诱导矿化形成的方解石晶体形貌以球体或球状聚集体、多面体为主，晶体颗粒大小分布较不均(图 2-109)，能谱图则证实该晶体成分为碳酸钙(图 2-110)；模拟溶液 pH=10 时，微生物诱导矿化形成的方解石晶体形貌是大小不一的球体或球状聚集体、少量的不规则形状，晶体颗粒大小分布较均匀(图 2-111)，能谱图则证实该晶体成分为碳酸钙(图 2-112)；模拟溶液 pH=12 时，微生物诱导矿化形成的方解石晶体形貌仅存少量球体或球状聚集体、部分多面体以及较多的不规则形状，晶体颗粒大小分布非常均匀(图 2-113)，能谱图则证实该晶体成分为

碳酸钙(图 2-114)；模拟溶液 pH=13 时，微生物诱导矿化形成的方解石晶体形貌以不规则形状为主，仅有少量球体或椭球体，部分堆积的多面体，晶体颗粒大小分布较为均匀(图 2-115)，能谱图则证实该晶体成分为碳酸钙(图 2-116)。

图 2-107　模拟溶液 pH=7 时微生物诱导矿化形成碳酸钙的形貌图

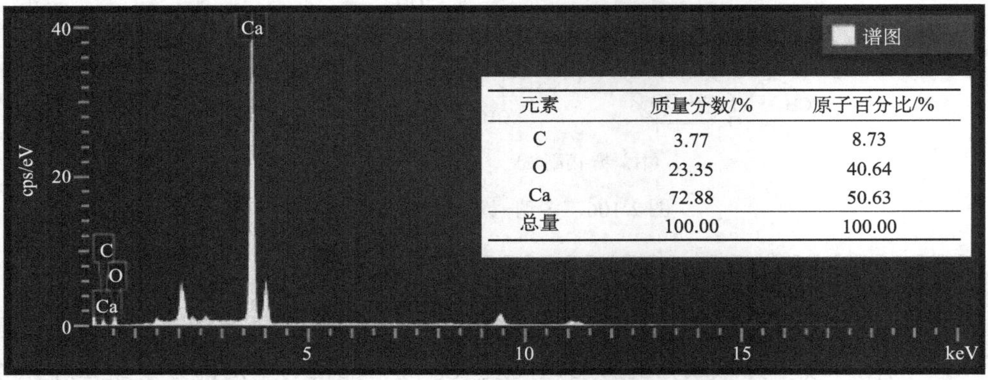

元素	质量分数/%	原子百分比/%
C	3.77	8.73
O	23.35	40.64
Ca	72.88	50.63
总量	100.00	100.00

图 2-108　模拟溶液 pH=7 时微生物诱导矿化形成碳酸钙的能谱图

图 2-109　模拟溶液 pH=8 时微生物诱导矿化形成碳酸钙的形貌图

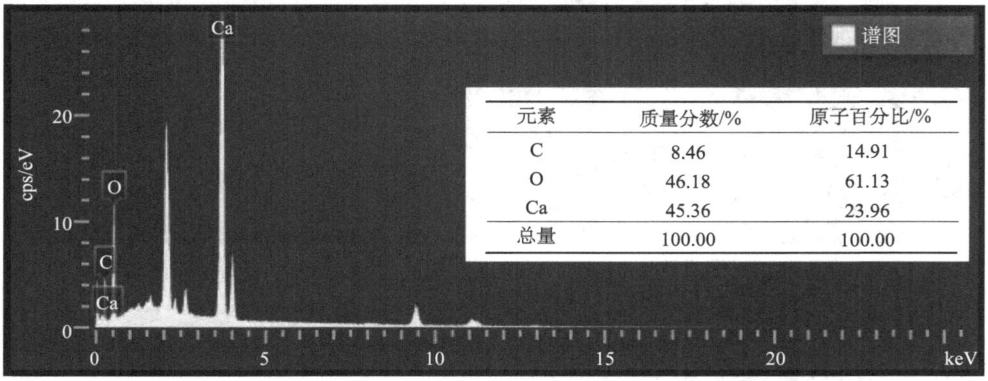

元素	质量分数/%	原子百分比/%
C	8.46	14.91
O	46.18	61.13
Ca	45.36	23.96
总量	100.00	100.00

图 2-110　模拟溶液 pH=8 时微生物诱导矿化形成碳酸钙的能谱图

图 2-111　模拟溶液 pH=10 时微生物诱导矿化形成碳酸钙的形貌图

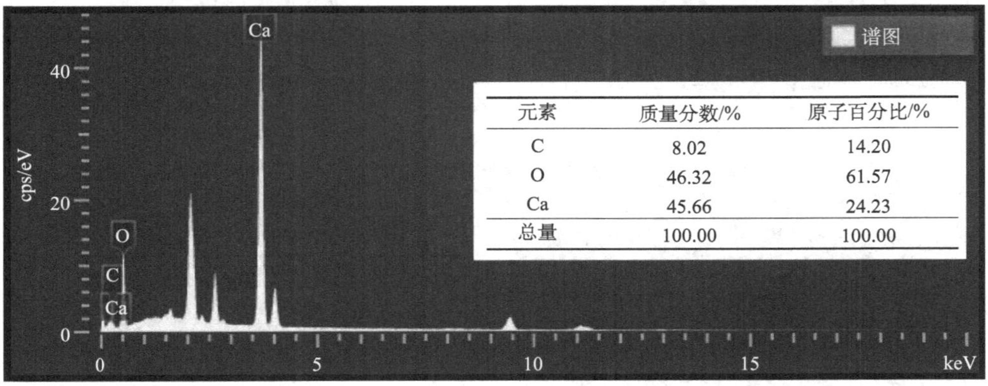

元素	质量分数/%	原子百分比/%
C	8.02	14.20
O	46.32	61.57
Ca	45.66	24.23
总量	100.00	100.00

图 2-112　模拟溶液 pH=10 时微生物诱导矿化形成碳酸钙的能谱图

图 2-113　模拟溶液 pH=12 时微生物诱导矿化形成碳酸钙的形貌图

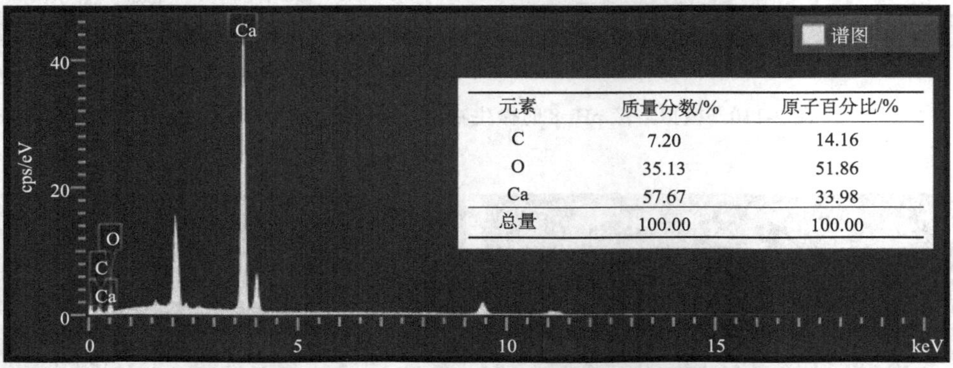

图 2-114　模拟溶液 pH=12 时微生物诱导矿化形成碳酸钙的能谱图

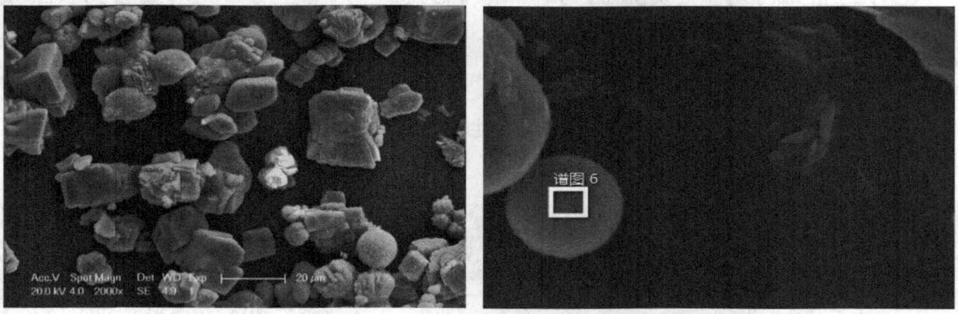

图 2-115　模拟溶液 pH=13 时微生物诱导矿化形成碳酸钙的形貌图

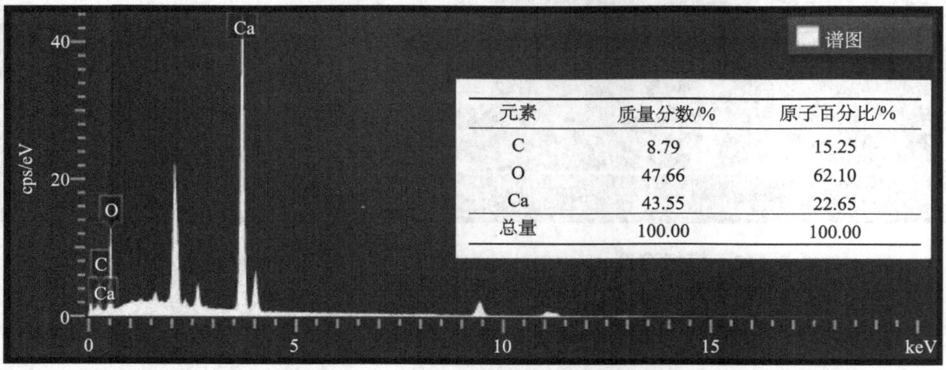

图 2-116　模拟溶液 pH=13 时微生物诱导矿化形成碳酸钙的能谱图

为了更好地分析在不同 pH 下模拟溶液中微生物诱导矿化形成的方解石形貌的区别，运用统计学方法对扫描电子显微镜获取的图像进行分析，结果如图 2-117、图 2-118 所示。随着模拟溶液 pH 增大，微生物诱导矿化形成的碳酸钙中球体或椭球体颗粒含量先增大后减小，在 pH=10 时球体或椭球体颗粒所占比例达到最大；多面体颗粒的含量则随着 pH 的增大而逐步减少，但当 pH 大于等于 10 后，多面体颗粒含量就趋于稳定；不规则颗粒在 pH 较小时含量较低，当 pH 大于等于 10 后，含量迅速增大。可能是模拟溶液中的 pH 会影响有机质-Ca^{2+}基元模板的数量，从而改变晶体各个方向上的生长速率，导致方解石晶体形貌各不相同。

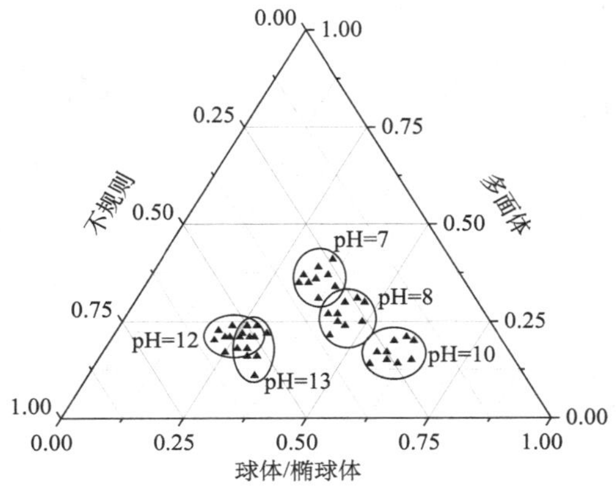

图 2-117　不同 pH 下模拟溶液中微生物诱导矿化形成的碳酸钙形貌相图

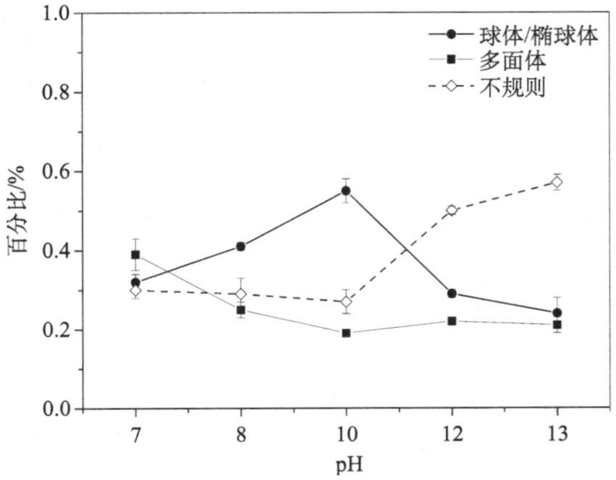

图 2-118　不同 pH 下模拟溶液中微生物诱导矿化形成的碳酸钙形貌分布

为了更好地观察在不同 pH 下模拟溶液中微生物诱导矿化形成的方解石颗粒的表面特征，比较高倍扫描电子显微镜图像和原子力显微镜图像，如图 2-119～图 2-123 所示。从图中可知，随着模拟溶液中 pH 的增大，微生物诱导矿化形成的方解石表面光滑程度开始不断减小。

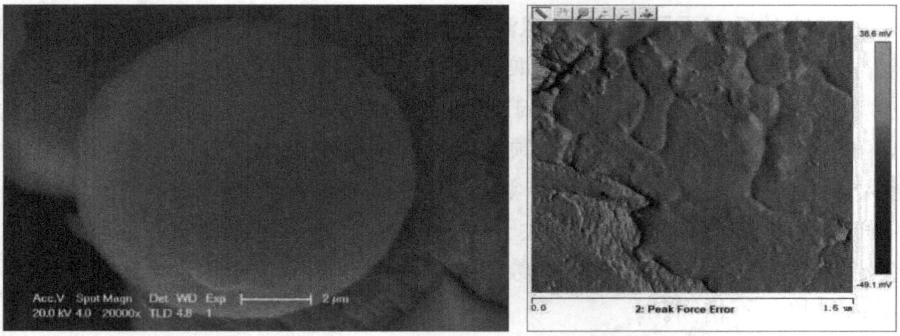

图 2-119 模拟溶液 pH=7 时微生物诱导矿化形成的方解石表面

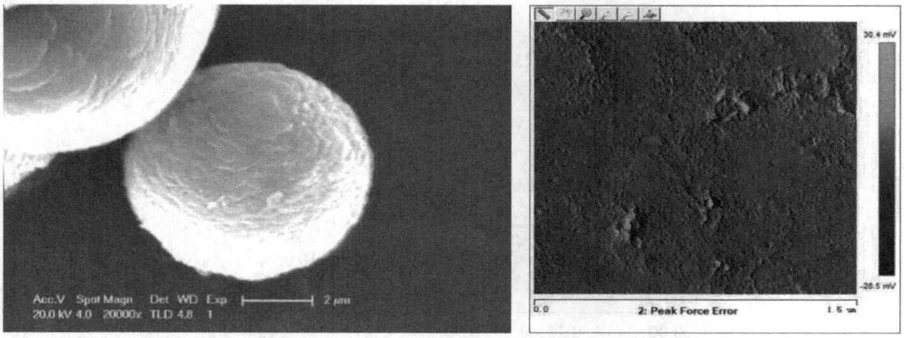

图 2-120 模拟溶液 pH=8 时微生物诱导矿化形成的方解石表面

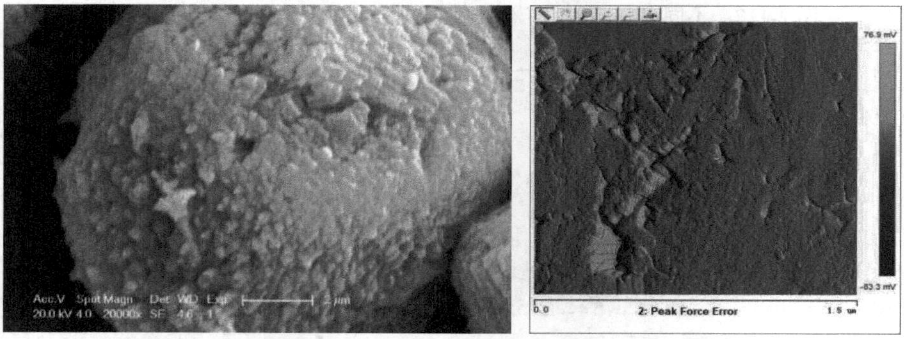

图 2-121 模拟溶液 pH=10 时微生物诱导矿化形成的方解石表面

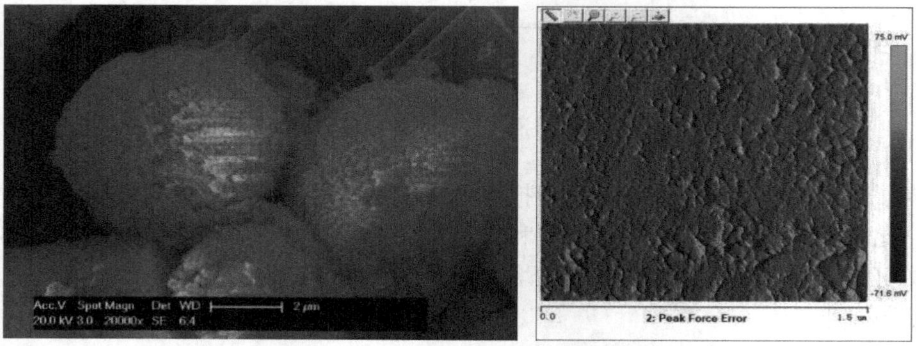

图 2-122 模拟溶液 pH=12 时微生物诱导矿化形成的方解石表面

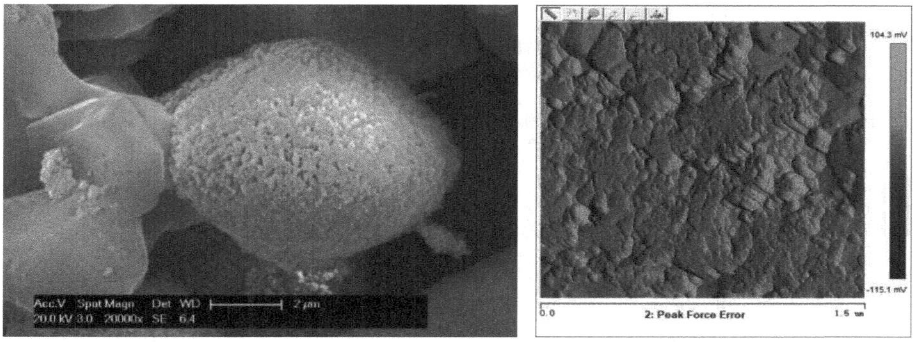

图 2-123　模拟溶液 pH=13 时微生物诱导矿化形成的方解石表面

(4) 晶粒尺寸

根据 X 射线理论，利用谢乐公式计算不同 pH 下模拟溶液中方解石晶粒尺寸的大小。运用统计学方法对原子力显微镜图像进行分析。图 2-124 是不同 pH 下模拟溶液中方解石晶粒尺寸的比较，可知，随着 pH 的增大，化学法形成的方解石晶粒尺寸和微生物诱导矿化形成的方解石晶粒尺寸都开始逐渐变小；化学法形成的方解石晶粒尺寸在 70～80 nm，远高于微生物诱导矿化形成的方解石晶粒尺寸 40～50 nm；对比两种晶粒尺寸比较方法，XRD 计算法比 AFM 统计法晶粒尺寸略大。

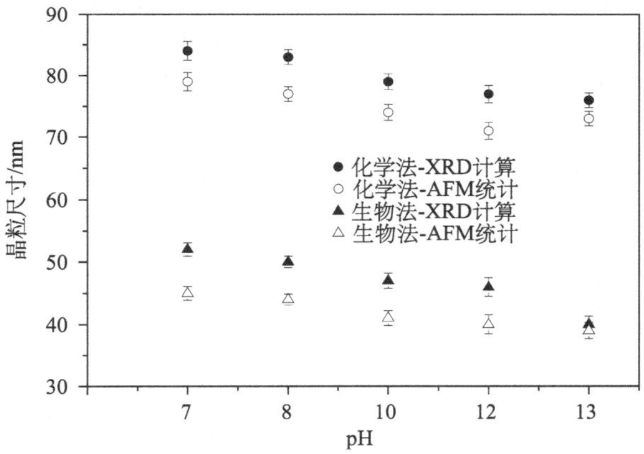

图 2-124　不同 pH 下模拟溶液中方解石晶粒尺寸的比较

(5) 颗粒尺寸

运用统计学方法分析不同 pH 下模拟溶液中形成的碳酸钙在颗粒尺寸上的区别，如图 2-125 所示。随着 pH 的不断增大，生物法碳酸钙颗粒尺寸先增大后减小，在 pH 为 8 时，颗粒尺寸达到最大；生物法诱导形成的碳酸钙颗粒尺寸为 5～6 μm，大于化学法形成的碳酸钙颗粒尺寸 3～4 μm。

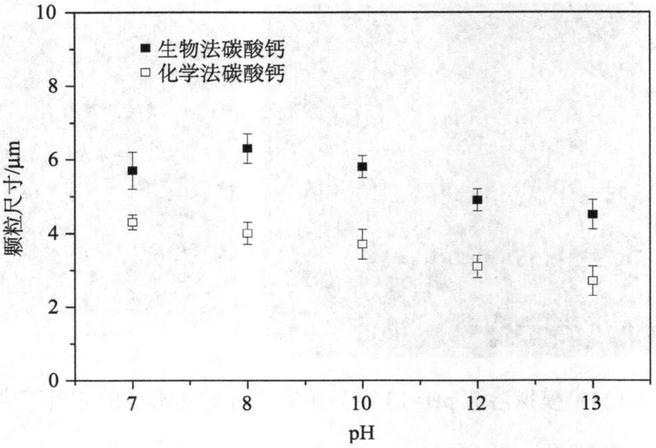

图 2-125　不同 pH 下模拟溶液中碳酸钙颗粒尺寸的比较

(6)分解温度

不同 pH 下模拟溶液中生物法碳酸钙的分解温度如图 2-126 所示，pH 对形成的碳酸钙晶体分解温度有一定影响，但都处于 740～760℃，推定晶型为方解石。随着 pH 的增大，方解石的分解温度开始逐渐变小，最大可相差 8.35℃。造成上述现象的一种解释是微生物分泌的有机基质与方解石间发生了复杂的相互作用，即在含有胶结特性的方解石中存在一种新的特殊作用。方解石在发生分解时，除要克服方解石本身的化学键束缚，还得克服特殊作用的束缚，这意味着方解石分解时需要更高的能量。而微生物分泌的有机基质数量与 pH 直接相关，随着 pH 的增大，微生物相对活性降低，分泌的有机基质数量减少，这种束缚作用相对减少，所以分解温度也有所降低。另一种解释是 pH 会影响形成的方解石晶粒的大小，随着 pH 的增大，方解石晶粒开始减小。晶粒的大小会影响方解石的分解温度，晶粒越小，热量传输越快，分解温度相对会减小。

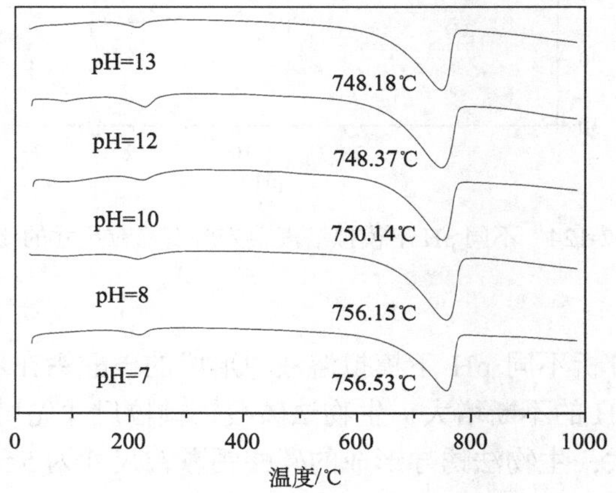

图 2-126　不同 pH 下模拟溶液中生物法碳酸钙分解温度的比较

(7) 黏附力

通过原子力显微镜测量并计算不同 pH 下模拟溶液中碳酸钙的黏附力，如图 2-127 所示。生物法模拟溶液中形成的碳酸钙的黏附力为 50 nN 左右，均大于化学法的 20 nN 左右，两者相差达 30 nN。随着模拟溶液 pH 的增大，化学法形成的碳酸钙的黏附力开始逐渐增大，但增大幅度相对较小。生物法碳酸钙的黏附力随着 pH 的增大先增加后减小，在 pH 为 10 时碳酸钙的黏附力达到最大。因为生物法模拟溶液中诱导形成的碳酸钙颗粒之间的黏附力主要来源于微生物分泌的黏性多糖物质，相互作用力类型可能为氢键。模拟溶液中 pH 会影响微生物的活性，从而影响微生物分泌的黏性多糖物质的数量和空间结构，从而改变碳酸钙颗粒之间黏附力的大小。

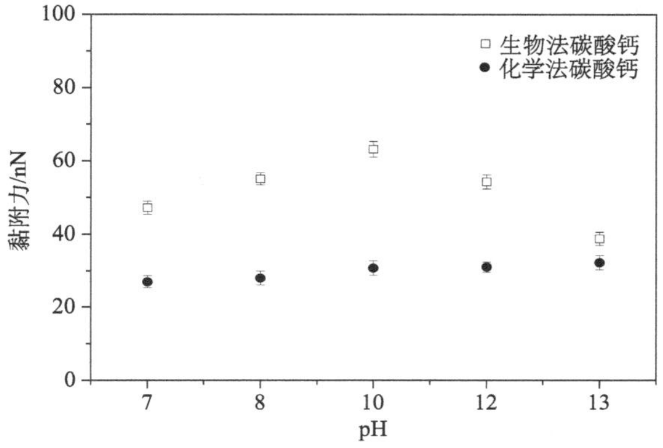

图 2-127　不同 pH 下模拟溶液中碳酸钙黏附力的比较

2.4　生物碳酸钙尺寸、形貌与胶结力的关系

2.4.1　分解温度和黏附力与形貌的关系

通过比较、分析、统计归纳发现，生物碳酸钙的特性之间存在相互对应关系。如图 2-128 所示，随着球体/椭球体颗粒形貌含量的增加，碳酸钙的分解温度随之提高，黏附力也增大(图 2-129)。从图 2-130～图 2-133 可知，多面体形貌、不规则颗粒形貌与碳酸钙的分解温度、黏附力均没有明显的相关性。实际上，形貌仅为表面现象，实质是球体/ 椭球体颗粒主要由微生物矿化得到[1]。

2.4.2　分解温度和黏附力与晶粒尺寸的关系

由图 2-134 可知，碳酸钙的晶粒尺寸与分解温度无明显相关性；但晶粒尺寸越小，颗粒的黏附力则越大(图 2-135)。

2.4.3　分解温度和黏附力与颗粒尺寸的关系

碳酸钙分解温度与颗粒尺寸的相关性如图 2-136 所示，颗粒尺寸越大，分解温度越高，但黏附力与颗粒尺寸之间的相关性不明显(图 2-137)。

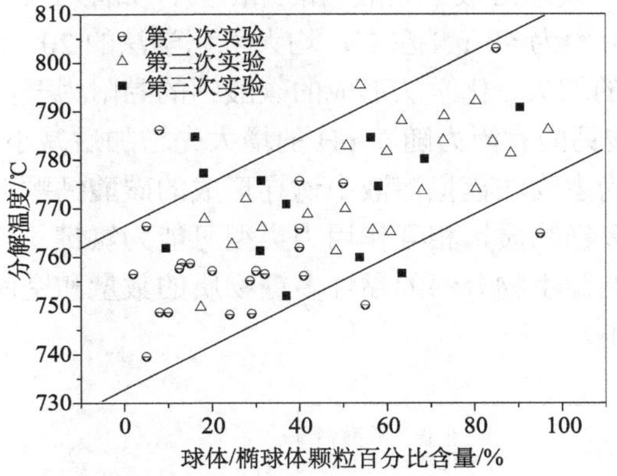

图 2-128　球体/椭球体含量与分解温度关系

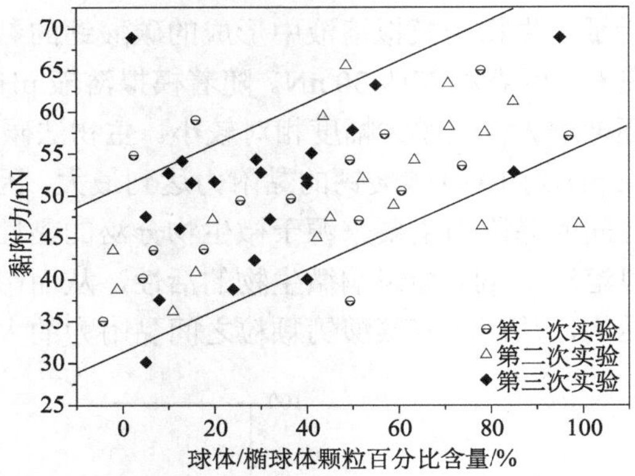

图 2-129　球体/椭球体含量与黏附力关系

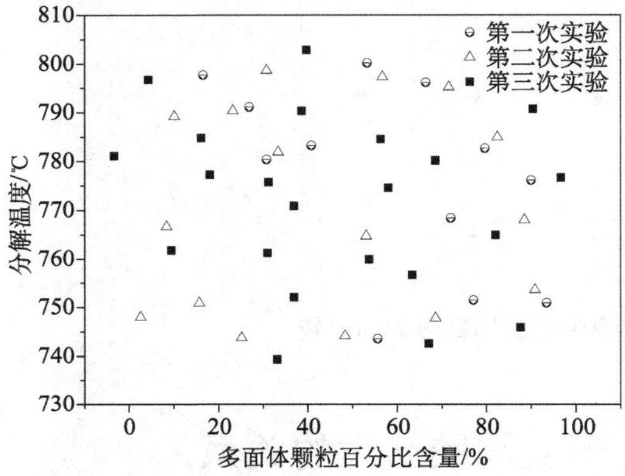

图 2-130　多面体颗粒形貌与分解温度关系

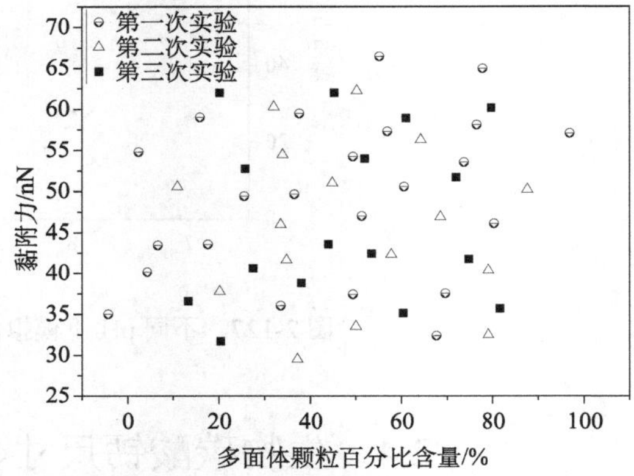

图 2-131　多面体颗粒形貌与黏附力关系

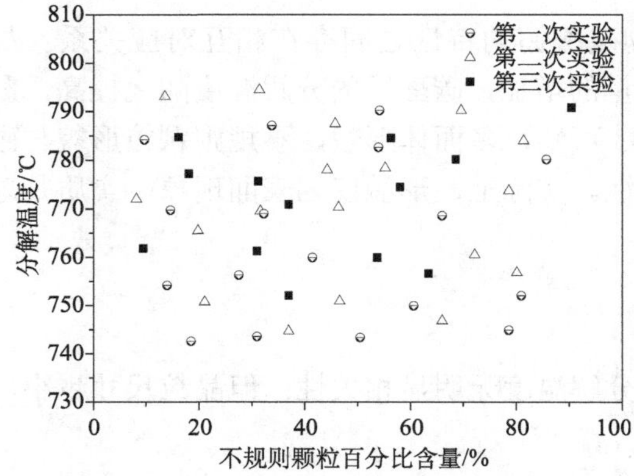

图 2-132　不规则颗粒形貌与分解温度关系

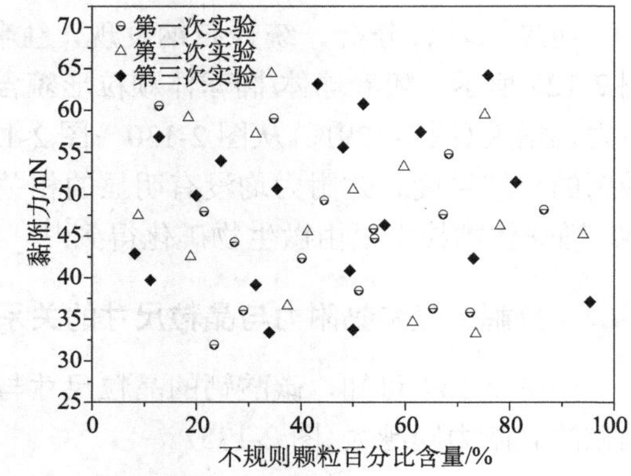

图 2-133　不规则颗粒形貌与黏附力关系

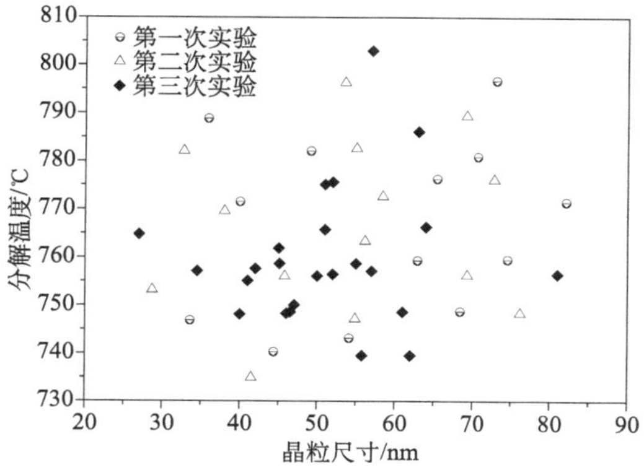

图 2-134　晶粒尺寸与分解温度对应关系

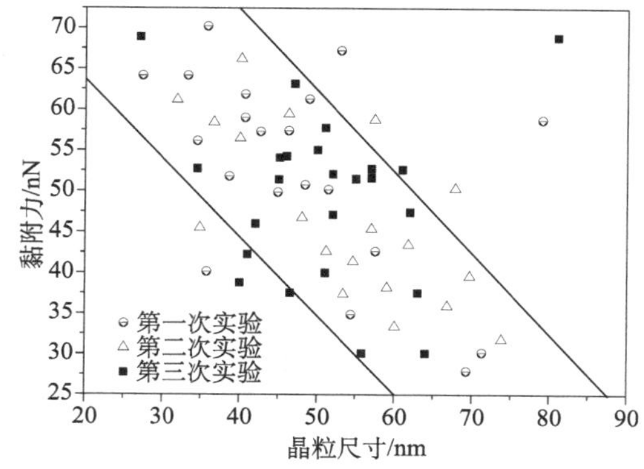

图 2-135　晶粒尺寸与黏附力的对应关系

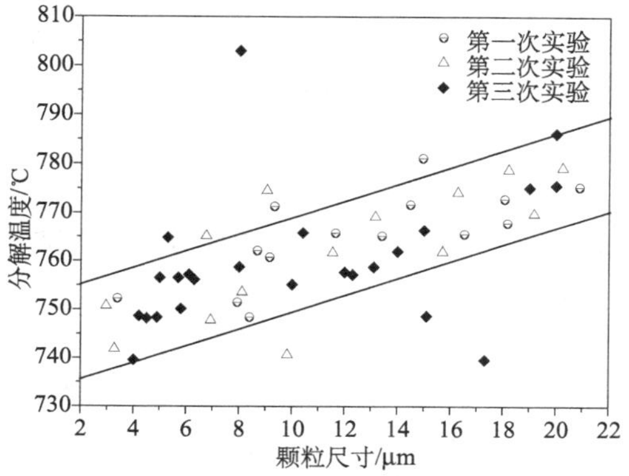

图 2-136　分解温度与颗粒尺寸的相关性

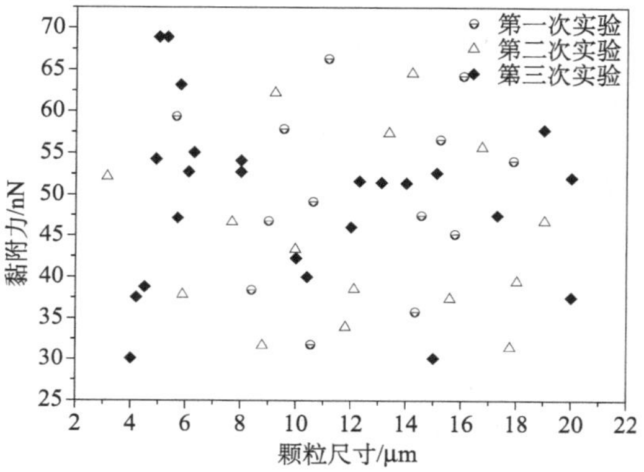

图 2-137　黏附力与颗粒尺寸的相关性

2.5　胶结性能与机理

2.5.1　生物碳酸钙与玻璃板的界面胶结力

(1) 生物碳酸钙在玻璃板表面的沉积实验

实验材料：玻璃片(25.4 mm×76.2 mm×1.2 mm)、碳酸盐矿化菌及沉积液等。

实验方法[5]：①向烧杯中加入一定量的微生物溶液，并将洁净的玻璃片以竖直状态浸入其中，使微生物逐步吸附于玻璃表面上，静置 12 h；②待微生物吸附充分后，移出部分微生物溶液后加入一定量的胶结溶液，并静置 24 h；③将表面矿化完成后的玻璃片取出，可观察到玻璃表面出现了胶结物质沉积层，用缓慢流动的水洗去其他杂质，自然干燥待用(图 2-138)。

(2) 界面胶结力表征方法

1) 超声振荡法

利用超声振荡可以将沉积在玻璃片表面的胶结物质剥离，通过质量损失来间接表征生物胶结物质与玻璃片表面间的界面黏结强弱。

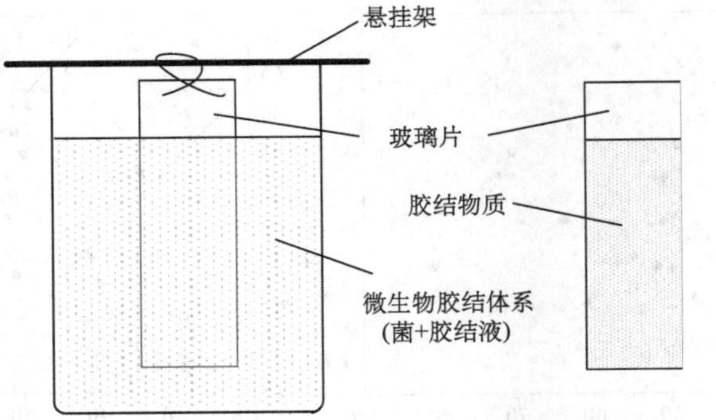

图 2-138　微生物水泥-玻璃片界面矿化装置示意图

2) 划痕法

胶结物质在玻璃片表面上形成的沉积层可以作为涂层看待，对于涂层而言，其界面黏结强度的检验方法有很多，如摩擦抛光实验、钢球滚光实验、黏接-剥离实验、锉刀实验、划线划格实验和划痕实验等，其中划痕实验是目前检验硬质涂层最常用也是较好的一种检验方法。它是用具有光滑圆锥顶尖的标准金刚石划针，在逐渐增加载荷下刻划涂层表面，直至涂层被破坏，涂层破坏时所加的载荷称为临界载荷，并以此作为涂层与基体附着强度的度量。

采用 WS-2005 涂层附着力自动划痕仪，如图 2-139 所示，计算机控制系统按设定的加载载荷、加载速率和划痕长度，自动连续加载，随着金刚石划针施加于样品表面载荷的不断增大和样品的连续移动，检测出划痕过程中样品表面涂层破损剥落时产生的声发射信号，同时绘制出声发射信号与载荷变化的对应曲线，如图 2-140 所示，以突发音信号确定胶结沉积层的临界载荷 L_C，并作为生物胶结物质与玻璃片表面间的界面黏结强度。为减少实验误差，每个玻璃试样划痕 3 次，取算术平均值作为该试样的界面结合强度实验值。

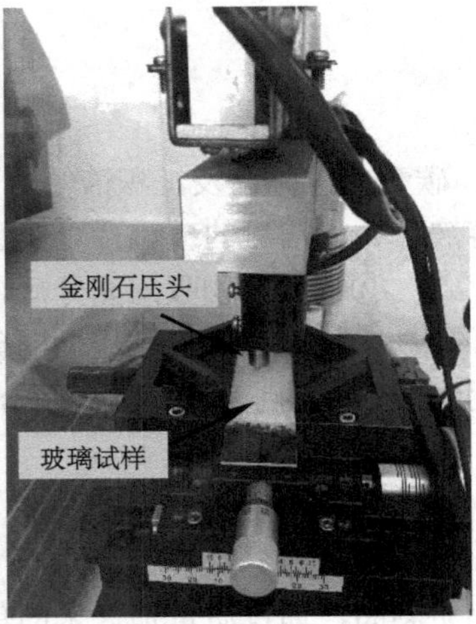

图 2-139　自动划痕仪装置

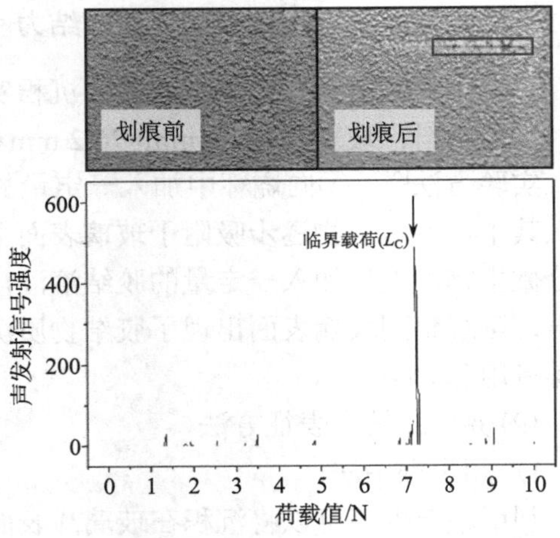

图 2-140　划痕实验结果与数据分析

(3) 生物水泥界面胶结性能分析

1) 超声振荡实验结果分析

将各洁净玻璃片分别竖直浸入不同胶结体系中，反应 24 h 后取出，如图 2-141 (a) 所示。生物法碳酸钙分布较均匀，颗粒基本均匀分布于整个界面矿化区域；生物法碳酸盐颗粒感强，且尺寸较大。将图 2-141 (a) 玻璃片试样竖直置于超声清洗器中，频率控制为 50Hz，其超声振荡处理 60 min 后的玻璃片表面沉积状态如图 2-141 (b) 所示。从图中可以看出，玻璃片表面胶结物质在超声处理后发生了剥落现象，但玻璃片表面仍保留了相当的沉积物。

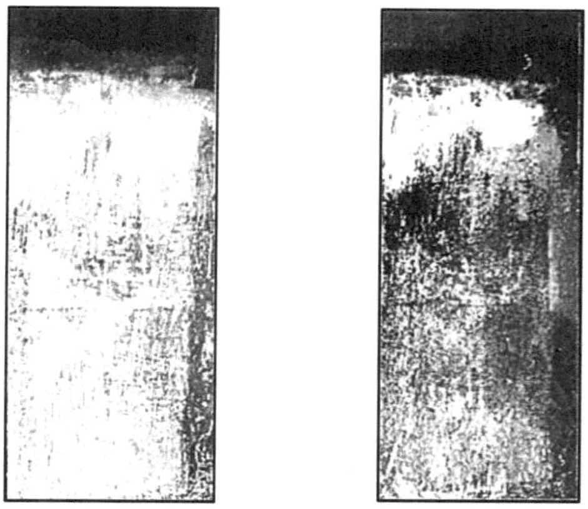

(a) 超声振荡前　　　(b) 超声振荡后

图 2-141　超声振荡前后生物法碳酸水泥在玻璃表面的沉积情况

2) 玻璃片表面沉积量

玻璃片表面胶结物质沉积量随超声振荡时间的变化如图 2-142 所示，生物法碳酸钙水泥在玻璃片表面上的初始沉积量为 (11.91±1.05) g/m^2。经超声振荡后，残留在玻璃片表面上的胶结物质沉积量出现明显下降。由胶结物质沉积量曲线斜率可知，在超声振荡期前 45 min，沉积量损失较快，随后沉积量变化较缓慢。

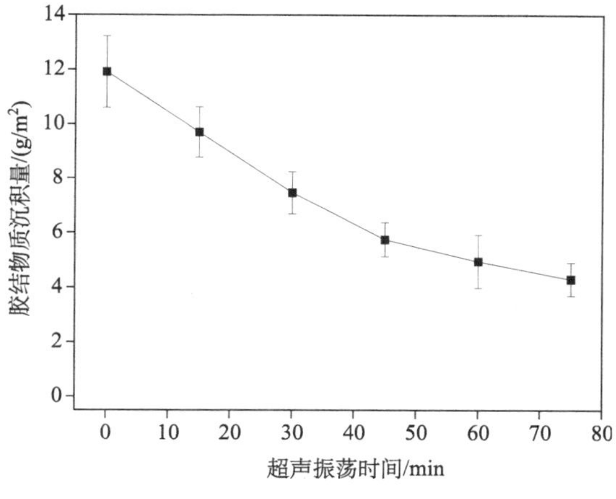

图 2-142　玻璃片表面胶结物质沉积量随超声振荡时间的变化

图 2-143 显示的是胶结物质相对沉积量随超声振荡时间的变化关系。由图 2-143 可知，胶结物质相对沉积量的变化规律与图 2-141 一致。当超声振荡 75 min 后，生物法碳酸钙保持了 36%以上的沉积量。

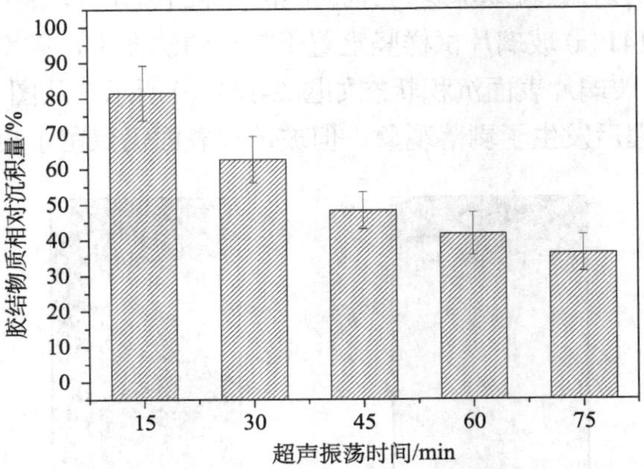

图 2-143 胶结物质相对沉积量随超声振荡时间的变化关系

(4) 矿化条件对界面沉积的影响

胶结物质与玻璃片表面发生作用的前提是吸附行为，其包括微生物和离子与玻璃间的吸附作用，而这些过程则与反应体系浓度、作用时间等有关，同时这些因素也会对胶结物晶体形核与生长过程有一定影响。

1) 沉积时间的影响

微生物在矿物表面的吸附过程较快，一般小于 60 min。图 2-144 显示的是在 0.1 mol/L 生物法碳酸盐胶结体系中沉积不同时间后的玻璃片表面沉积情况，从图中可以看出，沉积时间对生物法碳酸钙在玻璃片表面的沉积量有一定影响。

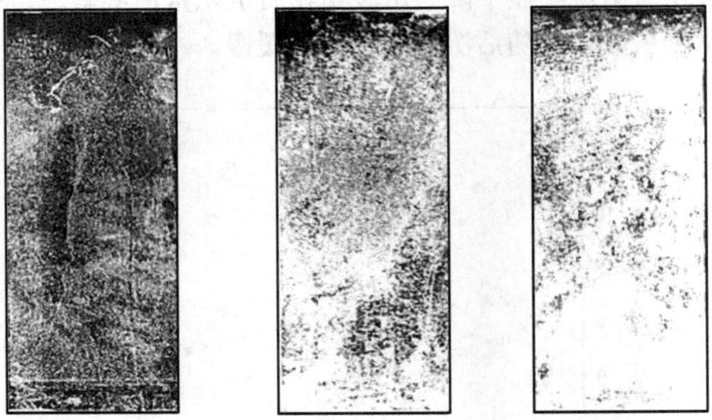

(a) 0.5 d　(b) 1.0 d　(c) 2.0 d

图 2-144 沉积时间对玻璃片表面胶结物质沉积量的影响

图 2-145 显示的是沉积时间分别为 12 h、24 h、48 h、96 h 和 144 h 玻璃片表面沉积的胶结物质经超声振荡前后的沉积量变化。由图 2-145 可知，胶结物质在玻璃表面的沉积量先随沉积时间延长而增加，且沉积作用前 24 h 内，胶结物质沉积量增加明显。当沉积时间为 12 h 时，玻璃表面上生物法碳酸钙的沉积量为(10.42±1.31) g/m^2，而沉积时间延长至 24 h 时，沉积量增加到(11.90±0.87) g/m^2，增幅约 14.21%。继续增加沉积时间，胶结物质仍会有所增加，但增幅不显著，而且甚至出现轻微下降。在 12～24 h 阶段主要为晶体生长过程阶段，一旦该过程完成，继续增加反应时间对胶结物质生成量的影响不大。

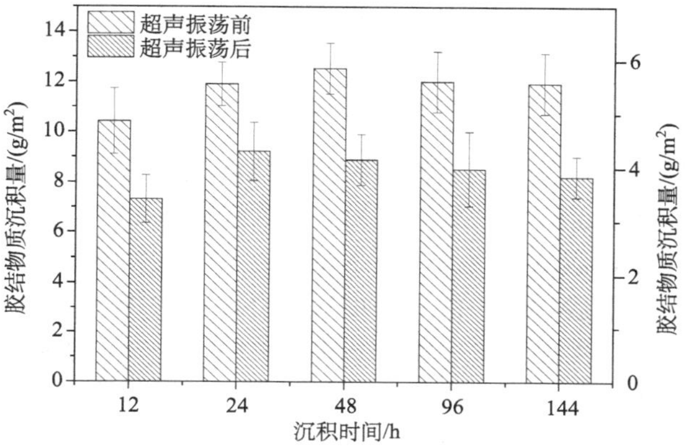

图 2-145　胶结物质沉积量与沉积时间的关系

整体上看，沉积时间对于胶结物质沉积量确有提高作用，但经过超声振荡后发现，沉积时间越长，胶结物质沉积量损失越多，沉积 24 h、48 h 对应的初始沉积量分别为(11.90±0.87) g/m^2、(12.34±1.01) g/m^2，经超声振荡 75 min 后，沉积量则减少为(4.31±0.54) g/m^2、(4.13±0.41) g/m^2，两者的质量损失约为 7.59 g/m^2(减少 63.74%)、8.21 g/m^2(减少 66.53%)，这可能是因为外层的胶结物质间的结合作用要弱于内部胶结物质与玻璃界面间的作用，所以尽管胶结物质沉积量有所增加，但其对结合强度的贡献不够，而且沉积时间越长，也意味着胶结物质沉积层受溶液侵蚀的时间越长，这也会削弱胶结物质沉积层整体的界面结合强度，因此经过超声振荡后玻璃片表面胶结物质的损失量较大。

2) 胶结液浓度的影响

在微生物诱导沉积碳酸钙的过程中发现，反应体系浓度对于生物胶结物质的沉积速率和生成量均有较大影响，同时，在微生物灌浆加固地基过程中，采用较高浓度的胶结液可获得更多生物胶结物质。图 2-146 显示的是玻璃片分别在胶结液浓度为 0.1 mol/L、0.5 mol/L、1.0 mol/L 和 2.0 mol/L 的生物法碳酸钙胶结体系中沉积 24 h 后表面沉积状态，从图中可以明显地发现，胶结液浓度越高，生物法碳酸钙在玻璃片表面的沉积量越多。

图 2-146 不同胶结液浓度对玻璃片表面胶结物质沉积量的影响

从表 2-7 中数据可以看出，胶结液浓度的变化对碳酸钙表面沉积影响显著，当浓度从 0.1 mol/L 增加至 1.0 mol/L 时，载玻片表面的碳酸钙由 13.63 g/m^2 增加至 76.48 g/m^2，而继续增加反应物浓度，碳酸钙反而有所下降，这与微生物水泥胶结砂柱的生物法碳酸钙沉积情况类似，可能是胶结液中的盐浓度过高会对微生物产生抑制作用，进而降低微生物酶活性，从而使得沉积在玻璃片表面上的胶结物质较少。同时，由超声振荡后发现，低浓度胶结液中沉积的胶结物质量损失率要低于高浓度组，这可能是由于低浓度组中形成的胶结物质与玻璃表面结合作用强，而高浓度组尽管形成了更多的胶结物质，但当经过超声处理后，外层的胶结物质层可能更容易发生破坏而剥落，使得质量损失要大于低浓度组。微生物胶结砂土经荷载作用后的破坏形式主要为生物法碳酸钙层的破坏[1]。

表 2-7 玻璃片表面的生物法碳酸钙初始沉积量及超声振荡质量损失率

胶结液浓度/(mol/L)	初始沉积量/(g/m^2)	质量损失率/%
0.1	13.63±1.41	54.93±6.77
0.5	38.54±2.33	59.52±5.63
1.0	76.48±4.15	64.59±7.25
2.0	54.86±4.32	63.13±4.38

(5) 划痕实验结果分析

将已完成界面矿化的玻璃片样品，采用 WS-2005 涂层附着力自动划痕仪测定胶结物沉积层与玻璃片表面的界面结合强度。实验前设置各工作参数，加载载荷为 10 N，加载速率为 5 N/min，划痕速率为 5 mm/min，且每个玻璃样品进行三次划痕，取平均值作为最终测试结果。表 2-8 显示的是胶结产物在玻璃片表面沉积后的划痕实验结果。

表 2-8 胶结产物在玻璃片表面沉积后的划痕实验结果

界面沉积量/(g/m^2)	界面结合强度/N
14.62	8.57

由表 2-8 可定性得出一个结论，即生物法碳酸钙与玻璃间的界面结合强度较高。为了更准确、直观地比较胶结物质界面结合能力，可以建立界面结合强度与胶结物质沉积量间的关系。图 2-147 显示是微生物碳酸盐水泥及 CSH 凝胶沉积层界面结合强度与胶结物质沉积量间的关系对比结果。由图 2-147 可知，随着沉积在玻璃片表面上的微生物水泥产物含量的增加，界面结合强度呈增加趋势，说明产物沉积层厚度对其界面结合强度有显著作用，同时比较各线段斜率大小可知，单位质量胶结物质的增加对界面结合强度影响程度不同。相同胶凝材料沉积量下，生物法碳酸盐水泥与玻璃片界面结合强度优于 CSH 凝胶。

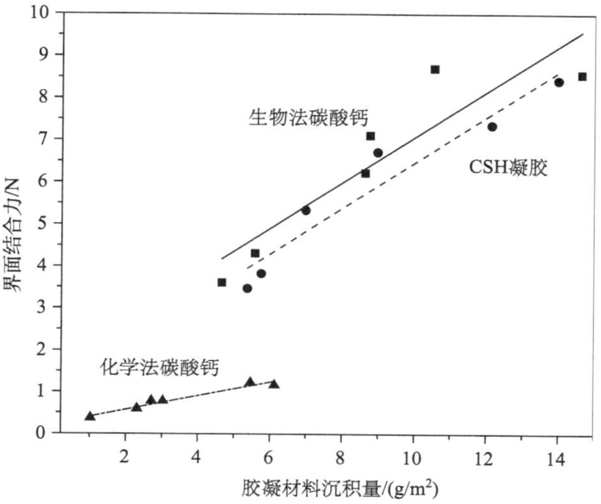

图 2-147　界面结合力与胶凝材料沉积量间的关系

2.5.2　不同尺度胶结砂体性能

如前所述，原子力显微镜测量表明，生物法碳酸钙具有较高的黏附力。玻璃板沉积实验及超声振荡、划痕测量也表明，生物法碳酸钙与玻璃板表面也具有较高的结合力。这些都支撑了生物法碳酸钙作为建筑材料的胶凝材料应具有较好的胶结性能，下述宏观尺度的胶结实验也得到了证实[2]。

(1) ϕ3 cm×11 cm 砂柱胶结性能

采用泵送注射成型工艺胶结松散砂粒(图 2-148)，泵送注射成型 24 h 后，成功完成砂粒胶结。将胶结所得砂柱取出，测试其抗压强度及方解石含量。其中强度测试采用 SANS CMT 8502 微机控制电子万能试验机，加载速率为 1 mm/min。

如图 2-149 所示，胶结后，松散颗粒间的碳酸钙沉积量达到 26.3 g，砂柱强度达到 6.7MPa。如图 2-150 所示，微生物水泥胶结松散砂粒前后孔隙率变化较大，由最初的 43.1% 降低至 29.5%。

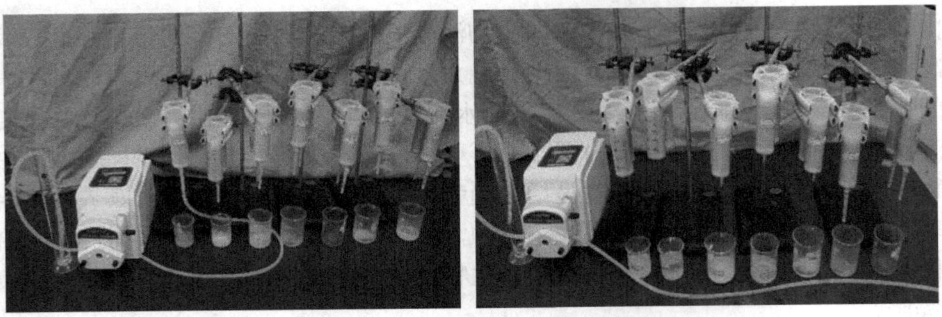

图 2-148　ϕ3 cm×11 cm 微生物水泥胶结体制备过程

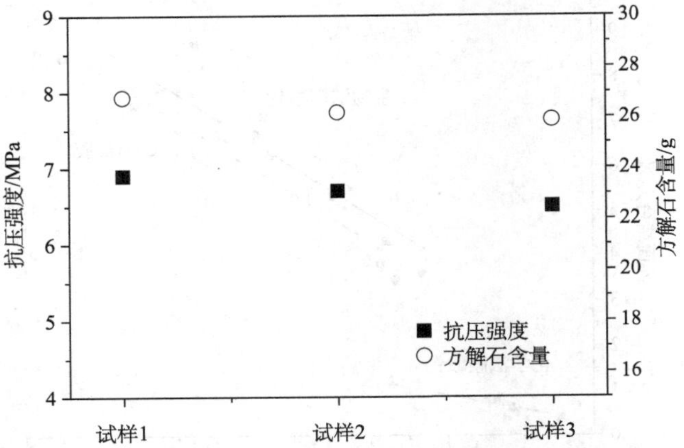

图 2-149　ϕ3 cm×11 cm 微生物水泥胶结砂柱抗压强度及方解石含量

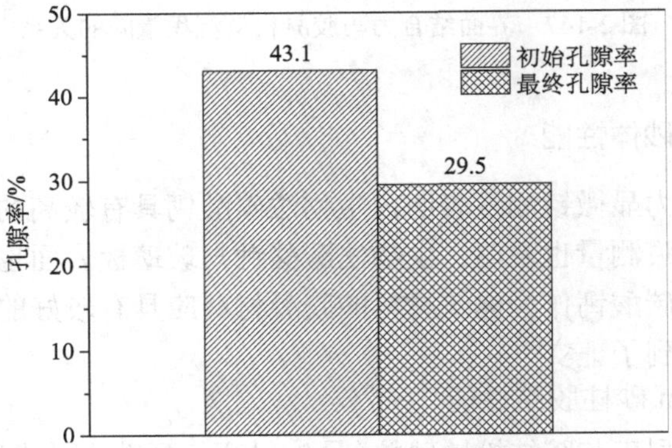

图 2-150　胶结前后砂柱孔隙率变化

(2) ϕ10 cm×50 cm 砂柱胶结性能

将胶结好的ϕ10 cm×50 cm 砂柱置于(30±2) ℃烘箱中 72 h 后脱模(图 2-151)。然后再将整个砂柱切割成ϕ10 cm×10 cm 柱体，如图 2-152 所示，测量抗压强度、渗透性、超声波速度等。

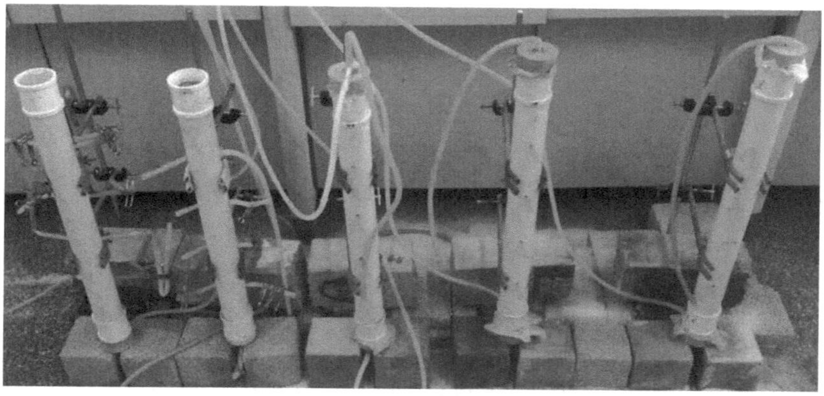

图 2-151　ϕ10 cm×50 cm 砂柱胶结制备过程

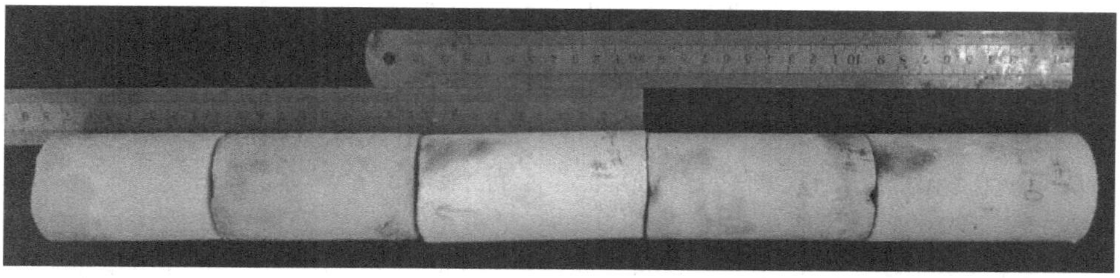

图 2-152　微生物水泥胶结的ϕ10 cm×50 cm 砂柱

如图 2-153 和图 2-154 所示，抗压强度和方解石含量均随远离灌浆口而逐渐越低和减少。在菌液和钙源同向灌浆时，砂柱抗压强度从 7.8 MPa(0～0.1 m)降低到 0.88 MPa(0.4～0.5 m)；方解石含量从 394.62 kg/m^3 降低至 103.03 kg/m^3。而在菌液和钙源相向灌浆时，砂柱抗压强度最高为 6.23 MPa(0～0.1 m)，而距离灌浆口 0.4～0.5 m 的砂柱，发现仍处于松散状态。

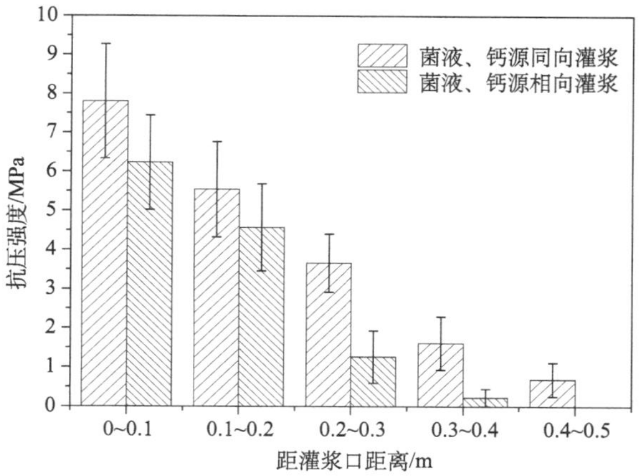

图 2-153　距离灌浆口不同距离处的砂柱抗压强度

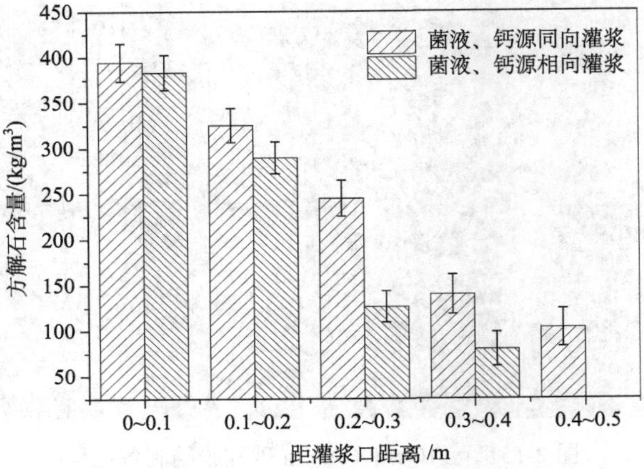

图 2-154　距离灌浆口不同距离处的砂柱方解石含量

(3) 0.5 m×0.5 m×0.5 m 立方体砂堆胶结性能

为进一步真实模拟地基灌浆处理，为推广微生物水泥应用提供数据基础，对尺寸为 0.5 m×0.5 m×0.5 m 的三维尺度立方体砂堆进行灌浆加固。

在装入石英砂之前，首先按示意图 2-155 将 9 个硅胶软管预埋在砂堆之中，其中 9 个软管放置顺序如图 2-155 所示，另外每根软管之间距离为 0.2 m。然后在箱子侧面 8 个位置处(*A*、*A'*、*B*、*B'*、*C*、*C'*、*D*、*D'*)的每层砂堆中通过三通管连接四根软管，其中每根软管相隔 0.1 m，并且每根软管上钻有 6 个直径为 5 mm 的小孔，以方便溶液流出。同时对从 8 个位置处流出来的溶液进行微生物浓度、底物浓度分析，以更加全面地监控微生物水泥胶结砂体过程。

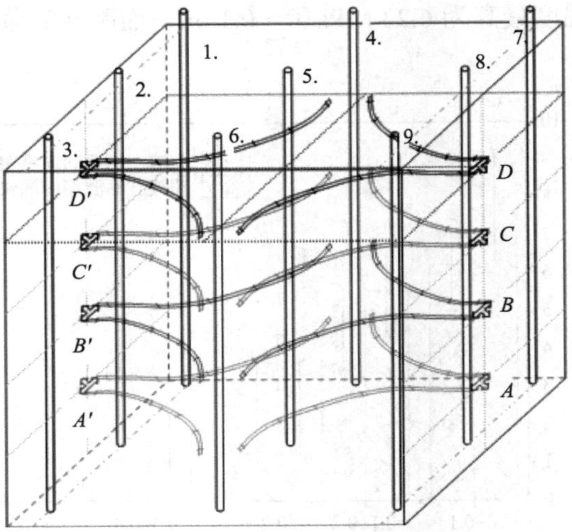

图 2-155　模具及布管示意图

具体胶结工艺如下：

1) 采用蠕动泵以 600 mL/min 的速率注入微生物菌液，连续注入 45 min 后停滞 3 h；

2) 在停滞时间内，通过模具侧面 8 个位置处分别收集每层砂堆中未吸附的微生物，以判断其微生物在每层砂堆中的分布以及吸附量；

3) 采用蠕动泵以 900 mL/min 的速率注入胶结溶液，连续注入 30 min 后停滞 6 h；

4) 6 h 后，通过收集 8 个位置处流出来的溶液，分析溶液中剩余的底物浓度；

5) 重复 1)～4) 过程，直至不能再注入微生物水泥溶液为止。

按上述方式进行多次灌浆后的砂堆效果如图 2-156 所示。

图 2-156　微生物水泥灌浆胶结砂体效果(0.5 m×0.5 m×0.5 m 立方体)

将砂堆分割为 100 个单元分别测试每个单元强度。沿垂直于 y 轴方向取剖面 1，沿垂直于 z 轴方向取剖面 2，绘制得砂堆沿垂直方向和水平方向两平面强度分布云图。

在垂直方向上(图 2-157)，强度呈现出明显的梯度变化现象，即砂堆底部单元强度高于其中、上部位单元强度。其原因在于注浆过程中，菌液及胶结液流出注射管后，由于重力作用向砂堆深部流动，微生物随液体流动向底部迁移，导致砂堆深处强度沿垂直向呈增加趋势。

相比于垂直向强度分布情况，砂堆水平向强度分布相对均匀(图 2-158)。微生物水泥胶结的砂体抗压强度与胶结的砂柱强度分布规律相似，即砂体样品抗压强度同样是随着注射口的远离而逐渐降低。

2.5.3　微生物碳酸盐水泥胶结机理

由图 2-159 中可看出纯石英砂、采用化学合成方解石浇注砂体中，石英砂的 Si(2p) 电子结合能均为 102.50 eV，而采用微生物诱导矿化形成的方解石浇注砂体中，石英砂的 Si(2p) 电子结合能为 102.10 eV，谱线发生的化学位移为(102.50–102.10)=0.40 eV。这表明石英砂中的 Si 原子在化学合成方解石环境下所处的状态与未加入任何物质的纯石英砂相同，而在微生物诱导矿化形成的方解石胶结砂体中，石英砂中 Si 原子所处状态却与前两者有差异[2]。

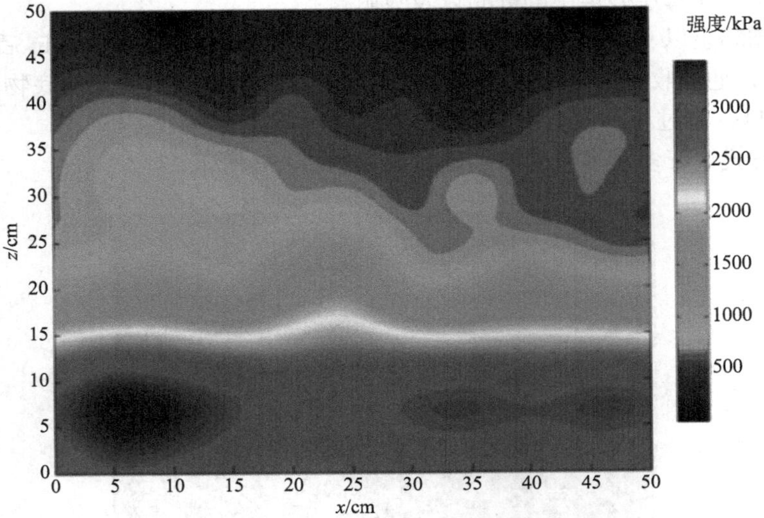

图 2-157　砂堆垂直向强度分布云图

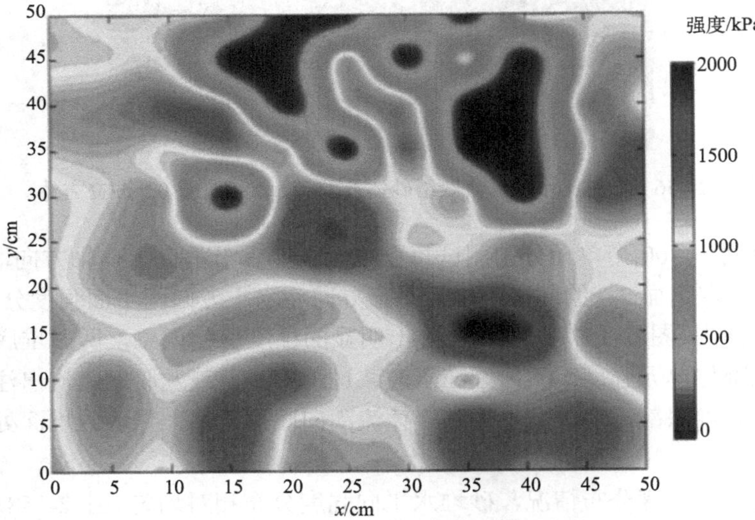

图 2-158　砂堆水平向强度分布云图

图 2-160 的 ^{29}Si NMR 谱也显示，化学法方解石胶结砂体中，^{29}Si 的化学位移未发生变化，但在微生物诱导矿化形成的方解石胶结砂体中，^{29}Si 的化学位移从–106.47 ppm①偏移到–105.51 ppm。上述 Si(2p) 电子结合能图谱和 ^{29}Si NMR 谱的偏移都是由生物法碳酸钙与石英砂间的氢键作用所致。

① 1 ppm=10^{-6}。

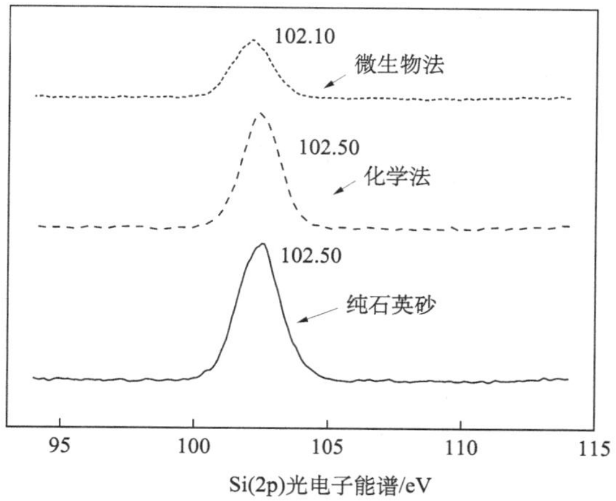

图 2-159　Si(20p)电子结合能图谱

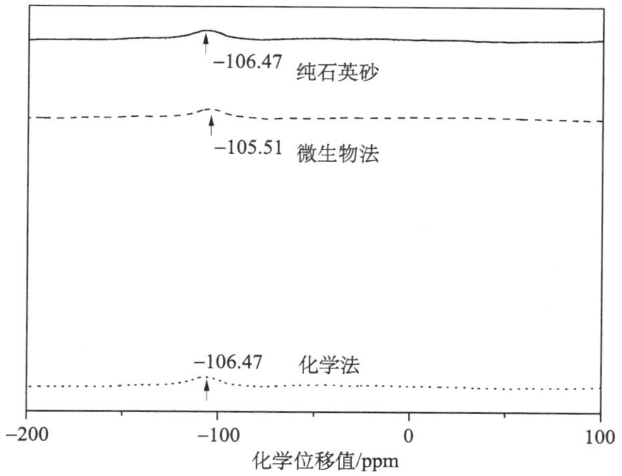

图 2-160　^{29}Si NMR 谱

参 考 文 献

[1] 王凯. 理化环境参数对微生物诱导碳酸钙特性的影响[D]. 南京:东南大学, 2018.

[2] 荣辉. 微生物水泥的研制及其胶结机理[D]. 南京：东南大学, 2014.

[3] 包红旭, 孙铁珩, 孙丽娜, 等. 胶质芽孢杆菌 BHX-71 吸附工业废水中 Pb^{2+}、Zn^{2+}、Cu^{2+}红外光谱分析与机理研究[C]. 2011 International Conference on Environmental Systems Science and Engineering, 大连, 2011.

[4] 李丽. 微生物酶促形成方解石胶结砂粒的试验与模拟[D]. 南京：东南大学, 2011.

[5] 王欣. 微生物水泥胶结砂体的界面及其对性能的影响[D]. 南京：东南大学, 2015.

第 3 章　生物磷酸盐水泥

基于微生物诱导矿化的微生物水泥能够固结松散颗粒，能耗低、污染少，在地基加固、扬尘治理、沙漠固化等领域具有显著优势，是一类新型的可持续发展胶凝材料。目前，生物碳酸钙水泥研究最为广泛，但均以脲酶水解提供碳酸根为主，过程中有氨气释放。解决的途径，一方面是采用非脲酶体系，另一方面受自然界生物矿化磷酸盐启发，研发生物磷酸盐类水泥，以生物磷酸盐矿物作为胶结物质，可能的有磷酸镁、磷酸铁、磷酸钡、磷酸氢钡、磷酸钙等矿物。针对磷酸盐水泥的矿物类型及其胶结工艺展开了本章的研究。

3.1　生物磷酸盐矿物特性

3.1.1　生物磷酸镁

磷酸镁盐是一类重要的无机材料，广泛用于胶凝材料、陶瓷、肥料、食品添加剂和医药领域等。传统磷酸镁制备方法主要为水热合成和化学沉积，得到的磷酸镁盐主要以粉末和颗粒形式存在。微生物矿化沉积是一种全新制备方法，其制备的矿物具有独特性能[1]。

(1)生物磷酸镁的官能团

化学/生物磷酸镁盐的 FTIR 光谱如图 3-1 所示。图 3-1 中 *a* 曲线显示的是化学 $MgHPO_4·3H_2O$ FTIR 光谱，*c* 曲线为化学 $Mg_3(PO_4)_2·5H_2O$ FTIR 光谱。生物 $MgHPO_4·1.2H_2O$ 和 $Mg_3(PO_4)_2·5H_2O$ 混合物的 FTIR 光谱如图 3-1 中 *b* 曲线所示。图 3-1

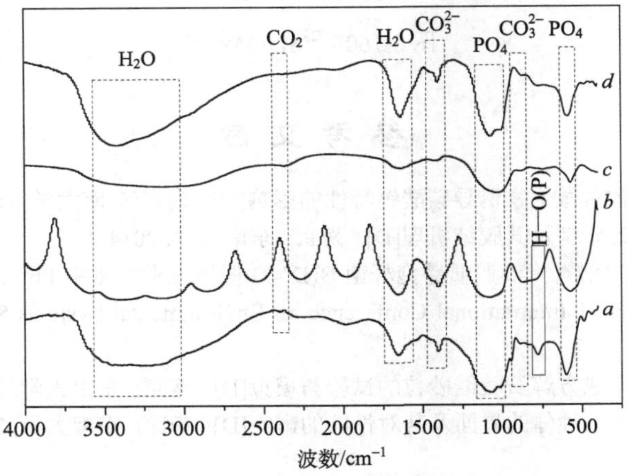

图 3-1　化学/生物磷酸镁的 FTIR 光谱

a. 化学 $MgHPO_4·3H_2O$；*b*. 生物 $MgHPO_4·1.2H_2O$ 和 $Mg_3(PO_4)_2·5H_2O$ 混合物；*c*. 化学 $Mg_3(PO_4)_2·5H_2O$；*d*. 生物 $Mg_3(PO_4)_2·5H_2O$

中 d 曲线显示的是生物 $Mg_3(PO_4)_2·5H_2O$ FTIR 光谱。化学/生物磷酸镁在波数 3000～3600 cm^{-1} 和 1631.94～1654.66 cm^{-1} 对应磷酸镁中的结晶水。2366.89～2266.68 cm^{-1}、1400.86～1406.07 cm^{-1} 和 871.10～874.32 cm^{-1} 的振动吸收带对应于 CO_3^{2-}，可能由合成或者测试过程中空气中二氧化碳引起。化学/生物磷酸镁 FTIR 光谱显示 PO_4 的强振动峰在 1027.96～1079.22 cm^{-1}，弯曲振动峰在 571.19～601.16 cm^{-1}。化学/生物磷酸镁在 744.20～778.15 cm^{-1} 的弯曲振动吸收峰对应于 H—O(P)(图 3-1 中 a 曲线和 b 曲线)。

(2)生物磷酸镁的形貌和尺寸

粉末 XRD 分析结果见图 3-2。为了进一步明确结晶相的矿物组成，采用 MDI Jade 5.0 软件对不同类型的磷酸镁成分进行检索分析。结果表明，化学和生物磷酸镁被精确检索到的结构为化学 $MgHPO_4·3H_2O$，对应的标准卡片为 JCPDS No. 72-0023(图 3-2 a 曲线)；化学 $Mg_3(PO_4)_2·5H_2O$ 对应的标准卡片为 JCPDS No. 35-0329，如图 3-2 c 曲线所示；生物 $MgHPO_4·1.2H_2O$ 和 $Mg_3(PO_4)_2·5H_2O$ 混合物对应的标准卡片分别为 JCPDS No. 49-0752 和 35-0329(图 3-2 b 曲线)；生物 $Mg_3(PO_4)_2·5H_2O$ 对应的标准卡片为 JCPDS No. 35-0329，如图 3-2 d 曲线所示。

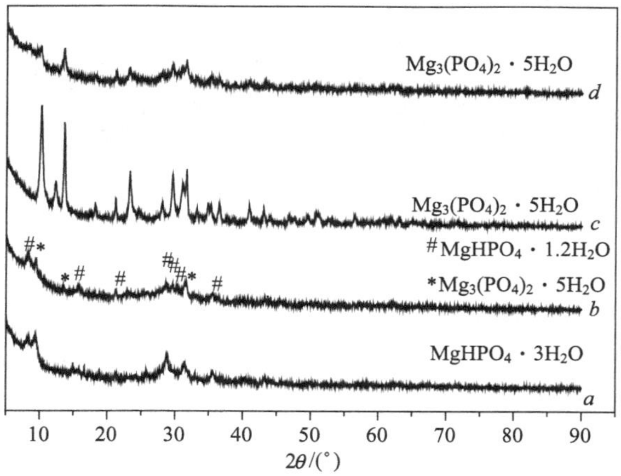

图 3-2　化学/生物磷酸镁的 XRD 图谱

a, c. 化学法；b, d. 微生物法

(3)生物磷酸镁的微结构

图 3-3 显示的是化学/生物磷酸镁的 SEM 图像。$MgHPO_4·3H_2O$ 的形貌为不规则粒子簇结构，粒径范围在 1～3 μm[图 3-3(a)]。图 3-3(b)显示的是生物 $MgHPO_4·1.2H_2O$ 和 $Mg_3(PO_4)_2·5H_2O$ 混合物的形貌同为不规则粒子簇结构，粒径范围也在 1～3 μm，与化学 $MgHPO_4·3H_2O$ 粒径相近。化学 $Mg_3(PO_4)_2·5H_2O$ 的形貌同样也是不规则粒子簇结构，粒径范围在 1～5 μm，如图 3-3(c)所示。生物 $Mg_3(PO_4)_2·5H_2O$ 形貌为蜂窝状结构且表面附着一层 1～2 μm 不规则粒子簇[图 3-3(d)]。

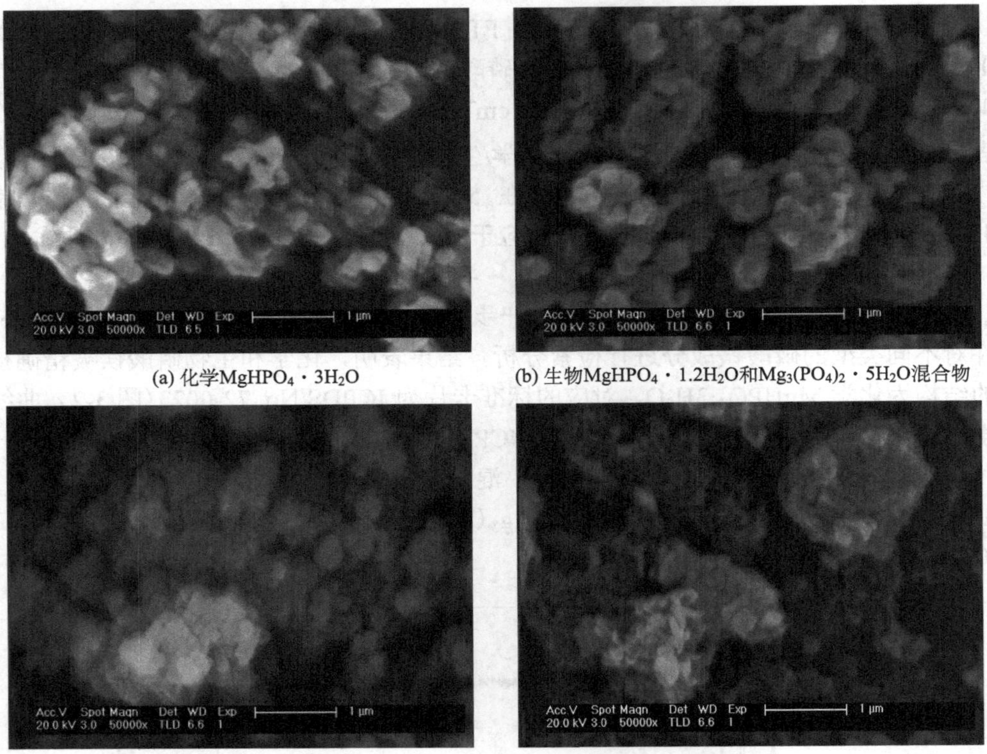

(a) 化学$MgHPO_4 \cdot 3H_2O$　(b) 生物$MgHPO_4 \cdot 1.2H_2O$和$Mg_3(PO_4)_2 \cdot 5H_2O$混合物

(c) 化学$Mg_3(PO_4)_2 \cdot 5H_2O$　(d) 生物$Mg_3(PO_4)_2 \cdot 5H_2O$

图 3-3　化学/生物磷酸镁的 SEM 图像

图 3-4 显示了化学/生物磷酸镁的 TEM 和 ED 图像。化学 $MgHPO_4 \cdot 3H_2O$ 粒子的形貌为不规则片状结构，尺寸在 100 nm 以内且结晶度较好，如图 3-4(a)和(b)所示。图 3-4(c)是生物 $MgHPO_4 \cdot 1.2H_2O$ 和 $Mg_3(PO_4)_2 \cdot 5H_2O$ 混合物的 TEM 图像，粒子的形貌为不规则絮状结构且尺寸小于 100 nm。ED 图像显示没有衍射斑，可知结晶度较差[图 3-4(d)]。图 3-4(e)显示化学 $Mg_3(PO_4)_2 \cdot 5H_2O$ 形貌为不规则球形结构，粒子尺寸范围在 50～300 nm。ED 图像显示有不同大小的光斑，表明粒子结晶度较好[图 3-4(f)]。而生物 $Mg_3(PO_4)_2 \cdot 5H_2O$ 的形貌是大小不一的片状结构，粒子尺寸范围在 50～200 nm，如图 3-4(g)所示。ED 图像显示出不同大小的光斑，同样表明粒子结晶度较好[图 3-4(h)]。

(4)生物磷酸镁的热性质

图 3-5 显示的是化学和生物磷酸镁的热重-差热(DSC-TGA)曲线，温度范围在室温至 800 ℃之间。化学 $MgHPO_4 \cdot 3H_2O$ DSC-TGA 曲线如图 3-5 *a* 曲线所示，在室温至 800 ℃范围内持续的质量损失大约 30.37%，主要是由结晶水失去和 $MgHPO_4$ 分解引起。DSC 曲线显示一个吸热峰、一个放热峰的峰值分别为 87.3 ℃和 644.9 ℃。其中，87.3 ℃可认为是材料失去结晶水的温度，小峰 644.9 ℃对应于 $MgHPO_4$ 放热分解生成焦磷酸镁($Mg_2P_2O_7$)的温度。

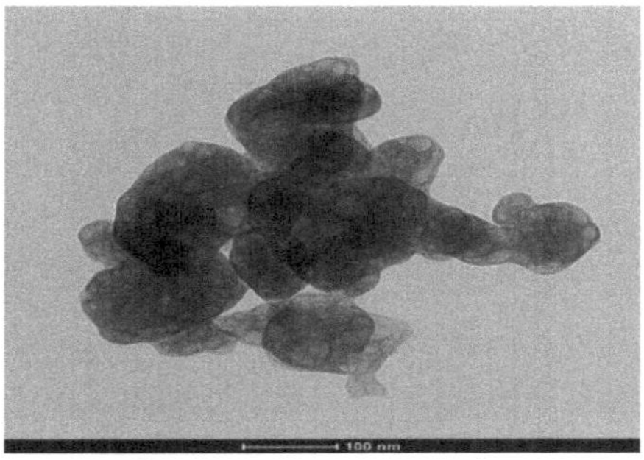

(a) 化学$MgHPO_4 \cdot 3H_2O$的TEM图像

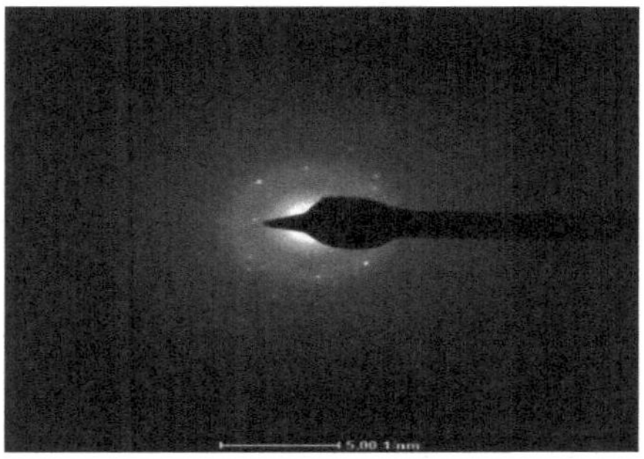

(b) 化学$MgHPO_4 \cdot 3H_2O$的ED图像

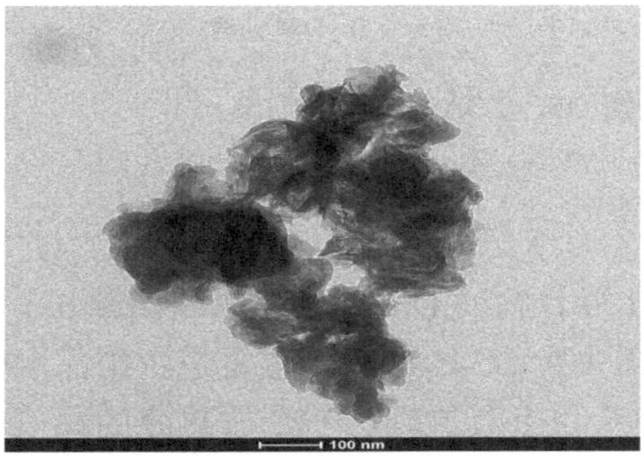

(c) 生物$MgHPO_4 \cdot 1.2H_2O$和$Mg_3(PO_4)_2 \cdot 5H_2O$混合物的TEM图像

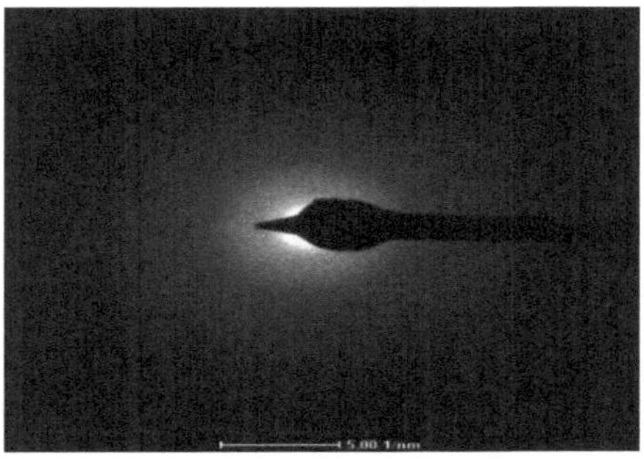

(d) 生物$MgHPO_4 \cdot 1.2H_2O$和$Mg_3(PO_4)_2 \cdot 5H_2O$混合物的ED图像

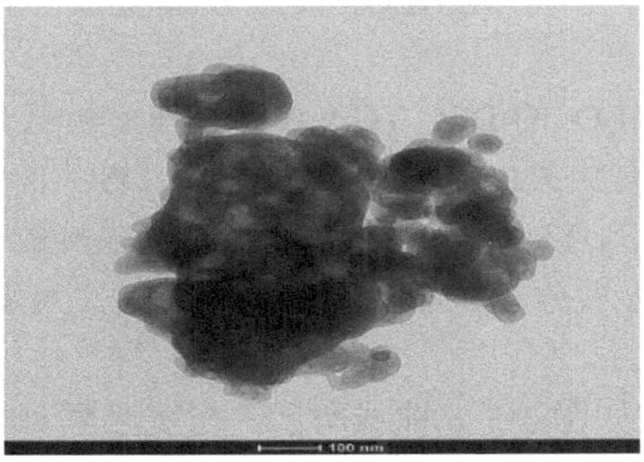

(e) 化学$Mg_3(PO_4)_2 \cdot 5H_2O$的TEM图像

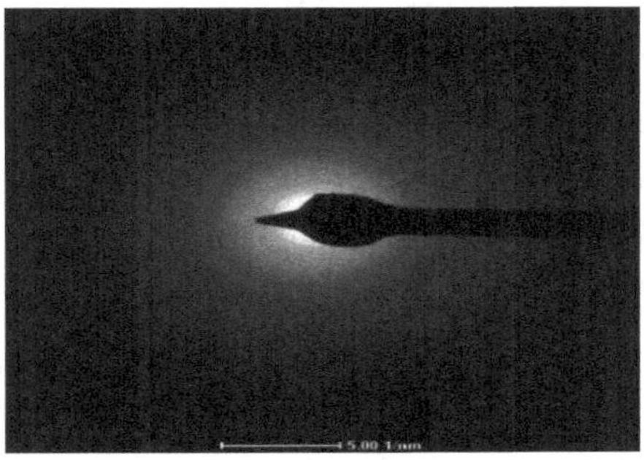

(f) 化学$Mg_3(PO_4)_2 \cdot 5H_2O$的ED图像

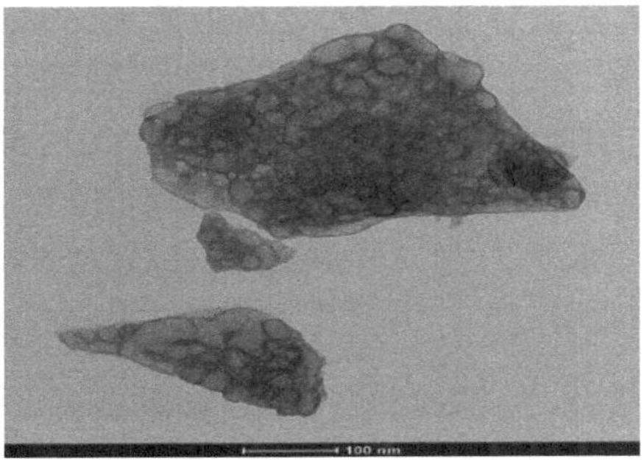

(g) 生物$Mg_3(PO_4)_2 \cdot 5H_2O$的TEM图像

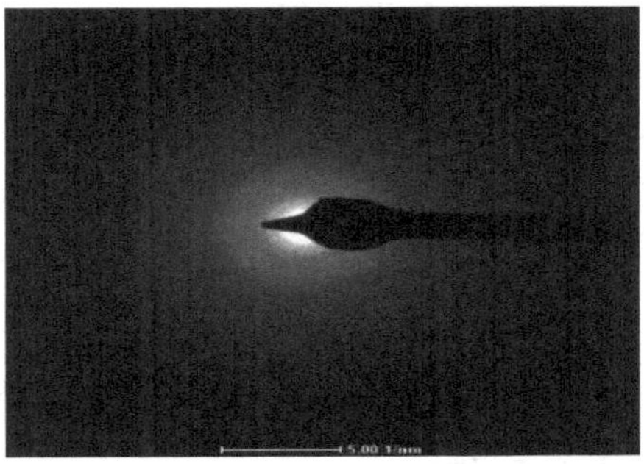

(h) 生物$Mg_3(PO_4)_2 \cdot 5H_2O$的ED图像

图 3-4　化学/生物磷酸镁的 TEM 和 ED 图像

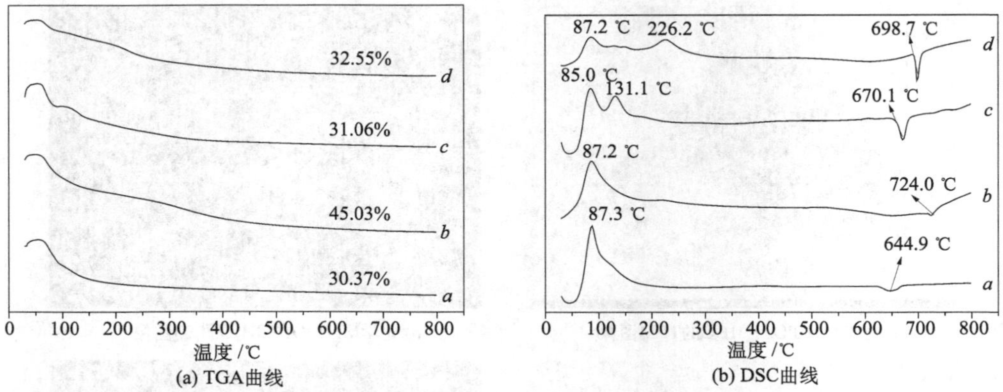

图 3-5　化学/生物磷酸镁 DSC-TGA 曲线

a. 化学 $MgHPO_4·3H_2O$；*b*. 生物 $MgHPO_4·1.2H_2O$ 和 $Mg_3(PO_4)_2·5H_2O$ 混合物；*c*. 化学 $Mg_3(PO_4)_2·5H_2O$；*d*. 生物 $Mg_3(PO_4)_2·5H_2O$

生物 $MgHPO_4·1.2H_2O$ 和 $Mg_3(PO_4)_2·5H_2O$ 混合物的 DSC-TGA 曲线如图 3-5 *b* 曲线所示，在室温至 800 ℃范围内，持续的质量损失大约 45.03%，主要是由结晶水失去、有机基质和 $MgHPO_4$ 分解引起。DSC 曲线显示一个吸热峰、一个放热峰的峰值分别为 87.2 ℃和 724.0 ℃。87.2 ℃为生物 $MgHPO_4·1.2H_2O$ 和 $Mg_3(PO_4)_2·5H_2O$ 混合物失去结晶水的温度，小峰 724.0℃可以认为是混合物中 $MgHPO_4$ 吸热分解生成焦磷酸镁（$Mg_2P_2O_7$）。

图 3-5 *c* 曲线显示的是化学 $Mg_3(PO_4)_2·5H_2O$ 的 DSC-TGA 曲线，在室温至 800 ℃范围内，持续的质量损失大约 31.06%，主要是由失去结晶水分子引起。DSC 曲线显示两个吸热峰、一个放热峰的峰值分别为 85.0 ℃、131.1 ℃和 670.1 ℃。吸热峰的峰值在 85.0 ℃和 131.1 ℃代表不同阶段失去结晶水分子的温度，而 670.1 ℃可认为是 $Mg_3(PO_4)_2·5H_2O$ 失水形成 $Mg_3(PO_4)_2$ 的温度。

生物 $Mg_3(PO_4)_2·5H_2O$ 的 DSC-TGA 曲线如图 3-5 *d* 曲线所示，在室温至 800 ℃范围内，持续的质量损失大约 32.55%，是由产物失去结晶水分子和有机基质热分解引起的。DSC 曲线显示两个吸热峰、一个放热峰的峰值分别为 87.2 ℃、226.2 ℃和 698.7 ℃。吸热峰的峰值在 87.2 ℃为失去部分结晶水分子的温度，226.2 ℃可能是由 $Mg_3(PO_4)_2·5H_2O$ 粒子中包含少量有机基质的分解温度，698.7 ℃为 $Mg_3(PO_4)_2·5H_2O$ 失去结晶水形成 $Mg_3(PO_4)_2$ 的温度。通过比较化学和生物 $Mg_3(PO_4)_2·5H_2O$ DSC-TGA 曲线可知，化学 $Mg_3(PO_4)_2·5H_2O$ 质量损失（31.06%）低于生物 $Mg_3(PO_4)_2·5H_2O$（32.55%），这是由生物 $Mg_3(PO_4)_2·5H_2O$ 中包裹少量有机基质引起的，并且失水后的生物 $Mg_3(PO_4)_2$ 结晶温度（698.7 ℃）高于失水后的化学 $Mg_3(PO_4)_2$（670.1 ℃）。

3.1.2　生物磷酸铁

$Fe_3(PO_4)_2·8H_2O$（vivianite，蓝铁矿）是一类重要的无机磷酸铁盐，可作为电池原材料。通常 $Fe_3(PO_4)_2·8H_2O$ 采用传统方法合成，其反应过程相对复杂且反应条件苛刻。采用微

生物矿化合成 $Fe_3(PO_4)_2·8H_2O$ 条件温和，且生物 $Fe_3(PO_4)_2·8H_2O$ 的结构、形貌和热性质也与化学法合成的存在显著差异。

(1)生物磷酸铁的官能团

图 3-6 显示的是微生物矿化沉积物质(蓝色粉末)的 FTIR 光谱。宽峰 3000～3500 cm^{-1} 和强峰 1644.90 cm^{-1} 显示结晶水的伸缩振动吸收峰；强峰 1056.82 cm^{-1} 为 PO_4^{3-} 拉伸振动，553.89 cm^{-1} 为 PO_4^{3-} 弯曲振动，表明沉积物质中含有结晶水和 PO_4^{3-}。与 $Fe_3(PO_4)_2·8H_2O$ 的 FTIR 光谱一致。

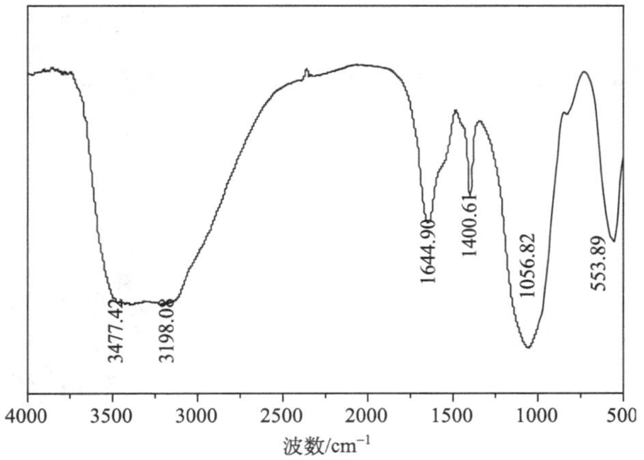

图 3-6　微生物矿化沉积物质(蓝色粉末)的 FTIR 光谱

(2)生物磷酸铁的结构

EDS 图谱显示为沉积物质(浅蓝色粉末)中只含 O、P 和 Fe 三种元素[图 3-7(a)]。XRD 图谱进一步证实，物相为 $Fe_3(PO_4)_2·8H_2O$，对应的标准卡片为 JCPDS No.75-1186，如图 3-7(b)所示。采用 Scherrer 公式[2]计算，微生物矿化 $Fe_3(PO_4)_2·8H_2O$ 粒子的平均粒径为 31.89 nm。

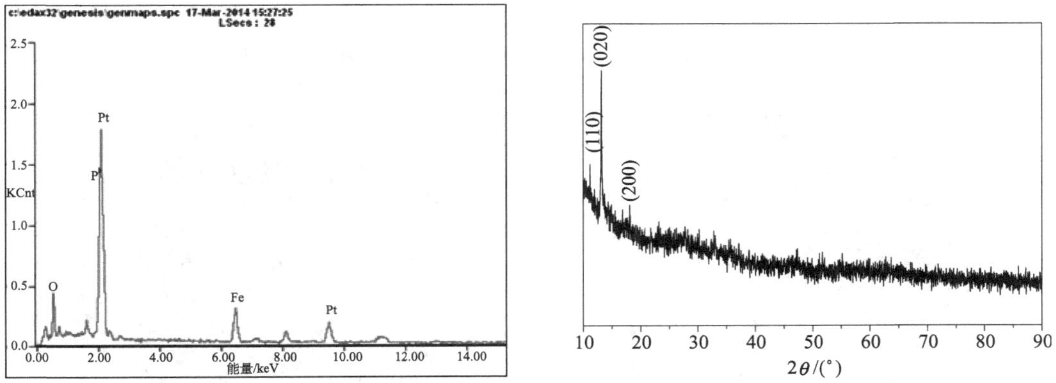

(a) EDS图谱　　(b) XRD图谱

图 3-7　生物 $Fe_3(PO_4)_2·8H_2O$ 的 EDS 图谱和 XRD 图谱

图 3-8 显示的是生物 $Fe_3(PO_4)_2 \cdot 8H_2O$ 的 SEM、TEM 和 ED 图像。SEM 图像显示生物 $Fe_3(PO_4)_2 \cdot 8H_2O$ 以粒子团聚体形式存在，并形成蜂窝状结构，如图 3-8(a)和(b)所示。

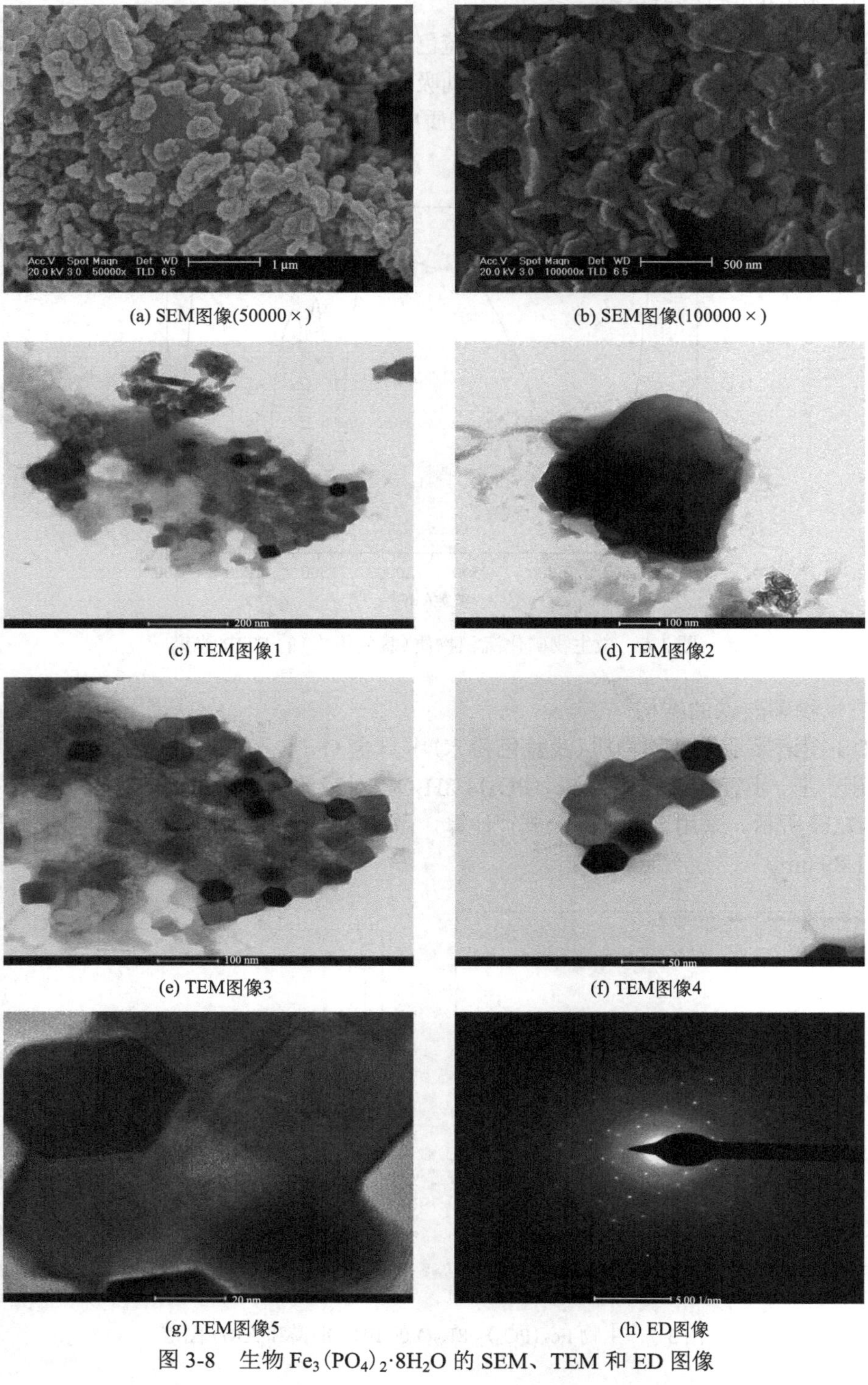

(a) SEM图像(50000×)　(b) SEM图像(100000×)

(c) TEM图像1　(d) TEM图像2

(e) TEM图像3　(f) TEM图像4

(g) TEM图像5　(h) ED图像

图 3-8　生物 $Fe_3(PO_4)_2 \cdot 8H_2O$ 的 SEM、TEM 和 ED 图像

TEM 图像进一步显示生物 $Fe_3(PO_4)_2·8H_2O$ 的形貌主要由四边形、六角形和少量不规则形状的纳米粒子组成，并且粒子尺寸在 20～200 nm[图 3-8(c)～图 3-8(g)]。ED 图像显示生物 $Fe_3(PO_4)_2·8H_2O$ 纳米粒子具有良好的衍射图案且大小不一，表明生物 $Fe_3(PO_4)_2·8H_2O$ 呈多晶性质，如图 3-8(h)所示。

(3)生物磷酸铁的热性质

图 3-9 显示的是生物 $Fe_3(PO_4)_2·8H_2O$ 的 DSC-TGA 曲线，温度范围在室温至 800 ℃之间，生物 $Fe_3(PO_4)_2·8H_2O$ 持续质量损失约为 28.38%，与理论总质量损失 28.69%相近，该结果进一步证明 XRD 分析结论是正确的，产物为 $Fe_3(PO_4)_2·8H_2O$。TGA 曲线在 250 ℃之后的质量损失可能由于生物 $Fe_3(PO_4)_2·8H_2O$ 中包含少量有机基质热分解引起。生物 $Fe_3(PO_4)_2·8H_2O$ TGA 曲线显示最大的质量损失发生在 61～250℃，主要是生物 $Fe_3(PO_4)_2·8H_2O$ 失去结晶水分子引起的。DSC 曲线显示一个吸热峰、一个放热峰分别为 142.1℃和 536.1 ℃。其中，142.1 ℃为生物 $Fe_3(PO_4)_2·8H_2O$ 的热分解温度，而小峰 536.1 ℃对应于 $Fe_3(PO_4)_2·8H_2O$ 失去结晶水后得到 $Fe_3(PO_4)_2$ 的结晶温度。

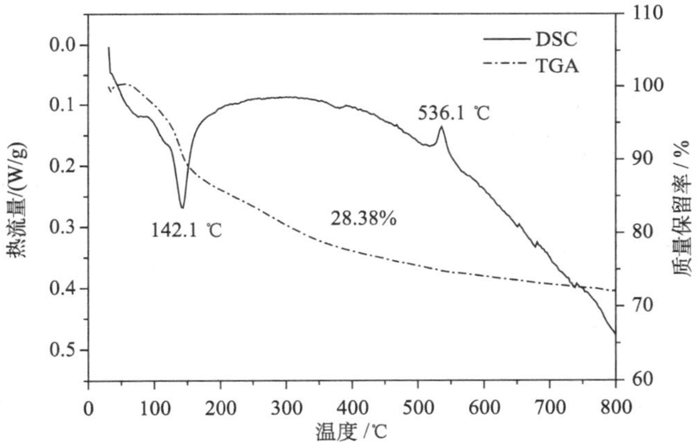

图 3-9　生物 $Fe_3(PO_4)_2·8H_2O$ 的 DSC-TGA 曲线

3.1.3　生物磷酸钡

磷酸钡盐是一类重要无机化学原料，可作为生物陶瓷、离子传导、铁电、荧光、金属掺杂和腐蚀保护材料，因此被广泛研究。除采用化学法合成外，通过调控 pH 和有机模板方法可合成不同形貌和尺寸的磷酸氢钡，添加有机基质到特定反应溶液中可以调节无机材料的形貌和尺寸。而微生物矿化法是一种新的合成方法，矿化产物也具有不同性质。

(1)不同 pH 下形成的生物磷酸钡盐

对不同 pH 下合成的磷酸钡盐进行了 XRD 分析，如图 3-10 所示。在 pH<10 条件下主要为 $BaHPO_4$，与 $BaHPO_4$ 的标准 XRD 图谱一致；pH=7、8 和 9 时，矿化合成的 $BaHPO_4$ 对应标准卡片分别为 JCPDS No. 17-0929 和 72-1370。然而，pH=10 时，$BaHPO_4$ 结晶表面(034)消失并且羟基磷酸钡[$Ba_5(PO_4)_3OH$](112)和(211)出现。结果显示，该沉淀物主

要成分是 $Ba_5(PO_4)_3OH$ 和 $BaHPO_4$ 混合物；当 pH=11 时，该沉淀物主要成分为 $NaBaPO_4$ 和 $Ba_5(PO_4)_3OH$ 混合物，对应的标准卡片分别为 JCPDS No. 33-1210 和 78-1141。

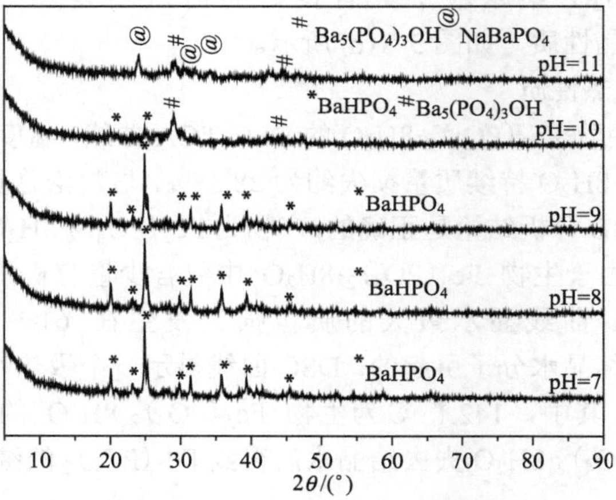

图 3-10　在不同 pH 条件下微生物矿化磷酸钡盐的 XRD 图谱

(2) 不同 pH 下 PO_4^{3-} 的分布系数分析

离子分布系数 (δ) 可以解释在不同 pH 条件下形成磷酸钡盐的可能性，可通过方程 (3-1)～方程 (3-4) 计算。当 pH=7、8 和 9 时，$[HPO_4^{2-}]$ (δ_2) 的分布系数远大于 δ_3，因此主要沉淀物为 $BaHPO_4$ (表 3-1)。表 3-1 显示，随着 pH 升高，pH=10 和 11 时，$[PO_4^{3-}]$ (δ_3) 与 $[HPO_4^{2-}]$ (δ_2) 的分布系数差距减小，可能形成其他产物。因此当 pH=10 和 11 时，XRD 结果显示有磷酸盐化合物生成。产物类型的差异主要归咎于磷酸盐矿化菌与底物反应后的溶液 pH 不同。例如，当 pH<10 时，所有的 PO_4^{3-} 可以被转化为 HPO_4^{2-}；当 pH=10 时，一定比例的 PO_4^{3-} 可以被转化为 HPO_4^{2-}；当 pH>10 时，所有的 PO_4^{3-} 不能转化为 HPO_4^{2-}。

$$\delta_0 = \frac{[H_3PO_4]}{C} = \frac{[H^+]^3}{[H^+]^3 + Ka_1[H^+]^2 + Ka_1a_2[H^+] + Ka_1a_2a_3} \tag{3-1}$$

$$\delta_1 = \frac{[H_2PO_4^-]}{C} = \frac{Ka_1[H^+]^2}{[H^+]^3 + Ka_1[H^+]^2 + Ka_1a_2[H^+] + Ka_1a_2a_3} \tag{3-2}$$

$$\delta_2 = \frac{[HPO_4^{2-}]}{C} = \frac{Ka_1a_2[H^+]}{[H^+]^3 + Ka_1[H^+]^2 + Ka_1a_2[H^+] + Ka_1a_2a_3} \tag{3-3}$$

$$\delta_3 = \frac{[PO_4^{3-}]}{C} = \frac{Ka_1a_2a_3}{[H^+]^3 + Ka_1[H^+]^2 + Ka_1a_2[H^+] + Ka_1a_2a_3} \tag{3-4}$$

式中，δ_0——$[H_3PO_4]$ 离子分布系数；

δ_1——[$H_2PO_4^-$]离子分布系数；

δ_2——[HPO_4^{2-}]离子分布系数；

δ_3——[PO_4^{3-}]离子分布系数；

K_{a1}——[$H_2PO_4^-$]平衡常数；

K_{a2}——[HPO_4^{2-}]平衡常数；

K_{a3}——[PO_4^{3-}]平衡常数；

[H^+]——氢离子浓度，mol/L；

C——H_3PO_4 初始浓度，mol/L。

其中，$K_{a1}=7.25\times10^{-3}$；$K_{a2}=6.31\times10^{-8}$；$K_{a3}=4.80\times10^{-13}$。

表 3-1 不同 pH 下 PO_4^{3-} 的分布系数

pH	δ_1	δ_2	δ_3
7	0.613	0.410	2.39×10^{-6}
8	0.137	0.863	5.41×10^{-5}
9	0.0161	0.984	6.23×10^{-4}
10	1.57×10^{-3}	0.991	6.19×10^{-3}
11	1.52×10^{-4}	0.941	0.0594

不同 pH 下生成磷酸钡盐的反应式[式(3-5)～式(3-11)]如下所示：

$$\text{底物} + H_2O \xrightarrow{\text{磷酸盐矿化菌}} HPO_4^{2-} / PO_4^{3-} \tag{3-5}$$

$$HPO_4^{2-} / PO_4^{3-} \xrightarrow{pH=7,8,9} HPO_4^{2-} \tag{3-6}$$

$$HPO_4^{2-} + Ba^{2+} \xrightarrow{pH=7,8,9} BaHPO_4 \tag{3-7}$$

$$PO_4^{2-} / PO_4^{3-} \xrightarrow{pH=10} PO_4^{3-} + HPO_4^{2-} + OH^- \tag{3-8}$$

$$PO_4^{3-} + HPO_4^{2-} + OH^- + Ba^{2+} \xrightarrow{pH=10} Ba_5(PO_4)_3OH + BaHPO_4 \tag{3-9}$$

$$HPO_4^{2-} / PO_4^{3-} \xrightarrow{pH=11} PO_4^{3-} + OH^- \tag{3-10}$$

$$PO_4^{3-} + OH^- + Ba^{2+} + Na^+ \xrightarrow{pH=11} Ba_5(PO_4)_3OH + BaNaPO_4 \tag{3-11}$$

所以，调节磷酸盐矿化菌与底物反应后的混合溶液 pH 为 7、8 和 9 时，矿化产物主要成分为 $BaHPO_4$；当 pH=10 时，混合溶液中 OH^-、HPO_4^{2-}和 PO_4^{3-}与 Ba^{2+}结合生成 $BaHPO_4$ 和 $Ba_5(PO_4)_3OH$ 混合物。然而，当 pH=11 时，混合溶液中 OH^-和 PO_4^{3-}与 Na^+和 Ba^{2+}结合生成 $NaBaPO_4$ 和 $Ba_5(PO_4)_3OH$ 混合物。

(3) 不同 pH 下形成的生物磷酸钡盐颗粒形貌和尺寸分布

图 3-11～图 3-15 分别显示在不同 pH 条件下生物磷酸钡盐的 SEM 图像和颗粒粒径分布曲线，随 pH 升高磷酸钡盐的形貌变化呈不规则趋势，并伴随宽粒径分布。pH=7 时，获得 $BaHPO_4$ 形貌呈不规则，粒子的宽度和长度小于 124.40 μm(图 3-11)。pH=8 时，获得 $BaHPO_4$ 形貌呈球形和不规则，粒径范围为 4.62～87.99 μm，如图 3-12 所示。pH=9 时，获得 $BaHPO_4$ 形貌为哑铃形，粒子的宽度和长度为 5.50～62.22 μm(图 3-13)。pH=10

时，获得 $BaHPO_4$ 和 $Ba_5(PO_4)_3OH$ 混合物形貌为不规则球形，粒子尺寸范围为 3.89～176.00 μm，如图 3-14 所示。当 pH=11 时，获得 $NaBaPO_4$ 和 $Ba_5(PO_4)_3OH$ 混合物形貌为不规则块状，粒径范围为 4.62～418.6 μm(图 3-15)。pH=7、8、9、10 和 11 时获得磷酸钡盐的平均晶粒尺寸分别为 33.40 μm、29.37 μm、24.13 μm、47.76 μm 和 96.53 μm。

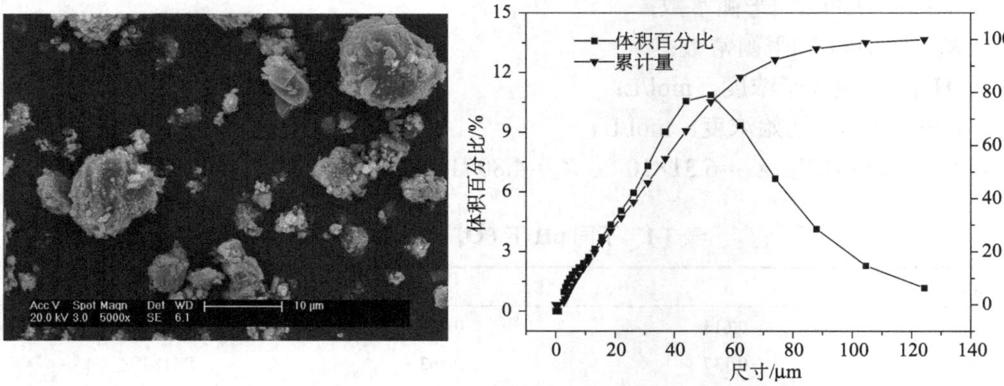

图 3-11　pH=7 时，生物磷酸钡盐 SEM 图像及粒径分布

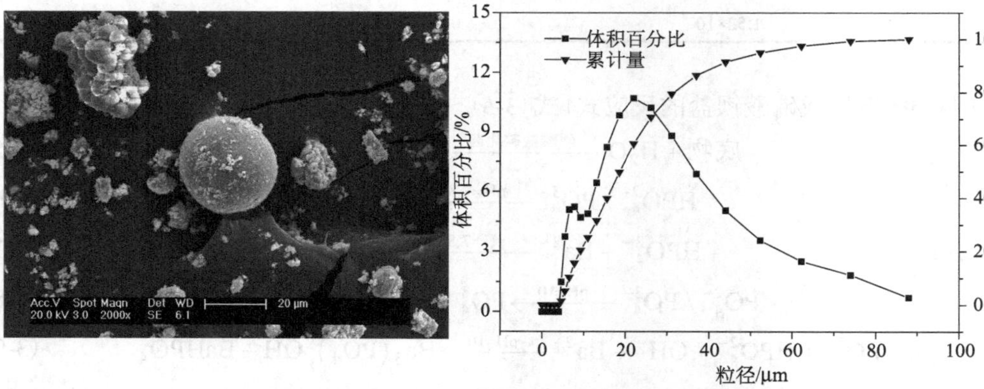

图 3-12　pH=8 时，生物磷酸钡盐 SEM 图像及粒径分布

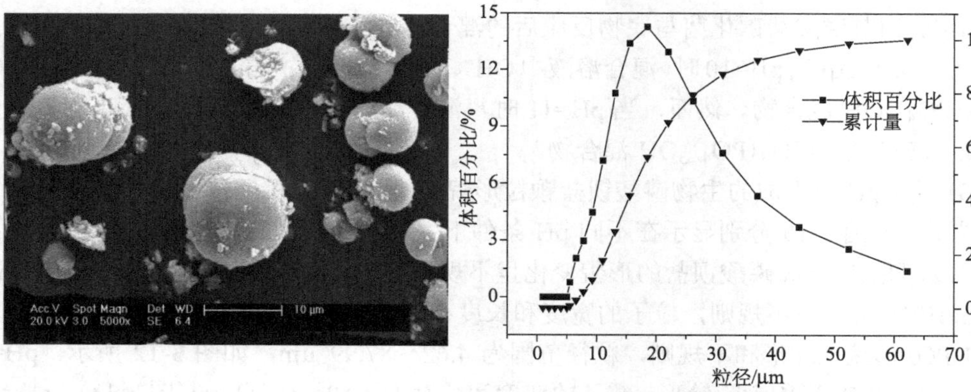

图 3-13　pH=9 时，生物磷酸钡盐 SEM 图像及粒径分布

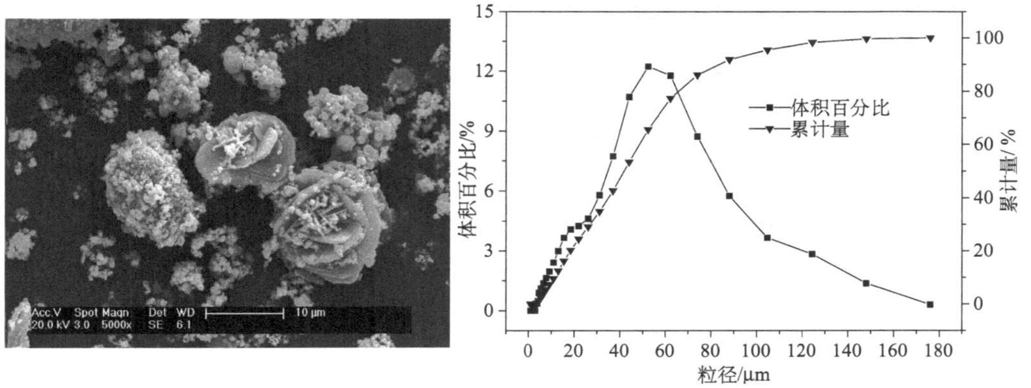

图 3-14　pH=10 时，生物磷酸钡盐 SEM 图像及粒径分布

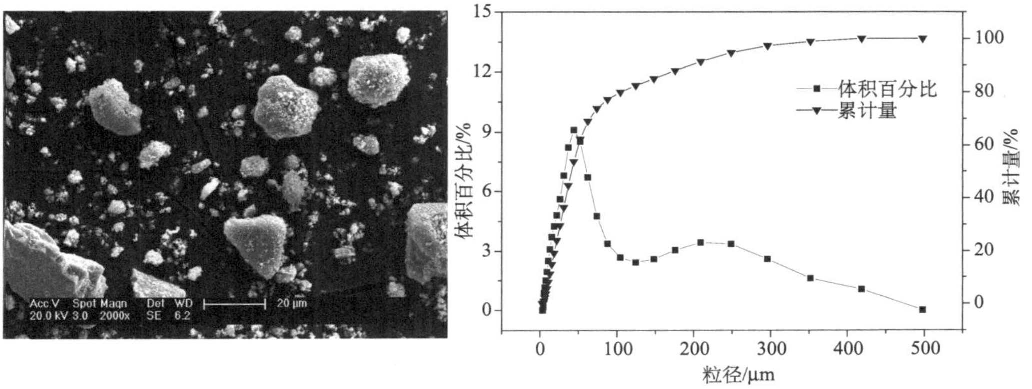

图 3-15　pH=11 时，生物磷酸钡盐 SEM 图像及粒径分布

(4) 化学磷酸氢钡与生物磷酸氢钡对比

采用 $K_2HPO_4\cdot3H_2O$ 与 $BaCl_2\cdot2H_2O$ 可合成白色 $BaHPO_4$ 粉末(化学法)，其与微生物矿化的生物 $BaHPO_4$ 的 FTIR 光谱如图 3-16 *a* 和 *b* 曲线所示。图 3-16 *a* 曲线显示化学磷酸氢钡的振动吸收峰，波数在 2651.94 cm^{-1} 为 Ba 和 O 离子间光子带，波数在 2442.53 cm^{-1} 和 2360.92 cm^{-1} 可能由转动带造成，波数在 1255.99 cm^{-1} 为 P═O 伸缩振动峰，P—O(H) 伸缩振动吸收带为 1071.54 cm^{-1} 和 982.03 cm^{-1}，波数在 892.62 cm^{-1} 对应 P═O 变形振动，波数在 582.93 cm^{-1} 和 536.33 cm^{-1} 为 P—O(H) 摇摆振动峰。图 3-16 *b* 曲线显示生物磷酸氢钡的 FTIR 光谱，波数在 1642.52 cm^{-1} 揭示分子间声子带与 H^+—PO_4^{3-}结合相关的 H^+ 热振动，P—O(H) 伸缩振动吸收峰在 1433.51 cm^{-1}、1074.68 cm^{-1} 和 986.00 cm^{-1}，波数在 1256.61 cm^{-1} 为 P═O 伸缩振动吸收峰，波数在 903.21 cm^{-1} 为 P═O 变形振动，波数在 589.34 cm^{-1} 和 542.83 cm^{-1} 为 P—O(H) 摇摆振动峰。上述化学和生物磷酸氢钡的 FTIR 光谱显示，它们都包含官能团 HPO_4^{2-}。

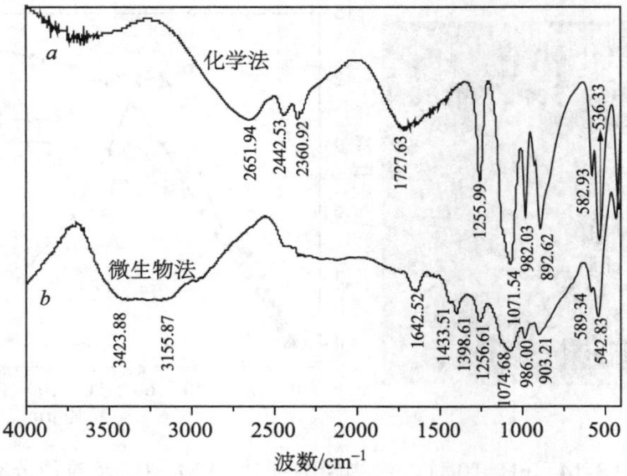

图 3-16　化学/生物磷酸氢钡的 FTIR 光谱

图 3-17*a* 曲线和 *b* 曲线分别显示化学和生物磷酸氢钡的 XRD 图谱。通过 MDI Jade 5.0 软件对化学和生物磷酸氢钡的 raw 文件进行分析，检索结果显示化学和生物磷酸氢钡的衍射峰分别与标准卡片中 $BaHPO_4$ JCPDS No. 72-1370 和 JCPDS No. 09-0113 一致，且无杂质峰。结果显示，化学和生物磷酸氢钡的主要成分为 $BaHPO_4$。

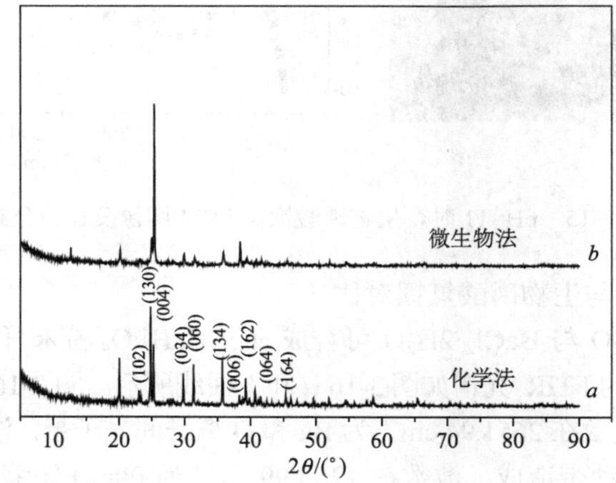

图 3-17　样品的 XRD 图谱

化学/生物 $BaHPO_4$ 的 SEM 图像如图 3-18 所示。图 3-18(a) 显示化学 $BaHPO_4$ 粒子的形貌为四边形块状结构且长度大约为宽度的两倍。图 3-18(b) 是生物 $BaHPO_4$ 粒子的图像，显示该粒子是哑铃形结构，粒子长度大约是宽度的两倍。SEM 结果显示化学与生物 $BaHPO_4$ 的形貌差异较大，生物法中有机基质和菌体相互作用调控了 $BaHPO_4$ 的晶体生长。图 3-19(a) 和 (b) 显示化学和生物 $BaHPO_4$ 的粒径分布范围分别为 3.89～31.05 μm 和 5.50～62.22 μm，相比生物 $BaHPO_4$ 的粒径分布范围，化学 $BaHPO_4$ 粒径分布较窄。更易团聚的生物 $BaHPO_4$ 的颗粒平均粒径(24.13 μm)大于化学 $BaHPO_4$(11.99 μm)。

(a) 化学 $BaHPO_4$　　(b) 生物 $BaHPO_4$

图 3-18　化学/生物 $BaHPO_4$ 的 SEM 图像

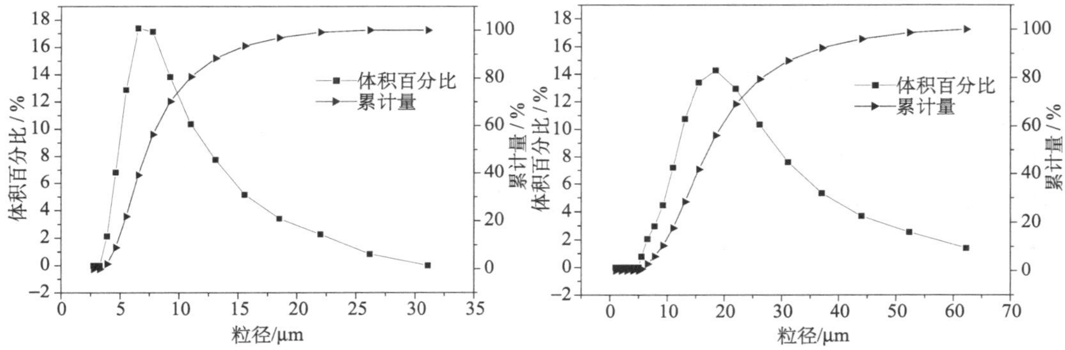

(a) 化学$BaHPO_4$　　(b) 生物$BaHPO_4$

图 3-19　化学/生物 $BaHPO_4$ 的粒径分布

图 3-20 *a* 曲线和 *b* 曲线分别显示化学和生物 $BaHPO_4$ 的 TGA 曲线。结果显示化学和生物 $BaHPO_4$ 的吸热峰分别为 444.7 ℃和 444.2 ℃，生物 $BaHPO_4$ 略低。TGA 曲线显示

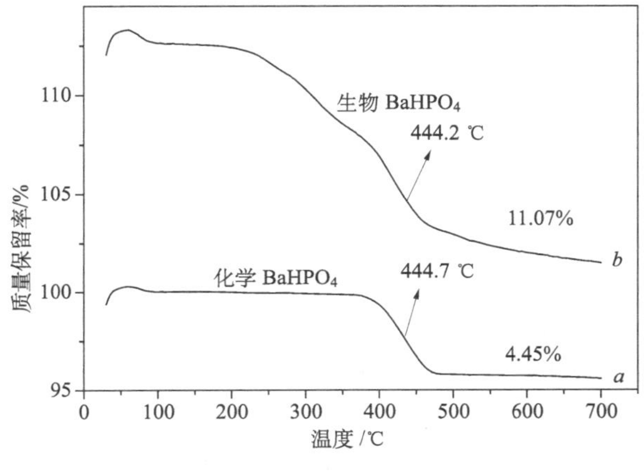

图 3-20　化学/生物 $BaHPO_4$ 的 TGA 曲线

在室温至 700 ℃范围内化学和生物 $BaHPO_4$ 的总质量损失分别为 4.45%和 11.07%，生物 $BaHPO_4$ 质量损失高于化学 $BaHPO_4$，可能是由于微生物法沉积的 $BaHPO_4$ 中包裹了大量有机基质从化学和生物 $BaHPO_4$ 的 TGA 曲线可以发现，它们最大质量损失发生在 400～490 ℃，与 $BaHPO_4$ 相近。

3.1.4　生物磷酸钙/羟基磷灰石

羟基磷灰石是天然骨的主要成分，具有良好的生物相容性和生物活性，植入体内可与人体自然骨形成牢固的化学键，是最具潜力的骨替物。磷酸盐矿化菌制备的磷酸钙为羟基磷灰石，是由磷酸盐矿化菌分解特定底物诱导沉积形成的，为球状的纳米颗粒聚集体。

(1)生物磷酸钙的官能团

图 3-21 显示的是生物磷酸盐沉积样品的红外光谱，553 cm^{-1}、602 cm^{-1}、1028 cm^{-1}、1102 cm^{-1} 分别对应 PO_4^{3-}的振动峰，其中 1028 cm^{-1} 和 1102 cm^{-1} 处谱带与 P—O 键的收缩振动有关，而 553 cm^{-1} 和 602 cm^{-1} 处的峰则主要由 P—O 键的弯曲振动造成。另外，1651 cm^{-1} 和 3575 cm^{-1} 处表征 OH^-的特征吸收谱线，而 3412 cm^{-1} 的吸收峰是结晶水的伸缩振动频率。在 874 cm^{-1}、1419 cm^{-1} 和 1455 cm^{-1} 处出现了 CO_3^{2-}的特征谱线，此现象出现的原因可能是样品在测试过程中吸收了空气中的 CO_2。PO_4^{3-}、OH^-等主要官能团的确定进一步证实了微生物矿化产物为羟基磷灰石。

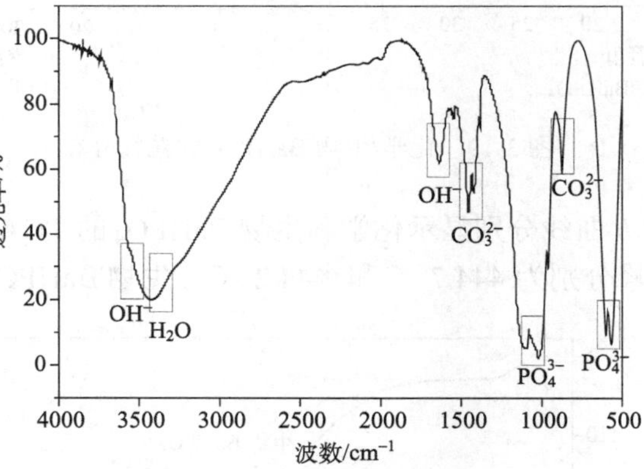

图 3-21　生物磷酸盐沉积样品的红外光谱

(2)生物磷酸钙的结构和形貌

图3-22 显示的是沉积样品的 XRD 衍射峰谱图。对比标准 PDF 卡片(PDF No.09-0432)的有关数据可知，在 2θ=25.89°及 31.82°处出现了羟基磷灰石的主要特征峰，分别对应晶面(002)与晶面(211)，说明微生物矿化沉积样品的主要成分为羟基磷灰石。同时可以明显发现在 2θ=25.89°处的衍射峰相对较强，而(211)、(112)、(300)晶面对应的三个衍射峰却组成了一个底部宽、峰形不尖锐的三联峰，说明产物具有的结晶度并不高。利用谢乐公式可以计算出微生物矿化沉积产物的平均晶粒尺寸，约 19.86 nm，说明磷酸盐矿化

菌能够诱导矿化沉积出纳米羟基磷灰石。

采用扫描电子显微镜(SEM)观察到的沉积样品表面微观形貌如图 3-23 所示。由图可知，生物磷酸盐沉积产物由若干纳米球形状颗粒团聚体构成，且纳米颗粒尺寸与谢乐公式计算结果较为相符。

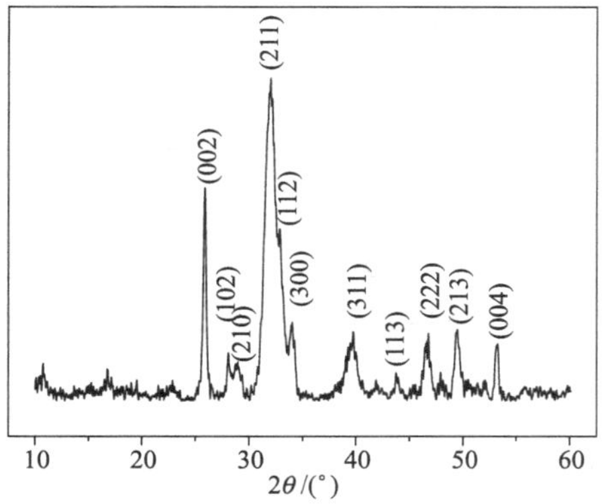

图 3-22　生物磷酸盐沉积样品的 XRD 衍射峰谱图

图 3-23　生物磷酸盐沉积样品 SEM 图

(3) 生物磷酸钙的热性质

图 3-24 为生物磷酸盐沉积样品的 TGA-DSC 曲线。从图中可以看出，随加热温度的增加，矿化产物样品质量不断减少，第一次失重发生在 200 ℃之前，曲线较陡，说明失重较快，而相应吸热峰出现在 80 ℃附近，这主要是水及乙醇等残余溶剂的挥发吸热造成的。第二次失重范围较宽，但失重趋缓，这主要是有机物质的脱碳及高温下碳的氧化、燃烧放热所致。在 750 ℃以后，没有明显的失重出现，热重曲线基本趋于稳定，这表明产物晶体结构趋于有序化，并达到一个稳定状态。

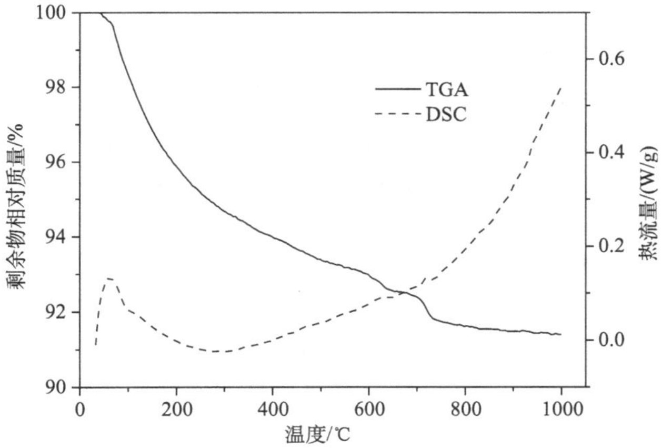

图 3-24　生物磷酸盐沉积样品的 TGA-DSC 曲线

(4) 生物磷酸钙与颗粒间的相互作用

图 3-25 显示的是纯石英砂、化学法磷酸钙胶结砂体、微生物诱导磷酸钙胶结砂体中，

石英砂的 Si(2p)电子结合能图谱。由图 3-25 可知，生物磷酸钙胶结体系中，石英砂的 Si(2p)电子结合能从 102.50 eV 偏移到 102.40 eV。表明石英砂颗粒被生物磷酸钙胶结后，两者间形成了新的作用。

由图 3-26 可知，不同环境下石英砂中的 ^{29}Si 化学位移均与纯石英砂中 Si 原子的化学位移不同。比较发现，生物胶结物质作用下 ^{29}Si 化学位移大于化学合成的胶结物质，表明两种环境中的 ^{29}Si 核所处的化学环境不同，且微生物环境中的 ^{29}Si 核外围电子的屏蔽作用降低，即生物胶结物质使 Si 原子的电子密度降低，这与 XPS 研究结果吻合。

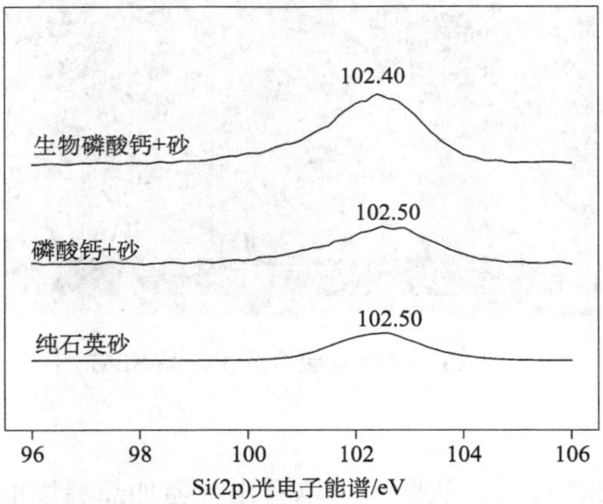

图 3-25　不同环境下的 Si(2p)电子结合能图谱

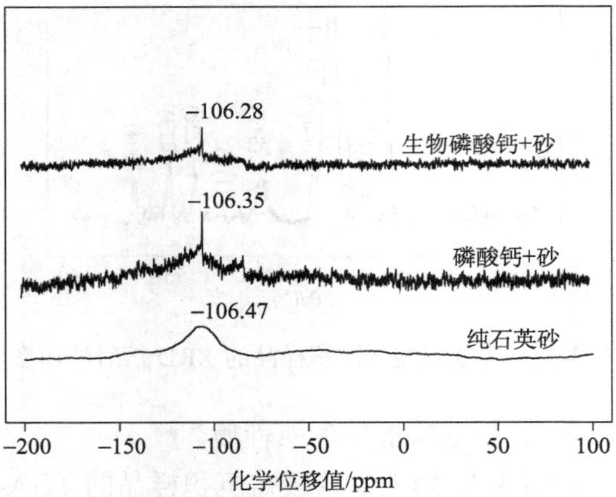

图 3-26　不同环境下的 ^{29}Si NMR 谱

3.2　生物磷酸钡水泥的预沉淀拌和工艺

3.2.1　原材料与实验方法

研究所用的被胶结骨料为粒径小于 300 μm 的石英砂，采用 150 μm 以下粒径(质量分数为 10%)和 150～300 μm 粒径(质量分数为 90%)的组合级配。

预沉淀拌和工艺是指将微生物矿化获得的生物 $BaHPO_4$ 浆料静置一定时间后，与石英砂机械拌和至均匀，然后将拌和物倒入模具(ϕ3 cm×6 cm)中，压实。成型完后，样品放置在(30±2)℃烘箱中烘干，拆模得到相应的胶结砂柱。为了对比，也采用第 2 章生物碳酸盐胶凝材料采用的灌浆工艺[1]。

宏观性能测试主要包括抗压强度、渗透系数和孔隙率。抗压强度的测试采用位移控制方式加载，速率为 1 mm/min。为减少偏心受压对结果的影响，样品底部采用球铰支座，每次放置砂体样品加载前需对球铰角度进行调节，使样品轴线与荷载作用方向平行。另外，微生物胶凝材料胶结砂体在脱模后应进行处理，采用砂纸对其两端进行打磨，使待测砂体试样两端与轴线垂直，且长径比保持为 2∶1。

采用常水头实验测量胶结砂柱的渗透系数，装置如图 3-27 所示。在进行微生物胶结砂体样品渗透实验前，需要对样品进行处理，将脱模后样品两端打磨平整后，等分成

3 块长径比为 1∶1 的圆柱状试样(砂体样品长为 3 cm)作为待测试样，将其置于内径约为 3 cm 的圆柱状 PVC 管中，同时，为了防止水从试样侧面与 PVC 管间的缝隙中遗漏，将试样底部与 PVC 管接触部分用石蜡封住，形成密封圈，如图 3-27 所示，使得在渗透实验时水始终只能通过试样上表面渗透至底部并被量筒收集。

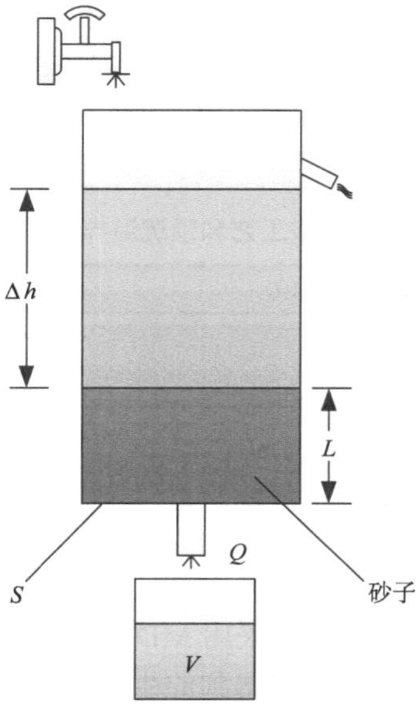

图 3-27　砂柱渗透实验示意图

根据达西定律，由式(3-12)计算得到渗透系数 k：

$$k=\frac{QL}{\Delta hS} \tag{3-12}$$

式中，Q——体积流量，cm^3/s，试样在不变的水头差 Δh 作用下产生渗流，当渗流达到稳定后，可测得单位时间 t 内从砂柱下端流出的水体积 V 即 Q；

k——砂柱的渗透系数，cm/s；

Δh——水头差，m；

S——砂柱的横截面，cm^2；

L——水流路径长度，cm，即砂柱高度。

胶结砂柱的孔隙率 P 由公式(3-13)计算得到：

$$P=\frac{M_{sat}-M_{dry}}{\rho_w V_{vol}} \tag{3-13}$$

式中，P——砂柱的孔隙率；

M_{sat}——砂柱吸水后饱和质量，g；

M_{dry}——砂柱在(60±2)℃烘箱中干燥 24 h 后的质量，g；

V_{vol}——砂柱的体积，cm^3，将测试的砂柱表面以石蜡涂覆后置于含适量水的量筒中，采用排水法测量砂柱的体积；

ρ_w——水的密度，1.0 g/cm^3。

3.2.2　预沉淀拌和与灌浆工艺效果对比

采用灌浆工艺和预沉淀拌和工艺胶结松散砂粒的初始孔隙率相同时，生物 $BaHPO_4$、生物 $Fe_3(PO_4)_2·8H_2O$ 和生物 $Mg_3(PO_4)_2·5H_2O$ 浆料胶结砂柱的平均抗压强度分别是 0.10 MPa、0 MPa 和 0 MPa；而采用预沉淀拌和工艺时，生物 $BaHPO_4$、生物 $Fe_3(PO_4)_2·8H_2O$ 和生物 $Mg_3(PO_4)_2·5H_2O$ 浆料胶结砂柱的平均抗压强度分别是 1.30 MPa、0.50 MPa 和 0.90 MPa（表 3-2）。因此，预沉淀拌和工艺可达到更高强度，且工艺简单。但还需进一步优化工艺参数以提高强度。

表 3-2　灌浆工艺和预沉淀拌和工艺的砂柱强度　（单位：MPa）

成分	$Mg_3(PO_4)_2·5H_2O$	$Fe_3(PO_4)_2·8H_2O$	$BaHPO_4$
灌浆	0	0	0.10
预沉淀拌和	0.90	0.50	1.30

3.2.3　静置时间对生物磷酸盐成分和形貌的影响

图 3-28 显示的是生物磷酸钡盐浆料在磷酸盐矿化菌和底物混合液中静置 0 h、12 h、24 h 和 36 h 后所得产物的 XRD 图谱。采用 MDI Jade 5.0 软件对沉积的沉淀物质 raw 文件进行分析，结果显示，四种静置时间得到的生物磷酸钡盐浆料衍射峰显示主要成分是 $BaHPO_4$，并且没有观察到杂质峰，且与报道的 $BaHPO_4$ 标准 XRD 图谱一致。四种静置时间得到的 $BaHPO_4$ 浆泥对应的标准卡片均为 JCPDS No. 72-1370。

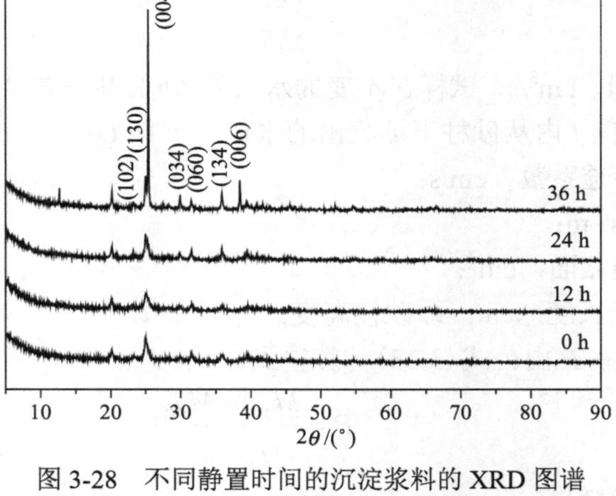

图 3-28　不同静置时间的沉淀浆料的 XRD 图谱

生物 $BaHPO_4$ 浆料在磷酸盐矿化菌和底物混合液中静置 0 h、12 h、24 h 和 36 h 后产物的 SEM 图像，如图 3-29 所示。图 3-29(a)、(b)显示生物 $BaHPO_4$ 在磷酸盐矿化菌和底物混合液中静置 0 h 的 SEM 图像，结果显示获得的生物 $BaHPO_4$ 粒子形貌是不规则结构，颗粒尺寸主要分布在 2～20 μm。生物 $BaHPO_4$ 在磷酸盐矿化菌和底物混合液中静置 12 h 的 SEM 图像，如图 3-29(c)、(d)所示。粒子的形貌主要是不规则球形和哑铃形结

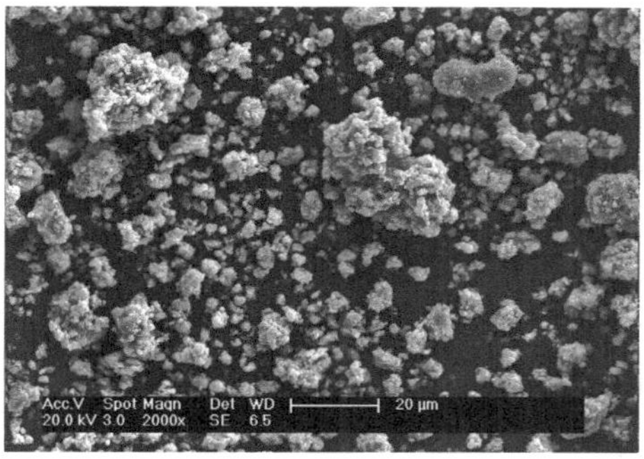

(a) 静置0h SEM图像(2000×)

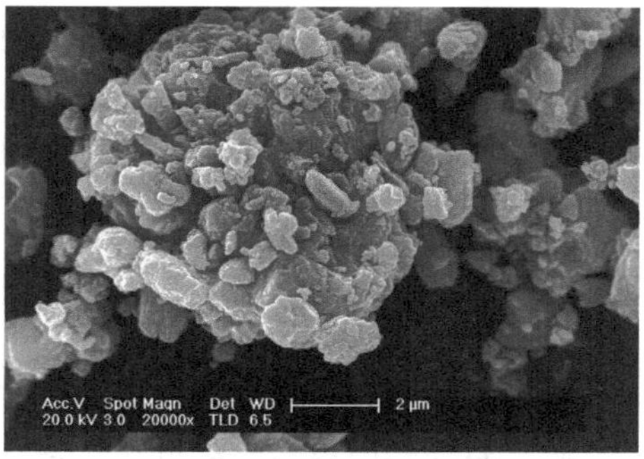

(b) 静置0h SEM图像(20000×)

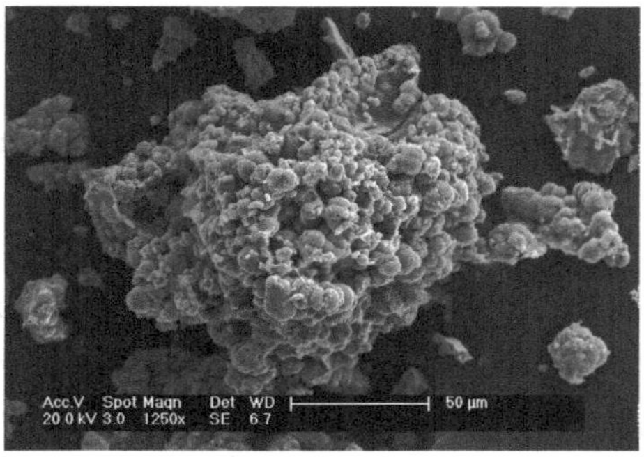

(c) 静置12h SEM图像(1250×)

(d) 静置12h SEM图像(5000×)

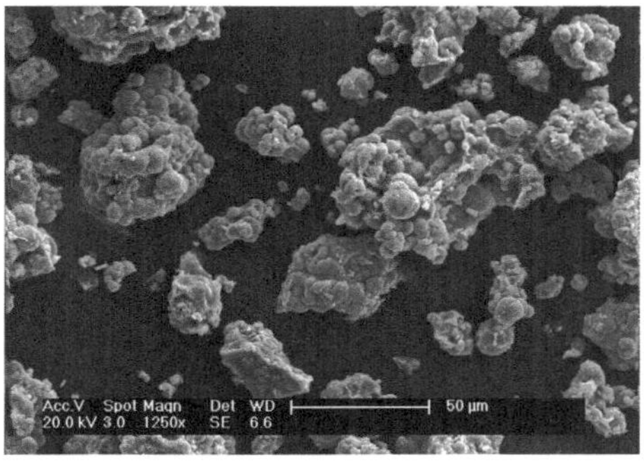

(e) 静置24h SEM图像(1250×)

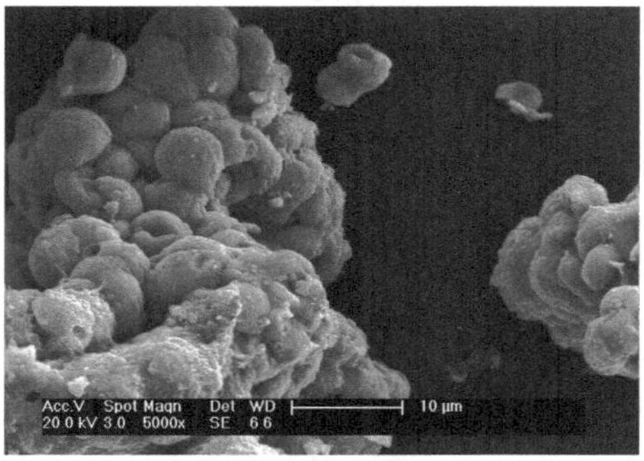

(f) 静置24h SEM图像(5000×)

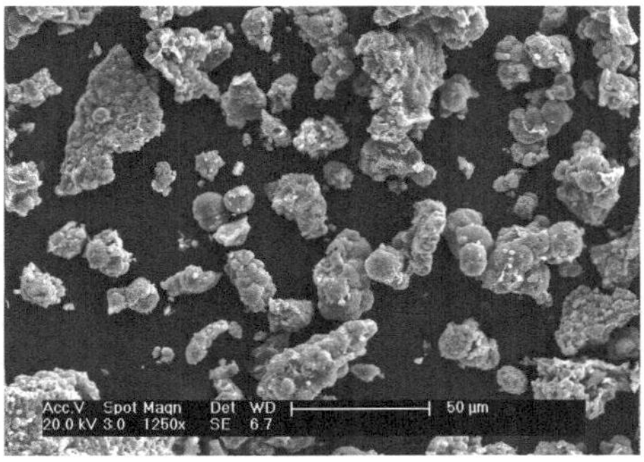

(g) 静置36h SEM图像(1250×)

(h) 静置36h SEM图像(5000×)

图 3-29　不同静置时间生物 $BaHPO_4$ 浆料 SEM 图

构，颗粒尺寸范围在 10～100 μm。图 3-29(e)、(f) 显示生物 $BaHPO_4$ 在磷酸盐矿化菌和底物混合液中静置 24 h 的 SEM 图像，粒子的形貌主要是不规则球形和哑铃形结构，颗粒尺寸主要分布在 5～50 μm。生物 $BaHPO_4$ 在磷酸盐矿化菌和底物混合液中静置 36 h 的 SEM 图像，如图 3-29(g)、(h) 所示。该生物 $BaHPO_4$ 浆料主要的形貌也是不规则球形和哑铃形结构，颗粒的尺寸范围在 5～30 μm。总之，磷酸盐矿化菌和底物混合液中静置 0 h、12 h、24 h 和 36 h 所得产物形貌分别以不规则颗粒、不规则球形聚集体、不规则球形和哑铃形聚集体、不规则球形聚集体形式存在，且粒径分布范围较宽。

3.2.4　静置时间和掺量对胶结砂柱性能的影响

将静置时间分别为 0 h、12 h、24 h 和 36 h 的生物 $BaHPO_4$ 浆料分别加入石英砂拌和成型砂柱。将静置时间为 24 h 的生物 $BaHPO_4$ 浆料加入石英砂(中砂：150～300 μm，90%；细砂：<150 μm，10%)中，掺量分别为 10%、20%、30%、40%、50%和 60%，机械拌和成型砂柱。

(1) 不同静置时间浆料成型砂柱的强度和孔隙率

生物 $BaHPO_4$ 浆料在静置时间 0 h、12 h、24 h、36 h 和掺量 20%、40%下对砂柱抗压强度的影响，如图 3-30 所示。图 3-30(a) 显示的是生物 $BaHPO_4$ 浆料在静置时间 0 h、12 h、24 h、36 h 和掺量 20%下成型砂柱的抗压强度。0～24 h 砂柱抗压强度依次升高，36 h 开始下降。但生物 $BaHPO_4$ 浆料静置 36 h 成型砂柱的抗压强度大于静置时间 0 h 和 12 h，所以生物 $BaHPO_4$ 浆料的最佳静置时间为 24 h[图 3-30(a)]。

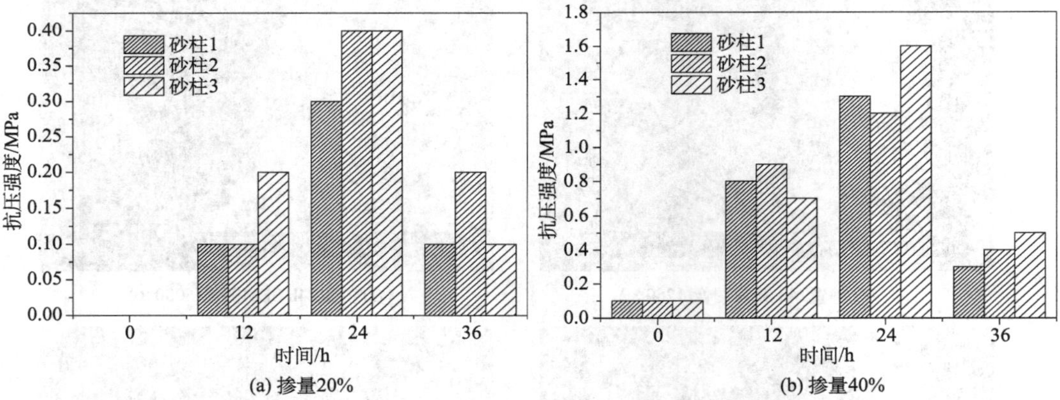

图 3-30　生物 $BaHPO_4$ 浆料静置时间对砂柱抗压强度影响

图 3-30(b) 显示的是生物 $BaHPO_4$ 浆料在静置时间 0 h、12 h、24 h、36 h 和掺量 40%下成型砂柱的抗压强度。生物 $BaHPO_4$ 浆料静置时间在 0～24 h 成型砂柱的抗压强度也是依次升高，其中 0～12 h 升幅大于 12～24 h 强度升幅。然而，当生物 $BaHPO_4$ 浆料静置时间为 36 h 时，拌和成型砂柱的抗压强度大幅下降且只大于 0 h[图 3-30(b)]。表 3-3 为不同掺量下静置时间对孔隙率的影响结果。静置 24 h 成型砂柱孔隙率最小。综上所述，生物 $BaHPO_4$ 浆料的最佳静置时间也是 24 h。

表 3-3　生物 $BaHPO_4$ 浆料的静置时间对砂柱平均孔隙率的影响

掺量	12 h	24 h	36 h
20%	36.71%	35.58%	39.17%
40%	29.13%	27.89%	38.53%

(2) 不同掺量下砂柱渗透系数

砂柱的平均渗透系数随生物 $BaHPO_4$ 浆料的掺量变化而变化，如图 3-31 所示。砂柱的初始渗透系数为 191.13×10^{-4} cm/s。生物 $BaHPO_4$ 浆料掺量(干燥计)在 10%、30% 和 50% 下拌和成型砂柱，平均渗透系数分别为 43.60×10^{-4} cm/s、6.23×10^{-4} cm/s 和 2.92×10^{-4} cm/s。结果表明，随着生物 $BaHPO_4$ 浆料的掺量增多，砂柱的平均渗透系数也随之降低，可见生物 $BaHPO_4$ 浆料对于降低渗透系数具有十分显著的作用。

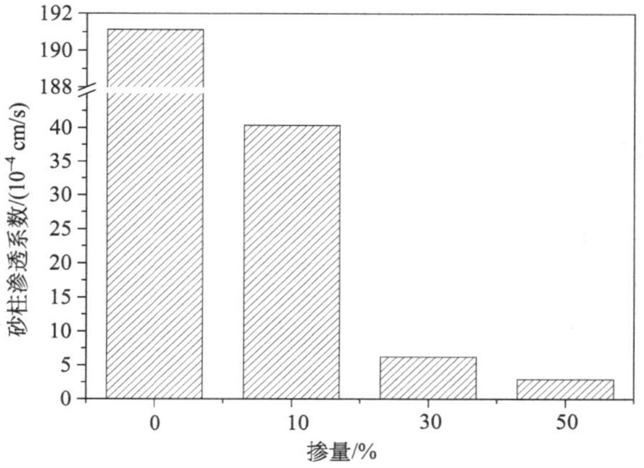

图 3-31　不同掺量的砂柱渗透系数

(3) 不同掺量下砂柱的抗压强度和孔隙率

图 3-32 显示的是生物 $BaHPO_4$ 浆料在掺量 10%、20%、30%、40%、50%和 60%下对砂柱抗压强度的影响。由掺量质量分数与砂柱抗压强度的关系图发现，随着掺量从 10%、20%、30%、40%和 50%依次增大，砂柱的抗压强度也依次升高，平均抗压强度分别为 0.30 MPa、0.60 MPa、0.90 MPa、1.30 MPa 和 1.90 MPa。但掺量为 60%时，砂柱的平均抗压强度为 0.60 Mpa，强度降低主要是因为砂柱中生物 $BaHPO_4$ 浆料含量过高。说明生物 $BaHPO_4$ 浆料掺量在 50%内，砂柱的抗压强度随掺量的增多而升高。当浆料掺量为 50%时，砂柱的最大抗压强度可达 2.10 MPa。而生物碳酸盐水泥占砂柱总质量的 17.7%、24.7%、30.5%、34.5%和 36.8%时，砂柱($\phi3$ cm×6 cm)的平均抗压强度分别为 1.27 MPa、2.88 MPa、4.25 MPa、5.42 MPa 和 6.10 MPa[3]。与生物碳酸盐水泥胶结砂柱平均抗压强度相比，生物磷酸盐胶凝材料胶结强度较低，但能满足岩土工程一些场合对强度的需求。

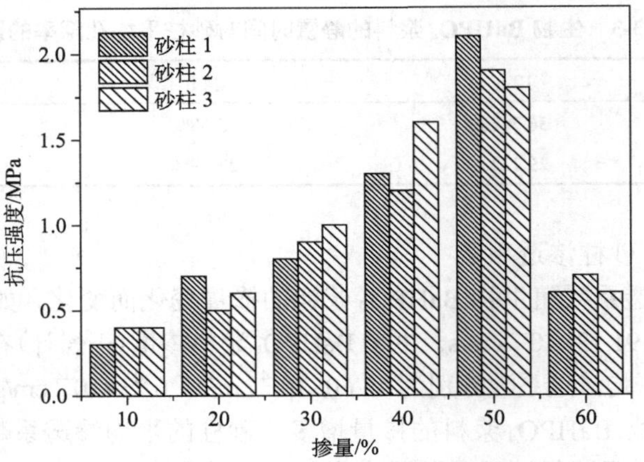

图 3-32　生物 $BaHPO_4$ 浆料的掺量对砂柱抗压强度的影响

图 3-33 显示的是砂柱的平均孔隙率与生物 $BaHPO_4$ 浆料掺量的关系。生物 $BaHPO_4$ 浆料的掺量在 10%、20%、30%、40%、50%和 60%下，砂柱的平均孔隙率由 39.8%、40.1%、39.8%、40.2%、40.1% 和 40.2%分别降低至 38.9%、35.5%、28.7%、27.8%、25.5%和 25.3%，降低幅度分别为 0.9%、4.6%、 11.1%、12.4% 、14.6%和 14.9%。生物碳酸盐水泥占砂柱（ϕ3 cm×6 cm）总质量的 17.7%、24.7%、30.5%、34.5%和 36.8%时，对应的平均孔隙率分别为 39.2%、36.1%、33.8%、31.9%和 30.3%[3]。结果表明，砂柱孔隙率随微生物胶凝材料含量的增加而降低，但仍可以保持一定的孔隙率。可见在相近孔隙率时，生物碳酸盐水泥胶结体系具有更高的强度。

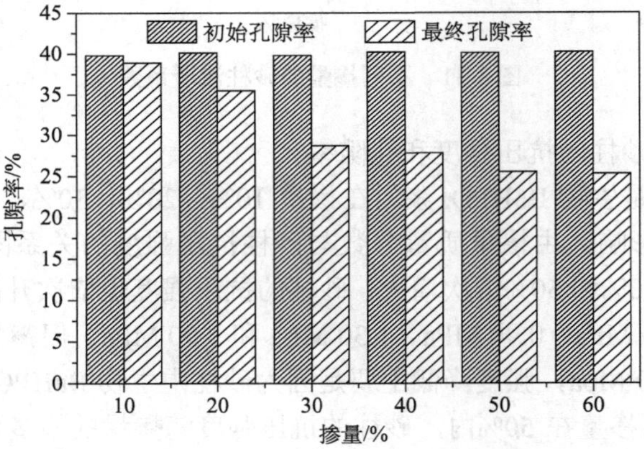

图 3-33　生物 $BaHPO_4$ 浆料的掺量对砂柱平均孔隙率的影响

(4) 不同静置时间和掺量下胶结砂柱的结构

在磷酸盐矿化菌和底物混合液中静置 24 h 的浆料拌和成型砂柱的 EDS 图谱，如图 3-34 所示。结果显示砂柱中含有 C、O、Na、Si、P、Cl 和 Ba 七种元素（图 3-35）。EDS 显示可能有机基质、NaCl 等物质包裹在砂柱中。

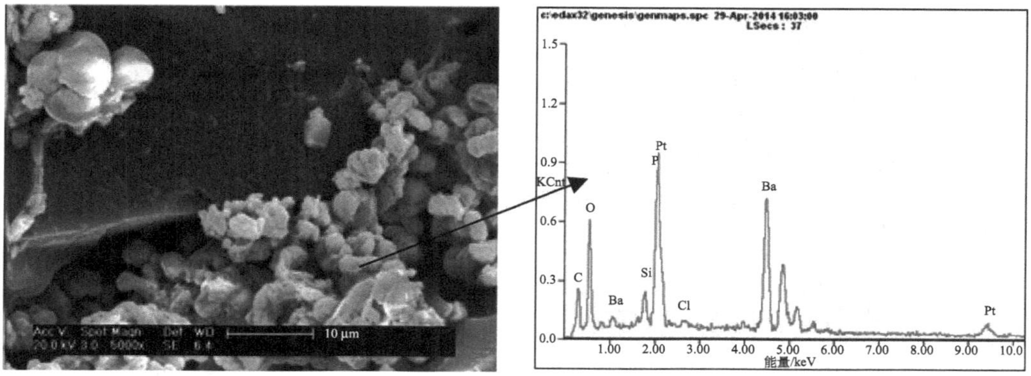

图 3-34　在磷酸盐矿化菌和底物混合液中静置 24 h 的浆料拌和成型砂柱的 EDS 图谱

图 3-35 显示在磷酸盐矿化菌和底物混合液中静置 24 h 的浆料拌和成型砂柱的 XRD 图谱。通过 MDI Jade 5.0 软件对砂柱的 raw 文件进行分析显示，砂柱中主要成分为石英(JCPDS No. 86-1630)和 $BaHPO_4$ (JCPDS No. 86-1630)，说明胶结物质主要是 $BaHPO_4$。

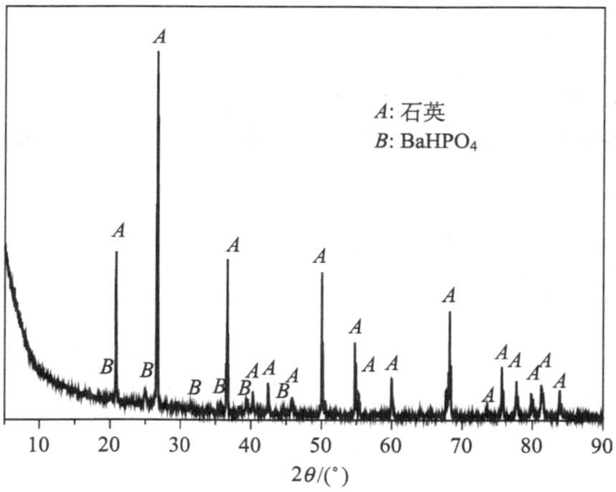

图 3-35　在磷酸盐矿化菌和底物混合液中静置 24 h 的浆料拌和成型砂柱的 XRD 图谱

图 3-36 显示的是生物 $BaHPO_4$ 浆料在不同静置时间和掺量下拌和成型砂柱的 SEM 图像。生物 $BaHPO_4$ 浆料在静置时间 12 h、24 h、36 h 和掺量 20%下拌和成型砂柱的 SEM 图像，如图 3-36(a)～(c)所示。从图中可以看出，图 3-36(a)和(b)中粒子的粒径要明显小于图 3-36(c)中粒子。相同掺量下，静置时间较长的生物 $BaHPO_4$ 粒子数量[图 3-36(c)]要明显少于静置时间较短的[图 3-36(a)和(b)]。这将导致静置时间较长的(36 h)生物 $BaHPO_4$ 浆料拌和成型砂柱的孔隙率大于静置时间较短的(12 h 和 24 h)，该结果与实际测得的孔隙率规律相同。图 3-36(a)和图 3-36(b)中粒子的粒径大小基本一致，但图 3-36(a)中粒子之间的聚合程度明显低于图 3-36(b)。所以，静置 12 h 的生物 $BaHPO_4$ 浆料拌和成型砂柱的孔隙率低于静置时间为 24 h 的浆料(图 3-36)。

(a) 静置12 h，掺量20%

(b) 静置24 h，掺量20%

(c) 静置36 h，掺量20%

(d) 静置12 h，掺量40%

(e) 静置24 h，掺量40%

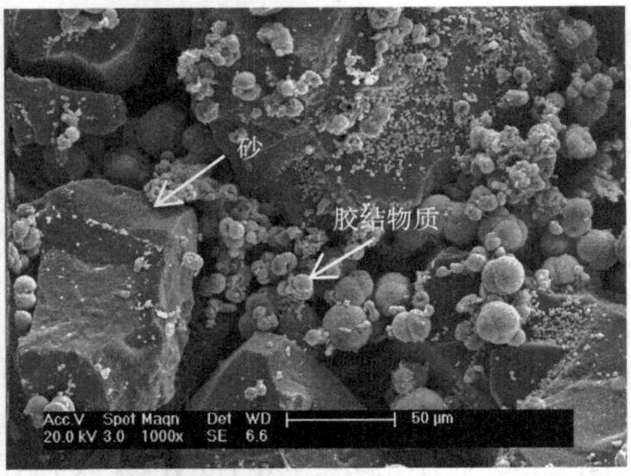

(f) 静置36 h，掺量40%

图 3-36　生物 $BaHPO_4$ 浆料在不同静置时间和掺量下拌和成型砂柱的 SEM 图像

生物 $BaHPO_4$ 浆料在静置 12 h、24 h、36 h 和掺量 40%下拌和成型砂柱的 SEM 图像，如图 3-36(d)～(f)所示。图 3-36(d)～(f)和表 3-3 显示静置时间对生物 $BaHPO_4$ 颗粒尺寸、数量、孔隙率、抗压强度的影响规律与上述掺量 20%时相似。

图 3-37 显示的是生物 $BaHPO_4$ 浆料在不同掺量下成型砂柱的内部填充情况。图 3-37(a)～(f)分别显示生物 $BaHPO_4$ 浆料在掺量 10%、20%、30%、40%、50%和 60%下拌和成型砂柱的 SEM 图像。从图中可以看出，在同样倍率下随着生物 $BaHPO_4$ 浆料掺

量的增大，砂柱之间孔隙填充更加密实。上述结果与图 3-33 中，砂柱孔隙率随生物 $BaHPO_4$ 浆料掺量的增加而降低是一致的。

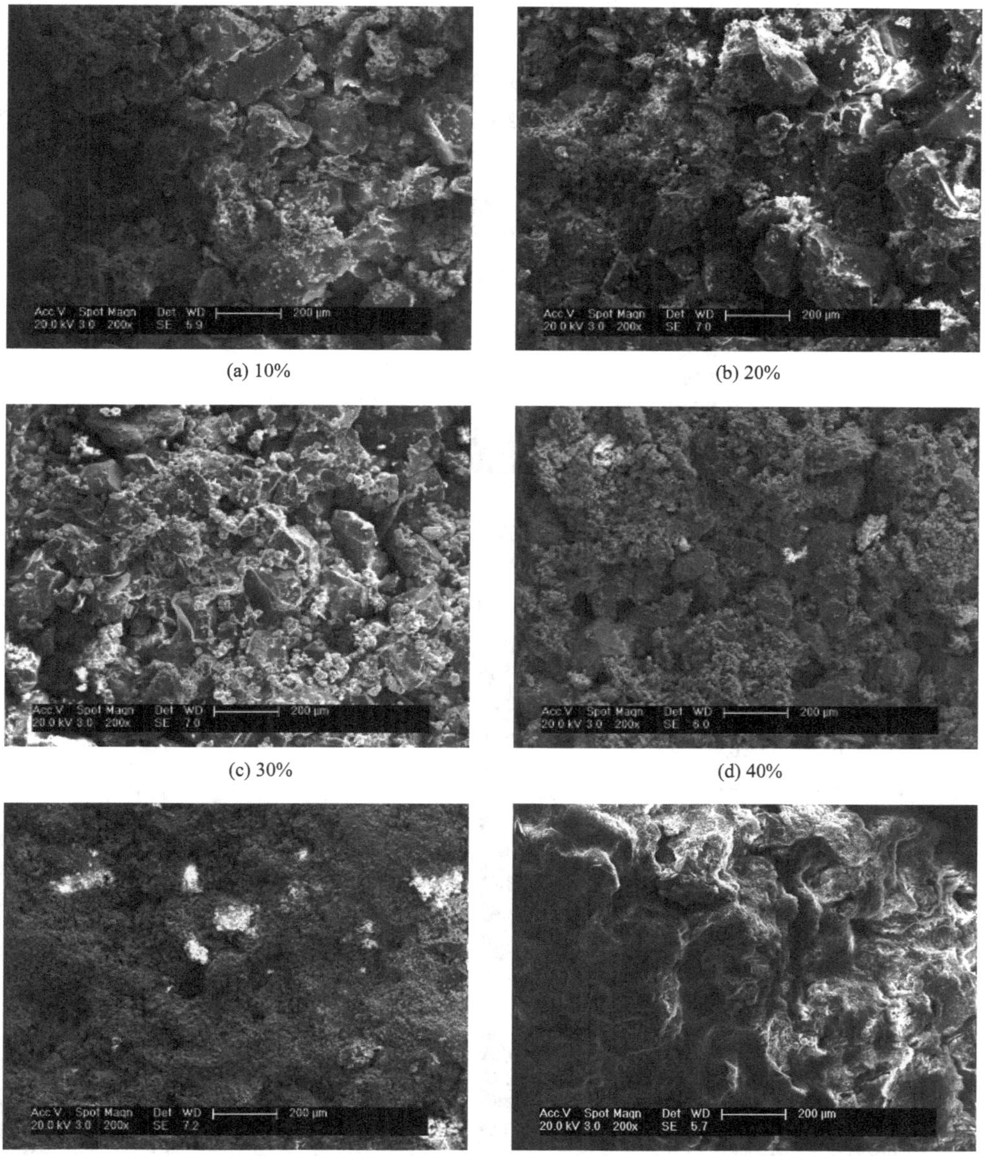

(a) 10%　(b) 20%

(c) 30%　(d) 40%

(e) 50%　(f) 60%

图 3-37　不同掺量的砂柱 SEM 图像

3.3　生物磷酸钡预沉淀干粉拌和胶结工艺

将化学 $BaHPO_4$ 浆料放置在(30±2) ℃烘箱中烘干，碾磨成细粉，加入到石英砂中，质量掺量40%，然后加入自来水机械拌和至均匀，最后将拌和物倒入塑料模具（ϕ3 cm×6 cm）中，捣实，在(30±2)℃烘箱中烘干，拆模得到相应的砂柱[1]。将生物 $BaHPO_4$ 浆料也放置在(30±2)℃烘箱中烘干，碾磨成细粉。成型砂柱方法同化学 $BaHPO_4$ 干粉一致，然后得到相应砂柱。

采用化学 $BaHPO_4$ 干粉胶结松散砂粒，脱模后砂粒仍处于松散状态[图 3-38(a)]。而图 3-38(b)显示采用生物 $BaHPO_4$ 干粉固结松散砂粒，在脱模后发现其已经成为一个坚硬的、带有一定强度的砂柱。

(a)化学法　　(b)微生物法

图 3-38　化学法和微生物法干粉拌和成型胶结砂粒状态

图 3-39 显示的是化学和生物 $BaHPO_4$ 干粉拌和成型砂柱的 SEM 图像。图 3-39(a)

(a) 化学$BaHPO_4$ SEM图像(500×)　　(b) 化学$BaHPO_4$ SEM图像(1000×)

(c) 生物$BaHPO_4$ SEM图像(1250×)　　(d) 生物$BaHPO_4$ SEM图像(2500×)

图 3-39　化学和生物 $BaHPO_4$ 干粉拌和成型砂柱的 SEM 图像

和(b)显示大量化学 $BaHPO_4$ 在砂粒表面上，没有填充在砂粒孔隙之间。而且化学 $BaHPO_4$ 颗粒之间较为松散，这是化学 $BaHPO_4$ 干粉不能胶结的主要原因。SEM 图像显示生物 $BaHPO_4$ 干粉能够较好地填充在砂粒之间，从而将松散砂粒胶结成具有一定力学性能的整体，如图 3-39(c)和(d)所示。生物 $BaHPO_4$ 干粉能够在水溶液中聚集成为一个大的粒子聚集体填充在砂粒孔隙之间将松散砂粒固结成为一个整体。

3.4　生物磷酸盐胶凝材料界面性能与胶结特征

如上所述，化学法制备的磷酸盐不具胶结能力，而微生物矿化沉积的磷酸盐具有不同大小的胶结能力，下面将分析其中的原因[1]。

3.4.1　磷酸盐胶凝材料-载玻片界面结合力实验设计

采用化学法和微生物矿化法分别将胶结物质沉积到载玻片(25.4 mm×76.2 mm×1.2 mm)上。沉积装置和实验方法同第 2 章。

3.4.2　界面性能的表征方法

采用与第 2 章相同的超声振荡法和划痕法测试与评价。

3.4.3　超声振荡实验结果分析

实验使用生物碳酸钙(BCC)和化学碳酸钙(CCC)作为对照组，磷酸盐水泥选用生物磷酸钡(BBP)、生物磷酸钙(BCP)及生物鸟粪石(BGS)。将各洁净玻璃片分别竖直浸入不同胶结体系中，反应 24 h 后取出观测，如图 3-40 所示。玻璃片在不同胶结体系中的界面矿化沉积状态差异明显，对比发现，生物碳酸钙在玻璃界面处的沉积量最多，其次是化学碳酸钙、生物磷酸钡，而生物磷酸钙沉积量最少；同时从分布的均匀性上看，生物碳酸钙、生物磷酸钡以及化学碳酸钙分布较均匀，尤其是生物磷酸钡体系，颗粒基本均匀分布于整个界面矿化区域，而生物磷酸钙则出现一些局部偏差，分布均匀性较差；从胶结物颗粒形态上比较可知，生物碳酸盐颗粒感强，且尺寸较大，而生物磷酸钡和化学碳酸钙的颗粒细小，尤其是生物磷酸钡，颗粒细小且大小相对均匀[4]。

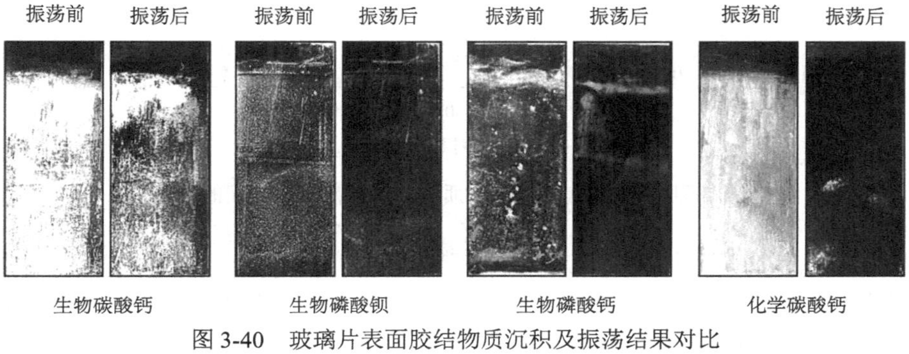

图 3-40　玻璃片表面胶结物质沉积及振荡结果对比

各玻璃片试样按“超声振荡法”进行处理，即将玻璃片竖直置于超声清洗器中，频率控制为 50 Hz，其超声振荡处理 60 min 后的玻璃片表面沉积状态如图 3-40 振荡后玻璃片表面状态所示。从图中可以看出，玻璃片表面各胶结物质在超声处理后均发生了剥落现象，其中化学碳酸钙组剥落程度严重，与初始沉积状态差别明显，局部区域仅存在少量沉积物，而生物磷酸盐也出现了较为严重的剥落情况。相比而言，尽管生物碳酸钙也出现了剥落，但玻璃片表面仍保留了相当的沉积物，且远远大于其他胶结物质。对涂层材料来说，涂层越容易从基底上剥离，则涂层与基底间的界面黏结作用越弱，所以由此可知，胶结物质与玻璃表面的界面黏结作用大小为生物碳酸钙＞生物磷酸钡、生物磷酸钙＞化学碳酸钙。

不同玻璃片表面胶结物质随超声振荡处理时间的变化关系如图 3-41 所示。由图 3-41 可知，各胶结物质在玻璃片表面上的初始沉积量存在显著差异，其中生物碳酸钙（BCC）沉积量最大，为（11.91±1.05）g/m^2，而生物磷酸钙（BCP）、生物磷酸钡（BBP）、化学碳酸钙（CCC）及生物鸟粪石（BGS）在玻璃片表面处的初始沉积量分别为（0.50±0.07）g/m^2、（3.70±0.47）g/m^2、（3.01±0.38）g/m^2 和（6.33±1.11）g/m^2，其中生物磷酸钙的界面矿化沉积量最少，不到生物碳酸钙沉积量的 6%，生物磷酸钡和化学碳酸钙沉积量相近，超过生物碳酸钙沉积量的 32%，而生物鸟粪石沉积量相对较多，接近生物碳酸钙的 60%。经过超声振荡处理后，玻璃片表面上的各胶结物沉积量出现明显下降，这与图 3-42 观察到的现象基本一致，其中由于生物磷酸钙初始沉积量较低，因此在图 3-41 中并未能直观反映出。由胶结物质沉积量曲线斜率可知，生物碳酸钙和生物鸟粪石在超声振荡期前 45 min 内，质量损失较快，随后质量变化较缓慢，而生物磷酸钙和化学碳酸钙则在前 30 min 内发生较快的质量损失，之后质量变化缓慢并趋于不变。

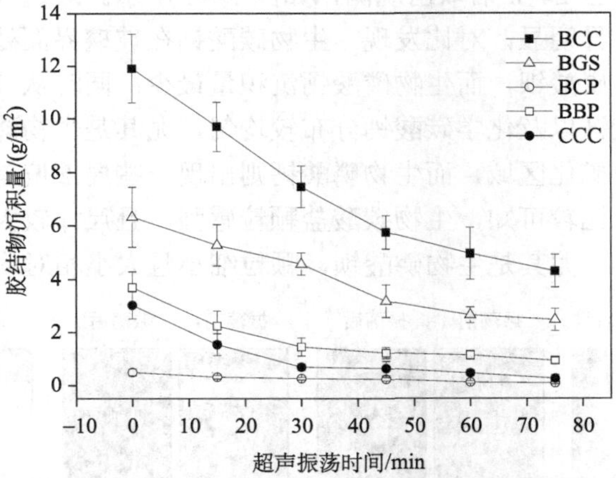

图 3-41　不同玻璃片表面胶结物质随超声振荡处理时间的变化关系

图 3-42 显示的是胶结物质相对沉积量随超声振荡处理时间的变化关系。由图 3-42 可知，各胶结物质相对沉积量的变化规律与图 3-40 一致。当超声振荡处理 75 min 后，生物磷酸钡、生物磷酸钙和化学碳酸钙三者的相对沉积量已不足初始沉积量的 20%，而

生物碳酸钙、生物鸟粪石则保持了 36%以上的沉积量，这也说明了生物碳酸钙和生物鸟粪石的界面结合作用要强于其他实验组。

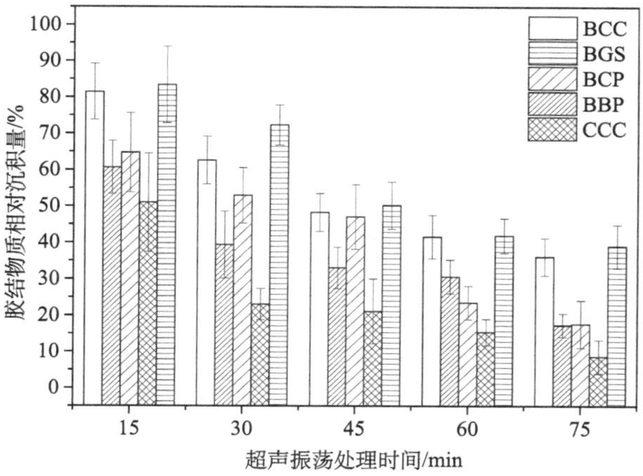

图 3-42　不同超声振荡处理时间下玻璃片表面胶结物质相对沉积量

3.4.4　不同条件对界面矿化沉积的影响

胶结物质与玻璃片表面发生作用的前提是吸附行为，其包括微生物和离子与玻璃间的吸附作用，而这些过程则与反应体系浓度、作用时间等有关，同时这些因素也会对胶结物晶体形核与生长过程有一定影响[4]。

(1)沉积时间的影响

微生物在矿物表面的吸附过程较快，一般小于 60 min，因此本实验中沉积时间只针对添加胶结液后的反应作用时间。图 3-43 显示的是沉积时间分别为 12 h、24 h、48 h、96 h 和 144 h 玻璃片表面沉积的各胶结物质经超声振荡处理前后的沉积量变化。由图 3-43 可知，除生物磷酸钙外，其他胶结物质在玻璃表面的沉积量均随沉积时间延长而增加，且沉积作用前 24 h 内，胶结物质沉积量增加明显，如生物碳酸钙体系，当沉积时间为 12 h 时，玻璃表面上生物碳酸钙的沉积量为(10.42±1.31) g/m^2，而沉积时间延长至 24 h 时，沉积量增加到(11.90±0.87) g/m^2，增幅约 14.21%；继续增加沉积时间，胶结物质仍会有所增加，但增幅不显著，而且甚至出现轻微下降，如生物磷酸钙体系，沉积 24 h 时玻璃表面磷酸钙的含量为(0.51±0.07) g/m^2，继续增加沉积时间后，沉积量下降，当沉积时间为 144 h 时，沉积量下降至(0.45±0.05) g/m^2。这可能是由胶结物质颗粒微观结构差异造成的，除生物磷酸钙外的其他胶结物质的结晶程度较好，在 12～24 h 阶段主要为晶体生长过程阶段，一旦该过程完成，继续增加反应时间对胶结物质生成量的影响不大，而生物磷酸钙如前所述，结晶度较低，在松散砂颗间主要呈无定形状，在沉积 24 h 后达到稳定后，继续浸于胶结液中反而会使部分生物磷酸钙发生溶解，最终沉积在玻璃片表面上的沉积量会有所下降。

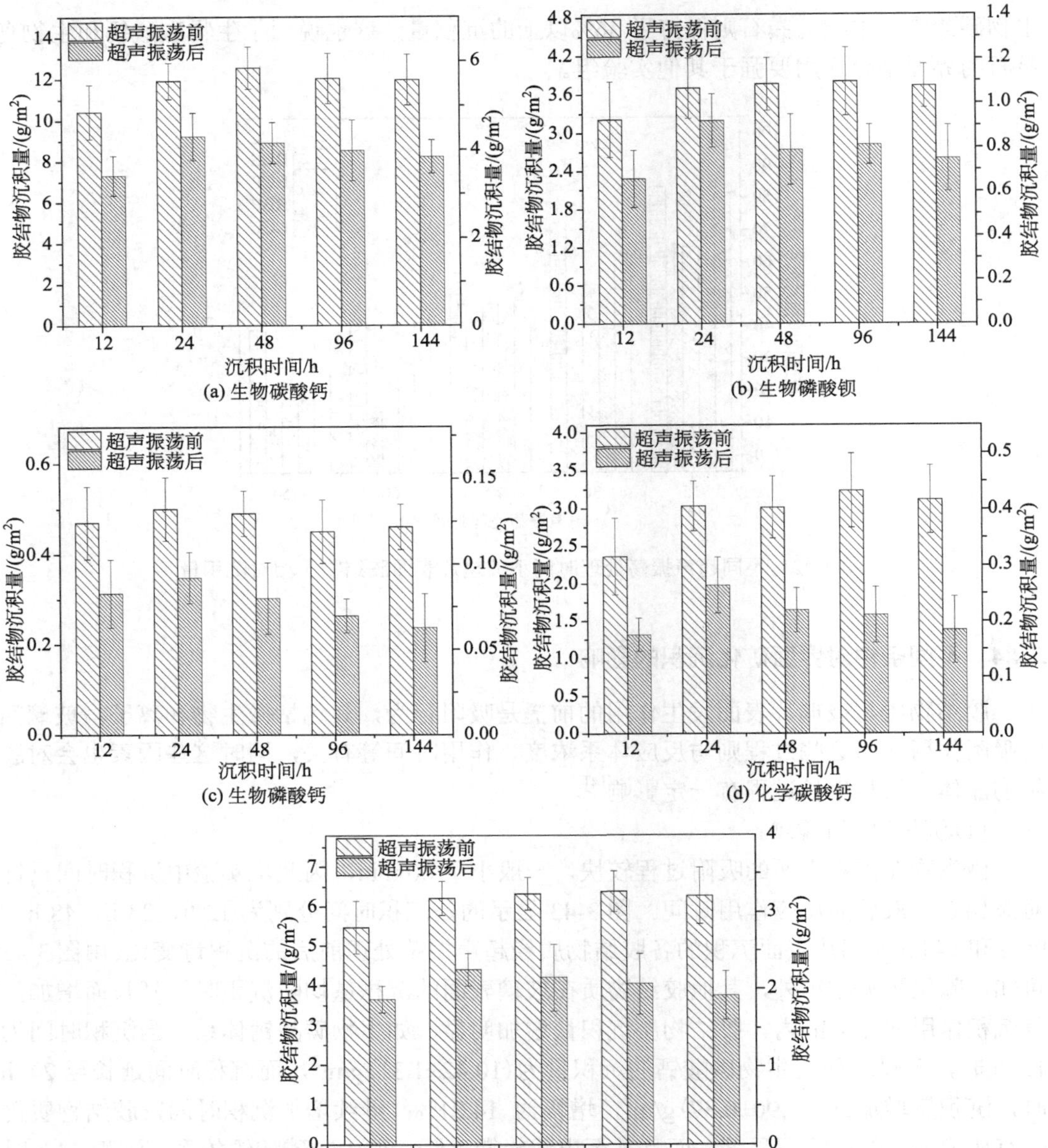

图 3-43　各胶结物质沉积量与沉积时间的关系

整体上看，沉积时间对于胶结物沉积量确有提高作用，但经过超声振荡处理后发现，沉积时间越长，胶结物质量损失越多，如生物碳酸钙体系，沉积 24 h、48 h 对应的初始沉积量分别为(11.90±0.87) g/m^2、(12.34±1.01) g/m^2，经超声振荡处理 75 min 后，沉积量则减少为(4.31±0.54) g/m^2、(4.13±0.41) g/m^2，两者的质量损失约为 7.59 g/m^2(–63.74%)、8.21 g/m^2(–66.53%)，这可能是因为外层的胶结物质间的结合作用要弱于内部胶结物质与玻璃界面间的作用，所以尽管胶结物沉积量有所增加，但其对结合强度的贡献不够，而且沉积时间越长，也意味着胶结物质沉积层受溶液侵蚀的时间越长，这也会削弱胶结物质沉积层整体的界面结合强度，因此经过超声振荡处理后玻璃片表面上胶结物质的损失量较大。

因此，从胶结物沉积量和沉积层整体界面结合强度两方面考虑，最适宜的沉积时间为 24 h。

(2) 胶结液浓度的影响

在微生物诱导沉积碳酸钙的过程中发现，反应体系浓度对生物胶结物质的沉积速率和生成量均有较大影响，同时，在微生物灌浆过程中，采用较高浓度的胶结液可获得更多生物胶结物质。图 3-44 显示的是玻璃片分别在浓度为 0.1 mol/L、0.5 mol/L、1.0 mol/L 和 2.0 mol/L 的生物碳酸钙胶结体系中沉积 24 h 后表面沉积状态，从图中可以明显地发现，胶结液浓度越高，生物碳酸钙在玻璃片表面的沉积量越多，说明胶结液浓度对生物胶结物质的影响显著。

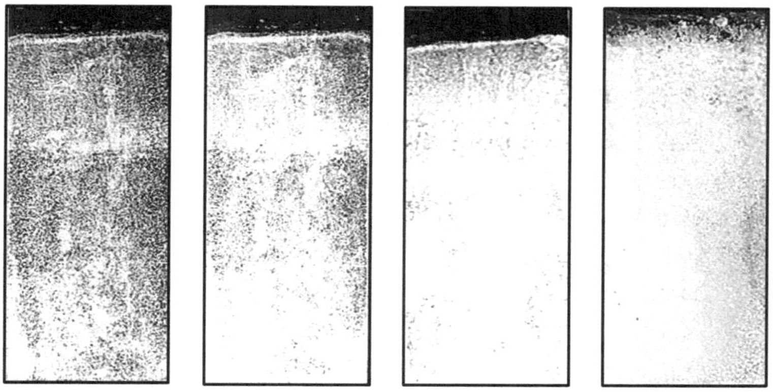

(a) 0.1 mol/L　(b) 0.5 mol/L　(c) 1.0 mol/L　(d) 2.0 mol/L

图 3-44　胶结液浓度对玻璃片表面胶结物质沉积的影响

从表 3-4 中数据可以看出，胶结液浓度的变化对碳酸钙表面沉积影响显著，当浓度从 0.1 mol/L 增加至 1.0 mol/L 时，载玻片表面的碳酸钙由 13.63 g/m^2 增加至 76.48 g/m^2，而继续增加反应物浓度，碳酸钙反而有所下降，这与砂柱内的生物碳酸钙沉积情况类似，可能是胶结液中的盐浓度过高会对微生物产生抑制作用，进而降低微生物酶活性，从而使沉积在玻璃片表面上的胶结物质较少。同时，超声振荡处理后发现，低浓度胶结液中沉积的胶结物质量损失率要低于高浓度组，这可能是由于低浓度组中形成的胶结物质与玻璃表面结合作用强，而高浓度组尽管形成了更多的胶结物质，但当经过超声处理后，外层的胶结物质层可能更容易发生破坏而剥落，使得质量损失要大于低浓度组。微生物胶结砂土经荷载作用后的破坏形式，主要为生物碳酸钙层结构的破坏。

表 3-4　玻璃片表面上的生物碳酸钙初始沉积量及质量损失率

胶结液浓度/(mol/L)	初始沉积量/(g/m^2)	质量损失率/%
0.1	13.63±1.41	54.93±6.77
0.5	38.54±2.33	59.52±5.63
1.0	76.48±4.15	64.59±7.25
2.0	54.86±4.32	63.13±4.38

3.4.5　划痕实验结果分析

将已完成界面矿化的各玻璃片样品按 “划痕法” 进行测试，采用 WS-2005 涂层附着力自动划痕仪测定胶结物沉积层与玻璃片表面的界面结合强度，以出现突发连续音信号来确定临界载荷 L_C，并以此作为界面结合强度。实验前设置各工作参数，加载载荷为 10 N，加载速率为 5 N/min，划痕速率为 5 mm/min，且每个玻璃样品进行三次划痕，取平均值作为最终测试结果。表 3-5 显示的是各胶结产物在玻璃片表面沉积后的划痕实验结果[4]。

表 3-5　划痕实验中的玻璃样品及测试结果

样品编号	界面沉积量/(g/m^2)	界面结合强度/N	样品编号	界面沉积量/ (g/m^2)	界面结合强度/N
BCC-01	14.62	8.57	BCP-04	0.45	0.31
BCC-02	8.62	6.23	BCP-05	0.56	0.37
BCC-03	4.65	3.61	BCP-06	0.47	0.27
BCC-04	10.52	8.71	BBP-01	3.25	1.61
BCC-05	8.75	7.11	BBP-02	2.33	1.04
BCC-06	5.57	4.32	BBP-03	4.12	2.19
BGS-01	8.12	3.51	BBP-04	3.77	1.17
BGS-02	5.21	2.79	BBP-05	4.73	2.11
BGS-03	7.93	3.39	BBP-06	1.42	0.56
BGS-04	4.12	2.12	CCC-01	2.31	0.59
BGS-05	2.59	1.24	CCC-02	6.12	1.17
BGS-06	1.41	1.13	CCC-03	3.03	0.78
BCP-01	0.51	0.44	CCC-04	2.71	0.78
BCP-02	0.72	0.45	CCC-05	5.46	1.23
BCP-03	0.63	0.39	CCC-06	1.02	0.37

由表 3-5 可定性得出一个结论，即生物碳酸钙与玻璃间的界面结合强度较高，生物磷酸钙较差。比较样品 BCC-06、BGS-02 和 CCC-02 可知，三者的界面沉积量相当，但 BCC-06 的界面结合强度明显高于其他两组，而 BGS-02 在较低沉积量的情况下其界面结合强度也要明显高于 CCC-02。为了更准确、直观地比较各胶结物质的界面结合能力，可以建立界面结合强度与胶结物质沉积量间的关系。图 3-45 显示是不同胶结物质沉积层

界面结合强度与胶结物质沉积量间的关系。由图 3-45 可知，随着沉积在玻璃片表面上的微生物水泥产物含量的增加，界面结合强度呈增加趋势，说明产物沉积层厚度对其界面结合强度有显著作用，同时比较各线段斜率大小可知，单位质量胶结物质的增加对界面结合强度影响程度不同，由大到小依次为生物碳酸钙、生物鸟粪石、生物磷酸钡、化学碳酸钙及生物磷酸钙。

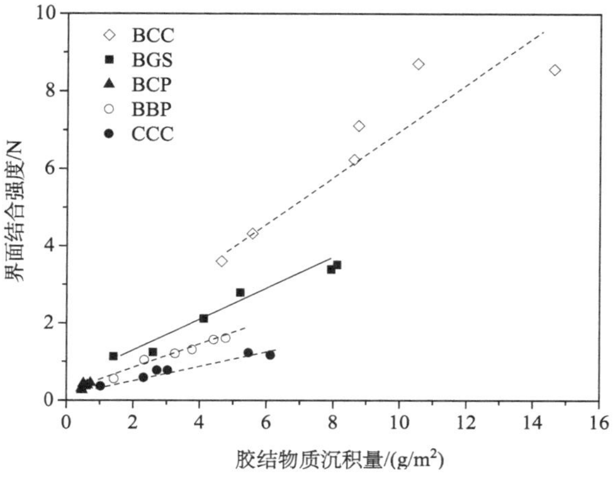

图 3-45　不同胶结物质沉积层界面结合强度与胶结物质沉积量间的关系

3.4.6　生物胶结砂柱宏观性能分析

(1) 生物胶结砂柱的抗压强度

微生物灌浆胶结实验中以微生物胶结液用量作为胶结条件，通常胶结液用量越多，松散砂柱内部可以沉积的微生物胶结产物越多，砂颗粒间的结合力越强，微生物砂柱的力学性能越优异。通过改变注入砂柱内的胶结液用量，可以制备不同强度的微生物胶结砂柱，表 3-6 是部分微生物砂柱样品，其抗压强度为 0.3～1.2 MPa。

表 3-6　微生物砂柱样品一览表

砂柱编号	胶结液用量/mol	抗压强度/MPa	砂柱编号	胶结液用量/mol	渗透系数/($\times10^{-2}$ cm/s)
BCC-01-a	0.07	0.30	BCC-01-c	0.07	2.83
BCC-01-b	0.07	0.33	BCC-01-d	0.07	2.79
BCC-02-a	0.08	0.42	BCC-02-c	0.08	2.69
BCC-02-b	0.08	0.40	BCC-02-d	0.08	2.71
BCC-03-a	0.09	0.51	BCC-03-c	0.09	2.55
BCC-03-b	0.09	0.53	BCC-03-d	0.09	2.53
BCC-04-a	0.10	0.61	BCC-04-c	0.10	2.32
BCC-04-b	0.10	0.63	BCC-04-d	0.10	2.29
BCC-05-a	0.12	1.23	BCC-05-c	0.12	2.09
BCC-05-b	0.12	1.12	BCC-05-d	0.12	2.06

续表

砂柱编号	胶结液用量/mol	抗压强度/MPa	砂柱编号	胶结液用量/mol	渗透系数/($\times10^{-2}$ cm/s)
BGS-01-a	0.08	0.31	BGS-01-c	0.08	2.68
BGS-01-b	0.08	0.32	BGS-01-d	0.08	2.73
BGS-02-a	0.10	0.42	BGS-02-c	0.10	2.37
BGS-02-b	0.10	0.41	BGS-02-d	0.10	2.44
BGS-03-a	0.12	0.52	BCC-03-c	0.12	2.31
BGS-03-b	0.12	0.50	BCC-03-d	0.12	2.27
BGS-04-a	0.14	0.60	BCC-04-c	0.14	2.12
BGS-04-b	0.14	0.58	BCC-04-d	0.14	2.15
BGS-05-a	0.16	0.99	BGS-05-c	0.16	2.01
BGS-05-b	0.16	1.12	BGS-05-d	0.16	1.96
BCP-01-a	0.10	0.31	BCP-01-c	0.10	2.49
BCP-01-b	0.10	0.29	BCP-01-d	0.10	2.51
BCP-02-a	0.12	0.39	BCP-02-c	0.12	2.33
BCP-02-b	0.12	0.40	BCP-02-d	0.12	2.29
BCP-03-a	0.14	0.50	BCP-03-c	0.14	2.14
BCP-03-b	0.14	0.51	BCP-03-d	0.14	2.11
BCP-04-a	0.16	0.59	BCP-04-c	0.16	2.04
BCP-04-b	0.16	0.58	BCP-04-d	0.16	2.00
BBP-01-a	0.10	0.32	BBP-01-c	0.10	2.52
BBP-01-b	0.10	0.31	BBP-01-d	0.10	2.56
BBP-02-a	0.12	0.41	BBP-02-c	0.12	2.27
BBP-02-b	0.12	0.39	BBP-02-d	0.12	2.30
BBP-03-a	0.14	0.48	BBP-03-c	0.14	2.21
BBP-03-b	0.14	0.49	BBP-03-d	0.14	2.17
BBP-04-a	0.16	0.62	BBP-04-c	0.16	2.08
BBP-04-b	0.16	0.60	BBP-04-d	0.16	2.10

注：a、b、c、d 为同一微生物处理条件下得到的胶结砂体样品，其中 a、b 用于抗压实验，c、d 用于渗透实验。

从表 3-6 可知，在相同微生物灌浆胶结液用量下，最终得到的不同微生物胶结砂柱的抗压强度及渗透系数的波动性较小，具有较好的重复性。为了比较相同抗压强度的微生物砂柱性能差异，特选出 0.3 MPa、0.4 MPa、0.5 MPa、0.6 MPa 及 1 MPa 五组强度等级试件(生物磷酸盐砂柱的强度较低，实验中获得的最大值约为 0.6 MPa，故 1 MPa 强度试件组中仅有生物碳酸钙砂柱和生物鸟粪石砂柱)。

(2)生物胶结砂柱的渗透系数

图 3-46 显示的是采用常水头法测得的各微生物砂柱样的渗透系数值。从图 3-46 中可以看出，微生物胶结砂柱的渗透系数均随着强度值的增大而显著降低。如生物碳酸钙胶结的试件组，初始未胶结松散砂柱的渗透系数为 2.91×10^{-2} cm/s，经过微生物胶结液处理后，砂柱强度为 0.32 MPa 时，其渗透系数约为 2.82×10^{-2} cm/s，降低近 3.09%，而当砂

柱强度为 0.62 MPa 时，砂柱内胶结量增加，其内部孔隙得到细化，渗透系数下降至 2.31×10^{-2} cm/s，降低幅度约 20.62%。另外，从图中不难发现，在相同强度等级下，生物碳酸钙胶结砂柱的渗透系数要大于其他微生物水泥砂柱，例如当微生物胶结砂柱强度为 0.5MPa 时，生物碳酸钙胶结砂柱样的渗透系数值约为 2.71×10^{-2} cm/s，大约是生物鸟粪石实验组的 1.13 倍，生物磷酸钙实验组的 1.19 倍以及生物磷酸钡实验组的 1.21 倍，这说明经过微生物水泥灌浆处理后的松散砂体的渗透系数会随着微生物胶结程度的增大而降低，但生物碳酸钙胶结砂柱可以在等强度下保持相对较高的渗透性。同时，从渗透系数曲线的斜率可知，单位强度微生物砂柱的渗透系数的降幅大小依次为生物磷酸钡＞生物磷酸钙＞生物鸟粪石＞生物碳酸钙。

(3) 生物胶结砂柱的孔隙率

利用饱和吸水法测定的不同抗压强度下的各微生物胶结砂柱内部孔隙率结果如图 3-47 所示。从图 3-47 中可以明显看出，砂柱内部孔隙率随着胶结强度的增大而下降，这与上述渗透系数变化趋势相似。初始松散砂柱的孔隙率约为 39.2%，经过微生物胶结液灌浆处理后，砂柱强度为 0.6 MPa 时，生物碳酸钙、生物鸟粪石、生物磷酸钙及生物磷酸钡对应的孔隙率依次为 36.9%(比初始孔隙率降低了 5.87%)、33.8%(比初始孔隙率降低了 13.77%)、31.3%(比初始孔隙率降低了 20.15%)和 30.9%(比初始孔隙率降低了 26.86%)。在均质材料中，微观结构直接控制材料的宏观性能。对于多孔材料，其孔结构参数变化对宏观性能的影响巨大。一般而言，多孔材料的孔隙率越低，其力学性能(如强度等)越优异。而在相同抗压强度下，生物碳酸钙胶结砂体的孔隙率明显高于其他组试样，说明生物碳酸钙的有效胶结程度高。

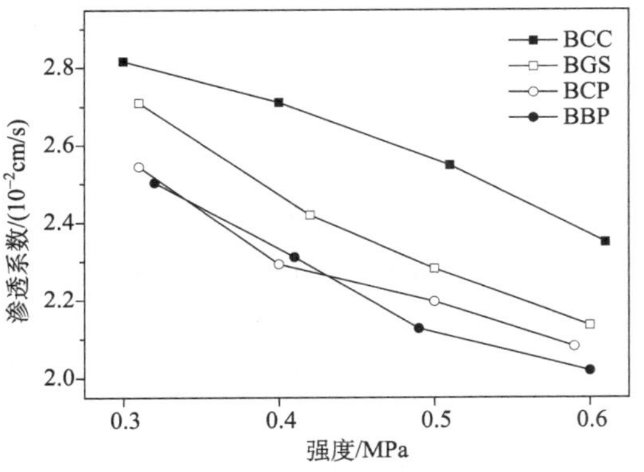

图 3-46　不同强度生物胶结砂柱的渗透系数

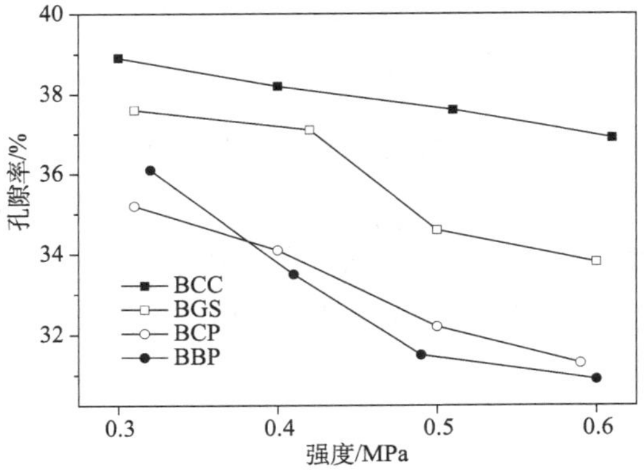

图 3-47　不同强度生物胶结砂柱内部孔隙率

同时，从胶结砂体的孔隙率变化曲线斜率可以看出，生物磷酸盐胶结砂体的孔隙率变化较快，生物鸟粪石组次之，而生物碳酸钙体系中砂体的孔隙率下降缓慢。这一规律也同胶结砂体的渗透系数变化趋势较为吻合。

(4) 生物胶结砂柱的胶结物质含量

图 3-48 显示的是利用酸洗法测得的各微生物砂柱内部的胶结物质含量结果。松散砂颗粒间形成的微生物沉积矿物是微生物胶结砂体宏观力学性能的来源，一般而言，材料

孔隙中的微生物沉积物越多，其力学性能越优异。砂土的无侧限抗压强度和渗透系数均与砂土内的微生物矿物沉积量(生物碳酸钙)有着较高的相关性。从图 3-48 也可明显地看出，砂柱内形成的胶结物质含量与其强度确实存在一定的相关性，即胶结物质越多，其抗压强度越高。

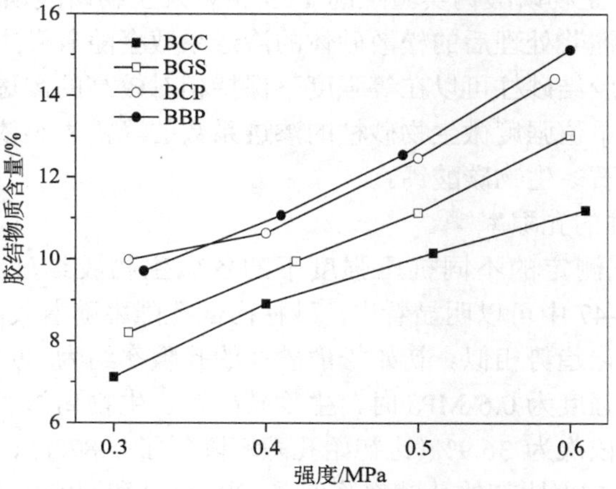

图 3-48　不同强度生物胶结砂柱内部的胶结物质含量

同时，比较各微生物水泥可知，在微生物胶结强度相近的情况下，生物碳酸钙含量最低，生物鸟粪石次之，生物磷酸钙及生物磷酸钡含量最高，如在强度为 0.5 MPa 左右的微生物砂柱中，生物碳酸钙含量为 10.11%，而生物鸟粪石、生物磷酸钙、生物磷酸钡分别为 11.13%、12.47%和 12.55%，均明显高于生物碳酸钙，这说明单位质量的生物碳酸钙的强度贡献最高。

3.4.7　生物胶结砂柱微观形貌分析

材料表现出的宏观性能取决于材料内部微观结构，生物胶结砂体同样如此，荣辉等采用 XCT、SEM 等微观分析手段对生物碳酸钙胶结砂柱的微观结构及性能演变过程进行了研究，结果表明胶结砂体的抗压强度、孔隙率等与内部生物碳酸钙含量具有相关关系。图 3-49 显示的是单轴抗压强度为 0.3 MPa 的各微生物胶结砂柱样品的微观扫描电子显微镜图片。

从图 3-49(a)～(d)四幅图中可以看出，微生物胶结砂柱内部的微观结构差异明显。从胶结物颗粒形貌上看，生物碳酸钙[图 3-49(a)]主要是大小不一的球状或球状颗粒聚集体，同时少量片状或斜方六面体状聚集体，而生物鸟粪石形貌[图 3-49(b)]则为片状或六面体块状聚集体，生物磷酸钡颗粒[图 3-49(c)]是由纳米球状晶体团聚而成，生物磷酸钙[图 3-49(d)]则表现为无定形状。从胶结物质的沉积情况看，生物碳酸钙的沉积量较少，而且主要分布在石英砂颗粒表面或石英砂颗粒间，产物沉积的整体均匀性较好，对于生物鸟粪石而言，沉积量较前者明显增多，分布均匀性不如生物碳酸钙，但主要沉积区域仍为石英砂颗粒表面及颗粒间。生物磷酸钡在砂柱内部的沉积情况与前两者有明

(a) 生物碳酸钙

(b) 生物鸟粪石

(c) 生物磷酸钡

(d) 生物磷酸钙

图 3-49　0.3 MPa 试件的微观扫描电子显微镜图

显区别，在近相同强度下，生物磷酸钡砂柱内的胶结物形成量更多，而且主要分布在砂颗粒孔隙间。而生物磷酸钙同样表现为沉积量较多，分布不均匀，主要分布在石英砂颗粒的表面。前述实验得到了微生物砂柱内部胶结物质与对应砂柱强度的关系，即砂柱内的胶结物形成量越多，其对应砂柱的单轴抗压强度越高。

抗压强度为 0.4 MPa 的各微生物胶结砂体内部的微观结构如图 3-50 所示。与强度为 0.3 MPa 各砂柱对比可知，当微生物砂柱抗压强度达 0.4 MPa 时，胶结物质含量均增加较为明显，这与胶结物质含量结果较为一致。尽管砂柱内胶结物质含量增加，但其沉积分布情况未出现明显的变化，如生物碳酸钙仍主要沉积在砂颗粒间接触点附近，即主要形成有效胶结，而生物磷酸钡仅填充于松散砂颗粒间的孔隙中。由于微生物胶结砂柱内形成的胶结物含量及沉积分布的不同，生物碳酸钙胶结砂体的孔隙率要明显高于其他试件组。同样，在强度为 0.5 MPa 的微生物砂柱试件中，这种生物胶结物质沉积状态的差异化特征仍明显存在，这也可以进一步解释，为什么单位质量的生物碳酸钙所提供的强度要高于其他微生物胶结物质。

图 3-51 显示的是单轴抗压强度为 0.6 MPa 的各微生物胶结砂体样品的微观结构图。由图 3-51 可知，随着微生物胶结液处理程度的增大，微生物砂柱内部形成的胶结物不断增多，尤其是生物磷酸钡体系，砂柱内部的孔隙基本被纳米球状颗粒聚集体填充完全，这也是后续生物磷酸盐胶结液无法继续灌浆得到更高强度砂体的主要原因。由图 3-51(d)

可知，原先主要在砂颗粒表面沉积的生物磷酸钙也出现在孔隙之中，使得砂体进一步致密化。而在生物碳酸钙体系中，由于碳酸钙的沉积量少，而且主要分布于颗粒表面和颗粒间，而只有较少碳酸钙沉积在砂体内部孔隙中，使得砂体整体的孔隙率最高。

(a) 生物碳酸钙

(b) 生物鸟粪石

(c) 生物磷酸钡

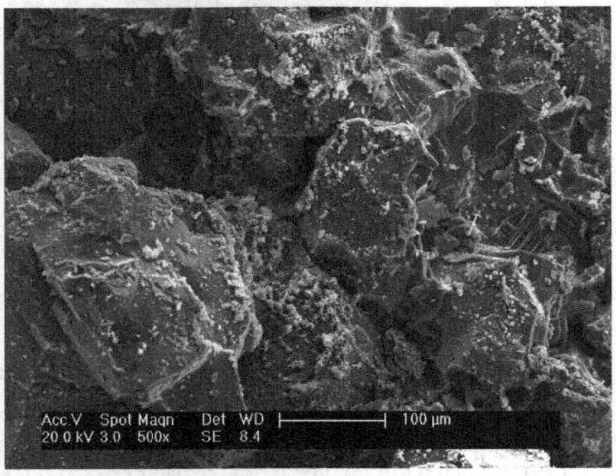

(d) 生物磷酸钙

图 3-50　抗压强度为 0.4 MPa 的各微生物胶结砂体内部的微观结构

由于生物磷酸盐胶结砂体的强度限制，本书中只选择在 0.3～0.6 MPa 对各微生物胶结砂体性能进行对比。当微生物灌浆处理次数增加时，即胶结程度进一步增大，生物碳酸钙沉积分布规律也会发生变化，而非仅在颗粒表面或颗粒间接触点附近沉积。图 3-52 显示的是胶结强度达 6.11 MPa 的生物碳酸钙胶结砂柱样内部的微观形貌，从图中可以看出，在高胶结程度下，除了颗粒表面及颗粒接触点，砂柱内的较大孔隙也被碳酸钙填充。

这说明生物碳酸钙在砂颗粒间的沉积状态与胶结程度有关，当胶结程度较低时，即在砂柱内形成的碳酸钙含量少，那么生物碳酸钙趋于有效胶结，即沉积在颗粒表面和颗粒间接触点附近；当胶结程度较高时，生物碳酸钙则开始填充砂柱内的较多孔隙，使得砂柱内部变得更加密实。

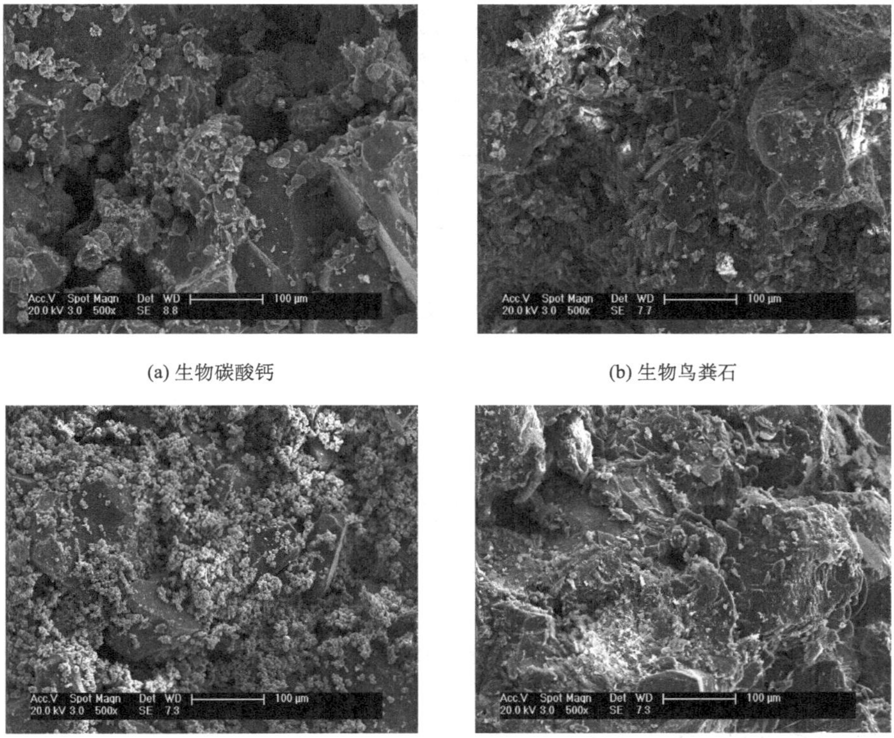

(a) 生物碳酸钙　(b) 生物鸟粪石

(c) 生物磷酸钡　(d) 生物磷酸钙

图 3-51　单轴抗压强度为 0.6MPa 的各微生物胶结砂体样品的微观结构图

图 3-52　胶结强度达 6.11 MPa 的生物碳酸钙胶结砂柱样内部微观形貌

3.4.8　胶结砂柱的成分

以生物磷酸钡胶结砂柱为例，对胶结机理进行分析。砂柱的 XRD 图谱如图 3-53 所示。为了明确胶结相的矿物组成，采用 MDI Jade 5.0 软件对石英砂、化学砂柱和生物砂柱的成分进行了分析。石英砂对应的 JCPDS No. 为 85-0797(图 3-53 *a* 曲线)；化学砂柱的 JCPDS No.为 86-2237 和 72-1370，分别对应石英和 $BaHPO_4$，如图 3-53 *b* 曲线所示；生物砂柱的成分为石英(JCPDS No. 46-1045)和 $BaHPO_4$(JCPDS No. 72-1370)(图 3-53 *c* 曲线)。

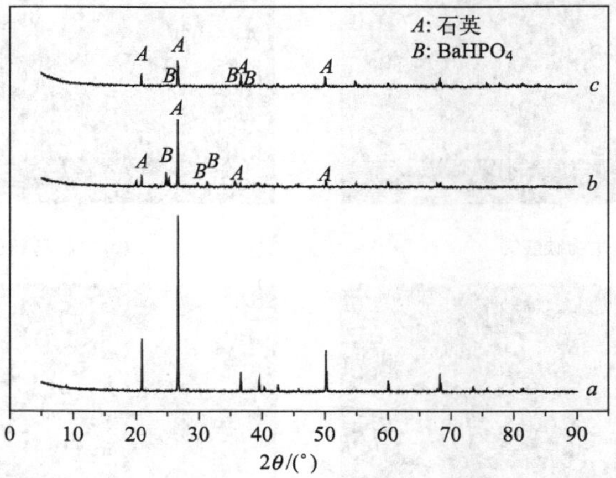

图 3-53　砂柱 XRD 图谱

a. 石英砂；*b*. 化学砂柱；*c*. 生物砂柱

3.4.9　胶结砂柱中 Si—O 的 FTIR 光谱偏移

图 3-54 显示的是石英砂、化学和生物 $BaHPO_4$ 浆料胶结砂柱的 FTIR 光谱。纯石英砂中 SiO_2 的 Si—O 键反对称和对称伸缩振动频率分别位于 1094.81 cm^{-1} 和 794.20 cm^{-1}。化学和生物 $BaHPO_4$ 浆料胶结砂柱的 FTIR 光谱显示波数在 3446.61 cm^{-1}、3433.37 cm^{-1}、1622.10 cm^{-1} 和 1637.60 cm^{-1}，是由样品中结晶水引起的。化学 $BaHPO_4$ 浆料胶结砂柱的 FTIR 光谱显示 SiO_2 中 Si—O 键反对称和对称伸缩振动频率分别为 1070.46 cm^{-1} 和

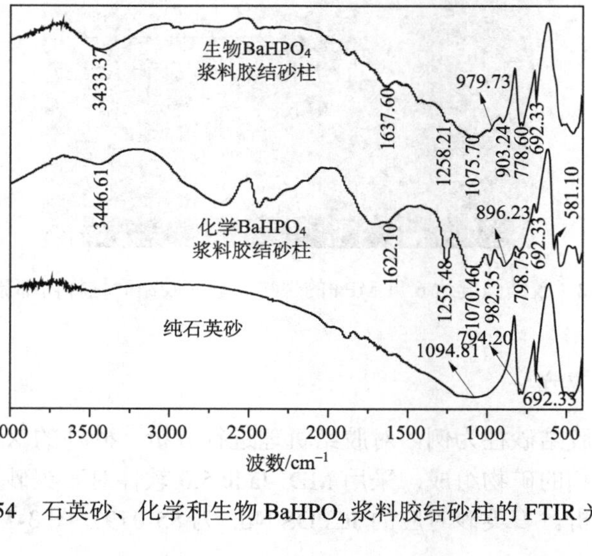

图 3-54　石英砂、化学和生物 $BaHPO_4$ 浆料胶结砂柱的 FTIR 光谱

798.75 cm^{-1}。生物 $BaHPO_4$ 浆料胶结砂柱的 FTIR 光谱显示 SiO_2 中 Si—O 键反对称和对称伸缩振动频率分别为 1075.70 cm^{-1} 和 778.60 cm^{-1}。上述结果显示纯石英砂与化学和生物 $BaHPO_4$ 浆料胶结砂柱中 Si—O 键振动频率是不一致的，这说明 $BaHPO_4$ 与石英砂中 SiO_2 之间发生了键合作用导致 Si—O 键振动频率发生变化。

化学和生物 $BaHPO_4$ 浆料拌和成型砂柱的 FTIR 显示，$BaHPO_4$ 中 HPO_4^{2-} 的 P═O、PO_4、H—O(P) 伸缩振动频率分别为 1255.48 cm^{-1} 和 1258.21 cm^{-1}、982.35 cm^{-1} 和 979.73 cm^{-1}、896.23 cm^{-1} 和 903.24 cm^{-1}(图 3-54)。这些官能团振动频率差异说明化学和生物 $BaHPO_4$ 胶结砂柱与石英砂中 SiO_2 键合作用大小不同。通过比较发现，化学 $BaHPO_4$ 胶结砂柱中 HPO_4^{2-} 的 P═O 和 H—O(P) 伸缩振动频率小于生物 $BaHPO_4$ 胶结砂柱，这表明化学 $BaHPO_4$ 胶结砂柱受到的石英砂中的 SiO_2 约束大于生物 $BaHPO_4$ 胶结砂柱。

3.4.10 胶结砂柱中石英砂 Si(2p)电子结合能变化

XPS 电子能谱进一步证实，纯石英砂、化学砂柱和生物砂柱中 SiO_2 的 Si(2p) 电子结合能分别是 101.875 eV、102.125 eV 和 102.000 eV，结果说明化学砂柱中石英砂的 Si(2p) 电子结合能最大，如图 3-55 所示。原子内壳层电子结合能产生化学位移是其周围化学环境改变造成的[5]。化学砂柱和生物砂柱与石英砂中 SiO_2 之间发生键合作用会导致 Si(2p) 电子结合能升高或降低。范德瓦耳斯键和分子间氢键可使 $BaHPO_4$ 的熔点或分解温度升高。红外光谱显示无氢键振动频率吸收峰，石英砂是非极性物质，而 $BaHPO_4$ 为极性物质，它们相互作用可能是以范德瓦耳斯键形式存在。热重-差热分析可以进一步验证上述推测是否正确。石英砂中 SiO_2 的 Si(2p) 电子结合能越大，其键合作用越强。结果表明，化学砂柱与石英砂中 SiO_2 之间的键合作用略大于生物砂柱。主要原因是磷酸盐矿化菌分泌有机基质包裹在 $BaHPO_4$ 中，导致生物砂柱与石英砂中 SiO_2 之间的键合作用减弱。

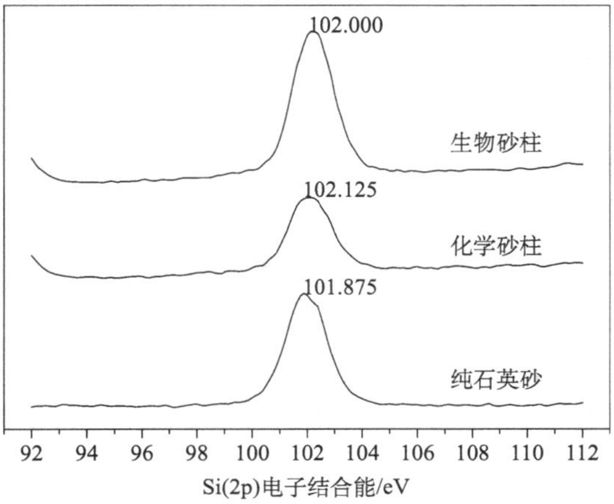

图 3-55 纯石英砂、化学砂柱和生物砂柱中 SiO_2 的 Si(2p) 光电子能谱

3.4.11　胶结砂柱的热性质

化学和生物 $BaHPO_4$ 与砂柱中 $BaHPO_4$ 的 DSC 曲线显示，在室温至 700 ℃范围内，化学和生物 $BaHPO_4$ 的熔点或热分解温度基本一致，分别为 444.7℃和 444.2 ℃(图 3-56*a* 和 *b* 曲线)。然而，化学和生物砂柱中 $BaHPO_4$ 熔点或热分解温度分别为 462.4 ℃、575.2 ℃和 574.7 ℃，相比化学和生物 $BaHPO_4$，升高幅度分别是 17.7 ℃、130.5 ℃和 130.5 ℃，如图 3-56 *c* 和 *d* 曲线所示。由熔点或热分解温度可知，相比生物砂柱，化学砂柱中部分 $BaHPO_4$ 与石英砂键合作用较弱。砂柱中石英砂引起化学和生物 $BaHPO_4$ 浆料的熔点或热分解温度升高，这也说明石英砂中 SiO_2 与两种类型的 $BaHPO_4$ 发生了键合作用。由 FTIR 光谱和 XPS 电子能谱可知，引起熔点或热分解温度升高的只有范德瓦耳斯键作用，因此，可以推断化学和生物 $BaHPO_4$ 与石英砂中 SiO_2 之间形成了范德瓦耳斯键作用。

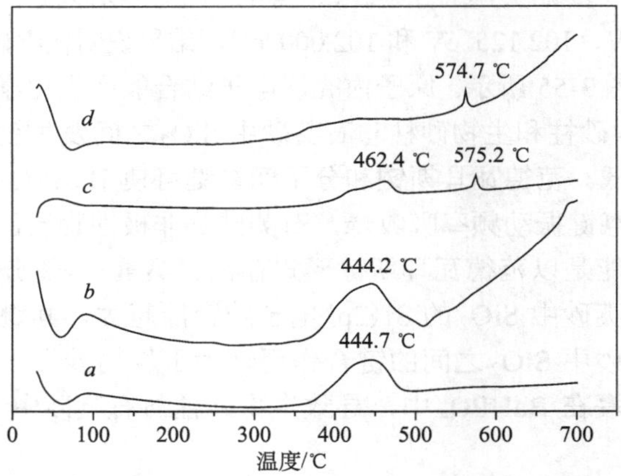

图 3-56　化学/生物 $BaHPO_4$ 和化学/生物砂柱的 DSC 曲线

a. 化学 $BaHPO_4$；*b*. 生物 $BaHPO_4$；*c*. 化学砂柱；*d*. 生物砂柱

3.4.12　胶结砂柱的微结构

虽然 XPS 电子能谱证实化学 $BaHPO_4$ 浆料与石英砂键合作用大于生物 $BaHPO_4$，理论上化学 $BaHPO_4$ 胶结松散砂粒强度大于生物 $BaHPO_4$，但实际上化学 $BaHPO_4$ 颗粒较小且之间较为松散，所以不能将松散砂粒黏结起来。

纯石英砂和化学/生物砂柱的 TEM 和 ED 图像，如图 3-57 所示。图 3-57(a)和(b)显示的是纯石英砂的 TEM 和 ED 图像。TEM 图像显示化学 $BaHPO_4$ 浆料可与砂粒堆放在一起，且化学 $BaHPO_4$ 粒子之间分散性较大，两者之间没有接触，或者是存在接触也仅仅是简单地堆放在一起[图 3-57(c)和(d)]。图 3-57(e)和(f)显示生物 $BaHPO_4$ 浆料聚集体在砂粒周围，生物 $BaHPO_4$ 颗粒间是通过一定作用力联系在一起的。

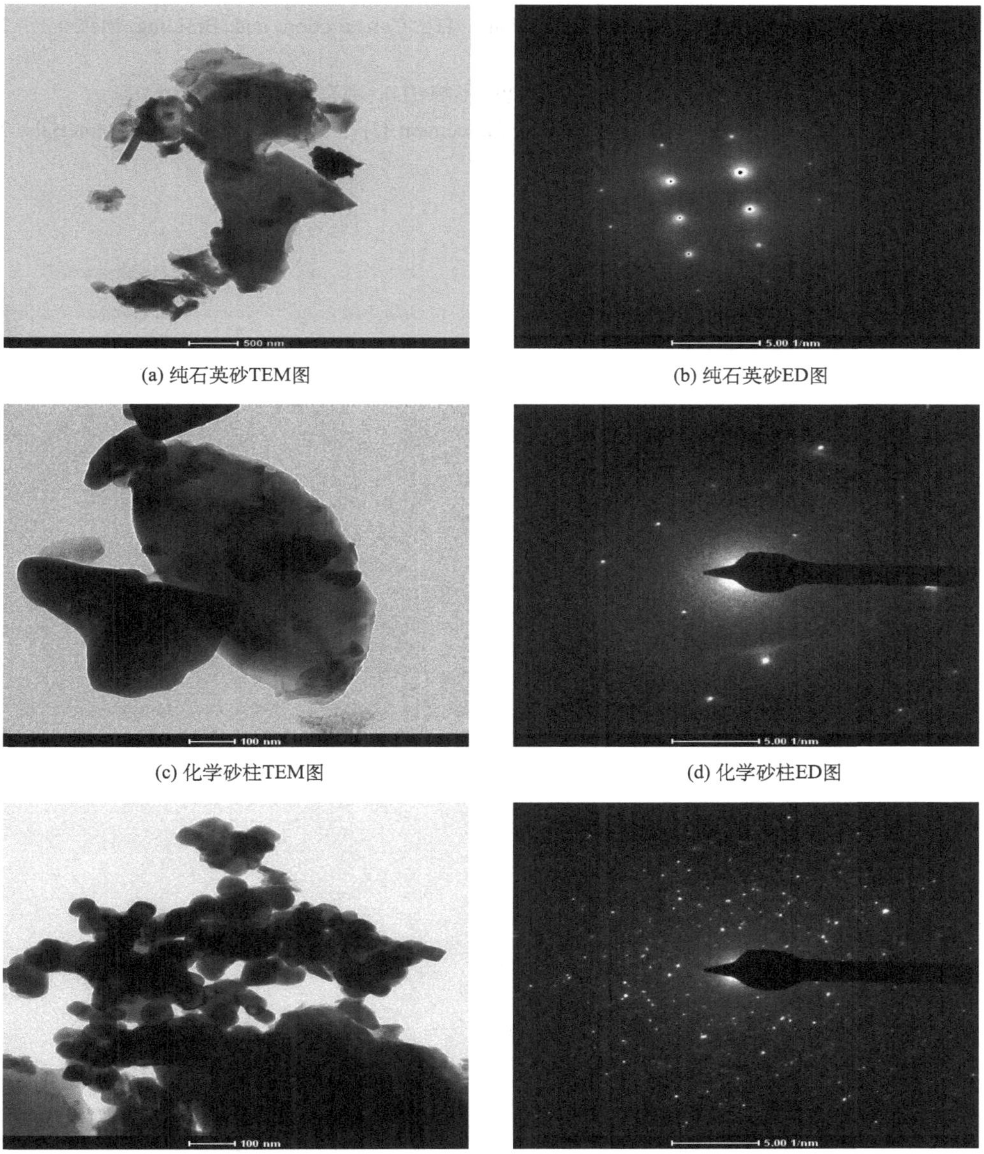

(a) 纯石英砂TEM图　(b) 纯石英砂ED图

(c) 化学砂柱TEM图　(d) 化学砂柱ED图

(e) 生物砂柱TEM图　(f) 生物砂柱ED图

图 3-57　纯石英砂和化学/生物砂柱 TEM 和 ED 图

参 考 文 献

[1] 於孝牛. 生物磷酸盐水泥和复合水泥的研制及其胶结机理 [D]. 南京: 东南大学, 2016.

[2] Clark S, Francis P S, Conlan X A, et al. Determination of urea using high-performance liquid chromatography with fluorescence detection after automated derivatisation with xanthydrol [J]. Journal of Chromatography A, 2007, 1161 (1-2): 207-213.

[3] Yu X N, Qian C X, Xue B, et al. The influence of standing time and content of the slurry on

bio-sandstone cemented by biological phosphates [J]. Construction and Building Materials, 2015, 82:167-172.
[4] 王欣. 微生物水泥胶结砂体的界面及其对性能的影响 [D]. 南京: 东南大学, 2015.
[5] Rong H, Qian C X. Binding functions of microbe cement [J]. Advanced Engineering Materials, 2015, 17(3): 334-340.

第 4 章　微生物复合水泥

第 3 章已述生物磷酸盐水泥不排放有害物质，但胶结强度较低，可用于一定场合；第 2 章中生物碳酸盐水泥具有较高胶结强度，其中研究最多的是微生物酶水解尿素提供 CO_3^{2-}，同时释放 NH_3/NH_4^+，理论上 1 mol 尿素通过脲酶水解可以产生 2 mol NH_3，所以，大部分 NH_3 无法完全溶解在溶液中，若直接排放到环境中将造成污染。因此，生物碳酸盐水泥在实际应用中产生的 NH_3 和含 NH_3/NH_4^+废水需要花费大量资金进行处理。受磷酸镁水泥启发，NH_4^+可被固结到 $MgNH_4PO_4 \cdot 6H_2O$ 中，并具有胶结作用，从而形成磷酸盐与碳酸盐复合水泥，其中氨和尿素的转化率是决定微生物复合水泥性能的关键因素。

4.1　氨和尿素含量测量方法

4.1.1　氨含量测量方法

胶结过程和纯溶液反应中排放的氨气质量采用《环境空气 氨的测定 次氯酸钠-水杨酸分光光度法》(HJ 534—2009)测定。将空气采样泵、稀硫酸溶液、含有 $K_2HPO_4 \cdot 3H_2O$ 的碳酸盐矿化菌液放置在 27 L 正方形容器中，加入相应量的尿素和 $MgCl_2$ 混合溶液，密封正方形容器。反应过程中排放的氨被稀硫酸吸收液吸收后，生成硫酸铵[$(NH_4)_2SO_4$]。在亚硝基铁氰化钠{$Na_2[Fe(CN)_5NO] \cdot 4H_2O$}存在下，铵根离子($NH_4^+$)、水杨酸[$C_6H_4(OH)COOH$]和次氯酸钠(NaClO)反应生成蓝绿色化合物，根据颜色深浅，用分光光度计在 697 nm 波长处进行测定[1]。

测定前需实验绘制标准曲线。取六支 10 mL 比色管，按表 4-1 制备标准色列。配制好氯化铵标准色列后，向各管中加入 1 mL 水杨酸-酒石酸钠溶液，2 滴亚硝基铁氰化钠溶液，2 滴次氯酸钠溶液，用水稀释到刻度线后，摇匀，放置 1 h。然后，用 1 cm 比色皿，于波长 697 nm 处，以水为参比，测定吸光度。以扣除试剂空白(零浓度)的校正吸光度为纵坐标，氨含量(μg)为横坐标，绘制标准曲线，如图 4-1 所示。绘制好标准曲线后，取一定体积氨用稀硫酸吸收并定容到 10 mL 的比色管中，然后测定吸光度。最后根据式(4-1)和式(4-2)计算溶液中氨的含量。

表 4-1　氯化铵标准色列

编号	1	2	3	4	5	6
NH_4Cl/ mL	0	0.2	0.4	0.6	0.8	1.0
NH_3/μg	0	2.0	4.0	6.0	8.0	10.0

$$y=0.025\,x \tag{4-1}$$

式中，y——氨反应液的吸光度；

x——铵根含量，mg。

$$C_{NH_3}=\frac{W}{V_n}\cdot\frac{V_t}{V_c} \tag{4-2}$$

式中，C_{NH_3}——氨气浓度，mg/m^3；

W——测定时所取样品中氨含量，μg；

V_n——标准状态下的采气体积，L；

V_t——样品溶液总体积，mL；

V_c——测定时所取样品溶液的体积，mL。

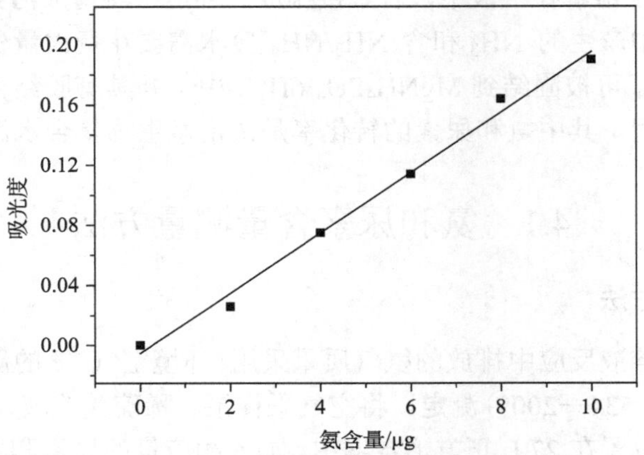

图 4-1　氨的标准曲线

4.1.2　尿素含量测量方法

根据文献[2]、[3]配制测定液。①双乙酰溶液：称取 1 g 双乙酰与去离子水混合，移入 100 mL 容量瓶中用水稀释到标线，摇匀，得到 10 g/L 的双乙酰溶液。②混酸：用移液枪移取 6 mL 磷酸置于 50 mL 烧杯中，再用移液枪移取 4 mL 浓硫酸至上述烧杯中，摇匀，得到体积比为 2∶3($V_{硫酸}$∶$V_{磷酸}$=2∶3)的混酸。③氨基硫脲溶液：称取 0.2 g 氨基硫脲与去离子水混合，移入 100 mL 容量瓶中用水稀释到标线，摇匀，使其完全溶解，得到 2 g/L 的氨基硫脲溶液。

采用移液枪分别移取 1 mL 0 g/L、0.46 g/L、1.04 g/L、1.63 g/L、2.62 g/L 和 4.01 g/L 尿素溶液至试管中，再分别移取 0.8 mL(10 g/L)双乙酰溶液、 0.2 mL(2 g/L)氨基硫脲溶液、1 mL 混酸($V_{硫酸}$∶$V_{磷酸}$=2∶3)至待测样品试管中充分摇匀；放置于 70℃水浴锅中加热 45 min，取出后立即用冷水冷却，以试剂空白为参照组，然后置于比色皿中测定吸光度(表 4-2)，最后获得尿素浓度与吸光度的关系曲线和标准曲线方程[图 4-2 和式(4-3)]。根据式(4-3)可计算胶结过程中各部分尿素的含量。

表 4-2　尿素标准色列

编号	1	2	3	4	5	6
尿素/(g/L)	0	0.46	1.04	1.63	2.62	4.01

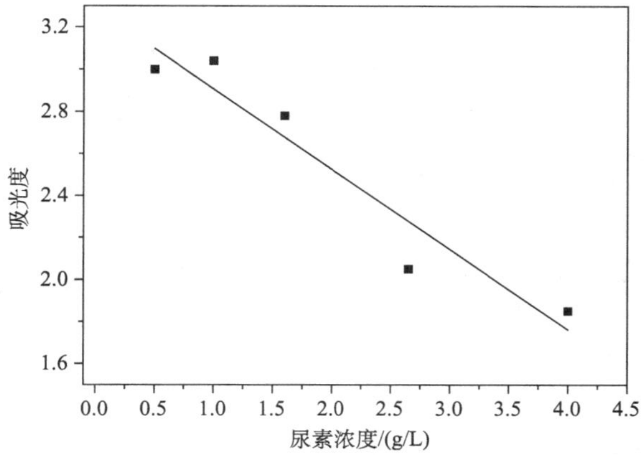

图 4-2　尿素的标准曲线

$$A=-0.39C_{urea}+3.28 \quad (4\text{-}3)$$

式中，A——尿素反应液的吸光度；

C_{urea}——尿素的浓度，g/L。

4.2　微生物复合水泥胶砂过程中氨的形态和固氨效果

4.2.1　未分解尿素含量与理论产氨量

胶结过程，尿素不一定完全被分解，因此要分析氨的转化首先要测定胶结过程中未分解尿素的含量，从而计算出已水解的尿素质量及产氨总量。用去离子水清洗胶结砂柱，溶解砂柱中尿素、铵根和水合氨，收集流出液。用移液枪移取 1 mL 待测溶液至试管中，再分别移取 0.8 mL (10 g/L) 双乙酰溶液、0.2 mL (2 g/L) 氨基硫脲溶液、1 mL 混酸($V_{硫酸}$∶$V_{磷酸}$=2∶3) 至待测样品试管中充分摇匀；放置于 70 ℃水浴锅中加热 45 min，取出后立即用冷水冷却，以试剂空白为参照组，然后置于比色皿中测定其吸光度。按标准曲线方程(4-3)计算尿素的浓度，根据收集到尿素溶液的体积计算未分解、已分解尿素质量及理论产氨量。

4.2.2　排放到砂体外空气中的氨气

胶砂过程排放到砂体外部空气中的氨气质量测定，首先将整个胶结装置放置于 27 L 正方形密闭容器中，如图 4-3 所示，并放置 40 mL (1 g/L) 稀硫酸溶液和空气采样泵，空气采样泵出气口通入稀硫酸溶液中，如图 4-4 所示。在测量硫酸吸收液中氨的含量时，比色管中加入 1 mL 水杨酸-酒石酸钠溶液，2 滴亚硝基铁氰化钠溶液，1 mL 硫酸吸收液，2 滴次氯酸钠溶液，用水稀释到刻度线后，摇匀，放置 1 h。然后，用 1 cm 比色皿，于波长 697 nm 处，以水为参比，测定吸光度。根据式(4-1)和式(4-2)计算排放到空气中的氨气质量。

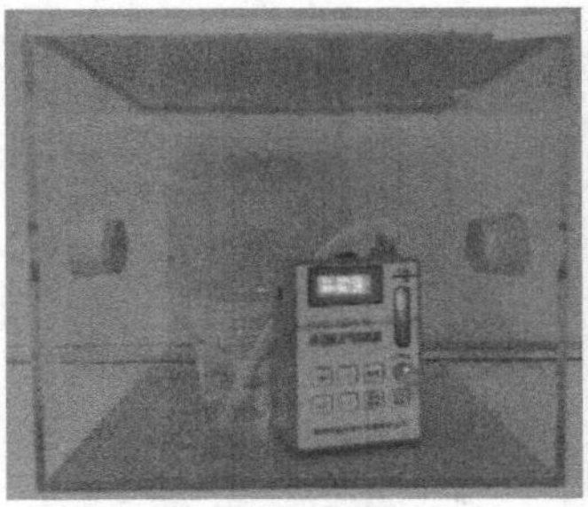

图 4-3　氨气吸收实验

图 4-4　胶结过程排放到砂体外的氨气收集与测量

4.2.3　留在砂柱中和灌浆过程流出液中的铵根离子

未被结合的游离铵根在灌浆过程中会随溶液流出砂体，也会残留在砂体中。残留砂体中的铵根可采用去离子水冲洗收集。取含铵根的溶液与等体积 NaOH(60 g/L)在 27 L 密闭容器中反应，用稀硫酸吸收产生的氨气，再根据"排放到空气中的氨气"测定方法，可间接测定铵根含量。

4.2.4　砂柱中鸟粪石结合的铵根离子

采用热重-差热分析砂柱中鸟粪石含量，如图 4-5 所示。在 N_2 保护下，加热速率为 5 ℃/min，从室温加热至 700 ℃，分析砂柱中的胶结产物，分析总质量损失和鸟粪石在 200 ℃范围之内的质量损失，计算鸟粪石中结合的铵根。

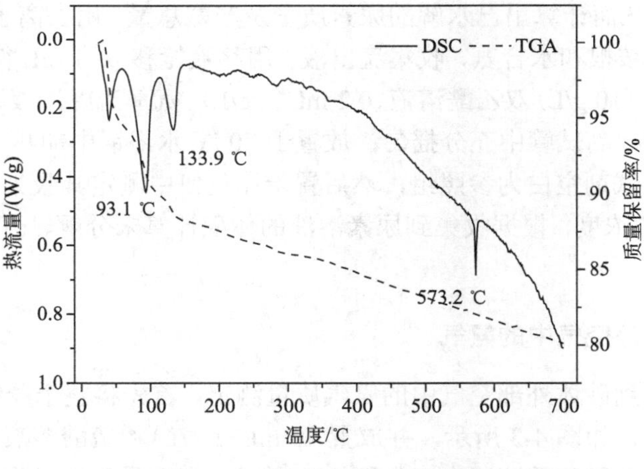

图 4-5　砂柱的热重-差热曲线

4.2.5　砂柱和流出液中水合氨

配制 100 mL 盐酸溶液(0.10 mol/L)，用其滴定流出液和砂柱中水合氨溶液，以甲基橙为指示剂，通过颜色变化判决滴定终点，从而确定盐酸溶液的体积，并得到消耗盐酸的摩尔量，与相应溶液中水合氨摩尔量相等。

4.2.6　固氨率

固氨率转化为鸟粪石中氨的当量占尿素水解产生的总氨当量的比例。

4.2.7　复合水泥与生物碳酸钙水泥胶砂过程氨排放对比

采用生物碳酸钙水泥胶结砂柱（ϕ5 cm×15 cm），测量胶结过程尿素和各种状态氨的含量，并与复合水泥对比，结果如表 4-3 所示，生物碳酸盐水泥胶结流出液中含铵根总量是复合水泥的 2 倍，同时砂柱中铵根含量也多于复合水泥（以等当量氨计）；排放到空气中氨气的质量是复合水泥排放量的 4 倍。结果表明，复合水泥可有效减少氨气排放，固氨率达 61.34%。

表 4-3　胶结过程中各种氨的含量（均以等当量氨计）　（单位：g）

项目	生物碳酸盐水泥	微生物复合水泥
L_{NH_3}	3.03	1.50
$L_{NH_3 \cdot H_2O}$	1.53×10^{-2}	2.13×10^{-3}
K_{NH_3}	2.09	0.52
S_{NH_3}	0.37	0.20
$S_{NH_3 \cdot H_2O}$	2.70×10^{-2}	8.50×10^{-3}
N_{NH_3}	0	2.38

注：L_{NH_3}：流出液含有的铵根质量，g；$L_{NH_3 \cdot H_2O}$：流出液中含有的水合氨质量，g；K_{NH_3}：胶结过程中排放到空气中的氨气质量，g；S_{NH_3}：砂柱中含有的铵根质量，g；$S_{NH_3 \cdot H_2O}$：砂柱中含有的水合氨质量，g；N_{NH_3}：鸟粪石中含有的铵根质量，g。

通过调节 Mg/P 摩尔比、反应温度、pH 和添加 CO_3^{2-} 共存离子均可有效减少复合水泥胶结过程中氨气排放，最佳固氨率可达 88.52%。

4.3　微生物复合水泥胶砂工艺

微生物复合水泥兼具高胶结性能和环境友好的优点，其胶结液在松散颗粒之间孔隙发生矿化反应生成鸟粪石，可改善砂土的渗透性、孔隙结构和力学性能。微生物复合水泥的胶砂工艺一般有预沉淀拌和和灌浆两种方式，本节介绍、对比了这两种工艺流程和胶结砂柱性能，并探讨了最佳固氨率下的胶结强度。

4.3.1　预沉淀拌和工艺

（1）预沉淀拌和工艺流程

将微生物复合水泥沉淀液每三份一组静置一定时间后，去除上清液，每一组沉淀物（占砂柱总量的 30%）与石英砂（粒径 425～212 μm）混合，机械拌和至均匀，并将拌和物倒入塑料模具（ϕ3 cm×6 cm）中成型。成型好的试件放置在（30±2）℃烘箱中干燥，拆模，得到相应的砂柱。

(2) 不同静置时间成型砂柱的抗压强度

将沉淀液分别静置 0 h、2 h、6 h、12 h、24 h 和 40 h，成型砂柱的平均抗压强度如表 4-4 所示。而生物 $BaHPO_4$ 浆料在掺量 30%下拌和胶结砂柱（ϕ3 cm×6 cm）的平均抗压强度为 0.90 MPa，见第 3 章 3.4.7 节。结果表明，复合水泥浆料拌和胶结砂柱的平均抗压强度低于生物 $BaHPO_4$ 浆料。可见预沉淀法对微生物复合水泥不一定是最适合的工艺。

表 4-4　沉淀浆料的静置时间对砂柱平均抗压强度的影响

静置时间/h	0	2	6	12	24	40
抗压强度/MPa	0.18	0.42	0.38	0.34	0.34	0.21

(3) 不同掺量成型砂柱的抗压强度

取静置时间为 6 h 的复合水泥浆料，改变沉淀物的掺量为 10%、20%、30%、40%、50%和 60%拌和成型砂柱（ϕ3 cm×6 cm），测得其平均抗压强度如表 4-5 所示。与生物 $BaHPO_4$ 浆料在不同掺量下拌和胶结砂柱（ϕ3 cm×6 cm）的平均抗压强度相比，复合水泥浆料拌和胶结砂柱的平均抗压强度较低。

表 4-5　复合水泥浆料的掺量对砂柱平均抗压强度的影响

含量/%	10	20	30	40	50	60
抗压强度/MPa	0.13	0.25	0.38	0.36	0.35	0.36

通过 MDI Jade 5.0 软件分析复合水泥浆料（静置时间为 6 h）的 raw 文件，结果显示产物的成分为 $MgNH_4PO_4·6H_2O$（JCPDS No. 03-0240）和 $Mg_5(CO_3)_4(OH)_2(H_2O)_4$（JCPDS No. 70-1177）混合物（图 4-6，图 4-7）。SEM 图像显示，$MgNH_4PO_4·6H_2O$ 和 $Mg_5(CO_3)_4(OH)_2(H_2O)_4$ 混合物的形貌为不规则块状结构且表面相对粗糙，粒子尺寸在 150～500 μm，如图 4-7 所示。

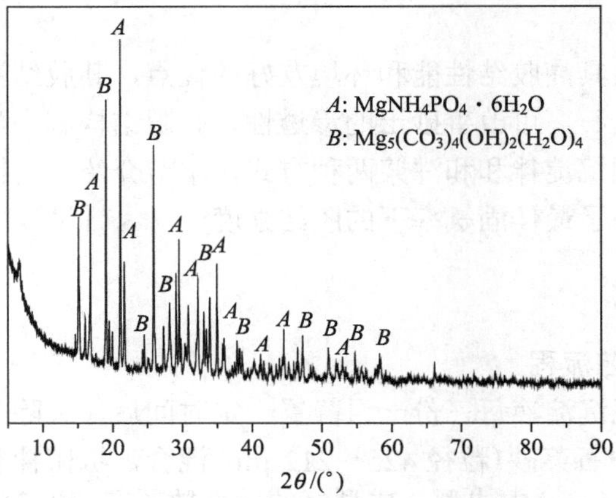

图 4-6　沉淀浆料的 XRD 图谱

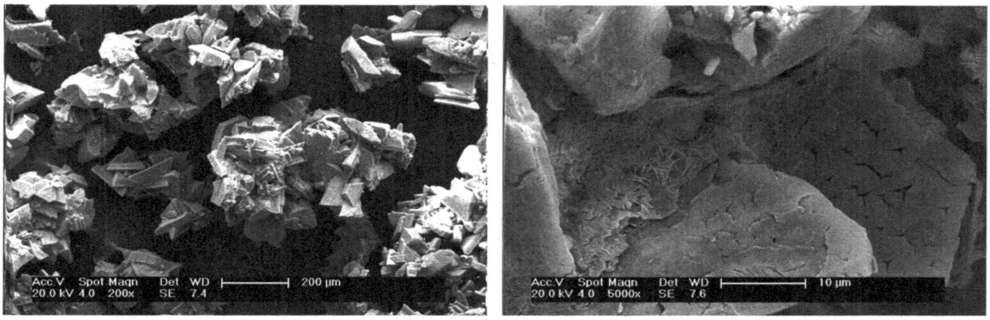

图 4-7　沉淀浆料的 SEM 图像

4.3.2　灌浆工艺

(1) 灌浆工艺流程

将不同粒径的石英砂(粒径 425～212 μm)机械拌和至均匀，备用装入松散砂粒之前，在 PVC 管(ϕ5 cm×15 cm)底部放入 1.0 mm 高的纱布，然后将石英砂装入 PVC 管中，压缩使其密实。最后在砂粒顶部放入 1.0 mm 高的纱布。用调节流速的蠕动泵连接 PVC 管底部(圆柱体底部)，从下而上注入微生物复合水泥溶液，步骤如下：①以 16 mL/min 的流速注入自来水至模具中，以排出砂粒之间存在的气泡，并排完试件中的自来水；②泵送注入 100 mL 菌液；③泵送注入 100 mL (1 mol/L) 尿素和 (2 mol/L) 混合溶液，静置 6 h；④注入 100 mL 菌液，静置 6 h；⑤注入 100 mL (1 mol/L) 尿素和 (2 mol/L) 混合溶液，静置 6 h；⑥注入 100 mL 菌液，静置 6 h。依次类推，直至不能注入菌液和尿素等混合溶液至砂柱为止。然后，将带模试样放置于烘箱(30±2) ℃中干燥，拆模，得到相应的砂柱。实验均是一式三份和在(30±2) ℃下进行胶结。CJ1 胶结次数分别为 2、4、6。

(2) 砂柱的抗压强度

图 4-8 显示的是渗流次数对砂柱抗压强度的影响。随着渗流次数从 2、4 和 6 依次增多，砂柱的抗压强度也依次升高，平均抗压强度分别是 0.37 MPa、0.80 MPa 和 1.53 MPa。

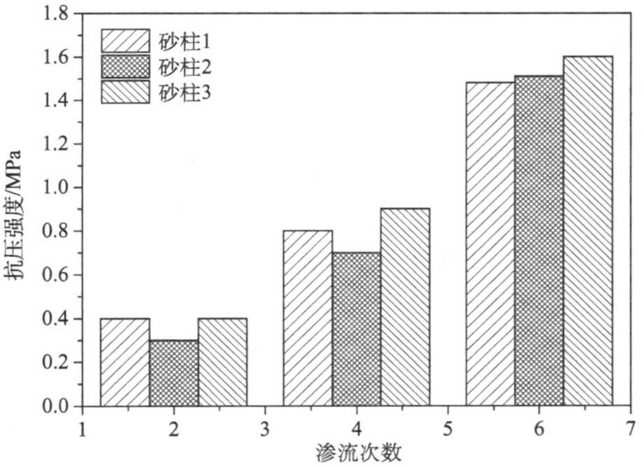

图 4-8　渗流次数对砂柱抗压强度的影响

说明随渗流次数增多砂柱的抗压强度随之升高。渗流 6 次之后，就难以灌入胶结液。因此，实验最高渗流次数为 6。采用生物碳酸盐水泥在灌浆工艺下渗流 6 次砂柱（ϕ3 cm×6 cm）的平均抗压强度为 1.27 MPa[4]。实际地基加固中，渗流可以是连续的。可见，对于复合微生物胶凝材料，灌浆工艺较适合。

(3) 砂柱的渗透性和孔隙率

微生物复合水泥渗流胶结砂柱的渗透系数随渗流次数的变化情况如图 4-9 所示。渗流次数为 0、2、4 和 6，对应的平均渗透系数分别为 3.97×10^{-2} cm/s、2.72×10^{-2} cm/s、2.22×10^{-2} cm/s 和 2.03×10^{-2} cm/s。随着渗流次数增多，砂柱的平均渗透系数依次降低，但仍可保持良好的渗透性。而采用生物碳酸盐水泥在灌浆工艺下多次渗流胶结砂柱（ϕ5 cm×50 cm），直至无法灌入胶结液时，注射口最近的 0～10 cm 砂柱平均渗透系数约为 3.10×10^{-3} cm/s，10～20 cm 约为 4.90×10^{-3} cm/s[3]。

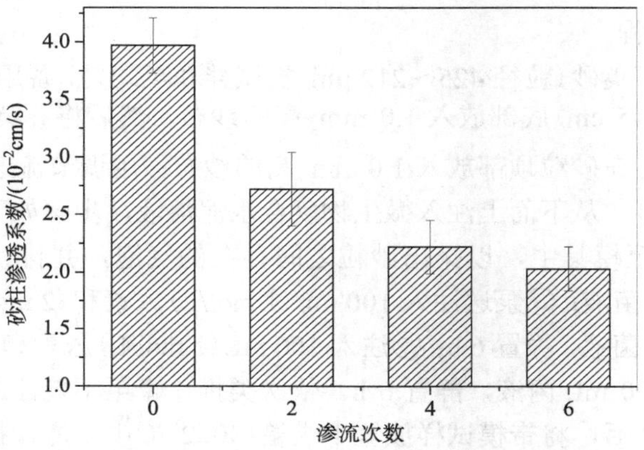

图 4-9 微生物复合水泥渗流胶结砂柱的渗透系数随渗流次数的变化情况

图 4-10 显示的是渗流次数与孔隙率的关系。渗流次数在 2、4 和 6 下，砂柱的平均孔隙率由初始 45.01%、45.0%和 45.02%分别降低至 34.62%、29.55%和 25.15%。采用生物碳酸盐水泥在灌浆工艺下多次渗流砂柱（ϕ3 cm×6 cm），直至无法灌入胶结液时，砂柱的平均孔隙率为 23.70%[5]。

(4) 砂柱的内部胶结状态

不同渗流次数的砂柱 SEM 图像，如图 4-11 所示。图 4-11(a)～(f) 分别显示在渗流次数 2、4 和 6 下砂柱内部填充情况，颗粒的形貌主要是不规则片状。图 4-11(a)、(b) 显示渗流次数为 2 时，砂柱内部填充情况，生成的微生物复合水泥的量较少，没能更好地填充在砂粒之间。图 4-11 (c)、(d) 显示渗流次数为 4 时，砂柱内部填充情况，生成微生物复合水泥的量比渗流 2 次时的生成量多，可部分填充在砂粒之间。图 4-11(e)、(f) 显示渗流次数为 6 时，砂柱内部填充情况，生成微生物复合水泥的量比 2 次和 4 次都多，且能够较好地填充在砂粒之间，将松散砂粒胶结成为一个具有良好力学性能的整体。上述结果可以同样说明，砂柱的渗透性和孔隙率随渗流次数的增加而减小，砂柱的抗压强度随之升高。

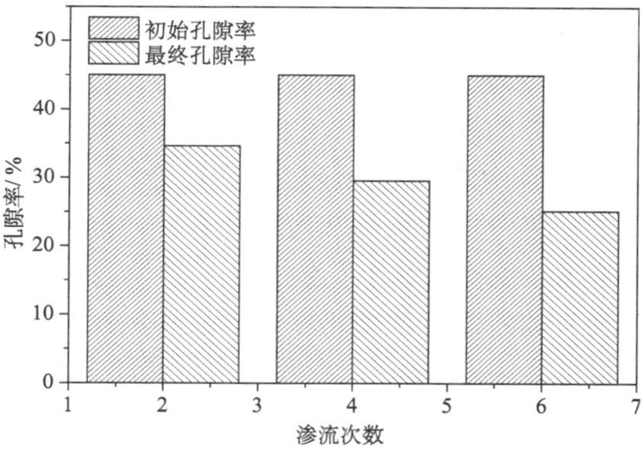

图 4-10　微生物复合水泥渗流次数与孔隙率的关系

(a) 渗流2次砂柱SEM图像(100 ×)

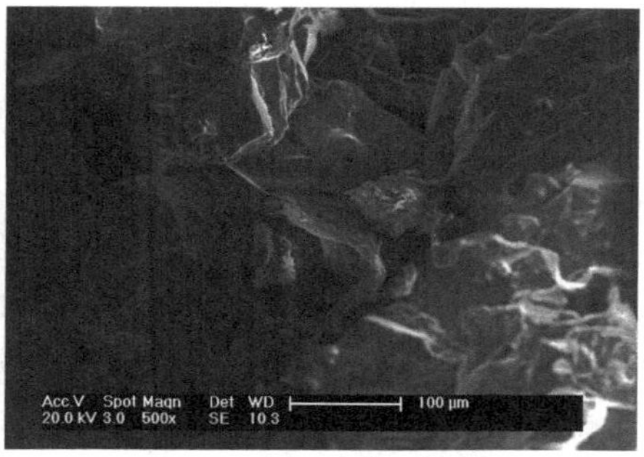

(b) 渗流2次砂柱SEM图像(500 ×)

(c) 渗流4次砂柱SEM图像(100 ×)

(d) 渗流4次砂柱SEM图像(500 ×)

(e) 渗流6次砂柱SEM图像(100 ×)

(f) 渗流6次砂柱SEM图像(500 ×)

图 4-11　不同渗流次数的砂柱 SEM 图像

(5) 砂柱的三维孔隙结构演变

采用的 XCT 高精度计算机断层扫描系统，分辨率为微米，测试方法如文献[6]所述。对不同渗流次数下 (2、4 和 6) 的砂柱进行 XCT 原位追踪测试。测试结果采用 XCT 设备上的 VG Studio Max 2.0 软件中的缺陷分析模块进行分析。根据文献[6]报道，采用 VG Studio Max 2.0 软件中的缺陷分析模块和灰度阈值算法，提取孔信息，并采用彩色标尺代表孔的大小，其中蓝色到红色代表从小孔到大孔。图 4-12 显示的是在不同渗流次数下砂柱的三维孔隙结构演变。随着渗流次数增多，砂柱中的缺陷尺寸逐渐减小。渗流 2 次下砂柱存在的最大缺陷尺寸为 1401 mm^3，渗流 6 次后降低至 738 mm^3。这是由于渗流次数的增多，在砂柱内部生成越来越多的微生物水泥产物填充缺陷。随着渗流次数增多，该部位缺陷尺寸逐渐减小。砂柱的整体缺陷分布是不均匀的，这是因为松散砂粒成型初始状态就存在缺陷分布不均匀性[6]，如图 4-12 所示。XCT 图像分析得到砂柱的平均孔隙率为 36.20%、32.21%和 20.21%，分别对应的渗流次数为 2、4 和 6。该结果与石蜡排水法测定渗流次数在 2、4 和 6 下的砂柱平均孔隙率 34.62%、29.55%和 25.15%相近。

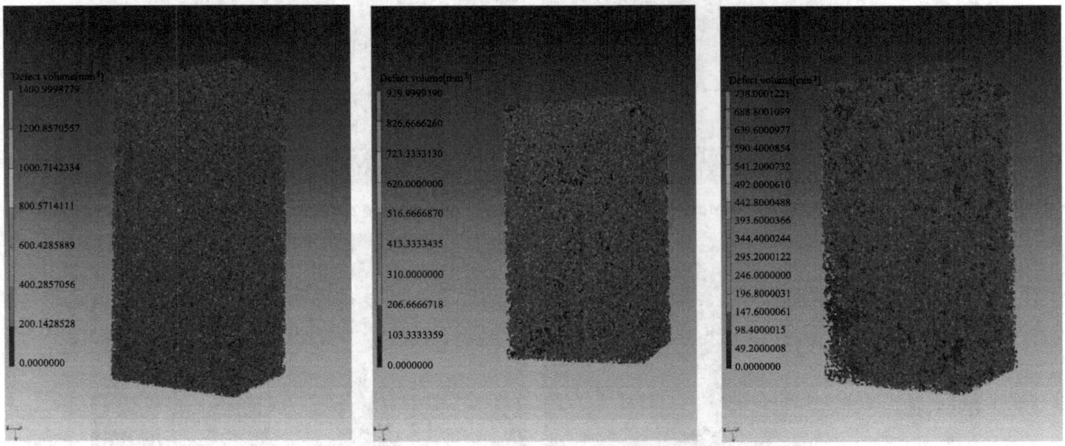

(a) 2次　　(b) 4次　　(c) 6次

图 4-12　不同渗流次数下砂柱的三维孔隙结构演变

4.3.3　预沉淀拌和工艺与灌浆工艺比较

通过对比预沉淀拌和工艺和灌浆工艺发现，预沉淀拌和工艺胶结砂柱的抗压强度较差，而灌浆工艺达到一定的胶结次数能明显提高砂柱的抗压强度，同时在一定程度下降低砂柱的渗透性和孔隙率。对于砂柱抗压强度，复合水泥预沉淀拌和工艺不及灌浆工艺是由粒子尺寸和结构导致的。例如，图 4-7 显示复合水泥产物粒子形貌为不规则块状结构，尺寸在 150～500 μm，而松散砂粒紧密堆积下的孔隙尺寸小于 100 μm，所以导致预沉淀拌和工艺下砂粒间距离增大，这是导致砂柱抗压强度低的原因之一。其次，通过复合水泥产物的粒子结构可以判定粒子间结合力较差，这也是导致砂柱抗压强度低的原因。然而，在灌浆工艺成型砂柱中，复合水泥产物粒子尺寸小于 100 μm，且粒子间结合紧密，如图 4-11 所示。所以，复合水泥在灌浆工艺条件下能够较好地将松散砂粒固结成为一个具有良好力学性能的整体。接下来主要采用不同配方复合水泥在灌浆工艺下胶结松散砂粒，并对胶结体的孔隙率、渗透性、抗压强度和内部微结构进行研究。

4.3.4　最佳固氨率下的胶结性能

(1) 最佳固氨率下的复合水泥制备砂柱

通过灌浆工艺将微生物复合水泥灌入 ϕ5 cm×15 cm 石英砂模具中，在此工艺下渗流循环 3 次，直至胶结液无法灌入砂柱中。然后，将带模试样放置于 (30±2) ℃烘箱中养护 15 d，拆模，得到相应的砂柱 (ϕ5 cm×10 cm)。

(2) 最佳固氨率下的复合水泥胶结砂柱的产物

最佳固氨率下的复合水泥胶结砂柱的 XRD 衍射峰显示砂柱主要成分为石英 (JCPDS No. 46-1045) 和 $NH_4MgPO_4 \cdot 6H_2O$ (JCPDS No. 15-0762) (图 4-13)。该 XRD 结果表明，最佳固氨率下的复合水泥胶结砂柱形成的胶凝材料主要为 $NH_4MgPO_4 \cdot 6H_2O$，但可能还含有无定型的碱式碳酸镁。

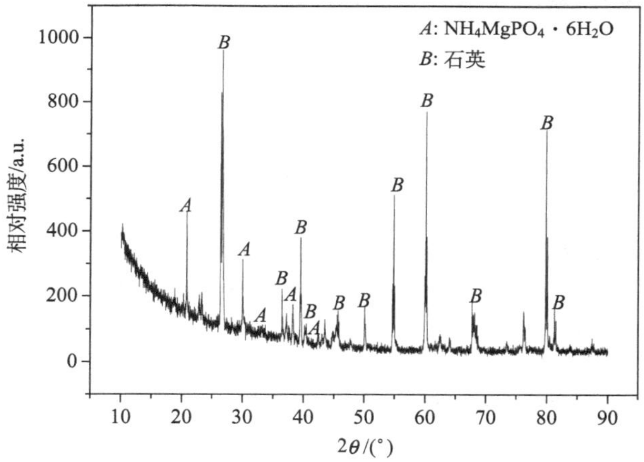

图 4-13　最佳固氨率下的复合水泥胶结砂柱的 XRD 图谱

(3) 最佳固氨率下的复合水泥胶结砂柱的渗透性

砂粒的初始平均渗透系数为 3.97×10^{-2} cm/s，采用最佳固氨率下的复合水泥在灌浆工艺下循环 3 次胶结砂柱，砂柱的平均渗透系数约为 2.37×10^{-2} cm/s。生物碳酸盐水泥在灌浆工艺下多次胶结砂柱 (ϕ5 cm×50 cm)，直至无法灌入胶结液时，注射口最近的 0～10 cm 砂柱平均渗透系数约为 3.10×10^{-3} cm/s，10～20 cm 约为 4.90×10^{-3} cm/s[6]。

(4) 最佳固氨率下的复合水泥胶结砂柱的孔隙率

砂粒的初始平均孔隙率为 45.01%，采用最佳固氨率下的复合水泥在灌浆工艺下循环 3 次胶结砂柱，此时砂柱的平均孔隙率为 26.23%。生物碳酸盐水泥在灌浆工艺下多次胶结砂柱 (ϕ3 cm×6 cm)，直至无法灌入胶结液时，砂柱的平均孔隙率为 23.70%[5]。

(5) 最佳固氨率下的复合水泥胶结砂柱的抗压强度

最佳固氨率下的复合水泥在灌浆工艺下循环 3 次胶结砂柱的抗压强度分别为 1.43 MPa、

1.47 MPa 和 1.41 MPa，平均抗压强度为 1.43 MPa。采用生物碳酸盐水泥在灌浆工艺下多次胶结砂柱（ϕ5 cm×50 cm），直至无法灌入胶结液时，注射口最近的 0～10 cm 砂柱抗压强度可达 5.90 MPa，10～20 cm 处可达 3.80 MPa[7]。

(6) 最佳固氨率下的复合水泥胶结砂柱的内部状态

最佳固氨率下的复合水泥胶结砂柱的 SEM 图像，如图 4-14 所示，复合水泥产物形貌主要是块状结构，粒子尺寸小于 100 μm，并且能够较好地填充在砂粒之间。

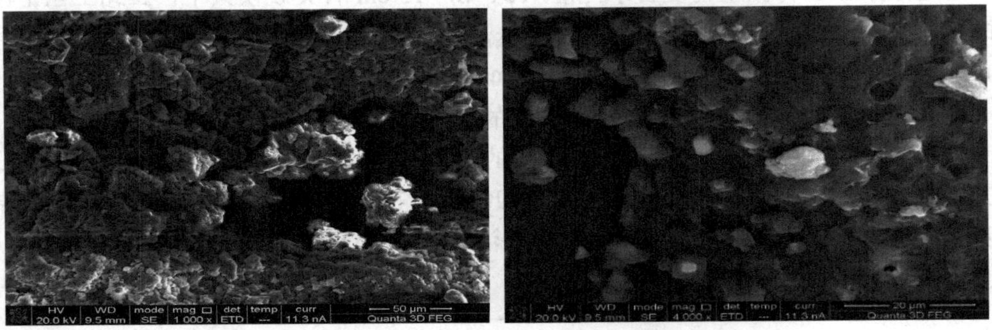

图 4-14　最佳固氨率下的复合水泥胶结砂柱的 SEM 图像

4.4　微生物复合水泥胶结特征

通过对复合水泥胶结砂柱的界面结构、电子结合能、热性质、微结构等进行分析，明确预沉淀拌和工艺与灌浆工艺下胶结砂柱的性能差异。通过分析对比两者的区别来阐明复合水泥起胶结作用的本质。

4.4.1　复合水泥-载玻片界面结合力

(1) 复合水泥-载玻片界面矿化

为了对比，分别将生物磷酸盐水泥（BBP）液体、I 类生物碳酸盐水泥（BCC）液体、微生物复合水泥（OCC）液体、II 类生物碳酸盐水泥（CAC）液体、水灰比 0.5 的普通硅酸盐水泥（HCS）净浆，沉积于载玻片表面，自然干燥并待用。

(2) 复合水泥-载玻片界面结合力

图 4-15 显示的是界面结合强度与不同类型水泥沉积量的关系[8]。由图 4-15 可知，随着沉积在载玻片表面上的胶凝物质含量增加，界面结合强度呈增加趋势，说明水泥沉积层厚度与界面结合强度相关，同时比较各线段截距大小可知，单位质量水泥的增加对界面结合强度影响程度不同，由大到小依次为 I 类生物碳酸盐水泥、普通硅酸盐水泥、II 类生物碳酸盐水泥、微生物复合水泥和生物磷酸钡水泥。它们与载玻片间的平均界面结合力分别为 6.42 N、5.85 N、2.89 N、1.28 N、0.40 N。

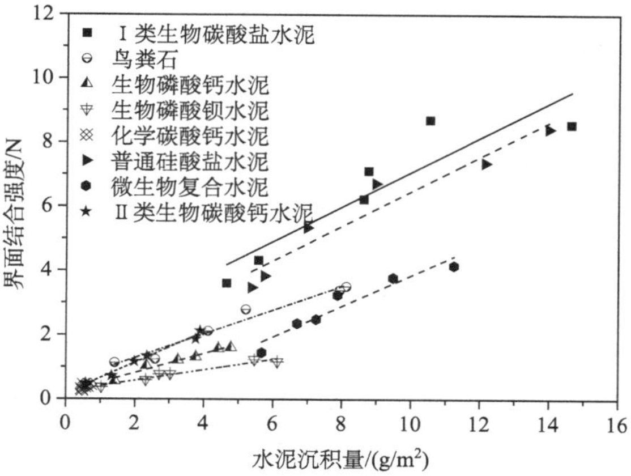

图 4-15　界面结合强度与不同类型水泥沉积量的关系

4.4.2　砂柱的界面结构

图 4-16 显示的是预沉淀拌和工艺和灌浆工艺胶结松散砂粒的 FTIR 光谱。波数在 3420.86 cm^{-1}、3403.94 cm^{-1}、1646.94 cm^{-1}和 1638.33 cm^{-1}可能是由样品中结晶水引起的，如图 4-16 *a* 和 *b* 曲线所示。波数在 3259.39 cm^{-1}和 3243.53 cm^{-1}可能是复合水泥与石英砂之间生成氢键引起的振动吸收峰(图 4-16 *a* 和 *b* 曲线)。纯石英砂环境下 FTIR 光谱显示 Si—O 键反对称和对称伸缩振动频率分别位于 1094.81 cm^{-1}和 794.20 cm^{-1}。预沉淀拌和工艺胶结松散砂粒的 FTIR 光谱显示，胶结后的砂粒中 Si—O 键反对称和对称伸缩振动频率分别为 1065.20 cm^{-1}和 783.64 cm^{-1}，如图 4-16 *a* 曲线所示。而灌浆工艺胶结松散砂粒的 FTIR 光谱中显示 Si—O 键的反对称和对称伸缩振动频率分别为 1084.84 cm^{-1}和 790.59 cm^{-1}(图 4-16 *b* 曲线)。上述结果显示预沉淀拌和工艺和灌浆工艺胶结松散砂粒中 Si—O 键振动频率是不一致的，这说明复合水泥产物与石英砂中的 SiO_2 之间可能发生了键合作用引起 Si—O 键振动频率发生变化，这个需要 Si(2p)电子结合能和热重-差热分析进一步验证。

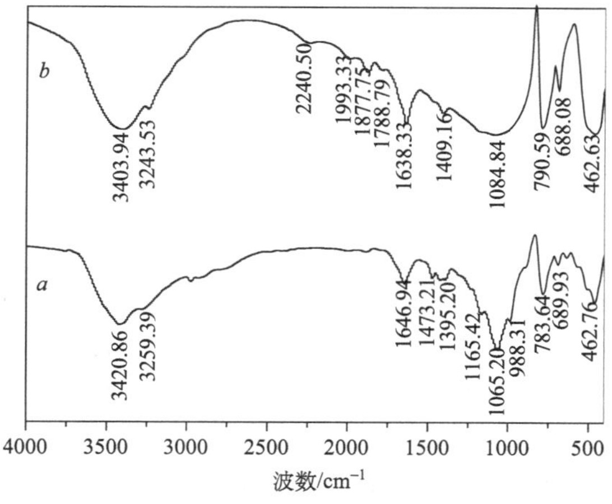

图 4-16　不同工艺的胶结松散砂粒 FTIR 光谱

a. 预沉淀拌和工艺；*b*. 灌浆工艺

4.4.3　不同环境下石英砂的 Si(2p)电子结合能

复合水泥在预沉淀拌和工艺和灌浆工艺下胶结砂柱的 Si(2p)电子结合能图谱，如图 4-17 所示。纯石英砂环境下 Si(2p)电子结合能为 101.875 eV。由图 4-17 *a* 曲线可看出，复合水泥在预沉淀拌和工艺下胶结砂柱的 Si(2p)电子结合能为 101.875 eV。而图 4-17 *b* 曲线显示采用灌浆工艺胶结砂柱的 Si(2p)电子结合能为 101.750 eV，谱线发生的化学位移为 101.875–101.750=0.125 eV。结果表明，灌浆工艺下砂柱中复合水泥产物与石英砂中的 SiO_2 之间发生了键合作用导致 Si(2p)电子结合能降低。而在预沉淀拌和工艺条件下砂柱中 Si(2p)电子结合能没有变化，说明复合水泥产物与石英砂中的 SiO_2 之间没有键合作用或键合作用很弱。所以，灌浆工艺下砂柱中复合水泥产物与石英砂中的 SiO_2 之间的键合作用强度高于预沉淀拌和工艺。

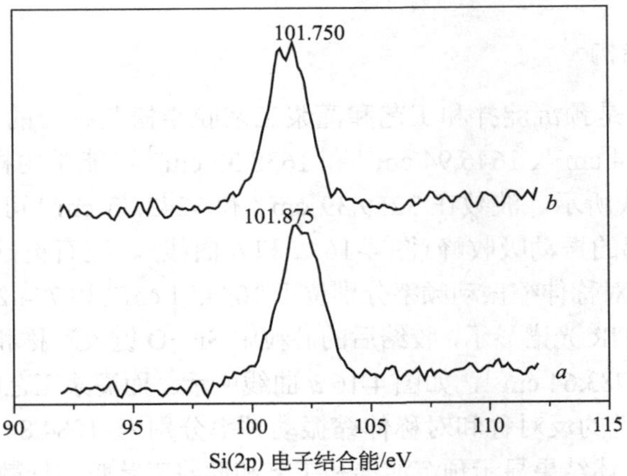

图 4-17　两种工艺下胶结砂柱的 Si(2p)电子结合能图谱

a. 预沉淀拌和工艺；*b*. 灌浆工艺

灌浆工艺下形成的复合水泥产物与石英砂中的 SiO_2 之间发生的键合作用可能是范德瓦耳斯键、分子间氢键和分子内氢键作用。范德瓦耳斯键和分子间氢键可使胶结物质的熔点或分解温度升高，而分子内氢键作用可使胶结物质的熔点或分解温度降低。因此，需要热重-差热分析进一步验证上述推测的结果。

4.4.4　砂柱的热性质

图 4-18 *a*、*b* 和 *c* 曲线分别显示在室温至 700 ℃范围内复合水泥的预沉淀拌和工艺和灌浆工艺胶结砂柱的 DSC 曲线。结果显示复合水泥在溶液中产物的熔点或热分解温度(95.4 ℃、145.6 ℃和 677.8 ℃)高于预沉淀拌和工艺(82.9 ℃、121.7 ℃和 572.8 ℃)和灌浆工艺(93.1 ℃、133.9 ℃和 573.2 ℃)胶结砂柱中产物。图 4-18*b* 曲线中 173.4 ℃可能是包裹在复合水泥中有机物的熔点或热分解温度。综上所述，灌浆工艺下胶结砂柱中复合水泥产物的熔点或热分解温度略高于预沉淀拌和工艺，复合水泥产物与石英砂中的 SiO_2 之间发生了键合作用。范德瓦耳斯键和分子间氢键可使胶结物质的熔点或分解温度

升高，而分子内氢键作用可使胶结物质的熔点或分解温度降低。当分子内的化学键离得近时，优先形成分子内氢键。上述结果说明复合水泥产物与石英砂中的 SiO_2 之间形成了分子内氢键作用，引起砂柱中复合水泥产物熔点或热分解温度降低。所以，复合水泥与松散砂粒间的胶结本质是形成分子内氢键作用。

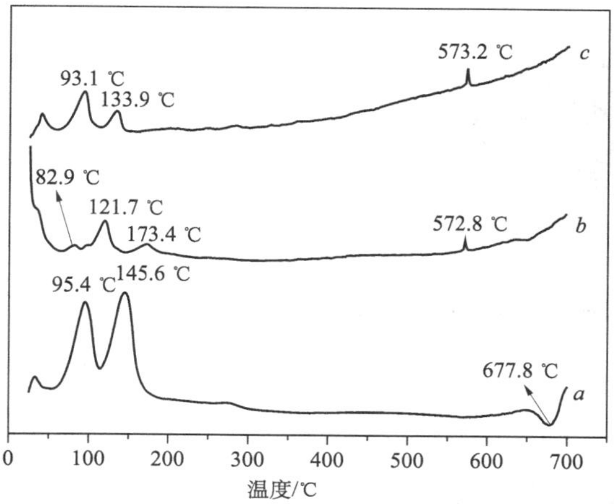

图 4-18　复合水泥在溶液中产物和不同工艺下胶结砂柱的 DSC 曲线

a. 溶液中；*b*. 预沉淀拌和工艺砂柱中；*c*. 灌浆工艺砂柱中

4.4.5　砂柱的微结构

SEM 图像显示砂柱在预沉淀拌和工艺和灌浆工艺下的内部状态，如图 4-19 所示。图 4-19(a)显示采用预沉淀拌和工艺可将复合水泥产物较好地填充在砂粒之间。而在灌浆工艺下形成的复合水泥能更好地填充在砂粒之间[图 4-19(b)]。由图 4-19 可知，采用灌浆工艺生成的复合水泥产物在砂粒孔隙之间填充更加密实。

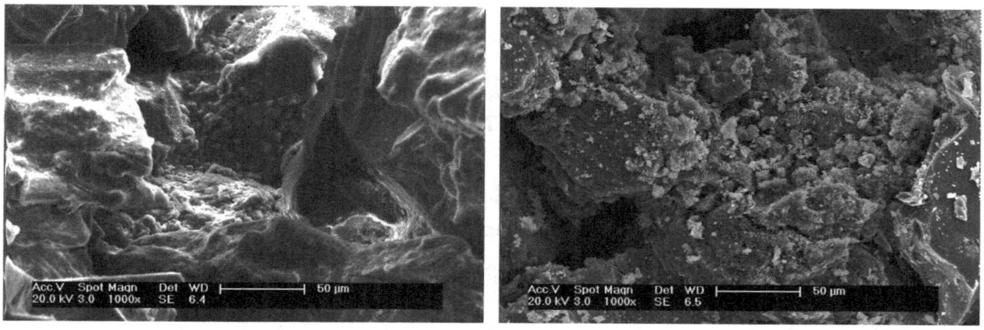

(a) 预沉淀拌和工艺　　(b) 灌浆工艺

图 4-19　不同工艺下的砂柱 SEM 图像

图 4-20 显示的是在预沉淀拌和工艺和灌浆工艺下复合水泥胶结松散砂粒的 TEM 图像。图 4-20(a)和(b)显示复合水泥在预沉淀拌和工艺下胶结松散砂粒的 TEM 图像，发

现有复合水泥产物吸附在砂粒周围，而灌浆工艺中复合水泥产物能够更致密地填充在砂粒之间，如图 4-20(c)和(d)所示。因此，复合水泥在灌浆工艺下胶结砂柱的平均抗压强度高达 1.47 MPa，而预沉淀拌和工艺只有 0.33 MPa。

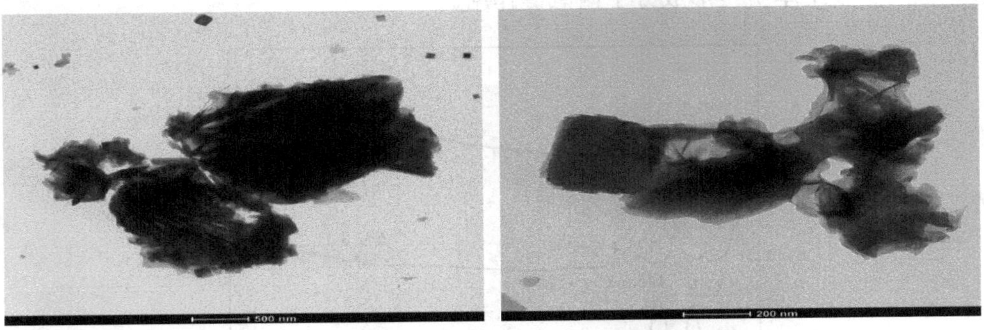

(a) 预沉淀拌和工艺胶结砂粒TEM图1　　(b) 预沉淀拌和工艺胶结砂粒TEM图2

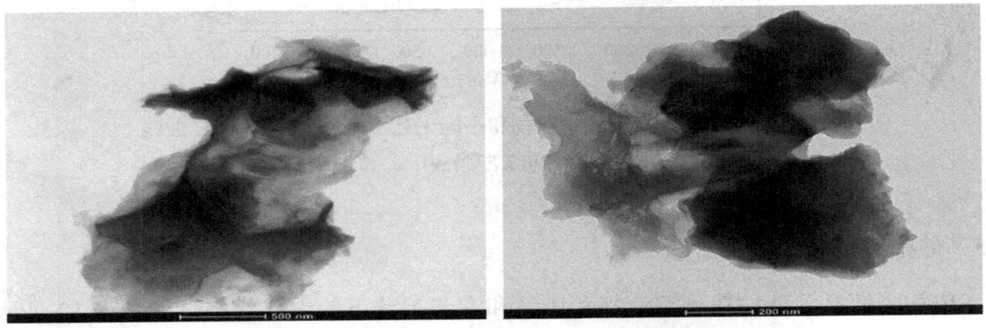

(c) 灌浆工艺胶结砂粒TEM图1　　(d) 灌浆工艺胶结砂粒TEM图2

图 4-20　不同工艺下复合水泥胶结松散砂粒的 TEM 图像

参 考 文 献

[1] 於孝牛. 生物磷酸盐水泥和复合水泥的研制及其胶结机理 [D]. 南京: 东南大学, 2016.

[2] 史云峰, 张强, 赵牧秋. 游泳池水中尿素含量的双乙酰分光光度测定法 [J]. 环境与健康杂, 2014, 31(5): 450-451.

[3] 雷蕾. 鸟粪石结晶法去除沼液中氮磷的研究[D]. 重庆: 西南大学, 2013.

[4] Rong H, Li L Z, Qian C X. Influence of number of injections on mechanical properties of sandstone cemented with microbe cement [J]. Advances in Cement Research, 2013, 25(6): 307-313.

[5] Rong H, Qian C X, Li L Z. Influence of molding process on mechanical properties of sandstone cemented by microbe cement [J]. Construction and Building Materials, 2012, 28: 238-243.

[6] 荣辉. 微生物水泥的研制及其胶结机理[D]. 南京: 东南大学, 2014.

[7] 荣辉, 钱春香, 王欣. 微生物水泥基材料抗冻性和抗冲刷性 [J]. 功能材料, 2014, 11(45): 11091-11095.

[8] 王欣. 微生物水泥胶结砂体的界面及其对性能的影响[D]. 南京: 东南大学, 2015.

第 5 章　微生物水泥应用

微生物水泥具有广泛的应用领域，如地基深层生态加固、沙漠治理、岛礁建设、水利工程渗漏封堵等，其最大的优势是生态相容性好。本章介绍微生物水泥在土壤重金属钝化、砂土胶结、建筑工地扬尘治理等方面的工程应用案例。

5.1　微生物水泥钝化土壤重金属

我国土壤重金属污染严重，在一些开采矿区、电镀厂周围，甚至种植土壤中都发现大量重金属污染[1]。例如，对某铜矿区尾矿土壤中 Cu、Zn、Pb、Cd、Cr、Ni 六种重金属进行化学形态分析，除 Cr 外，交换态都为污染形态，含量很高，$w(\mathrm{Cu})$=353.28 mg/kg，$w(\mathrm{Zn})$= 112.72 mg/kg，$w(\mathrm{Pb})$= 53.88 mg/kg。江苏某电镀厂向河流中排放 Zn^{2+}、Mn^{2+}、Cr^{2+}、Cu^{2+}和 Ni^{2+}等酸性污染物，浓度分别达到 1.34 mg/L、3.77 mg/L、28.1 mg/L、6.40 mg/L 和 9.37 mg/L，pH 为 2.32，除 Zn 外皆超过国家污水综合排放标准，是构成下游河流重金属沿程污染的主要原因。在某长期灌溉电池废水的麦田土壤中发现，Cd、Ni、Zn 和 Cu 含量分别是国家土壤环境质量二级标准的 209.92 倍、35.59 倍、12.49 倍和 2.86 倍。采用微生物矿化方法可将游离态重金属离子转化为稳定的矿物，在矿山尾矿治理、种植农田中均取得良好的应用效果。

5.1.1　矿山尾矿治理实例

(1)污染场地分析

江苏地区有大量选矿企业和电镀生产企业，虽然环保部门已经取缔很多污染企业，但仍有一些企业违规生产和排放，同时长期工业污染的残留重金属也难以很快去除。例如，某小型选矿厂(图 5-1)，开采出铁矿后，进行简单的破碎粗加工，筛选出有价值的矿石，剩余尾矿则长期堆积在工厂周围。选矿厂流出的废水直接排进湖中，导致湖水赤红。周围居民灌溉农田用水直接取自湖中，甚至在矿区内种植农作物。

(2)土壤采样及测定方法

污染场地为平地，在 100 m^2 污染场地内按照土壤学取样标准要求取样，采取耕作层(0～20 cm)内土壤样，取样点和取样方法如图 5-2 所示。

将取回的土样自然风干并研磨，过 0.2 mm 孔径筛后保存备用。准确称取过筛后土壤样品 1 g，加入 8 mL 的 1 mol/L 醋酸钠溶液中，室温振荡 2 h，以 240 r/min 离心 20 min，分离上层清液并装入聚乙烯塑料瓶中。采用 OPTIMA 2000DV 等离子体原子发射光谱仪分析上清液中的重金属离子浓度。

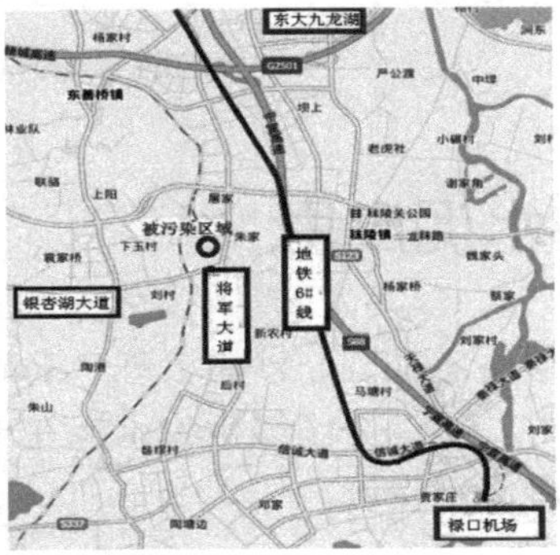

(a) 选矿厂地理位置

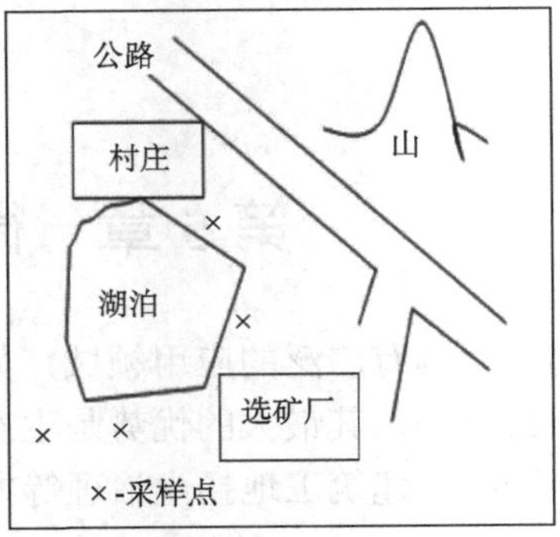

(b) 选矿厂周围情况

(c) 选矿厂现场污染

(d) 选矿厂附近种植的作物

图 5-1　选矿厂地理位置及现场状况

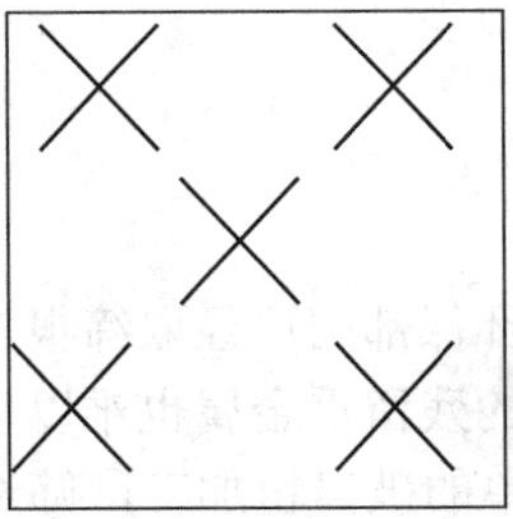

(a) 取样点

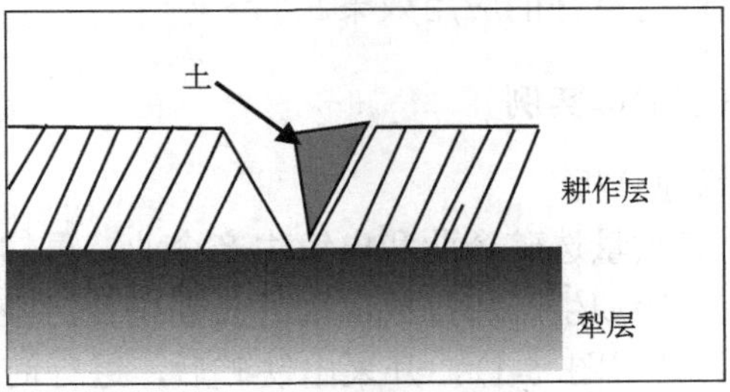

(b) 采样方式

图 5-2　土壤采样方法

现场环境的温度可用温度计直接测量，分别测定 6:00、12:00、18:00、0:00 四个时刻的温度，取平均值作为现场温度。将取样的土壤自然风干，研磨过筛处理后，称取 5 g 土样于 500 mL 烧杯中，加入 25 mL 去离子水，并持续搅拌悬浮液 30 min，静置 30 min 后用 pH 电极测量，确定土壤 pH。

(3) 污染分析及治理

以每治理污染土壤面积 100 m^2、治理深度 20 cm 计算，土壤密度为 1100 kg/m^3。治理期间环境温度在 25 ℃左右，土壤 pH 经分析为弱酸性 pH=6。各污染物及其浓度见表 5-1。根据土壤中重金属含量计算微生物钝化剂的用量。

表 5-1　土壤中有效态重金属含量

重金属离子种类	As^{3+}	Pb^{2+}	Cd^{2+}	Zn^{2+}	Cu^{2+}
浓度/(mg/kg)	15.04	5.12	0.62	35.47	11.86

将微生物钝化剂两组分混合加入喷雾器中，加水，充分混合静置 4 h 后喷洒至污染区域，如图 5-3 所示。

图 5-3　现场应用

喷洒一周后，分析土壤样中有效态重金属含量，对比分析磷酸盐及碳酸盐矿化菌钝化效果，见表 5-2，可见碳酸盐和磷酸盐矿化菌均可有效处理矿区重金属污染，喷洒一周后，土壤中有效态重金属含量明显减少。其中，碳酸盐矿化菌处理 As^{3+}、Pb^{2+}效果优于磷酸盐矿化菌；而磷酸盐矿化菌对 Cd^{2+}、Zn^{2+}的处理效果要优于碳酸盐矿化菌。究其原因，可能是不同重金属离子对磷酸盐和碳酸盐矿化菌酶活性的抑制作用不同。

表 5-2　碳酸盐与磷酸盐矿化菌处理选矿厂土壤效果对比

重金属离子种类	As^{3+}	Pb^{2+}	Cd^{2+}	Zn^{2+}	Cu^{2+}
浓度/(mg/kg)	15.04	5.12	0.62	35.47	11.86
碳酸盐钝化后浓度/(mg/kg)	2.56	1.31	0.29	16.75	3.22
碳酸盐矿化率/%	82.98	74.41	53.23	52.78	72.85
磷酸盐钝化后浓度/(mg/kg)	7.38	1.85	0.18	7.12	3.01
磷酸盐矿化率/%	50.93	63.87	70.97	79.93	74.63

5.1.2　农用土壤治理

土壤环境污染正在剥夺大片肥田沃土生态系统的健康，导致农作物生长发育抑制甚至枯萎死亡，破坏土壤的理化性质，使土壤板结，降低农产品的质量，特别是农作物对有害物的富集作用，危害牲畜人体健康。我国大多数城市近郊土壤都受到不同程度的污染，许多地方粮食、水果等食物中镉、铬、砷、铅等重金属含量超标或接近临界值。据报道，每年全国有不少地区已经发展到生产“镉米”的程度，每年生产的“镉米”多达数亿公斤。南京附近某地农用土壤也遭受不同程度污染，针对其中某个污染农用田进行土壤治理，取得了较好效果。

(1) 农用田污染情况

选取 4 个污染相对较重的农用田进行采样并分析，如图 5-4 所示。其中①号采样点污染不严重，各项指标均在背景值范围内；②号采样点有 G2501 高速经过，土壤重金属含量超过当地背景值，中度污染；③号采样点是重要的粮食作物基地，现在污染也较严重，超过当地背景值；④号采样点靠近水泥厂，周边耕作土壤中的重金属含量明显偏高。在 4 个采样点附近土壤中均种植农作物，如图 5-5 所示。

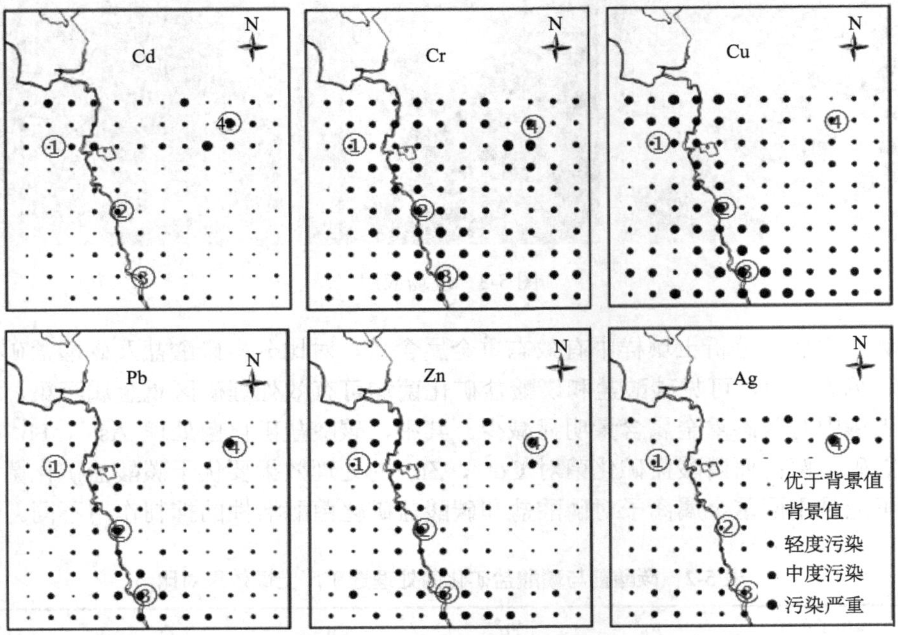

图 5-4　某地区重金属污染分布图[2]

(2) 污染分析方法

作物中重金属含量测定：将取回的作物用去离子水冲洗、沥去水分，烘干前先在 105 ℃下杀青 5 min，然后在 70 ℃烘箱中烘至恒重，粉碎后过 20 目筛；称取 5 g 于锥形瓶中，加混酸 40 mL，加盖浸泡过夜，次日在瓶口加一个小漏斗，将锥形瓶置于电热板上低温消解至发泡结束时，加大温度使产生的棕色烟转变为白色烟，待瓶口白烟消失后，瓶内液体再产生白烟视为消化完全，溶液为澄清无色，加水 10 mL 继续加热驱酸至产生白色烟两次，冷却，定量转移于 100 mL 容量瓶中，加水稀释至刻度，混匀，作为供试溶液。采用 OPTIMA 2000DV 等离子体原子发射光谱仪分析重金属离子浓度。

(3) 重金属污染分析

某地区 4 个采样点的土壤重金属(全量、有效态)、植物中的含量分析结果如表 5-3～表 5-5 所示。

(a) ①号采样点　(b) ②号采样点

(c) ③号采样点　(d) ④号采样点

图 5-5　采样点现场情况

表 5-3　采样点土壤重金属全量浓度　(单位：mg/kg)

土壤(全量)	Cd	Cr	Cu	Pb	Zn
①	1.11	76.58	45.70	21.84	98.66
②	1.55	68.42	208.16	25.28	153.78
③	1.40	73.27	60.71	29.51	144.41
④	2.33	69.53	55.75	24.28	115.54
地区背景值	0.19	59.00	32.2	24.8	76.68
国家标准	0.30	200	100	300	250

表 5-4　采样点土壤重金属有效态浓度　(单位：mg/kg)

土壤(有效)	Cd	Cr	Cu	Pb	Zn
①	0.09	—	2.64	1.64	6.82
②	0.15	—	4.70	3.72	10.74
③	0.06	—	2.01	1.32	5.03
④	0.15	—	1.97	1.47	3.38

表 5-5　采样点植物中所含重金属浓度　(单位：mg/kg)

植物	Cd	Cr	Cu	Pb	Zn
①	0.78	7.76	11.47	4.24	48.25
②	0.25	9.53	13.73	5.50	61.68

续表

植物	Cd	Cr	Cu	Pb	Zn
③	0.18	8.25	10.89	5.11	42.58
④	0.35	2.15	10.32	6.16	41.61
相关标准	0.1	粮食 1.0 蔬菜 0.5	—	蔬菜 0.3 水果 0.2	—

从表 5-3 可看出，若以国家标准衡量，各采样点 Cd 均严重超标，②号采样点中 Cu 也大幅超标；若以地区土壤背景值衡量，则各采样点重金属含量几乎全部超标，②号采样点土壤污染最为严重。从表 5-4 可以看出，土壤有效态重金属含量较低，可能是被植物吸收了，其中②号采样点的有效态重金属含量最多。从表 5-5 可看出，重金属含量的超标导致农用土壤种植出来的作物中重金属含量超标，综合分析，②号采样点中作物所含重金属超标最为严重。

土壤可交换态重金属是指吸附在黏土、腐殖质及其他成分上的重金属，对环境变化敏感，易于迁移转化，能被植物吸收，毒性大。因此，选取②号采样点进行污染分析及治理。采用碳酸盐矿化菌和磷酸盐矿化菌治理土壤后，重金属含量见表 5-6。碳酸盐矿化菌处理 As^{3+}、Pb^{2+}效果优于磷酸盐矿化菌；而磷酸盐矿化菌对 Cd^{2+}、Zn^{2+}的处理效果要优于碳酸盐矿化菌；两种方法对 Cu^{2+}的处理效果相当。

表 5-6　碳酸盐矿化菌与磷酸盐矿化菌处理农用田土壤(②号)效果对比

重金属离子种类	As^{3+}	Pb^{2+}	Cd^{2+}	Zn^{2+}	Cu^{2+}
浓度/(mg/kg)	4.76	3.72	0.15	10.74	4.70
碳酸盐处理后浓度/(mg/kg)	0.92	0.95	0.07	5.32	1.28
碳酸盐矿化率/%	80.67	74.46	53.33	50.47	72.77
磷酸盐处理后浓度/(mg/kg)	2.41	1.13	0.04	2.13	1.24
磷酸盐矿化率/%	49.37	69.62	73.33	80.17	73.62

5.2　微生物水泥胶结砂土性能与微观结构

5.2.1　胶结土壤性能表征方法

(1)硬度

硬度是评价胶结效果的一项重要指标。采用邵氏(D)硬度计，表头可安装在相应支架上测量，也可手持测量，压针行程范围为 0～25 mm，刻度盘值为 0～100，压针端部压力为 0.55～8.06 N。测量时，硬度计平压于胶结体表面，直至硬度计底面与胶结体完全接触为止，这时指针所指刻度即胶结体的硬度值。为稳定测量、提高测量精度，每次测量均应在不同的位置选择多点测量，取其平均值作为胶结体的硬度[3]。

(2) 强度

采用微机控制电子万能试验机测试单轴抗压强度，荷载精度为±0.5%，采用位移控制方式，加载速率为 1 mm/min。为减少偏心对检测结果的影响，样品底部采用球铰支座，每次放置样品加载前需对球铰角度进行调节，使样品轴线与荷载作用方向平行。此外，为提高测量精度，在测试前用砂纸对试样两端进行打磨，使待测试样两端与轴线垂直。

(3) 抗风蚀性能

与电吹风法、风扇法、现象观察法相比，风洞实验是检验微生物水泥胶结松散砂土抗风蚀性能有效可行的方法，结果更精确、更真实，装置如图 5-6 所示。将胶结体称重，记为 m_i；将胶结体置于风洞实验装置的洞体中，并采用支架固定，设定吹蚀风速为 12 m/s、吹蚀角度为 0°，待测量系统显示风速达到 12 m/s 时，开始计时，连续稳定吹蚀 1 h 后，胶结体称重记为 m_f；通过质量变化计算试样风蚀量 η_w，如式 (5-1) 所示：

$$\eta_w = \frac{m_i - m_f}{s_o} \tag{5-1}$$

式中，η_w——胶结体风蚀量，g/m^2；

m_i——胶结体的初始质量，g；

m_f——吹蚀后胶结体质量，g；

s_o——胶结体表面面积，m^2。

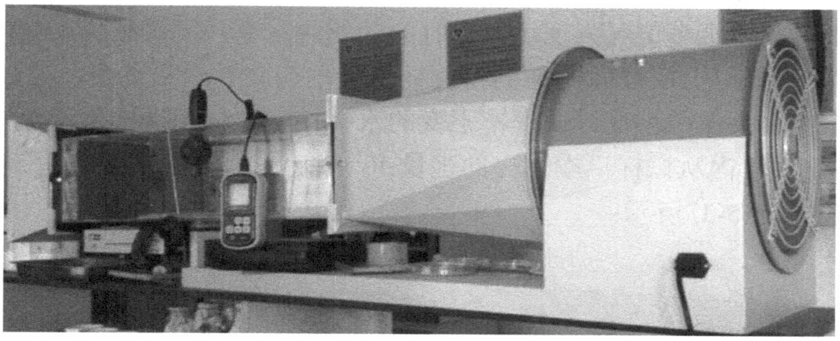

图 5-6　风洞实验装置

(4) 液限、塑限及塑性指数

一般而言，土壤含水率不同呈现的状态也有所差异，在不同的含水率下，可呈现的状态有流动状态、可塑状态、半固体状态和固体状态。液限是指呈可塑状态的上限含水率，塑限是指呈可塑状态的下限含水率。依据《土工试验方法标准》(GB/T 50123—2019)，采用液限、塑限联合测定仪（图 5-7）测定粉土、黏土界限含水率（砂土不存在液限、塑限）。通过液限、塑限的测定，计算土壤的塑性指数[式 (5-2)]，为划分土壤的类别和确定土壤的状态提供依据。

$$I_P = W_L - W_P \tag{5-2}$$

式中，I_P——塑性指数，%；

W_L——液限，%；

W_P——塑限，%。

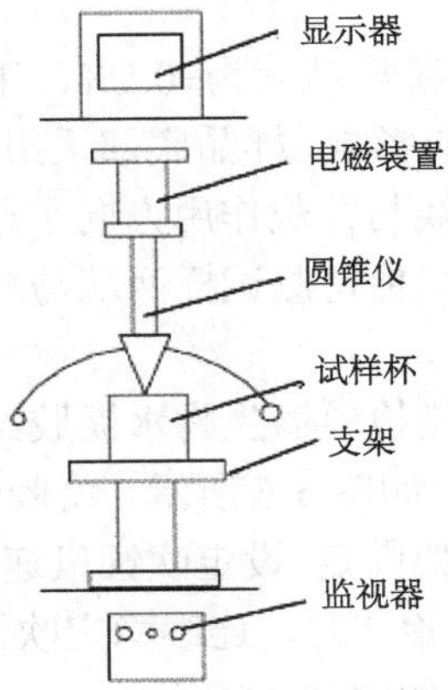

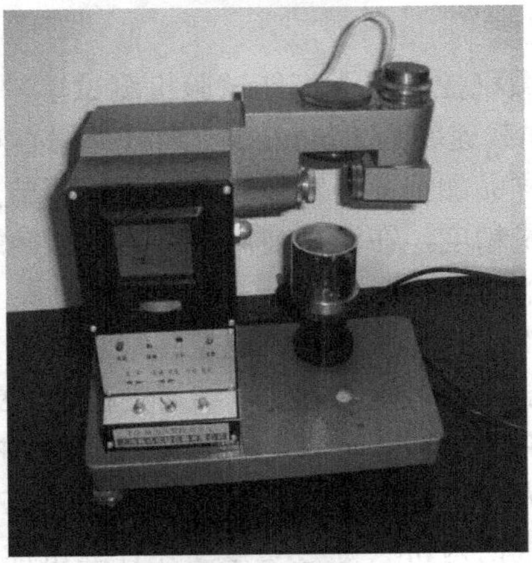

图 5-7　液限、塑限联合测定仪示意图及设备

(5) 渗透系数

渗透系数又称水力传导系数，是指在各向同性介质中单位水力梯度下的单位流量，表示流体通过孔隙骨架的难易程度，通过渗透系数可推断土壤的类型。由于影响渗透系数的因素较多，很难建立渗透系数精准理论公式，通常采用实验测定。实验依据《土工试验方法标准》(GB/T 50123—2019)，采用常水压渗透实验测量渗透系数。将微生物水泥胶结前后土样的含水率调配为现场取样时的初始含水率，同时根据初始的密度制备试样。实验时将高度为 L、横截面为 A 的待测样装入垂直放置的装置中，从上端不断注水，并利用溢水口使水头保持不变。试样在不变的水头差 Δh 作用下产生渗流，当渗流达到稳定后，测得时间 t 内从试样下端流出的水量 V。渗透系数测定实验如图 5-8 所示，渗透系数计算公式如式(5-3)所示：

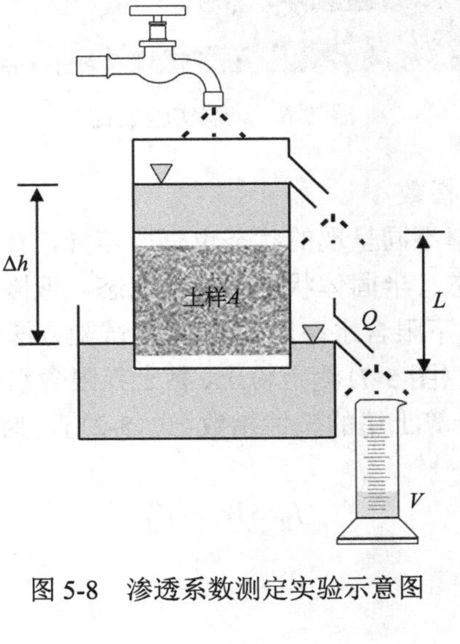

图 5-8　渗透系数测定实验示意图

$$k = \frac{QL}{A\Delta ht} \tag{5-3}$$

式中，k——渗透系数，cm/s；

Q——时间 t 内的渗出水量，cm^3；

L——两测压管中心间距，cm；

A——试样的断面积，cm^2；

Δh——水头差，cm。

(6) 压缩系数

压缩固结实验是将土样置于金属压缩容器内，在有侧限的条件下施加压力，观察土样在不同压力下的压缩变形量。土在外荷载作用下，水和空气逐渐被挤出，土骨架颗粒之间相互挤密，土的孔隙减小，从而引起土的压缩变形。实验依据《土工试验方法标准》(GB/T 50123—1999) 中的压缩固结实验方法，将微生物水泥胶结前后土样的含水率调配为现场取样时的初始含水率，同时根据初始的密度制备试样。在压缩容器内放置透水石、滤纸和护环，然后在环刀试样上放薄滤纸、护环、透水板和加压盖板。按照 12.5 kPa、25.0 kPa、50.0 kPa、100 kPa、200 kPa 和 400 kPa 分级荷重加载，各级荷载历时 10 min，记下测微表读数，直至第四级荷载施加完毕为止。土样初始孔隙率按式 (5-4) 计算，各级压力下试样压缩胶结稳定后的孔隙率按式 (5-5) 计算，压缩系数按式 (5-6) 计算：

$$e_0 = \frac{(1+w_0)G_s\rho_w}{\rho_0} - 1 \tag{5-4}$$

$$e_i = e_0 - \frac{1+e_0}{h_0}\Delta h_i \tag{5-5}$$

$$a_v = \frac{e_i - e_{i+1}}{p_{i+1} - p_i} \tag{5-6}$$

式中，e_0——土样的初始孔隙率，%；

w_0——土样的初始含水率，%；

G_s——土粒的比重；

ρ_0——土样的初始密度，g/cm^3；

ρ_w——水的密度，g/cm^3；

h_0——试样的初始高度，mm；

Δh_i——某级压力下试样胶结稳定后的总变形量，mm；

e_i——某一压力下土样的孔隙率，%；

a_v——压缩系数，MPa^{-1}。

5.2.2　胶结土壤微观结构表征方法

(1) 孔隙率

采用饱和吸水率来表征胶结体内部的孔隙情况，具体方法：将待测胶结体置于水中浸泡后称重，记为 m_g；再将胶结体于烘箱中 (60 ℃) 干燥 48 h 后称重，记为 m_d；将胶结体表面以石蜡涂覆后置于含适量水的量杯中，利用排水法测量试样体积，记为 v；胶结体的孔隙率 η_p 计算公式如式(5-7)所示：

$$\eta_p = \frac{m_g - m_d}{\rho v} \times 100\% \tag{5-7}$$

式中，η_p——胶结体的孔隙率，%；

m_d——胶结体的干重，g；

m_g——胶结体的湿重，g；

ρ——水的密度，g/cm³；

v——胶结体体积，cm³。

(2) 矿化产物含量

采用热重差示扫描量热法分析胶结体中矿化产物含量，用去离子水和酒精将试样冲洗三遍，以去除杂质影响，采用 N_2 作为保护气体，测试温度范围为室温至 1000 ℃，升温速率为 10 ℃/min。

(3) 微观形貌

采用扫描电子显微镜和 X-CT 观测胶结体微观结构信息。

5.2.3　胶结工艺的影响

按喷洒无压成型、喷洒加压成型、拌和无压成型和拌和加压成型四种成型方式分别对砂土颗粒进行胶结，在(25±3)℃环境中静置 120 h，最后在 60 ℃烘箱中烘干。喷洒无压成型是在风蚀盘顶部均匀喷洒微生物水泥，为降低风蚀盘中松散砂土颗粒的初始孔隙率，减少微生物水泥胶结松散颗粒所需用量，提高微生物水泥胶结效果；喷洒加压成型采用了施加压力的方式，即在微生物水泥喷洒 2 h 后加压，加压 1000 Pa、持续时间 1 h；拌和无压成型是将微生物水泥直接与砂土颗粒均匀拌和，随后将拌和后的混合物装入风蚀盘中，并在风蚀盘顶部喷洒与喷洒成型工艺中微生物水泥等体积去离子水；拌和加压成型采用了对上部施加压力的方式，即在拌和成型 2 h 后加压(1000 Pa、持续时间 1 h)。

(1) 胶结工艺对胶结体硬度、强度的影响

胶结工艺对胶结体硬度和强度的影响如图 5-9 所示，采用喷洒工艺形成胶结体的硬度、强度明显优于拌和工艺。采用喷洒无压、喷洒加压成型形成的胶结体的平均硬度分别为 24.6、25.9；采用拌和无压、拌和加压成型形成的胶结体的平均硬度分别为 16.5、17.1。采用喷洒无压成型、喷洒加压成型、拌和无压成型和拌和加压成型四种成型方式，形成胶结体的平均强度分别为 0.47 MPa、0.50 MPa、0.33 MPa 和 0.35 MPa；与喷洒无压成型形成的胶结体强度相比，喷洒加压成型、拌和无压成型、拌和加压成型形成的胶结体强度分别增加 4.2%、下降 31.3%、下降 29.2%。加压成型对胶结效果略有改善，效果不明显，但喷洒工艺明显好于拌和工艺。分析其原因，喷洒工艺是将微生物菌粉预先溶于水，并充分振荡摇匀，此时的微生物芽孢复活率较高，更有利于微生物诱导矿化方解石沉积，而拌和工艺直接将微生物菌粉拌入砂土颗粒中，通过喷洒等体积去离子水实现微生物芽孢的复活，此时微生物芽孢复活率较低，从而造成了胶结体性能的下降。

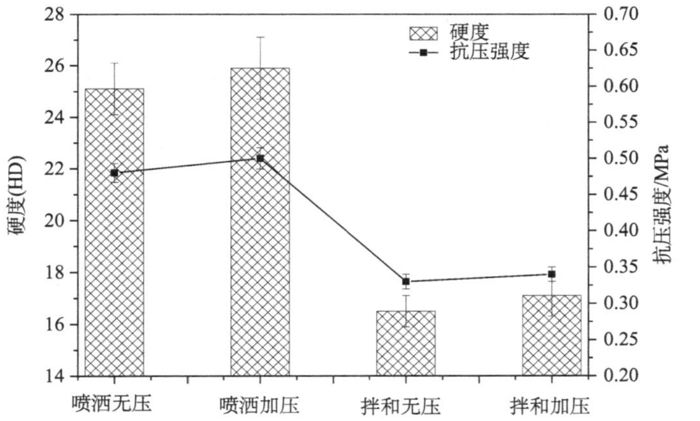

图 5-9　胶结工艺对胶结体硬度、强度的影响

(2)胶结工艺对胶结体抗风蚀性能的影响

胶结工艺对胶结体抗风蚀性能的影响如图 5-10 所示，对照组(喷洒等量水)风蚀量为 2200 g/m^2；在喷洒无压成型、喷洒加压成型、拌和无压成型和拌和加压成型四种胶结工艺情况下，微生物水泥胶结砂土形成的胶结体风蚀量分别为 25.3 g/m^2、23.8 g/m^2、68.5 g/m^2 和 65.7 g/m^2。对照组砂土的风蚀量较大，表明砂土表层松散、无凝聚力，无法抵抗大风的吹蚀，而使用微生物水泥胶结后，胶结体的风蚀量急剧下降，说明微生物水泥胶结砂土形成的胶结体具有优越的抗风蚀性能。同时，采用喷洒工艺胶结得到的胶结体的风蚀量明显低于拌和工艺、抗风蚀性能更好，喷洒加压成型工艺的抗风蚀性能略优于喷洒无压成型工艺，变化不明显。

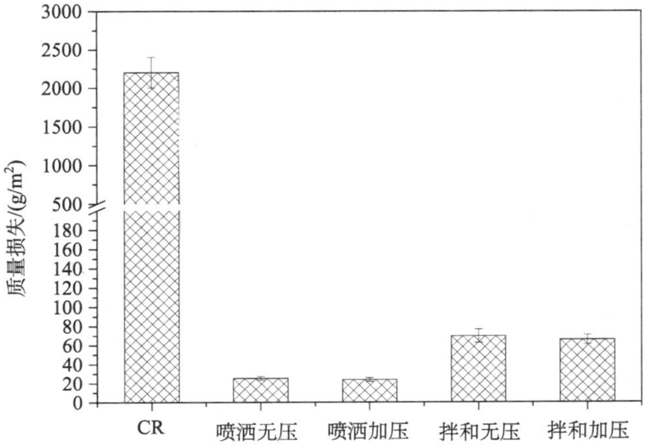

图 5-10　胶结工艺对胶结体抗风蚀性能的影响

(3) 胶结工艺对胶结体孔隙率的影响

胶结工艺对胶结体孔隙率的影响如图 5-11 所示，在喷洒无压成型、喷洒加压成型、拌和无压成型和拌和加压成型四种胶结工艺下，胶结体的孔隙率分别为 21.3%、20.6%、

25.8%、25.1%，喷洒工艺的孔隙率明显低于拌和工艺，加压工艺的孔隙率略低于无压工艺。胶结工艺对微生物水泥胶结砂土形成的胶结体孔隙率有着显著的影响，这是因为在不同的胶结工艺下，微生物诱导矿化产生的矿化产物的沉积量不同，从而造成胶结体孔隙率存在一定的差异。此外，通过加压的方式也可以降低孔隙率，但作用不明显。

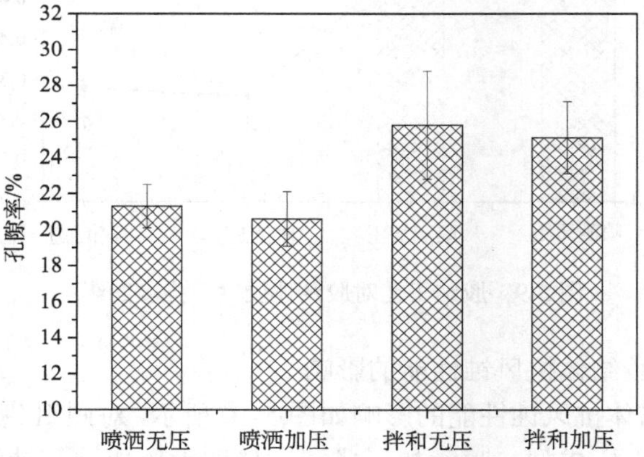

图 5-11　胶结工艺对胶结体孔隙率的影响

(4)胶结工艺对胶结体微观形貌的影响

材料的微观结构直接影响材料的性能，对于微生物水泥胶结松散砂土颗粒形成的胶结体同样遵循这一原则。因此，不同胶结工艺形成胶结体的微观结构的研究是必要的，有利于进一步阐明胶结体的性能差异。图 5-12 显示的是胶结工艺对胶结体微观结构的影响。

由图 5-12 可以看出，不同胶结工艺形成的胶结体微观结构有着明显的差异。由图 5-12(a)、(b)可知，采用喷洒工艺微生物诱导大量的方解石矿化沉积，砂土颗粒表面、颗粒之间附着大量的方解石，填充了颗粒之间的缺陷，并将砂土颗粒黏结为一个整体，形成了较为密实的结构，很难发现裸露的砂土颗粒。由图 5-12(c)、(d)可知，采用拌和工艺微生物诱导方解石矿化沉积量明显减少，大量的砂土颗粒呈现裸露状态，颗粒之间的缺陷并未完全填充，整体密实性较差。

综合分析微生物水泥胶结砂土形成胶结体的硬度、强度、抗风蚀性能、孔隙率及微观形貌的实验结果，采用喷洒工艺的胶结效果明显优于拌和工艺，胶结体具有较高的强度、优越的抗风蚀性能、较低的孔隙率及更密实的结构。而喷洒加压工艺胶结砂土颗粒的效果略好于喷洒无压工艺，但提升作用不明显，同时考虑微生物水泥规模应用的便捷性和可行性，喷洒无压工艺作为胶结砂土的工艺较为合理。

5.2.4　土壤 pH 和环境温度的影响

(1)土壤 pH 的影响

通过稀盐酸和氢氧化钠溶液调节微生物水泥溶液的 pH，考察 pH 对微生物水泥胶结效果的影响。试样通过喷洒无压成型工艺成型后，在(25±3)℃环境中静置 120 h，最后在 60 ℃烘箱中烘干。图 5-13 显示的是 pH 对胶结体硬度、强度的影响。

(a) 喷洒无压

(b) 喷洒加压

(c) 拌和无压

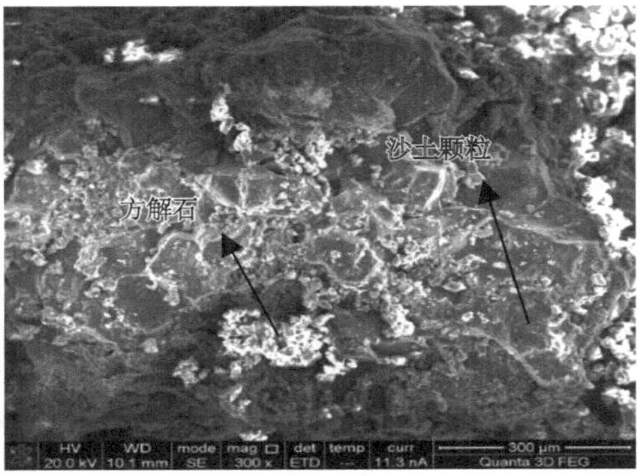

(d) 拌和加压

图 5-12　胶结工艺对胶结体微观结构的影响

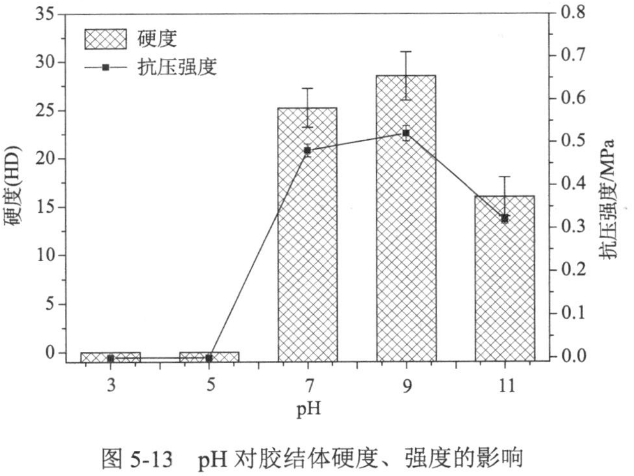

图 5-13　pH 对胶结体硬度、强度的影响

由图 5-13 可知，在酸性环境下(pH 为 3、5)，微生物水泥无法将松散的砂土颗粒胶结成一个整体；在中性环境下(pH 为 7)，微生物水泥成功地将松散砂土颗粒胶结成具有一定力学性能的胶结体，其硬度、强度分别为 26、0.48 MPa；在弱碱环境下(pH 为 9)，

微生物水泥依然实现了松散砂土颗粒的胶结，胶结体硬度、强度有所增加，分别为 30、0.52 MPa；而在强碱环境下(pH 为 11)，微生物水泥虽然将松散砂土颗粒胶结，但胶结体硬度、强度明显下降，分别为 15.3、0.36 MPa。

在酸性环境下，微生物的生长、繁殖受到极大限制，微生物酶活性也处于较低水平，严重制约了微生物诱导方解石的产生，影响了松散砂土颗粒的胶结；在强碱环境下，微生物酶活性同样受到一定的限制，影响了微生物诱导方解石矿化沉积的过程；而在中性、弱碱环境下，微生物可以正常地生长、繁殖，微生物的酶活性处于较高的水平，有利于微生物诱导方解石的产生，胶结松散砂土形成的胶结体具有优越的力学性能，上述实验结果与第 2 章中微生物酶活性的实验结果一致。由此可见，pH 是影响微生物水泥胶结松散砂土颗粒的重要因素之一，微生物水泥适宜的 pH 环境为中性和弱碱性。

(2) 环境温度的影响

将微生物水泥均匀喷洒在砂土表面后，分别将试件置于不同温度环境下，静置时间为 120 h，考察温度对微生物水泥胶结砂土的影响。图 5-14 显示的是温度对胶结体硬度、强度的影响。

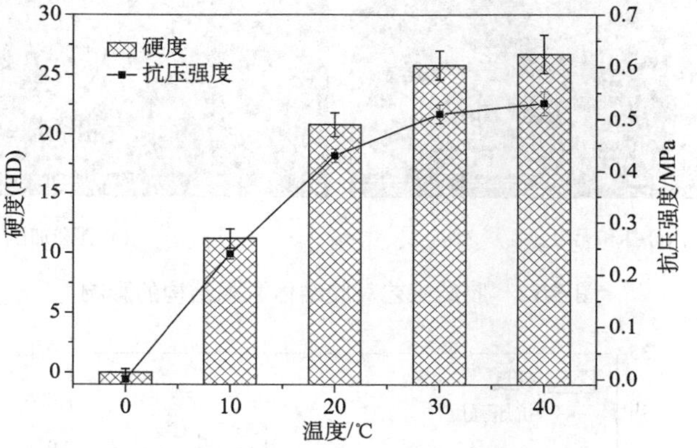

图 5-14 温度对胶结体硬度、强度的影响

众所周知，温度是影响微生物水泥中微生物生长、繁殖及酶活性的又一重要因素。从图 5-14 可知，随着环境温度的上升，微生物水泥胶结性能逐渐增强，胶结体硬度和强度均逐渐增大。在环境温度为 0 ℃时，微生物处于休眠状态，无矿化产物沉积，无法胶结松散砂土颗粒；在环境温度为 10 ℃时，微生物生长依然受到限制，矿化产物沉积量较少，砂土颗粒胶结效果较差；在环境温度为 20 ℃时，微生物能够正常生长，矿化产物大量沉积，砂土颗粒胶结效果显著改善；在环境温度为 30 ℃、40 ℃时，微生物诱导产生更多矿化产物，形成的砂土胶结体强度高。这就意味着微生物水泥适宜的环境温度为 20 ℃以上，当环境温度低于 20 ℃时，微生物水泥用量应相应地增加，提高微生物水泥胶结效果；而当环境温度高于 30 ℃时，微生物水泥用量应相应地减少，在确保胶结效果的同时降低使用成本。

5.2.5 土壤类型的影响

(1)微生物水泥胶结不同类型土壤的性能

针对砂土、粉土、黏土不同类型的土壤(粒径及化学组成见表 5-7、表 5-8)，通过喷洒无压工艺成型后，在(25±3)℃环境中静置 120 h，最后在 60 ℃烘箱中烘干。图 5-15 显示的是土壤类型对胶结体硬度、强度的影响。

表 5-7　三类土壤的粒径分布

土壤类型	颗粒粒径占比/%		
	0.075～2 mm	0.002～0.075 mm	0～0.002 mm
砂土	86.2	9.5	4.3
粉土	49.1	31.2	19.7
黏土	26.6	41.4	32.0

表 5-8　三类土壤的化学组成

土壤类型	化学组成/%								
	SiO_2	Al_2O_3	Fe_2O_3	TiO_2	K_2O	Na_2O	CaO	MgO	烧失量
砂土	88.93	6.69	0.23	0.00	0.31	0.35	0.21	0.18	3.10
粉土	62.23	23.57	4.33	0.12	0.67	0.84	2.62	0.60	5.02
黏土	58.19	27.79	3.48	0.01	0.49	2.18	0.78	0.95	6.13

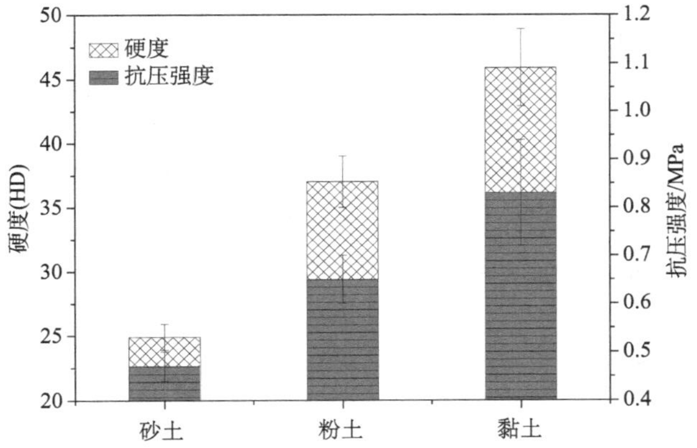

图 5-15　土壤类型对胶结体硬度、强度的影响

从图 5-15 可知，在微生物水泥用量相同时，胶结砂土、粉土及黏土形成胶结体的硬度分别为 24.6、37.0 及 45.9，强度分别为 0.47 MPa、0.65 MPa 和 0.83 MPa。微生物水泥胶结黏土的硬度、强度最高，粉土次之，砂土最小，差异较大。究其原因：一方面，微生物诱导矿化产物方解石沉积有效胶结了土壤颗粒，形成具有一定力学性能的胶结体；另一方面，三种类型土壤本身具有的黏结力不同，黏土颗粒之间的黏结力最大，粉土颗

粒次之，砂土颗粒最小，这也是导致胶结体硬度、强度差异的重要原因。因此，在使用微生物水泥胶结三类不同土壤时，微生物水泥的用量应有所不同，胶结黏土、粉土时用量应适当减少，既达到胶结抑尘、降低成本的目的，同时不影响土壤的后续使用。

(2)微生物水泥胶结土壤的工程性质

微生物水泥能够有效胶结松散颗粒形成具有一定力学性能的胶结体，达到抑尘的目的，同时不能影响胶结土壤作为工程材料的后续使用，因此必须考察胶结土壤的工程性质。将微生物水泥胶结不同类型土壤形成的胶结体放置室外，经过自然老化 120 d 后，测量土壤的工程性质(包括液限、塑限、渗透性、压缩性)，考察微生物水泥的生态相容性。

1)液限、塑限及塑性指数

砂土不存在液限、塑限；粉土的液限、塑限见图 5-16、图 5-17；黏土的液限、塑限见图 5-18、图 5-19。由图 5-16、图 5-17 可知，微生物水泥胶结前粉土的液限为 23.9%、塑限为 16.6%、塑性指数为 7.3%，胶结后粉土的液限为 24.9%、塑限为 17.4%、塑性指

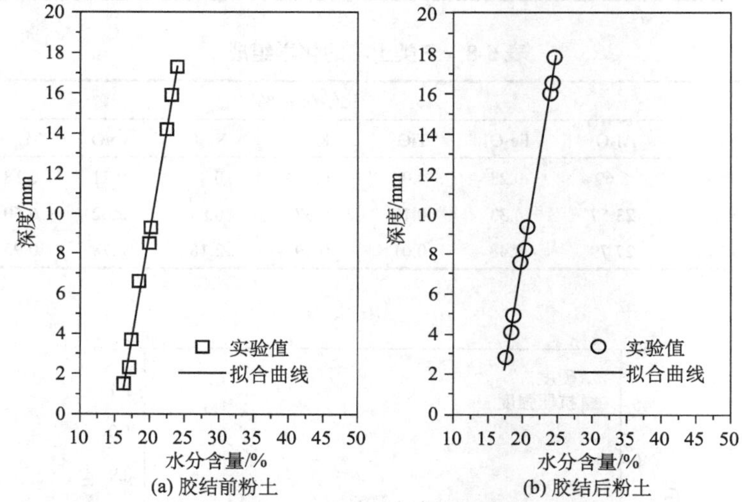

图 5-16　粉土液限、塑限实验值及拟合曲线

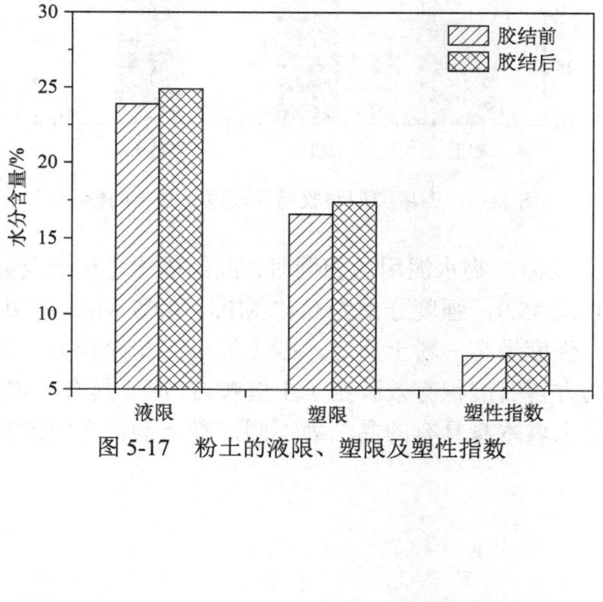

图 5-17　粉土的液限、塑限及塑性指数

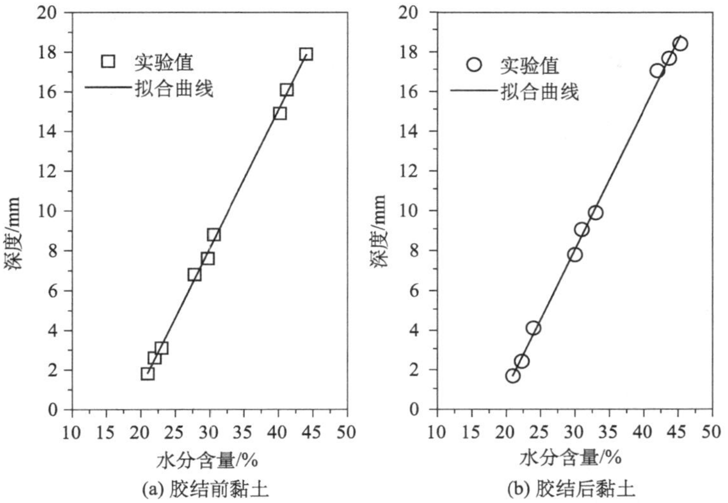

图 5-18　黏土液限、塑限实验值及拟合曲线

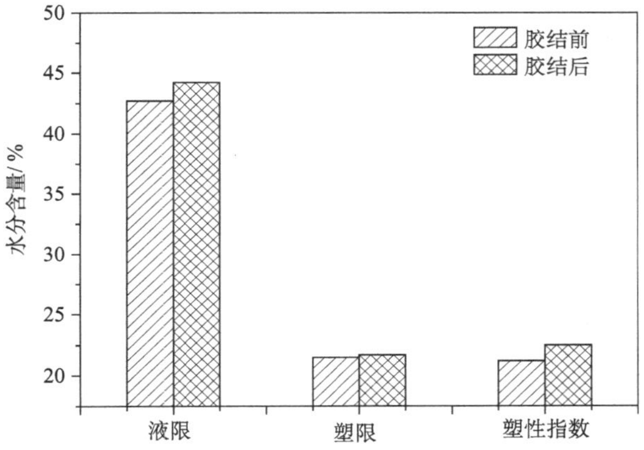

图 5-19　黏土液限、塑限及塑性指数

数 7.5%。由图 5-18、图 5-19 可知，微生物水泥胶结前黏土的液限为 42.7%、塑限为 21.5%、塑性指数为 21.2%，胶结后黏土的液限为 44.2%、塑限为 21.7%、塑性指数 22.5%，变化都不是很大。

2) 渗透系数

微生物水泥胶结前后砂土、粉土及黏土的渗透系数见图 5-20，胶结前砂土、粉土及黏土的渗透系数分别为 5.1×10^{-3} cm/s、3.6×10^{-4} cm/s 和 2.4×10^{-5} cm/s，胶结后渗透系数分别为 5.2×10^{-3} cm/s、3.7×10^{-4} cm/s 和 2.7×10^{-5} cm/s，略有提高。

3) 压缩固结实验

微生物水泥胶结前后砂土、粉土及黏土的压缩系数见图 5-21。从图 5-21 可知，微生物水泥胶结前砂土、粉土及黏土的压缩系数分别为 0.07 MPa^{-1}、0.23 MPa^{-1} 和 0.95 MPa^{-1}，而微生物水泥胶结后三类土样的压缩系数分别为 0.078 MPa^{-1}、0.25 MPa^{-1} 和 0.98 MPa^{-1}。

微生物水泥胶结后，土样的压缩系数基本不变。压缩系数是描述物体压缩性大小的物理量，压缩系数越大，土样的压缩性越高。通常情况下，土壤压缩系数小于 0.1 MPa^{-1} 被定义为低压缩性土，介于 0.1 MPa^{-1} 和 0.5 MPa^{-1} 之间被定义为中压缩性土，高于 0.5 MPa^{-1} 被视为高压缩性土。由此可见，实验采用的砂土、粉土及黏土分别为低压缩性土、中压缩性土和高压缩性土。

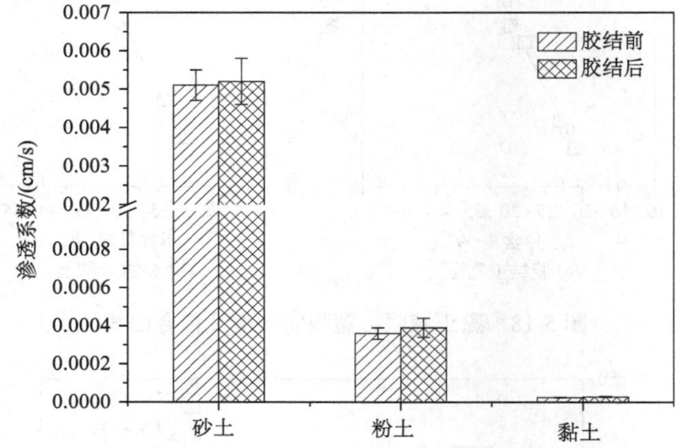

图 5-20　砂土、粉土及黏土的渗透系数

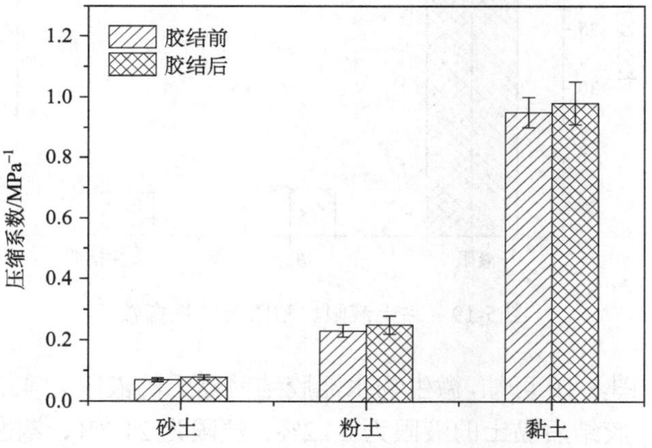

图 5-21　砂土、粉土及黏土的压缩系数

5.2.6　性能和微观结构的深度演变

采用喷洒工艺，土壤表层至深处的胶结状态并不一致，存在梯度演化规律。

(1) 实验材料与方法

首先将微生物水泥溶于水中，通过喷洒设备均匀喷洒在砂土表面，在环境温度 (25±3)℃的恒温条件静置 120 h 后，放入烘箱 (60℃) 干燥。通过精密切割机将胶结体沿着深度方向大致切割为四部分 (0～5 mm、5～10 mm、10～15 mm 及 15～20 mm)，最终得到 0～4.86 mm、4.86～10.06 mm、10.06～15.10 mm 及 15.10～20.06 mm 的试样(图 5-22)。采用 X 射线衍射、傅里叶变换红外光谱仪、热重差示扫描量热仪、扫描电镜、邵氏硬度计及 X 射线断层扫描仪分析每部分试样的固相组成、矿化产物含量、表面特性、微观形貌及孔隙特征。

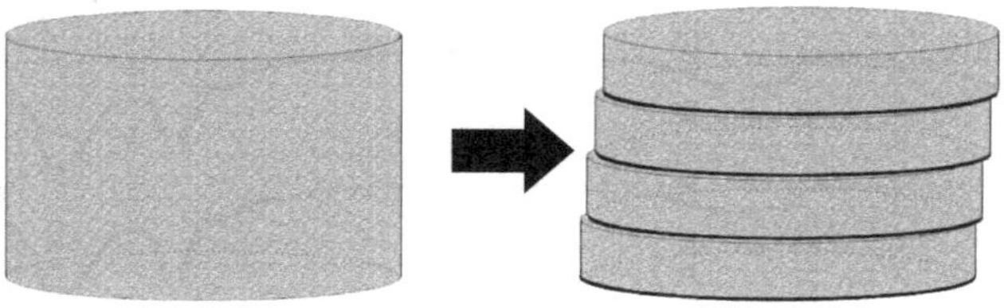

图 5-22　取样方法

(2) 不同深度胶结体的组成成分

微生物水泥胶结砂土于不同深度处取样，采用 XRD 分析，图谱见图 5-23，采用 MDI Jade 5.0 对 XRD 图谱进行物相检索，经比对发现原始砂土颗粒的组成主要为二氧化硅和三氧化二铝，而微生物水泥胶结后增加了方解石相，深度达 20 mm 左右。由此可见，在实际的砂土环境中，微生物水泥同样可以矿化沉积具有胶凝特性的矿化产物方解石，实现松散砂土颗粒的胶结，达到固沙抑尘的目的。

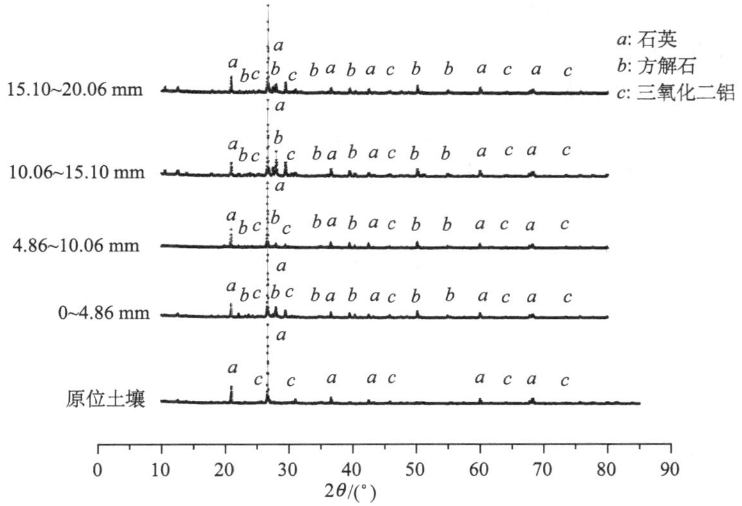

图 5-23　不同深度胶结体的固相组成

采用 FTIR 进一步分析胶结体的固相组成，不同深度下胶结体的 FTIR 图谱见图 5-24，原始砂土颗粒和不同深度胶结体显示了较为相似的结构，但微生物胶结体 FTIR 图谱中出现了 C—O 键反对称伸缩振动频率 1443 cm^{-1} 和对称伸缩振动频率 893 cm^{-1}，其余出现的振动频率位置均与原始砂土基本一致。Si—O 键反对称伸缩振动频率 1022 cm^{-1} 和对称伸缩振动频率 826 cm^{-1}，与原始砂土相比发生了偏移；3420 cm^{-1} 处出现的强吸收对应的是结晶水，而 3710 cm^{-1} 处出现的强吸收对应的是羟基。表明微生物水泥在胶结松散砂土颗粒的过程中产生了新的物质方解石。

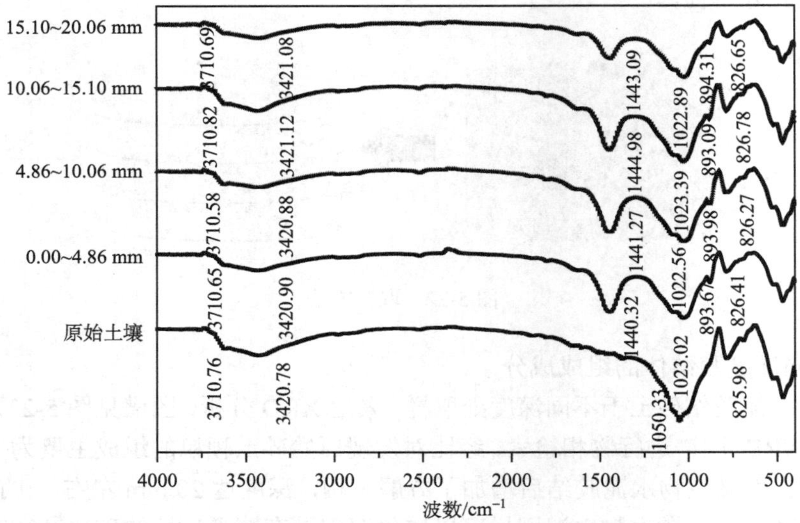

图 5-24　不同深度下胶结体的 FTIR 图谱

(3) 不同深度胶结体矿化产物含量

不同深度微生物水泥胶结砂土的 TGA、DSC 曲线及矿化产物方解石含量见图 5-25～图 5-27，由图可知，不同深度(0～4.86 mm、4.86～10.06 mm、10.06～15.10 mm、15.10～20.06 mm)矿化产物方解石的含量分别为 7.6%、6.1%、4.1%、2.4%。随着胶结深度增加，矿化产物方解石逐步减少，胶结体上层的矿化产物方解石含量明显高于胶结体下层的矿化产物方解石含量。在表层 0～10 mm，随着胶结深度的增加，矿化产物方解石含量下降幅度较小；而在 10～20 mm，随着胶结深度的进一步增加，矿化产物方解石含量显著降低。

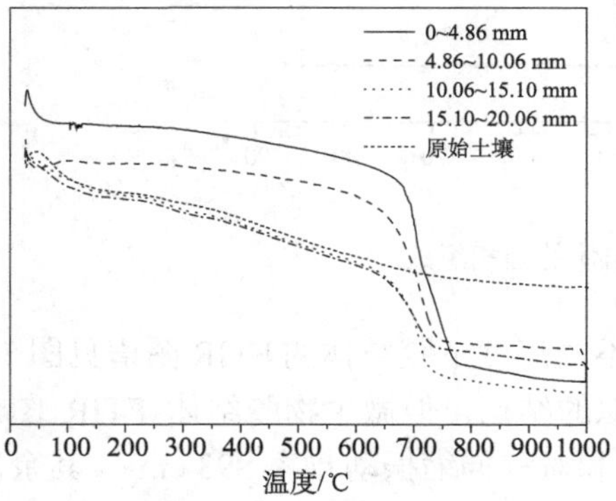

图 5-25　不同深度微生物水泥胶结砂土的 TGA 曲线

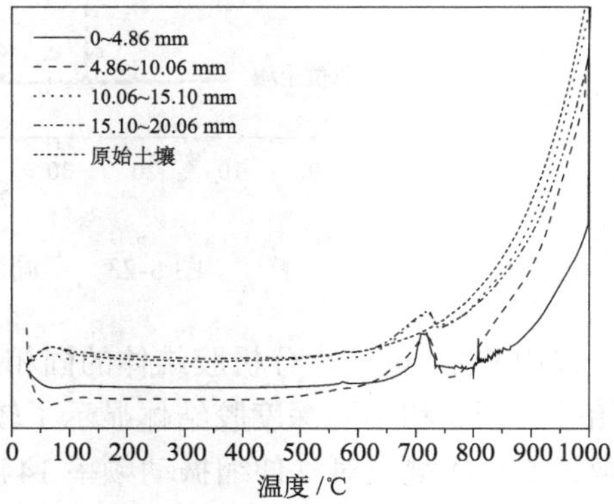

图 5-26　不同深度微生物水泥胶结砂土的 DSC 曲线

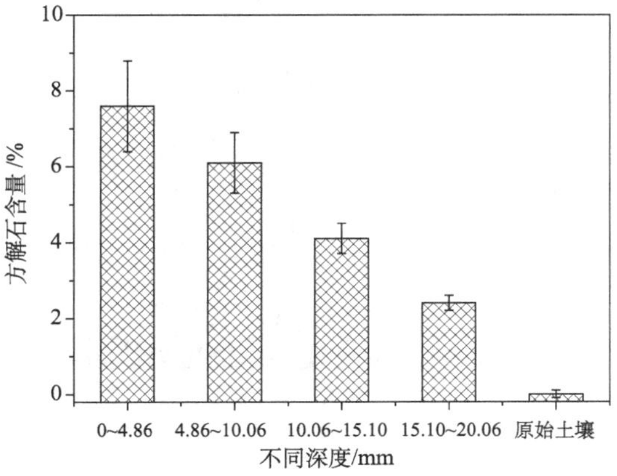

图 5-27　不同深度微生物水泥胶结砂土的矿化产物方解石含量

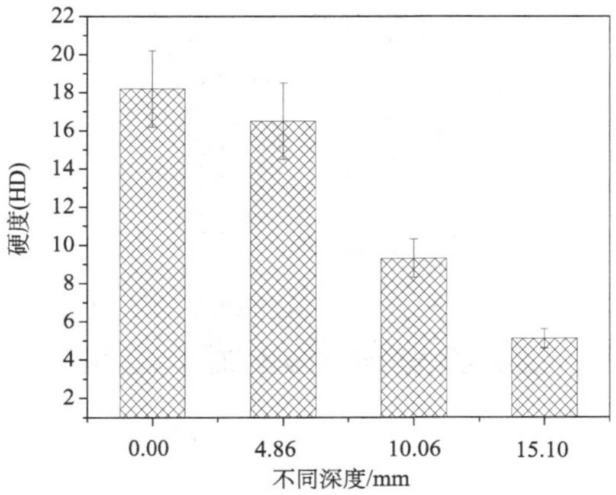

图 5-28　不同深度微生物水泥胶结砂土的断面硬度

(4) 不同深度胶结体断面硬度

不同深度微生物水泥胶结砂土的断面硬度见图 5-28，不同深度(0 mm、4.86 mm、10.06 mm、15.10 mm)胶结体断面硬度分别为 18.2、16.5、9.2、5.1。胶结体表层的断面硬度明显高于胶结体深层的断面硬度，随着胶结深度的增加，断面硬度逐步下降。在 0～5 mm，随着胶结深度的增加，断面硬度下降不明显；而在 10～20 mm，随着胶结深度的进一步增加，断面硬度明显降低。此结果与矿化产物方解石变化规律相对应。

(5) 不同深度胶结体断面微观形貌

微生物水泥胶结砂土的方解石含量和断面硬度随着胶结深度的变化而变化，采用扫描电子显微镜对胶结体断面微观形貌进行观察，不同深度胶结体断面的微观结构见图 5-29。

由图 5-29(a)可知，砂土颗粒表面和颗粒之间沉积大量方解石，形成了比较致密的内部结构。由图 5-29(b)可知，该深度下的胶结体出现少量的孔隙，与图 5-29(a)相比存在较为明显的缺陷，致密程度下降。由图 5-29(c)～(e)可知，该深度下微生物水泥胶结砂土存在大量裂缝和孔隙。随着深度增加，沉积的方解石逐渐减少，表层沉积了大量方解石，呈现较为致密的结构，而在较深的部位，由于沉积方解石较少，孔隙、缺陷明显增加。

(6) 不同深度胶结体孔隙特征

对于微生物水泥胶结砂土的三维立体结构演变，采用 CT 测试和 VG Studio Max 2.0 软件分析，利用灰度阈值算法，提取孔隙信息，不同颜色标尺代表孔的大小，其中从蓝色到红色，代表孔的大小从小孔到大孔。图 5-30 为不同微生物水泥用量下胶结砂土的三维孔隙分布，可见随着用量增加，胶结体中孔隙尺寸逐渐降低，但胶结体孔隙分布不均匀，即整体存在不均匀性。在喷洒 1 个单位用量微生物水泥时，胶结砂土的底部存在较大体积尺寸孔隙，随着微生物水泥用量增加，该部位孔隙体积尺寸逐渐减小。这同样是因为微生物水泥用量增多，致使矿化沉积的方解石不断填充在孔隙中，从而减小孔隙尺寸，降低孔隙率。

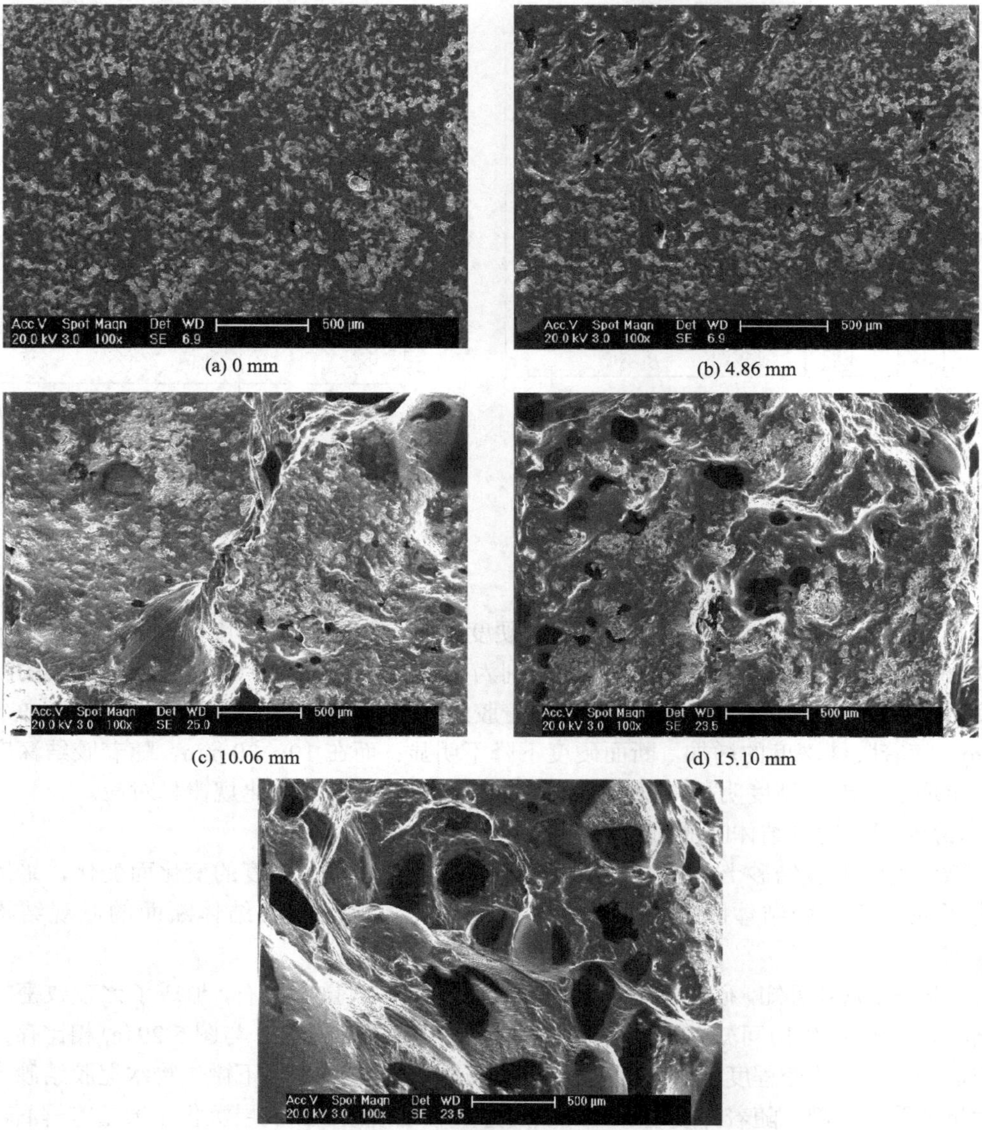

(a) 0 mm　(b) 4.86 mm

(c) 10.06 mm　(d) 15.10 mm

(e) 20.06 mm

图 5-29　不同深度胶结体断面的微观结构(100×)

根据统计灰度分析结果可知，使用 1、3、5 和 7 个单位用量的微生物水泥时，胶结体的孔隙率分别为 18.3% 、15.2% 、14.1% 和 13.3%。随着微生物水泥用量增加，胶结体的孔隙率呈现下降趋势。对于微生物水泥胶结砂土二维断面孔隙结构，运用 VG Studio Max 分析软件提取胶结体不同深度处的断面孔隙结构进行观察。图 5-31 为不同用量微生物水泥胶结体在 0 mm、5 mm、10 mm、15 mm 和 20 mm 处二维断面的孔隙分布，样品断面之内的红色散点代表孔隙，胶结体断面孔隙率与深度和胶凝材料用量的关系见图 5-32。例如，喷洒 1 单位用量微生物水泥时，在 0 mm、5 mm、10 mm、15 mm 和

20 mm 处断面的孔隙率分别为 5.3%、7.9%、14.6%、22.5%和 39.7%；喷洒 3 单位用量微生物水泥时，在 0 mm、5 mm、10 mm、15 mm 和 20 mm 处断面的孔隙率分别为 4.2%、6.1%、10.4%、15.6%和 24.8%。

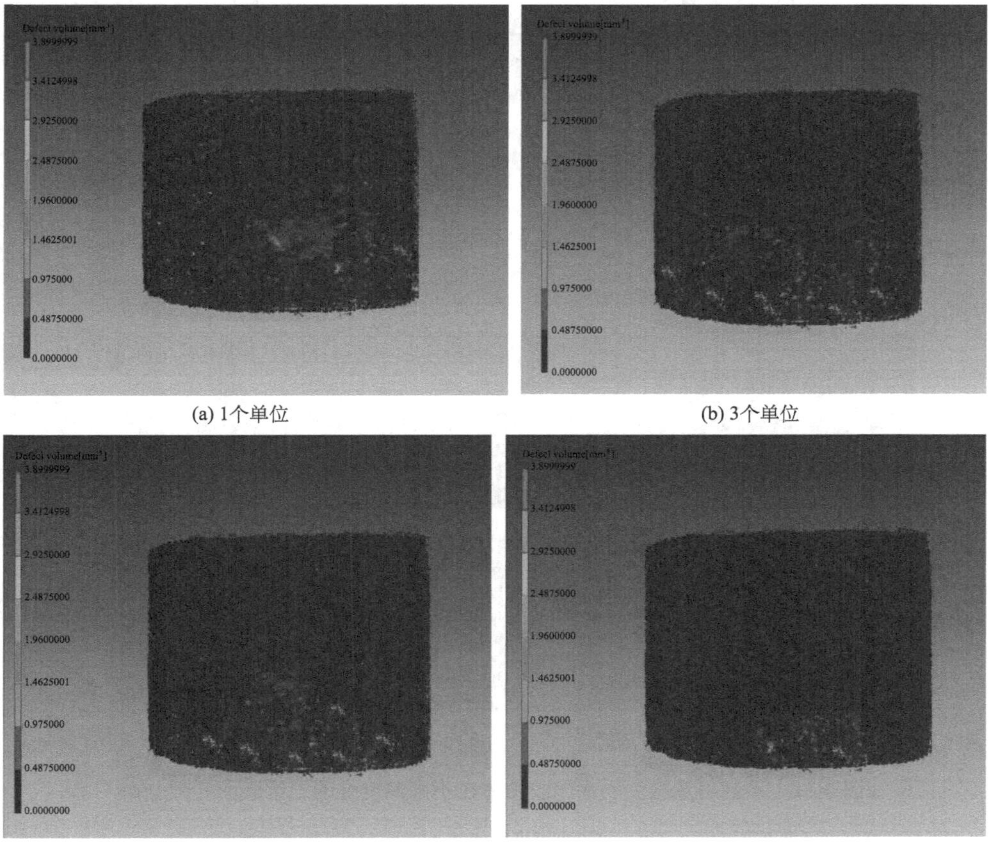

(a) 1个单位　(b) 3个单位

(c) 5个单位　(d) 7个单位

图 5-30　不同微生物水泥用量下胶结砂土的三维孔隙分布

5.3　微生物水泥扬尘治理应用实例

针对砂土、粉土、黏土三类土壤开展现场应用，依托工程分别为某船闸土建施工项目、某经济开发区创新创业园土建施工项目、某森林公园土建施工项目。三个项目现场原主要采取覆盖、洒水抑尘。然而，覆盖影响环境美观，覆盖物存在二次污染问题，洒水抑尘造成大量水资源的浪费，两者均不是经济有效的方法。

5.3.1　微生物水泥抑制砂土扬尘

砂土依托工程为某船闸土建施工项目(图 5-33)，船闸闸室长 230 m、闸口宽 23 m、水深 4 m。上游一、二线船闸单独引航道，引航道宽 61 m，下游共用引航道，引航道宽

140 m，上下游引航道直系段长分别为 542 m、598 m，该工程开挖土方 20 余万立方米。

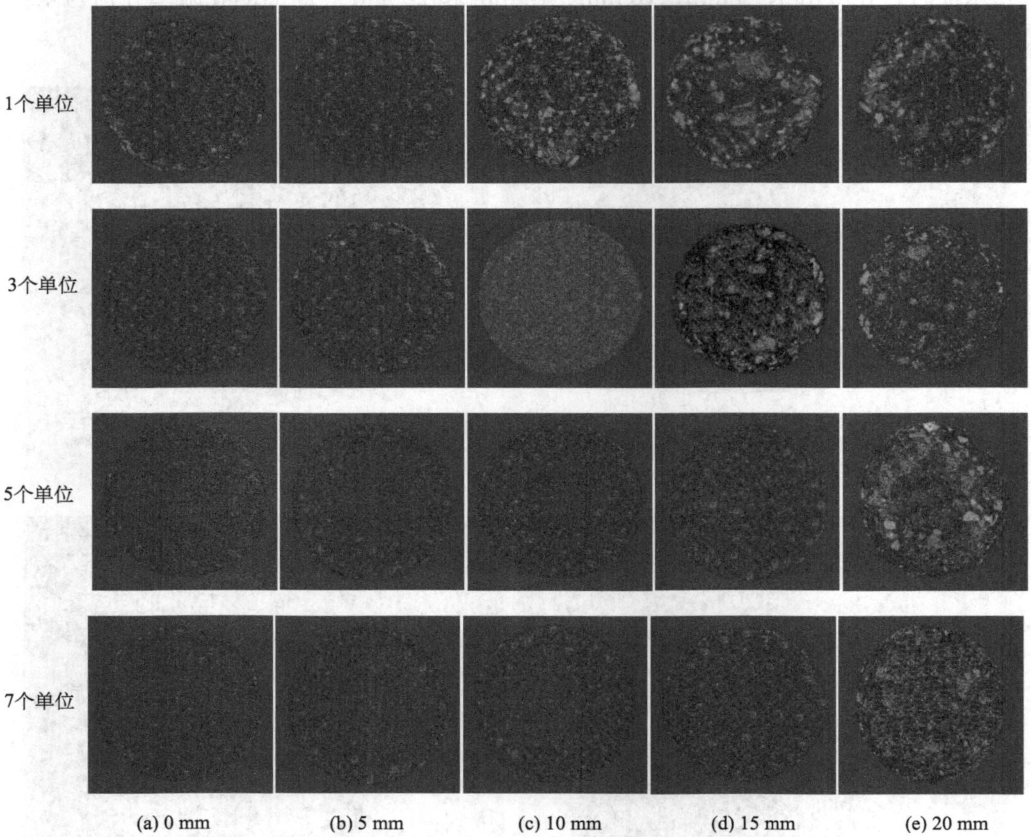

图 5-31　不同用量微生物水泥胶结体在不同深度处的二维断面孔隙分布

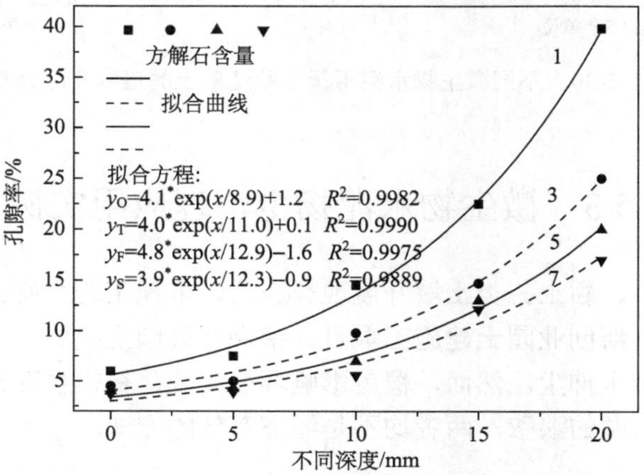

图 5-32　胶结体断面孔隙率与深度和胶凝材料用量的关系

图 5-33　九圩港二线船闸土建施工现场概况

(1) 胶结体硬度和强度

将微生物水泥均匀喷洒在砂土表面，在自然环境下干燥[(28±5)℃]，干燥期间无降水。仅洒水抑尘的自然干燥后砂土颗粒无法胶结、仍为松散的颗粒，无法形成具有一定力学性能的胶结体；而喷洒微生物水泥效果显著，可形成厚度 15～20 mm 砂土胶结体。喷洒、取样设备及胶结效果见图 5-34。

(a) 喷洒、取样设备　　(b) 胶结效果

图 5-34　喷洒、取样设备及胶结效果

图 5-35 显示的是不同用量下微生物水泥胶结砂土的硬度和强度。由图 5-35 可知，洒水情况下无法形成胶结体，而喷洒微生物水泥效果显著。随着微生物水泥用量的增加，砂土胶结体硬度、强度明显增大。当喷洒 1 次微生物水泥时，砂土胶结体硬度为 10.3，强度比较低；当喷洒 2 次、3 次、4 次微生物水泥时，砂土胶结体的硬度分别为 22.3、30.6、38.2，砂土胶结体强度分别为 0.43 MPa、0.54 MPa 和 0.59 MPa。

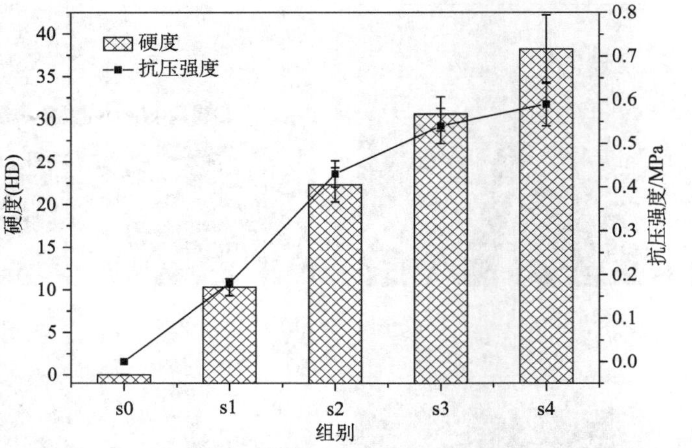

图 5-35　不同用量下微生物水泥胶结砂土的硬度和强度

(2) 空气中颗粒物

对比分析不同抑尘方式砂土的抑尘效果，采用空气中颗粒物 $PM_{2.5}$ 表征。由图 5-36 可知，在砂土胶结体形成后的第 1 天，未处理、洒水、喷洒微生物水泥后空气中颗粒物分别为 120.1 $\mu g/m^3$、99.8 $\mu g/m^3$ 和 98.6 $\mu g/m^3$，洒水与喷洒微生物水泥对砂土抑尘效果优于未处理的效果，空气中颗粒物明显低于未处理的情况，洒水与喷洒微生物水泥的扬尘抑制效果基本相当，主要原因是水的蒸发需要一定的时间，水的润湿作用有利于扬尘控制。砂土胶结体形成第 2 天，未处理、喷洒水、喷洒微生物水泥后空气中颗粒物分别为 153.4 $\mu g/m^3$、153.1 $\mu g/m^3$ 和 120.2 $\mu g/m^3$，三种方式处理后空气中颗粒物均明显高于第 1 天，原因是空气污染加重、处理的面积有限，受周围其他工地影响，导致 $PM_{2.5}$ 数据大幅增加；同时，洒水的扬尘抑制效果明显下降，与未处理基本一致，原因是水蒸发后砂

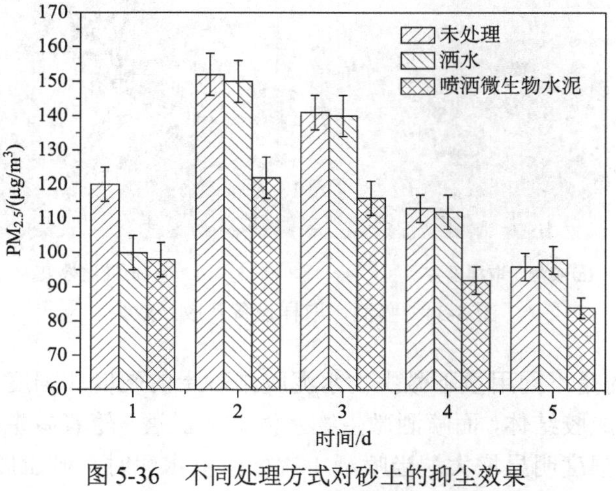

图 5-36　不同处理方式对砂土的抑尘效果

土又恢复了松散的状态；而喷洒微生物水泥的扬尘抑制效果依然显著，$PM_{2.5}$ 数值下降了 21.6%。在胶结体形成的第 3、4、5 天，洒水和未处理的 $PM_{2.5}$ 数据基本一致，而喷洒微

生物水泥展现了优越的扬尘抑制效果，具有长效性。

(3) 抗风蚀性能

将砂土胶结体置于风洞中进行抗风蚀性能实验，用单位面积胶结体质量损失表征。不同风速侵蚀下砂土胶结体的质量损失如图 5-37 所示，三种风速下，未经微生物水泥处理的砂土试样(s0)质量损失均最大，随着风速的增大，损失量增幅明显；喷洒微生物水泥形成胶结体(s1～s4)的损失量均相对较小。当风速为 4 m/s 时，未处理砂土试样损失量为 298.5 g/m^2，而喷洒不同用量微生物水泥形成的胶结体(s1～s4)均无质量损失；当风速为 6 m/s 时，损失量分别为 1065.3 g/m^2、24.2 g/m^2、8.9 g/m^2、5.2 g/m^2 和 0 g/m^2；当风速为 9 m/s 时，损失量分别为 1582.7 g/m^2、39.6 g/m^2、25.1 g/m^2、12.3 g/m^2 和 9.4 g/m^2；当风速为 12 m/s 时，损失量分别为 2123.6 g/m^2、57.5 g/m^2、34.7 g/m^2、22.6 g/m^2 和 13.5 g/m^2。可见，微生物水泥胶结砂土形成的胶结体具有优越的抗风蚀性能。

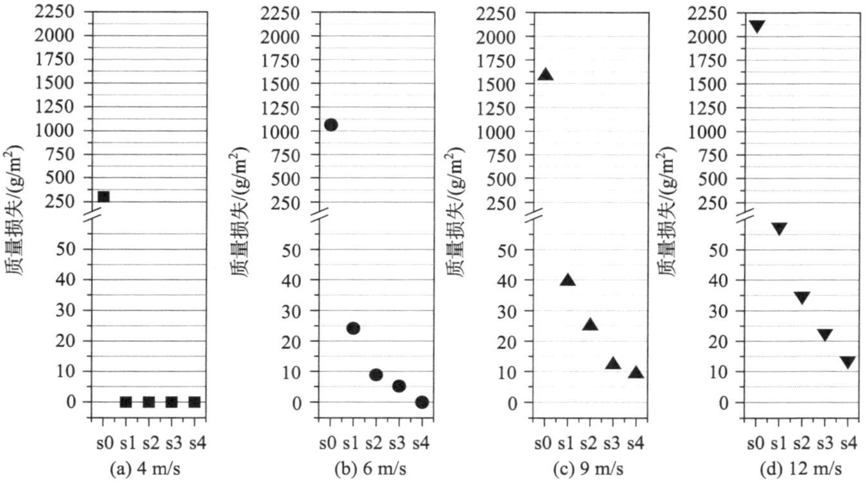

图 5-37　不同风速侵蚀下砂土胶结体的质量损失

不同风蚀角度下(风速为 12 m/s)砂土胶结体的质量损失如图 5-38 所示。风力侵蚀与胶结体表面平行时，胶结体累积损失量均最小，随着侵蚀角度的增大，胶结体累积损失量逐渐增大。对于未处理的砂土，在不同风蚀角度下胶结体累积损失量分别为 2123.6 g/m^2、2188.4 g/m^2、2259.3 g/m^2、2710.4 g/m^2 和 3391.8 g/m^2。对于采用 s1、s2、s3、s4 用量微生物水泥处理的砂土，在不同风蚀角度下胶结体累积损失量均较小，呈现较为优越的抗风蚀性能。当风速为 12 m/s、侵蚀角度为 60° 时，累积损失量分别为 3391.8 g/m^2、110.2 g/m^2、60.3 g/m^2、51.0 g/m^2 和 29.8 g/m^2，验证了微生物水泥胶结体良好的抗风蚀性能。

(4) 保湿性

微生物水泥保湿性主要体现在能够减缓胶结体中水分的蒸发，延长微生物水泥有效抑尘时间，并有利于植物生长。实验采用胶结体吸水后保水率随时间的变化来表示胶结体的保湿性，将 20 mL 水均匀喷洒在干燥后的胶结体(风蚀盘)表面，待水完全渗透进胶结体中，放入烘箱中(60℃)进行干燥实验，保水率与时间的关系见图 5-39。

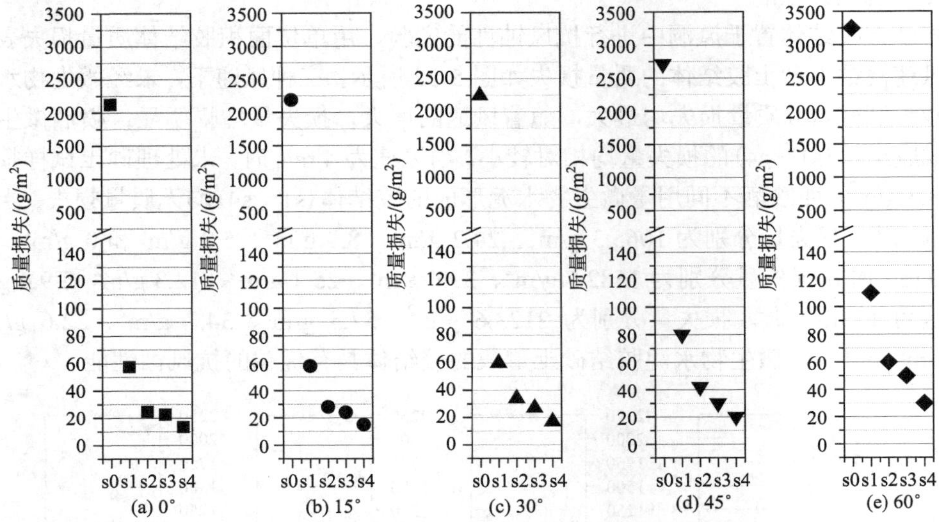

图 5-38　不同风蚀角度下(风速为 12 m/s)砂土胶结体的质量损失

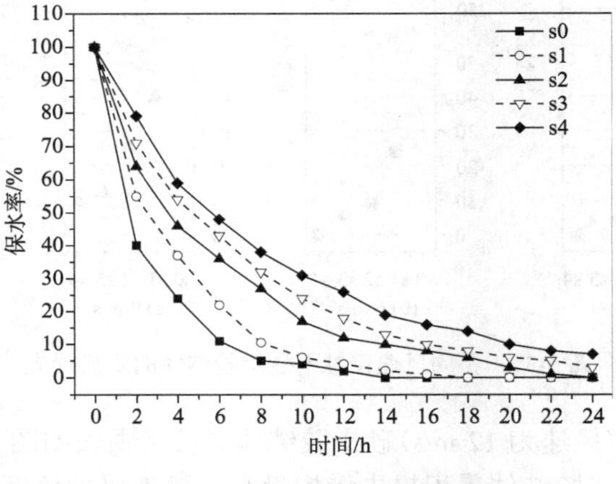

图 5-39　砂土胶结体的保湿性能

由图 5-39 可知，通过洒水处理的砂土 s0 中水分蒸发最快，喷洒微生物水泥形成的胶结体(s1～s4)中水分蒸发有所减缓，随着微生物水泥用量的增加，保湿性能明显增强。洒水处理的砂土保水率随时间下降最快，10 h 时保水率即降到 4%以下，14 h 时水分完全蒸发；而采用 s0、s1、s2、s3、s4 用量的微生物水泥形成的胶结体的保水率分别为 4.3%、6.1%、17.2%、24.9%、31.6%。由此可见，微生物水泥胶结砂土形成的胶结体具有较好的保湿性能。

(5) 抗冻融性能

由于冬季温度低、温差大，这就要求微生物水泥胶结砂土形成的胶结体应具备一定的抗冻融性。将喷洒微生物水泥形成的胶结体先不烘干(含有少量水分)，直接放入冰柜中(–20 ℃)冷冻 4 h，取出放入烘箱中(20 ℃)融化 4 h，以此记为一个循环，并测定质量损失。不同冻融循环次数下砂土胶结体质量损失率如图 5-40 所示。由图 5-40 可知，随着冻融循环次数的增加，喷洒不同用量微生物水泥形成的胶结体质量损失率均增加，但随着微生物水泥用量的增加(从 s1 增加到 s4)，相同冻融循环次数的质量损失明显降低。

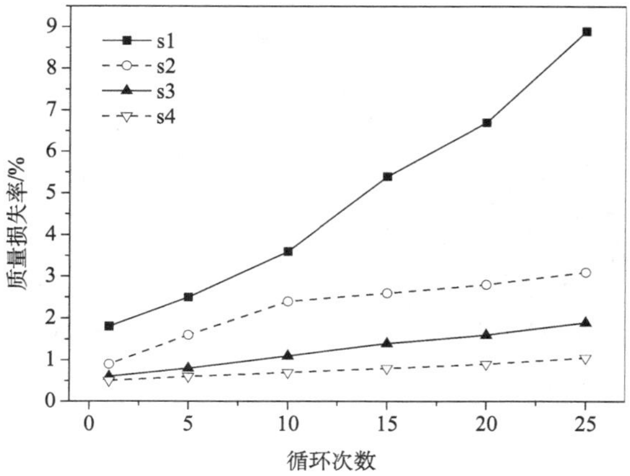

图 5-40　不同冻融循环次数下砂土胶结体质量损失率

(6)耐老化性能

在外界环境下，受到光热辐射、氧化、风蚀等自然条件的影响(土壤治理期间无降雨)，在相应时间内砂土胶结体的表面硬度见图 5-41。

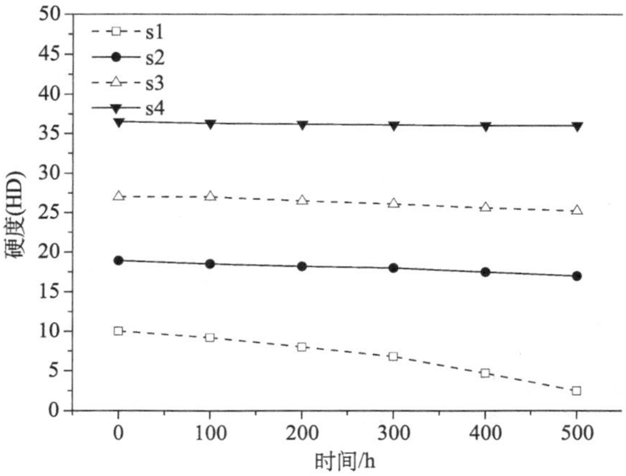

图 5-41　不同老化时间砂土胶结体的硬度

由图 5-41 可知，随着老化时间的延长，微生物水泥用量较少时形成的胶结体表面硬度损失有所增大，但随着微生物水泥用量的增加，表面硬度损失明显降低。老化时间为 200 h 时，不同用量微生物水泥形成的胶结体表面硬度分别为 8.1、18.2、26.5、36.2，与各自的初始硬度相比，分别下降了 19.0%、3.7%、1.9%、0.8%。同时，观察胶结体老化形貌，发现胶结体没有明显变化，表明微生物水泥胶结砂土形成的胶结体具有较好的抗老化性。

(7) 生态相容性

微生物水泥最大的优势就是优异的生态相容性。采用植物生长方法表征生态相容性，在采用喷洒微生物水泥与采用等量水喷洒的两块土地种植草籽，如图 5-42 所示。

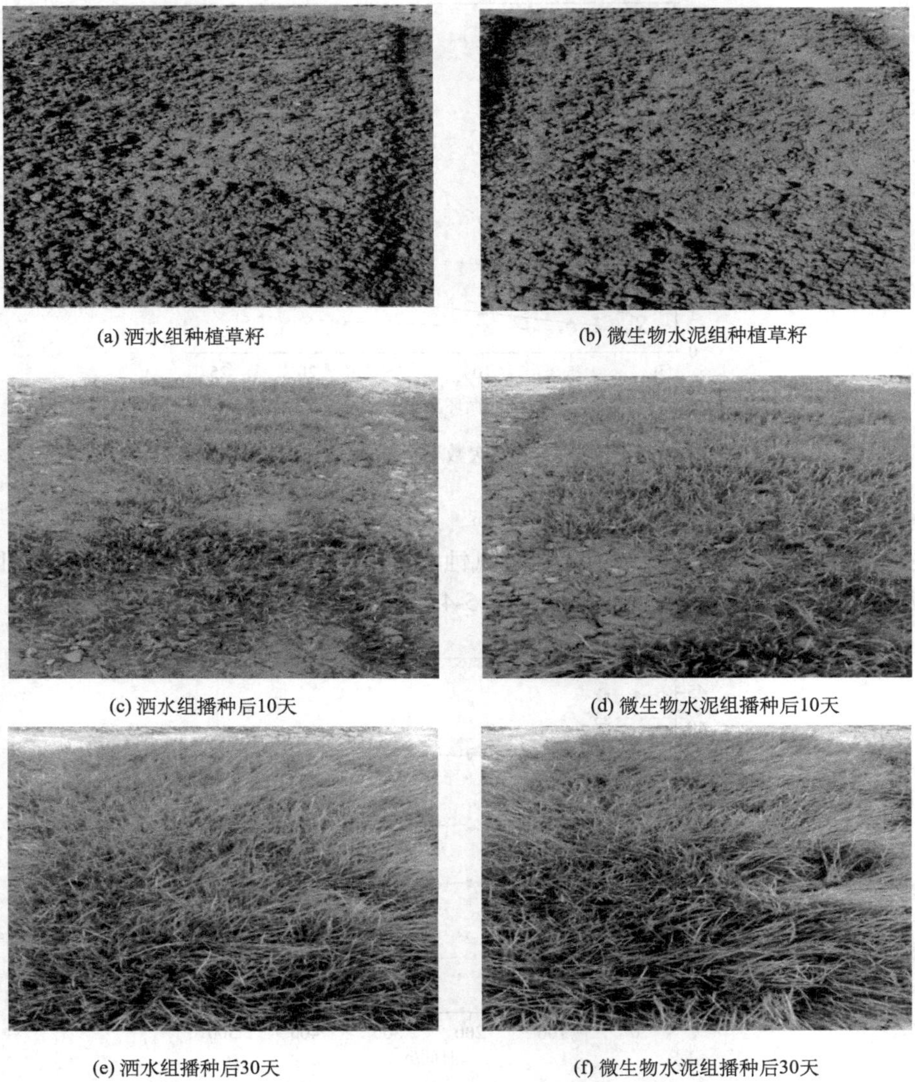

(a) 洒水组种植草籽　(b) 微生物水泥组种植草籽

(c) 洒水组播种后10天　(d) 微生物水泥组播种后10天

(e) 洒水组播种后30天　(f) 微生物水泥组播种后30天

图 5-42　不同处理方法的砂土中草的生长情况

草籽在第 10 天时出芽结束，洒水地块草籽出芽率为 46.2%，喷洒微生物水泥地块草籽出芽率为 49.3%；两个地块草叶子均为深绿，喷洒微生物水泥地块草的长势略好，表明微生物水泥对草籽出芽率及生长不但没有负面影响，反而在一定程度上有促进作用。究其原因，首先，微生物水泥酸碱性为中性，矿化产物为土壤本身存在的天然物质，无二次污染物的引入；其次，微生物水泥具有良好的保湿性能，为植物的后期生长提供了一定的水分。

5.3.2　微生物水泥抑制建筑工地粉土扬尘

粉土工程为某经济开发区创新创业园土建施工项目(图 5-43)，该项目规划用地 160 亩[①]，开挖土方 50 余万立方米。原主要采用覆盖防尘。

图 5-43　创新创业园土建施工现场概况

(1)胶结体硬度和强度

将制备好的微生物水泥均匀喷洒在粉土表面，在自然环境下干燥[(25±3)℃]，期间无降水。由于粉土颗粒松散且颗粒之间黏结力较小，洒水形成的胶结层强度较低；微生物水泥可有效胶结粉土颗粒，形成一定厚度(18～23 mm)的粉土胶结体。图 5-44 显示的是微生物水泥不同用量下形成粉土胶结体的硬度和强度。

由图 5-44 可知，洒水情况下(s0)，粉土胶结体硬度非常低；而喷洒微生物水泥效果显著，随着用量的增加，胶结体硬度明显增大；在喷洒 2 次微生物水泥(s2)、自然风干后，粉土胶结体硬度即达到 25.6、强度可达到 0.53MPa；当喷洒 3 次、4 次微生物水泥时，粉土胶结体强度为 0.62 MPa、0.73 MPa。

(2)空气中颗粒物

图 5-45 显示的是不同处理方式对粉土的抑尘效果，在胶结体形成后的初期，由于水分的蒸发需要一定的时间，水分的润湿作用有效抑制了扬尘，因此洒水与喷洒微生物水泥抑尘效果明显，且基本相当；随着时间的延长，水分逐渐蒸发，洒水的抑制扬尘效果

① 1 亩≈666.7 m^2。

开始降低，逐渐与未处理效果相当，失去了抑尘作用，而微生物水泥形成的粉土胶结体依然具有显著的抑尘效果。表明微生物水泥形成的胶结体抑尘作用显著，同时具有长效性。

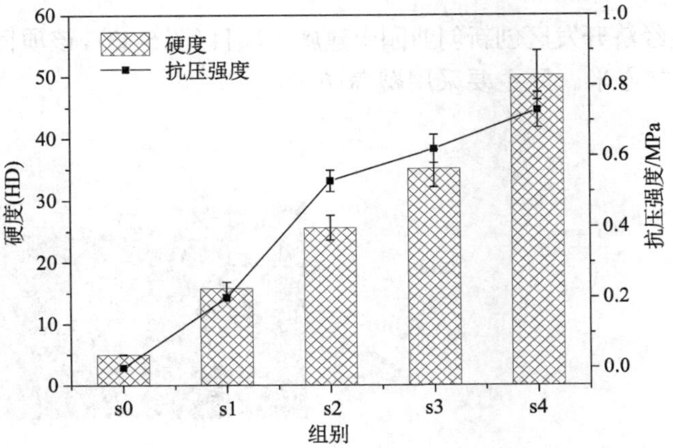

图 5-44　微生物水泥不同用量下形成粉土胶结体的硬度和强度

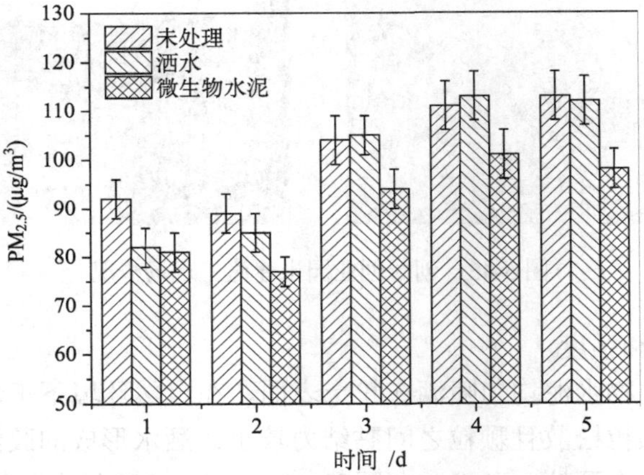

图 5-45　不同处理方式对粉土的抑尘效果

(3) 抗风蚀性能

图 5-46 为不同风速侵蚀下粉土胶结体的质量损失，没有喷洒微生物水泥的粉土损失量均最大，在 9 m/s 的风速下，质量损失达 1820 g/m^2，表明粉土颗粒之间凝聚力较小，无法抵抗大风的吹蚀；而使用微生物水泥后，粉土胶结体损失量均大幅度减少，在 9 m/s 风速下，质量损失均在 50 g/m^2 以下。随着风速的增大，质量损失量有一定的增加，但增加不显著。

(4) 保湿性

图 5-47 显示的是微生物水泥胶结粉土形成胶结体的保湿性能，仅洒水的砂土保水率随时间下降最快，12 h 时保水率即降到 4%以下；喷洒不同用量微生物水泥时，胶结体

保水率随时间下降明显减缓；喷洒 1 次微生物水泥时，12 h 时保水率仍在 4%以上；喷洒 2 次微生物水泥时，18 h 时保水率仍在 4%以上；而喷洒 3 次、4 次微生物水泥时，24 h 时保水率均在 4%以上。由此可见，微生物水泥处理粉土也具有较好的保湿能力。

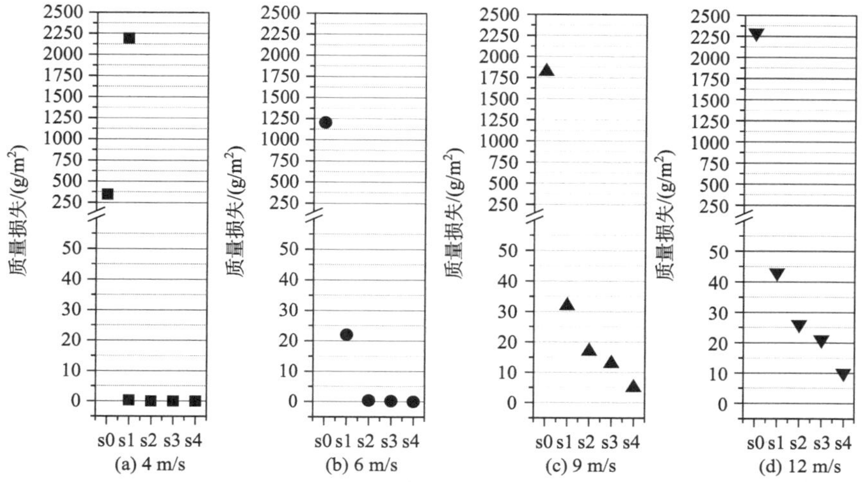

图 5-46　不同风速侵蚀下粉土胶结体的质量损失

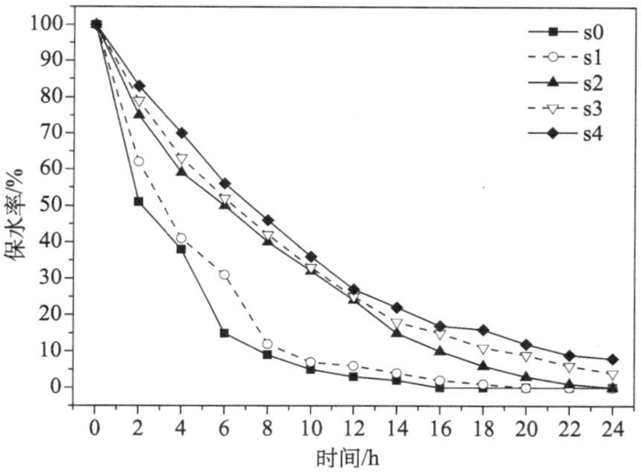

图 5-47　微生物水泥胶结粉土形成胶结体的保湿性能

(5) 抗冻融性能

不同冻融循环次数下粉土胶结体的质量损失率如图 5-48 所示，随着循环次数的增加，喷洒不同用量微生物水泥形成胶结体的质量损失率均有所增加，这是因为胶结体内部结构中水结冰会使内部孔壁承受很大的膨胀应力，如膨胀应力超过胶结体的抗拉强度就会引起微裂缝等缺陷不可逆的结构变化，在冰融化后不能完全复原，所产生的膨胀仍有部分残留，孔隙变大，这样孔隙率会进一步增大，进而会渗入更多的水，再次冻融时，原先形成的裂缝又由于结冰而扩大，如此经过反复冻融破坏，裂缝等缺陷将会越来越大，进而使其质量损失增加。另外，还可看出，微生物水泥用量高时形成的胶结体质量损失率低。

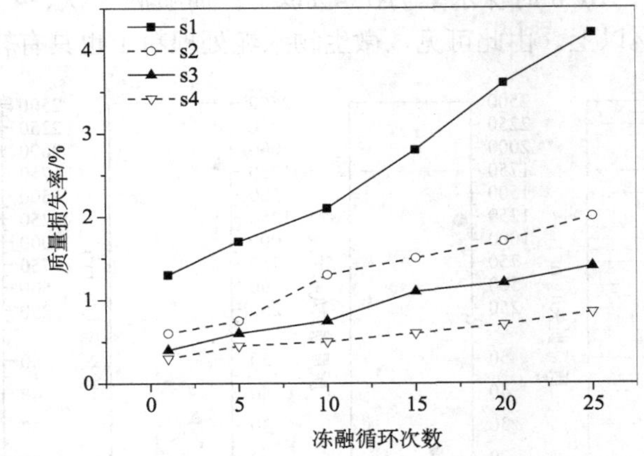

图 5-48　不同冻融循环次数下粉土胶结体的质量损失率

(6) 耐老化性能

不同老化时间微生物水泥胶结粉土形成胶结体的硬度如图 5-49 所示，随着老化时间的延长，胶结体表面硬度略微下降，但总体变化不大；当微生物水泥用量较高时，随着时间的延长，胶结体表面硬度基本不变。由此说明，微生物水泥胶结粉土形成的胶结体具有较为优越的力学性能，在外界环境的光照下，呈现出良好的耐老化性能。

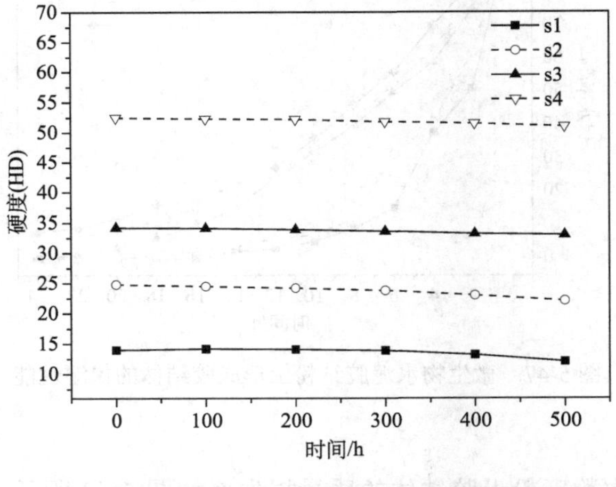

图 5-49　不同老化时间微生物水泥胶结粉土形成胶结体的硬度

(7) 生态相容性

分别选取洒水、喷洒微生物水泥各 100 m^2 进行小麦种植实验，如图 5-50 所示。10 天后，两个地块小麦的出芽率分别为 93.32%、95.63%，喷洒微生物水泥的地块小麦出芽率略高；30 天后，两块土地小麦叶子均为深绿，但喷洒微生物水泥的地块小麦长势更好。

(a) 洒水组小麦种植　(b) 微生物水泥组小麦种植

(c) 洒水组播种后10天　(d) 微生物水泥组播种后10天

(e) 洒水组播种后30天　(f) 微生物水泥组播种后30天

图 5-50　不同处理方法的粉土中小麦的生长情况

5.3.3　微生物水泥抑制建筑工地黏土扬尘

黏土工程为某森林公园土建施工项目（图 5-51），总用地规模约 145 hm^2，该项目紧邻城区，抑尘控制严格。

（1）胶结体硬度和强度

将微生物水泥均匀喷洒在黏土表面，在自然环境下干燥[（30±5）℃]，胶结体形成后有多次降水。洒水时可以形成厚度约 9 mm 胶结体；喷洒微生物水泥时，可形成厚度为 21～26 mm 的黏土胶结体，见图 5-52。

图 5-51　某森林公园土建施工现场概况

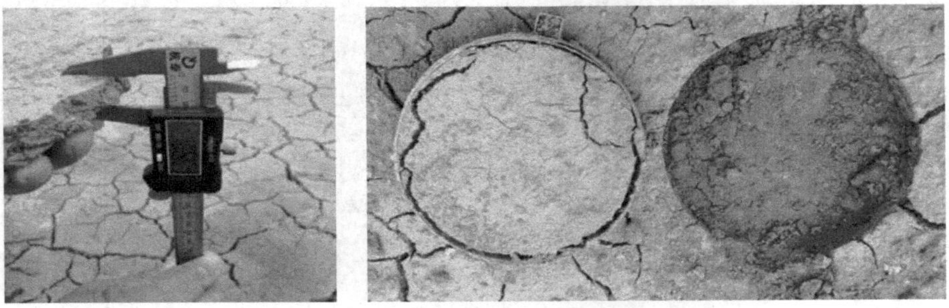

图 5-52　微生物水泥胶结黏土的效果

不同用量微生物水泥形成黏土胶结体的硬度和强度如图 5-53 所示，洒水情况下，胶结体硬度非常低；而喷洒微生物水泥效果显著，随着用量的增加，胶结体硬度明显增大；当喷洒 1 次微生物水泥时，黏土胶结体硬度即达到 16.6；当喷洒 2 次、3 次、4 次微生物水泥时，黏土胶结体硬度即达到 33.1、37.5、49.8，表明微生物水泥胶结黏土形成的胶结体具有优越的力学性能。由图 5-53 还可以看出，仅洒水时形成胶结体的强度较低，喷洒不同用量微生物水泥时胶结体强度分别为 0.41 MPa、0.67 MPa、0.83 MPa 和 1.05 MPa。

（2）抗风蚀性能

不同风速侵蚀下黏土胶结体的质量损失见图 5-54，未处理黏土损失量均最大，而使用微生物水泥后，黏土胶结体损失量均大幅度减少。随着风速的增大，风蚀量有一定的增加。当喷洒 1 次微生物水泥时，在各风速下的风蚀量均低于 30.0 g/m^2；当喷洒 4 次微生物时，在各风速下的风蚀量均低于 10.0 g/m^2；说明喷洒微生物水泥形成的黏土胶结体具有较强的抗风蚀性能。现有研究使用 PAM 控制松散土壤的风蚀，在土壤粒径小于 0.25 mm 的土样表面喷洒 PAM，在风洞中以 8.65 m/s 的风速吹蚀 40 min，胶结体质量损失量为 33.8 g/m^2。在粒径小于 0.25 mm 的土样表面喷洒“SY”抑尘剂，在 6～18 m/s 不同风速下吹蚀 25 min，胶结体质量损失为 2.5 g/m^2。微生物水泥的抗风蚀性能较好。

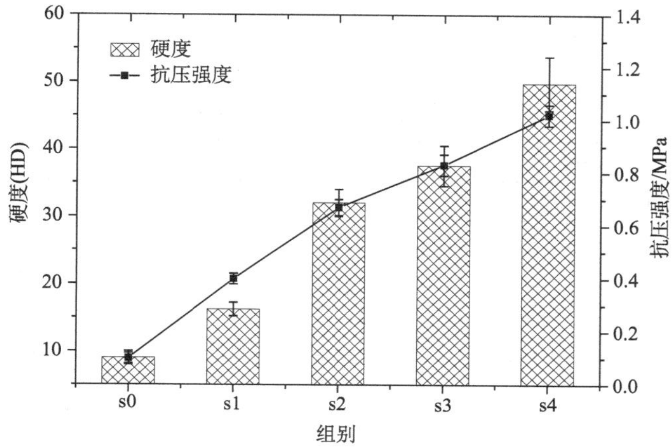

图 5-53　不同用量微生物水泥形成黏土胶结体的硬度和强度

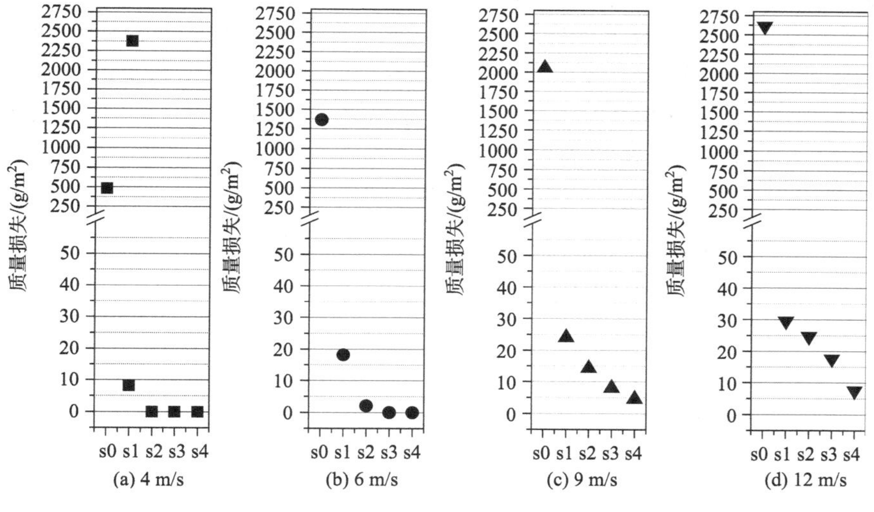

图 5-54　不同风速侵蚀下黏土胶结体的质量损失

(3) 抗雨水冲刷性能

抗雨水冲刷性能实验结果如表 5-9 所示，喷洒等量水的黏土抗雨水冲刷性能最差，基本不具备抗雨水冲击的能力；喷洒微生物水泥形成胶结体的稳定性明显加强，经过一次大雨(2.13 mm/h)冲刷 1 h，质量损失均在 100 g/(m^2·h)以下，胶结体硬度保持 90%以上；喷洒 2 次、3 次、4 次微生物水泥时，黏土胶结体硬度可保持 95%左右，并且黏土胶结体厚度基本无损失；经过二次大雨(3.05 mm/h)冲刷 1 h，喷洒 1 次微生物水泥，黏土胶结体质量损失在 100 g/(m^2·h)以上，胶结体硬度下降明显，保持原有强度的 60%，表明该用量不足以确保黏土胶结体长期抗雨水冲刷能力；喷洒 2 次、3 次、4 次微生物水泥时，黏土胶结体质量损失在 100 g/(m^2·h)以下，黏土胶结体硬度可保持 85%左右，同时胶结体厚度基本无损失；经过第三次中雨(<1 mm/h)冲刷 1 h，各个用量下形成的胶结体质量损失均较小，胶结体硬度基本保持不变。由此可见，微生物水泥胶结黏土形成的胶结体具有良好的抗雨水冲刷性能。

表 5-9　黏土胶结体的抗雨水冲刷性能

组别	1C(2.13 mm/h)		2C(3.05 mm/h)		3C(<1 mm/h)	
	质量损失/(g/m^2)	硬度(HD)	质量损失/(g/m^2)	硬度(HD)	质量损失/(g/m^2)	硬度(HD)
s0	753.2	—	843.5	—	233.1	—
s1	88.3	13.1	125.9	8.4	44.6	7.9
s2	53.5	22.0	93.4	19.7	36.2	20.4
s3	48.3	30.1	76.0	27.6	23.0	26.8
s4	39.7	55.1	70.3	50.8	25.7	51.0

(4)保湿性

图 5-55 显示的是微生物水泥胶结黏土形成胶结体的保湿性能，仅洒水的黏土保水率随时间下降最快，14 h 时保水率即降到 4%以下；喷洒不同用量微生物水泥时，胶结体保水率随时间下降明显减缓；喷洒 1 次微生物水泥时，14 h 时保水率仍在 4%以上；喷洒 2 次微生物水泥时，18 h 时保水率为 8%；而 3 次、4 次微生物水泥时，24 h 时保水率均在 4%以上。由此可见，微生物水泥处理黏土具有较好的保湿性能，与文献[4]和[5]报道的 STW 型生态土壤稳定剂、润湿型化学抑尘剂相比具有相近的保湿性能。

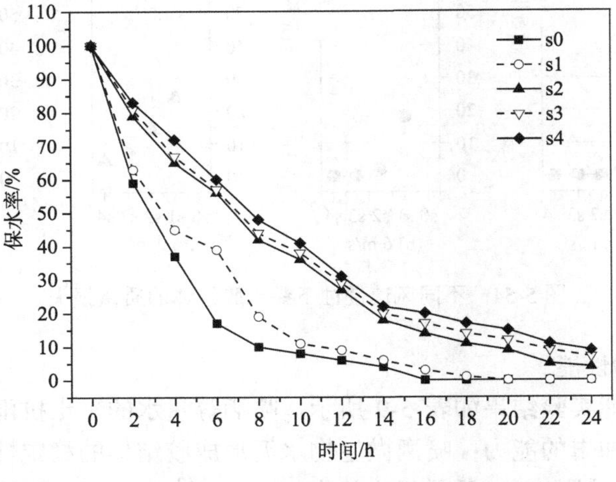

图 5-55　微生物水泥胶结黏土形成胶结体的保湿性能

(5) 抗冻融性能

不同冻融循环次数下黏土胶结体的质量损失率如图 5-56 所示，随着冻融循环次数增加，喷洒不同用量微生物水泥形成的黏土胶结体质量损失率均增加，但随着微生物水泥用量的增加，相同冻融循环次数下的质量损失显著降低。

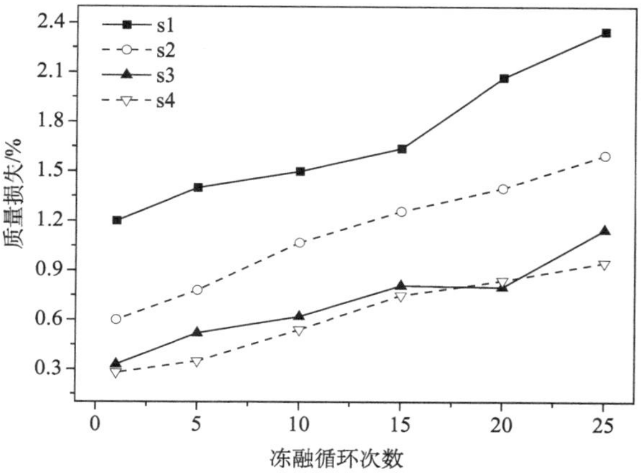

图 5-56 不同冻融循环次数下黏土胶结体的质量损失率

(6) 耐老化性能

在外界环境下，受到光热辐射、氧化、风蚀等自然条件的影响，在相应时间内黏土胶结体的表面硬度如图 5-57 所示，随着时间的延长，黏土胶结体表面硬度损失逐渐增大，但总体变化不大。老化时间为 200 h 时，不同用量微生物水泥形成的黏土胶结体表面硬度分别为 14.3、23.2、30.5、55.6，与各自的初始硬度相比下降不明显。由此可见，微生物水泥胶结黏土形成的胶结体具有较好抗老化性。

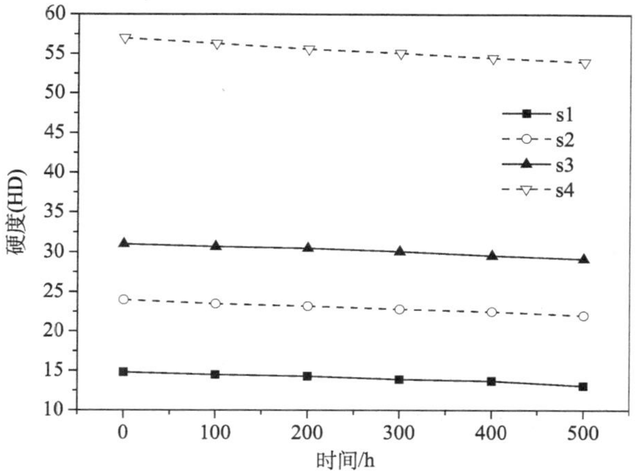

图 5-57 不同老化时间黏土胶结体的表面硬度

(7) 生态相容性

分别选取洒水、喷洒微生物水泥地块各 48 m^2 进行黄豆种植实验(面积 3 m×16 m，株数 12 株×20 行)，见图 5-58。

(a) 洒水组黄豆种植　(b) 微生物水泥组黄豆种植

(c) 洒水组播种后10天　(d) 微生物水泥组播种后10天

(e) 洒水组播种后30天　(f) 微生物水泥组播种后30天

图 5-58　不同处理方法的黏土中黄豆的生长情况

由图 5-58 可知，10 天后两个地块黄豆的出芽率分别为 91.25%、93.33%，喷洒微生物水泥的地块黄豆出芽率略高；30 天后两块土地黄豆茎长基本一致，但喷洒微生物水泥的地块黄豆叶片更为深绿，长势更好。

5.3.4　微生物水泥抑制不同类型土壤扬尘的效果比较

针对不同类型的土壤，微生物水泥胶结形成的胶结体性能存在一定的差异。微生物水泥用量为 1530 g/m²、水 2.0 L/m² 时，胶结砂土、粉土及黏土形成胶结体的硬度分别为 22.3、25.6、37.5，强度分别为 0.43 MPa、0.53 MPa 和 0.67 MPa，风蚀累积质量损失为 34.7 g/m²、27.8 g/m² 和 24.3 g/m²(风速 12 m/s)。可见，微生物水泥用量相同时，胶结砂土形成胶结体的性能最差，黏土最好。究其原因：砂土颗粒较大，且颗粒之间无黏结力，全部依靠微生物水泥沉积矿化产物的作用实现颗粒之间的胶结；而粉土、黏土颗粒相对较小，且颗粒之间存在一定的黏结力，在此黏结力的基础上，协同微生物水泥的胶结作用，实现更好的胶结。针对相同类型的土壤，随着微生物水泥用量的增加，形成胶结体的性能逐渐提升。喷洒 1 次、2 次、3 次、4 次微生物水泥时，胶结砂土形成胶结体的强度分别为 0.18 MPa、0.43 MPa、0.54 MPa 和 0.59 MPa，胶结粉土形成胶结体的强度分别为 0.21 MPa、0.53 MPa、0.62 MPa 和 0.73 MPa，胶结黏土形成胶结体的强度分别为 0.41 MPa、0.67 MPa、0.83 MPa 和 1.05 MPa。然而，随着微生物水泥用量倍数增加，胶结体强度并没有同倍数增大，而是增加幅度显著降低。在微生物水泥胶结土壤的初期，由于土壤颗粒间孔隙较多，微生物水泥的渗透不受约束。随着矿化产物的不断沉积，浅层土壤逐渐密实，微生物水泥的渗透受到限制。随着微生物水泥用量的增加，微生物水泥无法有效渗透，造成了胶结体性能和结构的梯度分布，表层矿化产物沉积更多、结构更密实，从而造成胶结体性能无法成倍的提升。

综上所述，在处理不同类型土壤时，可适当调整微生物水泥的用量，如胶结砂土可适当增加微生物水泥的用量，而在胶结黏土时可适当减少微生物水泥的用量，以降低成本。

5.3.5　微生物水泥抑制扬尘技术经济性和生态性分析

建筑工地抑尘方法主要有洒水、覆盖土工布、有机无机抑尘剂、微生物水泥等，不同方法的抑尘效果、技术经济生态性分析见表 5-10。

表 5-10　不同方法的抑尘效果、经济性和生态性

抑尘方法	洒水	覆盖土工布	无机抑尘剂	有机抑尘剂	微生物水泥
有效抑尘期/d	0.5～1	60～70	8～15	30～90	30～90
抑尘效果	中等	中等	中等	优越	优越
价格/(元/m²)	8.0～10.0 (包含人工费)	5.5～11.0	2.0～3.5	5.0～7.0	2.0～3.0
生态性	优越	中等	差	差	优越

洒水方法抑制扬尘的成本与洒水量和洒水频率直接相关，以达到覆盖土工布的抑尘效果计算洒水量和洒水频率，已抑尘周期 60 天测算，并初步预估人工成本，预计每平方米成本 8.0～10.0 元，每次洒水后抑尘时间较短，抑尘效果一般；覆盖土工布抑制扬尘成本每平方米 5.5～11.0 元，有效抑尘时间 60～70 天，覆盖土工布影响美观、造成二次污染；无机抑尘剂使用成本相对较低，一般在 2.0～3.5 元/m²，但有效抑尘时间短，会对环境造成污染；有机抑尘剂使用成本为 5.0～7.0 元/m²，有效抑尘时间长、抑尘效果显著，

但生态性差；微生物水泥产物与土壤矿物相近，不影响植物生长，针对不同土壤类型，微生物水泥用量略有差异，成本在 2.0～3.0 元/m^2，有效抑尘时间长(少雨季节抑尘周期更长)。与传统的抑尘方法相比，微生物水泥替代土工布、塑料网格布、彩条布覆盖抑尘(覆盖很容易被风吹走)是一类生态环保、无二次污染的新型胶凝材料，在抑尘效果、经济性和生态性方面优势显著，具有十分广阔的应用前景。

参 考 文 献

[1] 王明明. 磷酸盐矿化菌钝化重金属离子研究[D]. 南京：东南大学, 2014.
[2] 王浩. 南京地区城市土壤背景值研究及环境质量分析[D]. 南京：南京大学, 2003.
[3] 詹其伟. 微生物捕碳浅层矿化胶结沙土及其抑尘应用[D]. 南京：东南大学, 2018.
[4] 黄河，施斌，刘瑾，等. STW 型生态土壤稳定剂改性膨胀土水理性质试验研究[J]. 岩土工程学报, 2008, 30(8): 1236-1240.
[5] 金龙哲，杨继星，欧盛南. 润湿型化学抑尘剂的试验研究[J]. 安全与环境学报，2007，7(6): 109-112.

第 6 章　微生物-钢渣胶凝材料基本原理

前面几章介绍的微生物碳酸盐水泥、微生物磷酸盐水泥和微生物复合水泥强度一般较低，在岩土工程中使用具有突出优势。本章介绍一类高强度微生物-钢渣胶凝材料。钢渣作为炼钢过程中的副产物，排放量巨大，且长期以来未得到有效利用。堆积的巨量钢渣不仅占用大量有限的土地资源，污染环境，同时也是一种巨大的资源浪费。钢渣中存在的游离氧化钙、游离氧化镁导致的安定性问题直接制约着其安全、广泛利用，此外钢渣中的总钙、镁含量很高，传统的方法均未能得以充分利用。本章主要介绍最新研究成果，采用微生物矿化方法对导致安定性问题的成分进行稳定转化，以及对钙、镁进行有效利用。

6.1　钢渣及其作为胶凝材料使用的问题

6.1.1　钢渣的化学成分

钢渣的化学成分受原材料和冶炼工艺的影响很大，不同炉型甚至同一炉产生的钢渣化学成分都有很大差异。用 X 射线荧光光谱仪测试了五家钢铁厂的钢渣化学成分，如表 6-1 所示。五种钢渣的主要成分为 CaO、MgO、SiO_2、Al_2O_3、Fe_2O_3。宝钢、沙钢、南通永一、南钢、马钢钢渣中 CaO 和 MgO 的总含量分别高达 58.66%、55.84%、51.82%、53.24%和 52.48%。

表 6-1　五家钢铁厂的钢渣化学组成　　（单位：%）

厂名	SiO_2	Fe_2O_3	Al_2O_3	CaO	MgO	FeO	MnO	(CaO+MgO)
宝钢	14.22	8.79	2.86	47.80	9.29	13.29	1.06	58.66
沙钢	14.86	10.37	3.88	44.00	10.04	12.30	1.11	55.84
南通永一	15.99	12.29	3.00	40.50	9.22	7.34	1.34	51.82
南钢	17.19	7.43	1.48	40.14	8.79	16.94	1.99	53.24
马钢	18.38	7.46	3.04	40.77	3.14	15.49	5.38	52.48

此外，通过文献调研，统计了我国十家重点钢厂：宝钢、武钢、鞍钢、唐钢、济钢、攀钢、本钢、马钢、太钢和首钢排放的钢渣化学成分波动范围(表 6-2)。由于冶炼工艺、矿石种类、钢铁品种的不同，钢渣中化学成分也有较大的波动。氧化钙的含量在 30%～60%，氧化硅的含量在 8%～28%，氧化铝的含量在 3%～9%，氧化镁的含量在 4%～12%，主要是以游离态的氧化镁形式和化合态的钙镁橄榄石形式存在。除此之外钢渣中还有 Fe_2O_3、MnO 等。

表 6-2　我国十家重点钢厂钢渣化学成分统计范围　（单位：%）

种类	SiO_2	Fe_2O_3	Al_2O_3	CaO	MgO	FeO	MnO
初期渣	18.2～28.3	1.2～5.8	1.8～8.9	28.3～46.8	4.6～18.6	8.9～13.4	1.1～2.4
精炼渣	9.2～23.4	1.1～4.3	1.1～7.3	37.8～59.3	4.8～12.6	5.8～10.8	0.8～1.5
后期渣	15.8～27.7	2.3～5.6	2.8～8.9	38.2～60.5	3.5～9.5	2.1～6.5	0.7～1.6

6.1.2　钢渣的物相组成

不同钢厂钢渣的矿物组成含量也有很大差异，但矿物类型相似，主要包括可发生水化反应的硅酸二钙(C_2S)、硅酸三钙(C_3S)、游离氧化钙(f-CaO)、游离氧化镁(f-MgO)、氢氧化钙[$Ca(OH)_2$]等矿物和难以发生水化反应的 RO 相、Fe_2O_3、C_2F 等惰性矿物。

采用 TOPAS 4.0 分析的五家钢厂钢渣样品的矿物含量，结果如图 6-1 和表 6-3 所示。此外，我国十家重点钢厂宝钢、武钢、鞍钢、唐钢、济钢、攀钢、本钢、马钢、太钢、首钢排放的钢渣矿物成分统计范围也列于表 6-3。

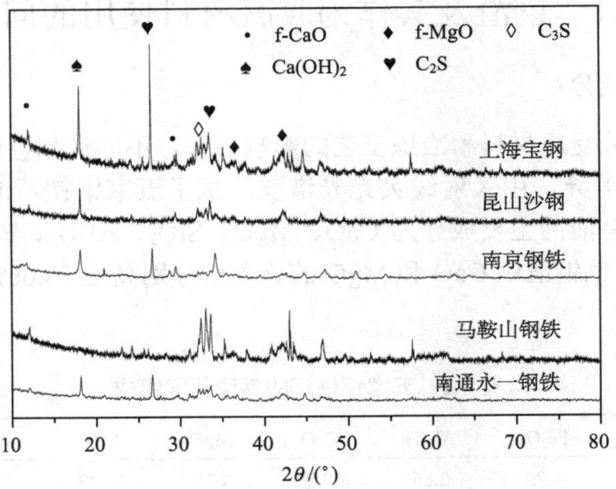

图 6-1　五家钢厂钢渣矿物成分

表 6-3　不同钢厂钢渣的矿物含量　（单位：%）

矿物	宝钢	沙钢	南钢	马钢	南通永一	十家钢厂统计
β-C_2S	25.8	12.7	23.5	18.9	20.7	9.3～31.2
γ-C_2S	3.6	4.4	3.2	5.6	6.7	1.5～10.3
C_3S	7.9	9.3	4.5	18.3	6.8	3.5～20.5
f-CaO	5.6	4.5	2.4	1.3	2.8	1.0～9.7
F-MgO	3.9	2.7	1.3	2.1	1.2	1.0～9.8
C_3A	2.6	3.3	4.8	3.6	5.7	1.7～8.9
RO 相	26.8	32.9	30.8	22.2	31.1	20.0～35.9
Fe_2O_3	5.6	7.7	6.9	3.9	4.5	1.5～10.3
C_2F	4.2	3.5	6.7	7.0	3.3	2.5～9.5

6.1.3　游离氧化钙和氧化镁含量

取样分析了五家钢厂钢渣游离氧化钙与游离氧化镁含量如表 6-4 所示。从文献数据统计分析得到十家重点钢厂钢渣游离氧化钙、游离氧化镁含量如图 6-2 所示。由于冶炼工艺、排渣方式的不同，钢渣中游离氧化钙与游离氧化镁含量波动较大。游离氧化钙含量为 2.1%～8.2%，游离氧化镁含量为 1.5%～5.7%。

表 6-4　五家钢厂钢渣游离氧化钙与游离氧化镁含量　（单位：%）

矿物	宝钢	沙钢	南钢	马钢	南通永一
f-CaO	5.6	4.5	2.4	1.3	2.8
f-MgO	3.9	2.7	1.3	2.1	1.2

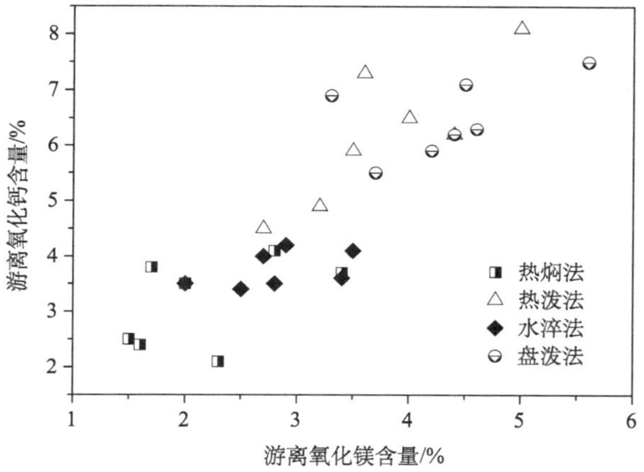

图 6-2　不同处理方法钢渣游离氧化钙、游离氧化镁含量统计结果

6.1.4　钢渣作为胶凝材料使用的主要问题

磨细钢渣粉作为胶凝材料使用，其限制原因在于所含矿物的活性很低，水化反应速度很慢，强度增长很慢且很低。因此，钢渣粉一般很难直接单一地作为胶凝材料。而作为混凝土辅助胶凝材料使用时，存在的问题在于钢渣中游离氧化钙和死烧氧化镁引发的安定性不良。传统较为成功的应用方式为钢渣粉与石灰复合，并采用二氧化碳养护。但该体系的弊端在于，钢渣中钙、镁含量已经很高，额外添加石灰，其在设计原理上存在缺陷。钢渣自身钙、镁未能得到有效、充分利用，安定性问题也未能彻底解决。如图 6-3 所示，碳化钢渣制品沸煮 10 h 后仍然产生开裂现象。

(a) 碳化宝钢钢渣　　(b) 碳化沙钢钢渣　　(c) 碳化马钢钢渣

图 6-3　碳化钢渣制品安定性检验

6.2　微生物与钢渣安定性不良组分的碳化转化

如前所述，碳化钢渣制品的体积安定性问题仍然未能根本解决，原因在于游离氧化钙和游离氧化镁在单纯碳化条件下未能充分转化为体积稳定的钙、镁的氢氧化物或者碳酸盐，这与游离氧化钙、游离氧化镁的碳化反应热力学、动力学参数有关。

6.2.1　游离氧化钙、游离氧化镁碳化反应热力学分析

游离氧化钙与游离氧化镁的碳化反应包括以下过程：

$$CaO + H_2O \longrightarrow Ca(OH)_2 \tag{6-1}$$

$$MgO + H_2O \longrightarrow Mg(OH)_2 \tag{6-2}$$

$$CaO + CO_2 \longrightarrow CaCO_3 \tag{6-3}$$

$$MgO + CO_2 \longrightarrow MgCO_3 \tag{6-4}$$

$$Ca(OH)_2 + CO_2 \longrightarrow CaCO_3 + H_2O \tag{6-5}$$

$$Mg(OH)_2 + CO_2 \longrightarrow MgCO_3 + H_2O \tag{6-6}$$

其中涉及的主要化合物的热力学数据如表 6-5 所示。根据表 6-5 的数据，$\Delta G_{\mathrm{T}}^{\ominus} = \sum \Delta G_{\mathrm{T}反应物}^{\ominus} - \sum \Delta G_{\mathrm{T}反应物}^{\ominus}$ 得出标准吉布斯自由能变化如表 6-6 所示。可见，钢渣中游离氧化钙与游离氧化镁碳化反应的吉布斯自由能远小于水化反应，表明碳化反应比水化更容易进行。因此，碳化是解决钢渣体积稳定性的有效方法。

表 6-5　主要化合物的热力学数据

物质	$\Delta_r H_m^{\ominus}$/(kJ/mol)	$\Delta_r S_m^{\ominus}$/(kJ/mol)	$\Delta_r G_m^{\ominus}$/(kJ/mol)	摩尔体积/(kJ/mol)
CO_2	−395.51	213.68	−394.38	—
H_2O	−285.8	70.0	−237.1	18.07
CaO	−365.1	38.1	−603.1	16.76

续表

物质	$\Delta_r H_m^\ominus$/(kJ/mol)	$\Delta_r S_m^\ominus$/(kJ/mol)	$\Delta_r G_m^\ominus$/(kJ/mol)	摩尔体积/(kJ/mol)
MgO	–601.6	26.9	–569.3	11.25
$Ca(OH)_2$	–986.1	83.4	–898.0	33.06
$Mg(OH)_2$	–924.5	63.2	–833.5	24.64
$CaCO_3$	1207.4	91.7	1128.5	36.93
$MgCO_3$	1113.3	65.1	–1029.5	28.02

表 6-6　氧化钙、氧化镁反应吉布斯自由能变化计算

反应	产物	ΔH_m/(kJ/mol)	ΔG_m/(kJ/mol)	ΔV/cm^3
1	$Ca(OH)_2$	–65.2	–57.8	97
2	$Mg(OH)_2$	–37.2	–27.1	119
3	$CaCO_3$	–178.8	–130.6	120
4	$MgCO_3$	–118.3	–65.9	149
5	$CaCO_3$	–113.6	–73.2	11.7
6	$MgCO_3$	–81.1	–37.7	13.8

6.2.2　游离氧化钙、游离氧化镁碳化反应动力学分析

为探究钢渣中 f-CaO、f-MgO 碳化反应动力学，选择在不同的碳化温度(20 ℃、30 ℃、40 ℃)、二氧化碳养护压力为 0.3 MPa(浓度 99%)、湿度为 70%条件下对钢渣进行碳化。每 20 min 取样分析氧化钙与氧化镁的碳化反应程度。假定反应浆体是均匀的，每次从浆体中取出 5 mL 样品对碳化反应无影响。

CaO、MgO 及 CO_2 的溶解：

$$CaO + H_2O \longrightarrow Ca(OH)_2 \tag{6-7}$$

$$MgO + H_2O \longrightarrow Mg(OH)_2 \tag{6-8}$$

$$Ca(OH)_2 \longrightarrow Ca^{2+}(aq) + 2OH^-(aq) \tag{6-9}$$

$$Mg(OH)_2 \longrightarrow Mg^{2+}(aq) + 2OH^-(aq) \tag{6-10}$$

产生的 Ca^{2+}、Mg^{2+}及 OH^-通过液膜向液相主体扩散，同时 CO_2 溶于水，形成溶解态的 CO_2，通过气液界面的液膜向液相主体扩散，CO_2 发生电离：

$$CO_2(g) \longrightarrow CO_2(aq) \tag{6-11}$$

$$CO_2(aq) + OH^- \longrightarrow HCO_3^- \tag{6-12}$$

$$HCO^- + OH^- \longrightarrow CO_3^{2-} + H_2O \tag{6-13}$$

碳化初期由于溶液中 OH^-浓度较高，式(6-13)生成的 HCO_3^-立即与 OH^-结合生成 CO_3^{2-}，故溶液中 CO_3^{2-}浓度较高，而 HCO_3^-浓度则较低。

$$Ca(OH)_2 + CO_2 \longrightarrow CaCO_3 + H_2O \tag{6-14}$$

$$Mg(OH)_2 + CO_2 \longrightarrow MgCO_3 + H_2O \tag{6-15}$$

分别将 5 g 氧化钙与氧化镁加入 200 mL 去离子水中，然后将其固定在水浴锅中同步加热到目标温度，在 20 ℃、30 ℃、40 ℃反应温度下，0.3 MPa 二氧化碳压力养护下，f-CaO、f-MgO 碳化反应率随时间的变化规律如图 6-4、图 6-5 所示。由图中可看出，氧化钙反应速率较快，且温度对反应速率影响不大；氧化镁的反应速率较缓慢，尤其在反应初期更为明显，温度对反应速率的影响较氧化钙更为显著。图 6-6 为$-\lg[1-x(\mathrm{Ca})]$与时间 t 的关系，图 6-7 为$-\lg[1-x(\mathrm{Mg})]$与时间 t 的关系。

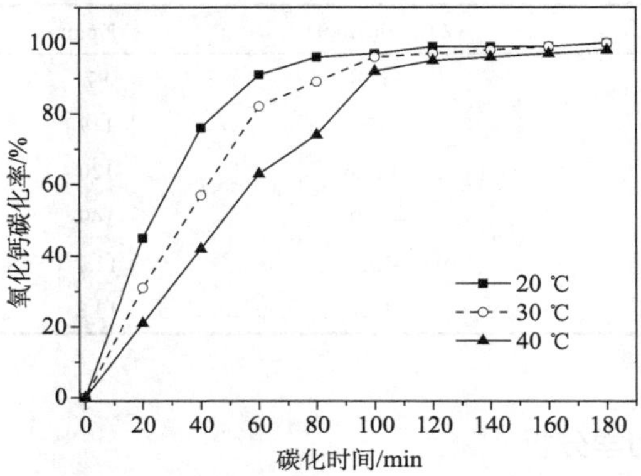

图 6-4　游离氧化钙碳化率曲线

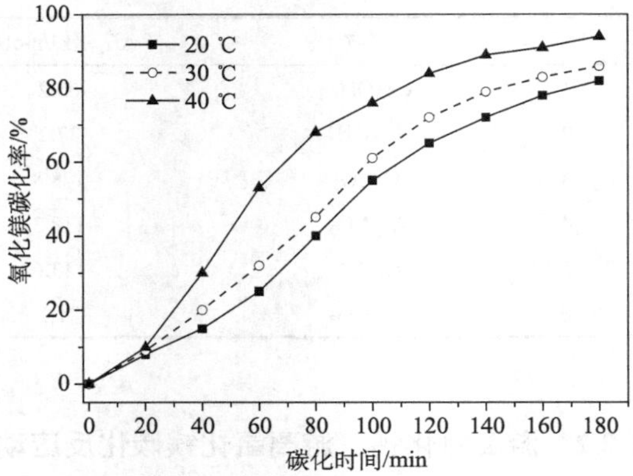

图 6-5　游离氧化镁碳化率曲线

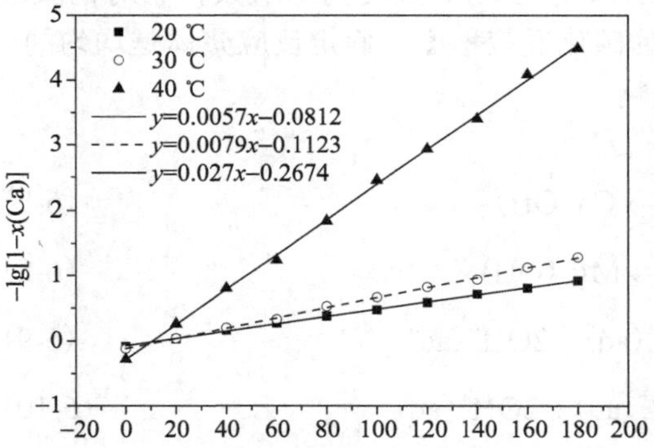

图 6-6　$-\lg[1-x(\mathrm{Ca})]$与时间 t 的关系

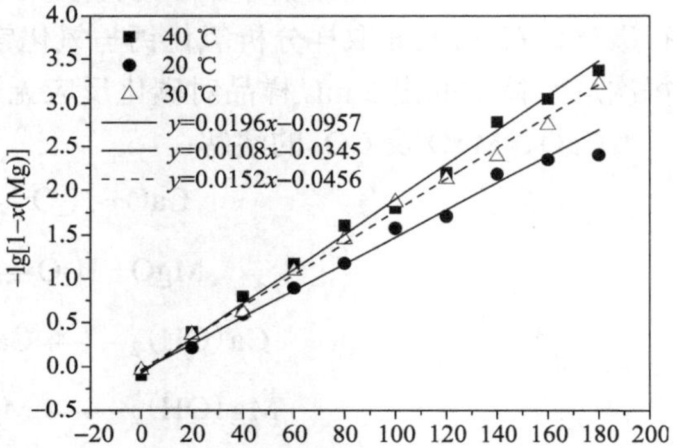

图 6-7　$-\lg[1-x(\mathrm{Mg})]$与时间 t 的关系

多相反应过程反应速率方程式中的表观反应速率常数 k 与温度 T 的关系可用 Arrehenius 公式的形式表示，如下所示：

$$k = Z\exp\left[-E_a/(RT)\right] \tag{6-16}$$

式中，Z——指前因子；

E_a——表观活化能；

R——气体常数。

游离氧化钙与游离氧化镁碳化反应的 $\ln k_m$ 与 $1/T$ 关系曲线如图 6-8 所示。通过计算得出游离氧化钙碳化反应的表观活化能为 17.32 kJ/mol，游离氧化镁反应的表观活化能为 7.89 kJ/mol。钢渣的碳化反应属缩壳反应，其控制步骤包括反应物向固体颗粒表面或生成物离开固体颗粒表面的扩散（扩散控制）和产物在固体颗粒表面的形成（化学反应控制）。Benson 认为缩壳过程控制步骤可通过反应活化能进行判断，化学反应控制>25.12 kJ/mol> E 扩散控制。依据这一判据，可初步判定氧化钙碳化属扩散控制过程，而氧化镁碳化则为化学反应控制过程，这可能是因为后者的碱性不如前者大的缘故。

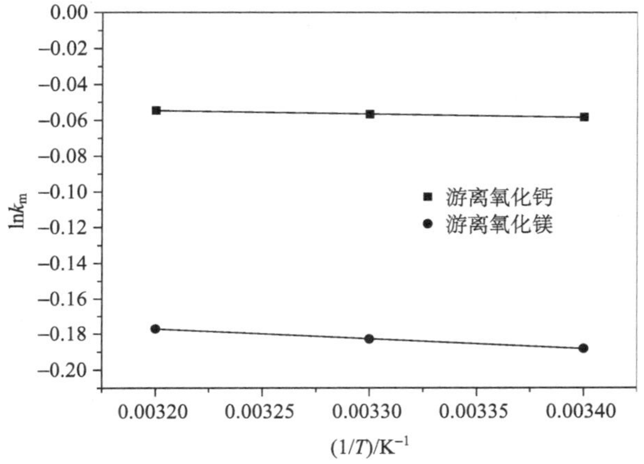

图 6-8　游离氧化钙与游离氧化镁碳化反应的 $\ln k_m$ 与 $1/T$ 关系曲线

由于 CaO 的溶解度远大于 MgO（二者溶度积分别为 5.5×10^{-6} 和 1.8×10^{-11}），反应初期孔溶液中 Ca^{2+}浓度远大于 Mg^{2+}浓度，碳化反应初期主要是 $CaCO_3$ 结晶在气液界面一侧反应面上不断生成并长大，$CaCO_3$ 结晶覆盖反应物颗粒而阻碍反应进行的概率较小，CaO 碳化反应速率较快，反应机理模型如图 6-9 所示。P_1 为气相中 CO_2 分压；P_2 为气液界面处 CO_2 分压；C_1 为气液界面处 CO_3^{2-}（或 HCO_3^-）浓度；C_2 为液相主体 CO_3^{2-}（或 HCO_3^-）浓度；C_3 为液固界面处 CO_3^{2-}（或 HCO_3^-）浓度；A_3 为固相表面 Mg^{2+}离子浓度；A_2 为液相中 Mg^{2+}离子浓度；A_1 为气液界面 Mg^{2+}离子浓度；B_3 为固相表面 Ca^{2+}离子浓度；B_2 为液相中 Ca^{2+}离子浓度；B_1 为气液界面 Ca^{2+}离子浓度。

随着碳化反应的进行，钢渣孔隙溶液中 Ca^{2+}的浓度逐渐降低，Mg^{2+}的浓度相对提高，$CaCO_3$ 结晶逐渐向固液界面移动。CO_2 的不断通入使溶液 pH 不断下降，MgO 溶解速率提高，$MgCO_3$ 开始生成。随着碳化结晶反应面由气液界面向固液界面转移，碳化结晶产物逐渐会覆盖于钢渣颗粒表面，降低碳化反应的进行，反应机理模型如图 6-10 所示。

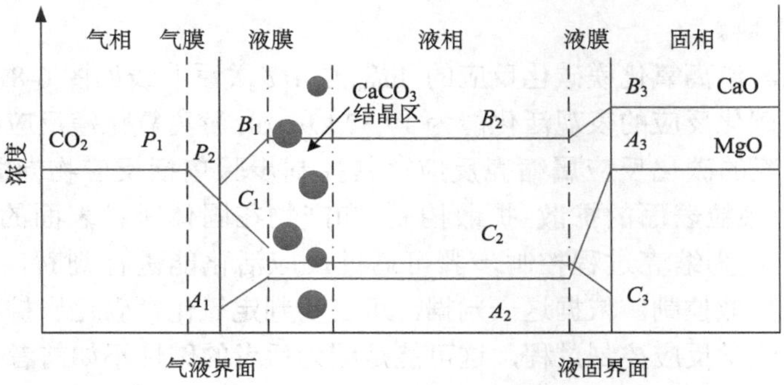

图 6-9　钢渣中氧化钙碳化反应机理模型

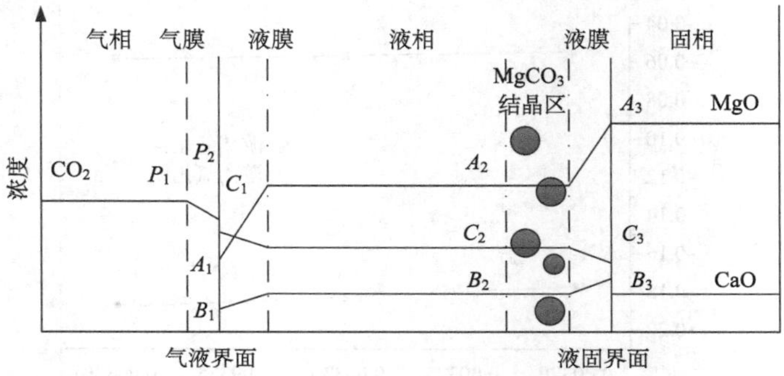

图 6-10　钢渣中氧化镁碳化反应机理模型

由于 CaO 的溶解速度较快，而 $CaCO_3$ 结晶的生成为瞬间过程，故 CaO 的碳化速度主要取决于扩散速度，主要指 Ca^{2+} 通过液膜的扩散和溶解态 CO_2 向液相主体的扩散，在碳化后期还包括 $CaCO_3$ 结晶脱离反应物颗粒向液相主体的扩散，即 CaO 的碳化为扩散控制过程。而 MgO 的溶解速度较慢，且受温度影响较显著，故 MgO 碳化除受扩散影响外，更主要取决于 MgO 溶解的速度，所以 MgO 碳化应为化学反应控制过程。

6.2.3　微生物对游离氧化钙、游离氧化镁碳化反应的影响

(1) 单一矿化微生物的影响

钢渣中添加 1%～4%的矿化微生物[1]，成型后自然养护(20 ℃、70%RH) 48 h 后进行碳化养护(0.3 MPa、20 ℃、70%RH)至不同龄期。矿化微生物钢渣对游离氧化钙与游离氧化镁反应率的影响如图 6-11、图 6-12 所示。微生物的加入对钢渣中游离氧化钙、游离氧化镁的反应速率均有显著的提升，且随着用量的增加，反应速率明显增大；矿化 3 h 时添加 4%微生物的钢渣中游离氧化钙反应率由 81%提升至 97%，几乎完全反应；钢渣中游离氧化镁反应率由 62%提升至 79%，仍有大量游离氧化镁未被反应。随着矿化时间的延长，游离氧化镁的反应率逐渐提高，当矿化延长至 8 h 时，添加 4%微生物的钢渣中游离氧化镁反应率可达到 95%，远高于碳化钢渣的 73%[2]。

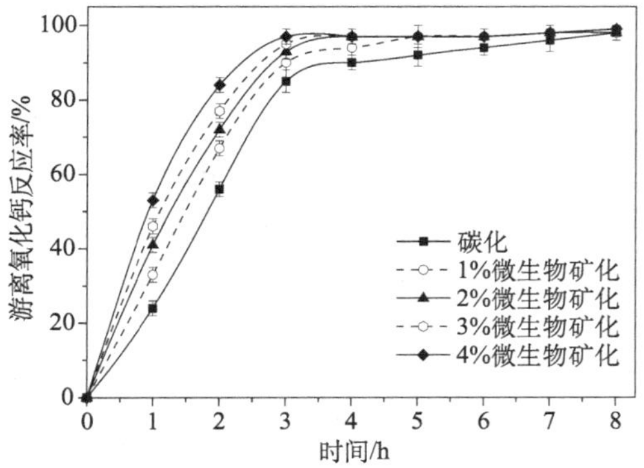

图 6-11　矿化微生物对游离氧化钙反应率的影响

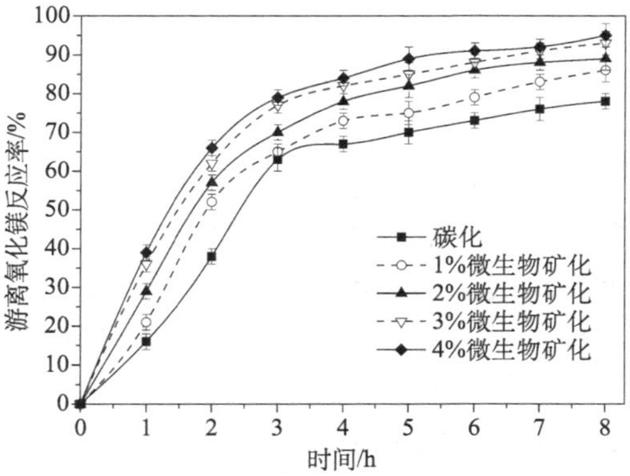

图 6-12　矿化微生物对游离氧化镁反应率的影响

可见，微生物矿化的方法可显著提升钢渣中对体积稳定性造成破坏的游离氧化钙与游离氧化镁的碳化反应速率，但钢渣中的氧化镁仍需要较长的矿化时间才可以完全消除。钢渣的碳酸化反应属于气-液-固三相共存的多相化学反应，整个反应过程总的传质阻力=气体到气液界面阻力+气液界面到液相主体的阻力+液相主体到固体外表面的阻力+固体颗粒内部的传递和反应的阻力。由于钢渣中氧化镁的矿化反应是发生在固体氧化镁表面的化学反应控制，其反应控速步骤主要为氧化镁生成 $Mg(OH)_2$ 的反应过程，因此提升钢渣中游离氧化镁的溶解速率，加速氧化镁生成 $Mg(OH)_2$ 的反应过程是解决钢渣游离氧化镁难以消除的关键。

(2) 复合微生物的影响

分别将 5 g 氧化钙与氧化镁加入 200 mL 复合微生物培养液中，然后将其固定在水浴锅中同步加热到目标温度，在 20 ℃、30 ℃、40 ℃反应温度下，记录复合微生物对游离氧化钙、游离氧化镁溶解速率随时间的变化规律。不同温度下复合微生物对氧化钙、氧化镁反应率与反应时间的关系如图 6-13 所示。

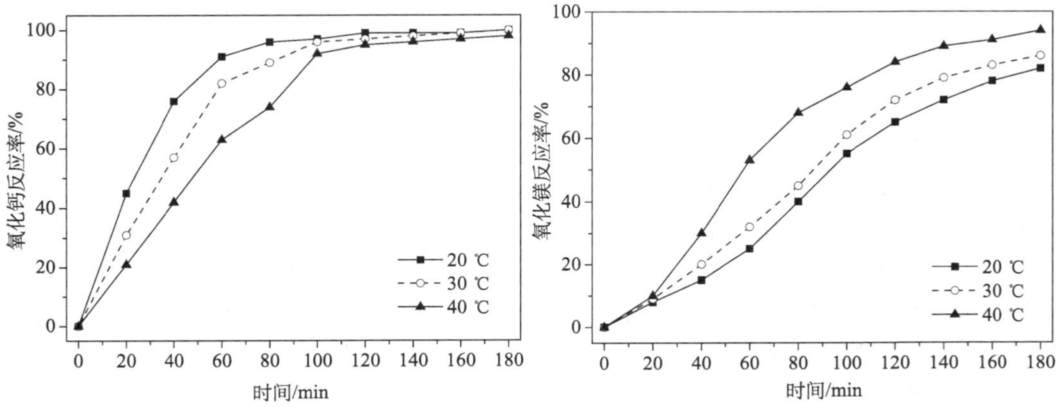

图 6-13　不同温度下复合微生物对氧化钙、氧化镁反应率与反应时间的关系

可以看出反应 60 min 内氧化钙与氧化镁的反应速率都较快，氧化钙的反应率很快达到 60%左右，随着浸出时间的增加，钙离子浸出速率越来越慢，到 180 min 时，基本稳定在 97%左右。氧化镁的反应率在 60 min 时达到 50%左右，随着浸出时间的增加，镁离子浸出速率越来越慢，到 180 min 时，基本稳定在 95%左右。这表明前 60 min 时复合微生物产生的大量 H^+在氧化钙与氧化镁表面瞬间发生了反应，曲线上反映为钙、镁离子转化率增加很快。当浸出 60 min 后，由于浸出液中 H^+浓度的降低，反应速率相应地降低，钙、镁离子转化率曲线也相应地变得越来越缓慢。

根据氧化钙、氧化镁在复合微生物中随时间的反应趋势可看出，随着时间的延长，钙、镁离子转化率逐渐降低，最后趋于稳定。根据查阅文献，发现选用 Drozdov 方程能较好地描述氧化钙、氧化镁在复合微生物作用下的反应过程，根据该方程计算得到复合微生物促进氧化钙、氧化镁碳化反应的反应速率常数如表 6-7 所示。

$$\frac{1}{t}\ln\frac{1}{1-x}-\frac{x}{t}=k_{\mathrm{m}} \tag{6-17}$$

式中，t——浸出时间，h；

x——氧化钙、氧化镁反应率，%；

k_{m}——反应速率常数。

表 6-7　复合微生物促进氧化钙、氧化镁碳化反应的反应速率常数

温度/℃	氧化钙反应速率常数 k_{m}	氧化镁反应速率常数 k_{m}
20	0.122	0.112
30	0.127	0.115
40	0.129	0.116

多相反应过程反应速率方程式中的表观反应速率常数 k_{m} 与温度 T 的关系可用 Arrehenius 公式的形式表示，如下所示：

$$k_{\mathrm{m}}=Z\exp\left[-E_{\mathrm{a}}/(RT)\right] \tag{6-18}$$

式中，Z——指前因子；

E_{a}——表观活化能；

R——气体常数。

氧化钙与氧化镁在复合微生物作用下转化率的 $\ln k_{\mathrm{m}}$ 与 $1/T$ 的曲线如图 6-14 所示。通过计算得出复合微生物作用下氧化钙反应的表观活化能为 1.65 kJ/mol，通过查阅文献得出游离氧化钙水化的表观活化能为 24.14 kJ/mol；复合微生物作用下氧化镁反应的表观活化能为 7.89 kJ/mol，通过查阅文献得出游离氧化镁水化的表观活化能为 65.51 kJ/mol。复合微生物作用下游离氧化钙、游离氧化镁的表观活化能如表 6-8 所示。

可见，在复合微生物的作用下，游离氧化钙与游离氧化镁的反应表观活化能显著降低，由于活化能的大小表征化学反应速率的快慢，活化能越大，化学反应分子碰撞需要产生更大的能量越过活化能的障碍，使得反应能够进行，反应速率相应越小；相反，活化能越小，反应速率越大。因此，活化能可作为判断多相反应控制步骤的一个重要指标。

一般的，扩散控制活化能小于 13 kJ/mol，界面化学反应控制活化能一般大于 40 kJ/mol，而混合控制活化能为 20～34 kJ/mol。通过复合微生物的作用，游离氧化钙与游离氧化镁的反应由界面化学反应控制转变为固态膜扩散控制，使用该方法可加速游离氧化钙与游离氧化镁的矿化反应速率。

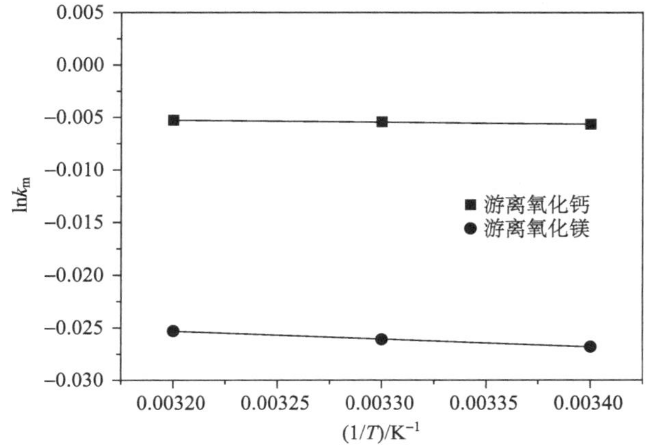

图 6-14 氧化钙与氧化镁在复合微生物作用下转化率的 $\ln k_m$ 与 $1/T$ 的曲线

表 6-8 复合微生物作用下游离氧化钙与游离氧化镁反应的表观活化能

反应	氧化钙水化	氧化钙+复合微生物	氧化镁水化	氧化镁+复合微生物
表观活化能/(kJ/mol)	24.14	1.65	65.51	7.89

6.2.4 微生物-钢渣胶凝材料的体积稳定性

为了探究微生物矿化对钢渣体积安定性的影响，测定了不同方式处理后钢渣试块经过 3 h 压蒸安定性实验后的钢渣中游离氧化钙含量、游离氧化镁含量、线性膨胀率。将原料与水混合 4 min，浇铸于尺寸为 40 mm×40 mm×160 mm 的模具中。所有试件在 70% RH、20℃养护 48 h 后，拆模置于不同养护条件下碳化养护，具体配合比与养护条件如表 6-9 所示。

表 6-9 钢渣制品配合比

组别	钢渣/g	矿化微生物/g	复合微生物/g	水胶比	CO_2压力
标养组	100	0	0	0.5	大气养护
碳化组	100	0	0	0.5	0.3 MPa、3 h
单一微生物组	100	1	0	0.5	0.3 MPa、3 h
复合微生物组	100	1	1	0.5	0.3 MPa、3 h

图 6-15 为不同钢厂钢渣不同方法处理后的游离氧化钙、游离氧化镁含量，图 6-16 为不同细度宝钢钢渣不同方法处理后游离氧化钙、游离氧化镁含量。可以看出不同钢渣

和不同细度宝钢钢渣碳化养护后钢渣中游离氧化钙、游离氧化镁含量显著降低，钢渣比表面积提高，钢渣中游离氧化钙与游离氧化镁的碳化与矿化速率也随之提高。由于游离氧化钙反应活性相对于游离氧化镁较高，可以看出相同比表面积的五组不同钢厂排放的钢渣、碳化组、微生物矿化组与复合微生物矿化组的游离氧化钙的含量都很低，几乎反应完全，可见微生物矿化对于不同工艺的钢渣中游离氧化钙与游离氧化镁均具有较好的消除作用。

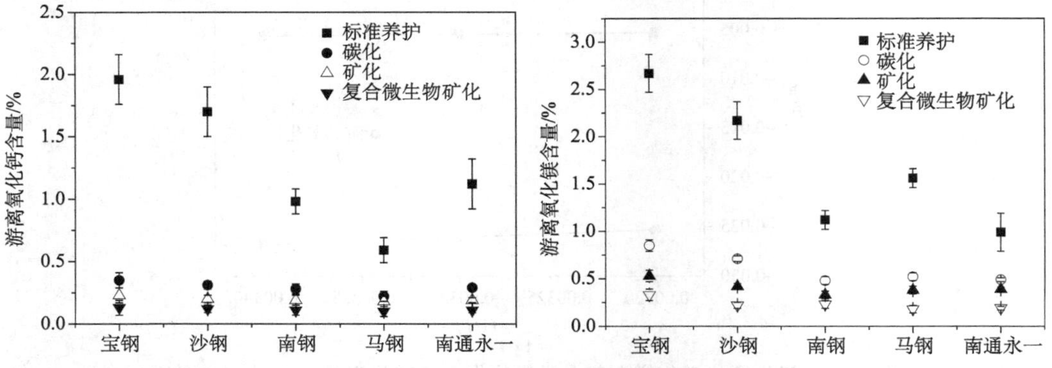

图 6-15　不同钢厂钢渣不同方法处理后的游离氧化钙、游离氧化镁含量

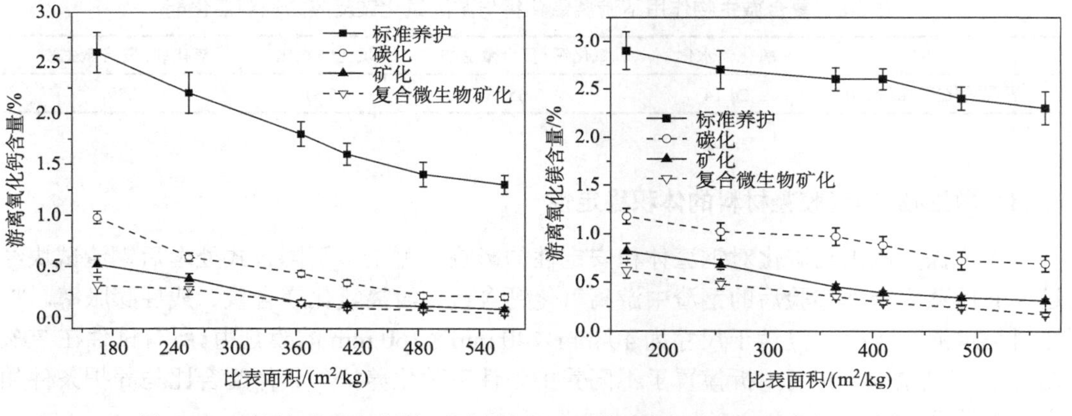

图 6-16　不同细度宝钢钢渣不同方法处理后的游离氧化钙、游离氧化镁含量

用比长仪测定了不同方法处理后钢渣压蒸安定性(图 6-17)，计算试件的压蒸膨胀率。标准养护试件的线性膨胀率超过 5‰，不同钢厂与宝钢不同比表面积钢渣的试件表面出现明显的开裂现象，说明钢渣存在严重的体积稳定性问题。如图 6-18 所示，碳化养护后钢渣线性膨胀率显著降低，随着钢渣比表面积的提高，线性膨胀率随之下降。由于游离氧化镁反应活性较低，矿化与碳化组中仍有部分未反应的游离氧化钙对体积稳定性造成影响，复合微生物矿化组大幅提升游离氧化镁的反应速率，使复合微生物矿化钢渣中的游离氧化镁完全被消耗，复合微生物矿化技术可以有效地消解钢渣中的游离氧化钙和游离氧化镁，解决钢渣制品体积安定性不良的问题。

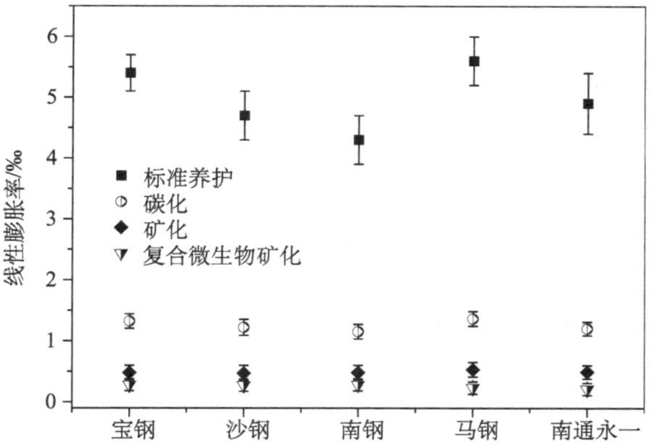

图 6-17　不同钢厂钢渣不同方法处理后压蒸线性膨胀率

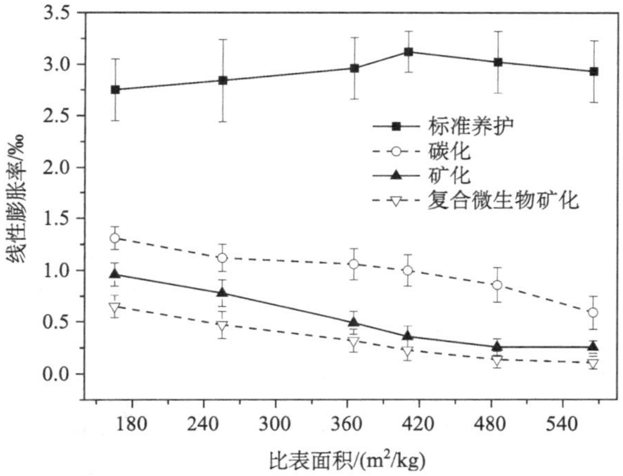

图 6-18　不同细度宝钢钢渣不同方法处理后压蒸线性膨胀率

6.3　微生物与钢渣中硅酸钙矿物的利用

6.3.1　钢渣中硅酸钙矿物的碳化反应

钢渣具有与水泥相似的矿物组成，C_3S 具有较高的水化活性，但钢渣中含量最多的矿物 C_2S 一般认为水化活性很低，其 28 d 水化程度仅为 10%左右，但是 C_2S 与二氧化碳有较高的反应活性，可以通过碳化产生可观的强度，钢渣中主要矿物 C_2S、C_3S 水化与碳化反应如下：

$$1/2[2CaO\cdot SiO_2]+2.15H_2O \longrightarrow 1/2[1.7CaO\cdot SiO_2\cdot 4H_2O]+0.15Ca(OH)_2 \tag{6-19}$$

$$1/3[3CaO\cdot SiO_2]+1.77H_2O \longrightarrow 1/3[1.7CaO\cdot SiO_2\cdot 4H_2O]+0.43Ca(OH)_2 \tag{6-20}$$

$$1/2[2CaO\cdot SiO_2]+CO_2 \longrightarrow 1/2\ SiO_2+CaCO_3 \tag{6-21}$$

$$1/3[3CaO\cdot SiO_2]+CO_2 \longrightarrow 1/3\ SiO_2+CaCO_3 \tag{6-22}$$

如表 6-10 所示，列出了每个反应的焓变 ΔH_m、吉布斯自由能变化 ΔG_m 及体积变化 ΔV，由表中可以看出 C_2S 和 C_3S 的水化与碳化反应均可自发进行且为放热反应，同时可以明显看出，碳化反应的吉布斯自由能 ΔG_m 远小于水化反应的 ΔG_m，C_2S 和 C_3S 水化反应的 ΔG_m 分别为–8.0 kJ/mol 和–23.6 kJ/mol，C_2S 和 C_3S 二碳化反应的吉布斯自由能分别为–65.3 kJ/mol 和–91.7 kJ/mol，这表明 C_2S 和 C_3S 碳化反比水化反应更容易进行。

表 6-10　钢渣主要矿物的水化与碳化反应

反应	产物	ΔH_m/(kJ/mol)	ΔG_m/(kJ/mol)	$\Delta V/cm^3$
1	1/2CSH+0.15CH	–19.1	–8.0	127
2	1/3CSH+0.15CH	–35.79	–23.6	107
3	1/2 SiO_2+CaCO_3	–112.4	–65.3	51
4	1/3 SiO_2+CaCO_3	–147.6	–91.7	58

分别将 5 g 的 C_2S 和 C_3S 加入 200 mL 去离子水中，然后将其固定在水浴锅中同步加热到目标温度，在 20 ℃、30 ℃、40 ℃反应温度下，0.3 MPa 二氧化碳压力养护下，C_2S 和 C_3S 碳化反应率随时间的变化规律如图 6-19、图 6-20 所示。初期两类矿物的反应速率十分缓慢，在反应 40 min 后反应曲线经过一个转折后很快上升，反应体系中 C_2S 和 C_3S 迅速反应，产生了大量的矿化产物。C_2S 碳化 180 min 时其反应率可达 81.4 %，明显高于其水化反应速率，是因为颗粒表面的水化物薄膜经碳化后遭到破坏，从而有利于水分向颗粒内部扩散渗透，而使硅酸钙的反应得以加速，水化物的增多又导致碳化速率的上升，碳化与水化相互促进，大幅提升硅酸盐矿物的反应速率。与此同时可以看出 C_3S 碳化 180 min 时其反应率可达 72.1%，C_2S 比 C_3S 更易发生碳化反应，是由硅酸钙碳化形成产物的结构引起的。C_2S 矿化产物的密度相对较低，产物多以薄片状结构存在，有利于离子传输与结晶过程的进行，因此可以看出 C_2S 的碳化速率会更高。

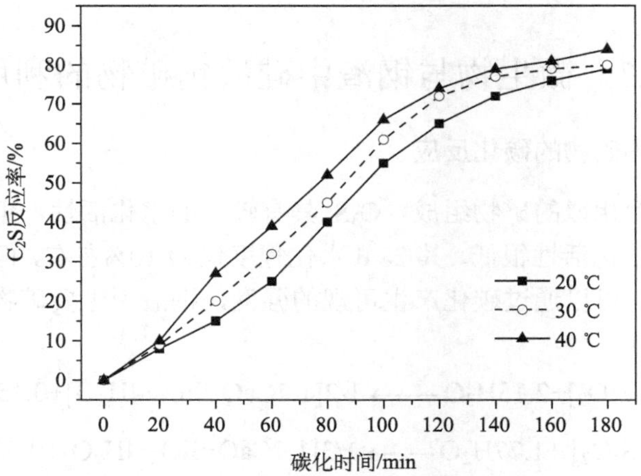

图 6-19　C_2S 碳化率曲线

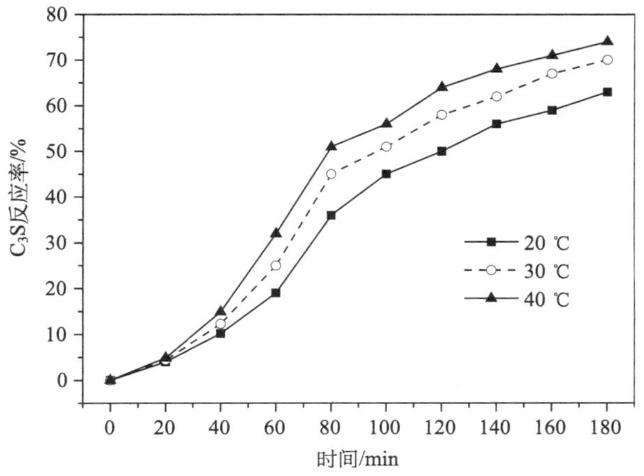

图 6-20　C_3S 碳化率曲线

C_2S 和 C_3S 反应动力学模型可使用动力学方程$\left[1-\left(1-\alpha\right)^{\frac{1}{3}}\right]^2=k_\mathrm{m}t$，该方程可描述一个体积减小和受扩散控制的动力学模型，式中 t 为反应时间；α 为碳化反应程度；k_m 为反应速率常数。C_3S、C_2S 碳化反应速率常数 k_m 如表 6-11 所示。

表 6-11　C_3S、C_2S 碳化反应的反应速率常数

温度/℃	C_3S 反应速率常数 k_m	C_2S 反应速率常数 k_m
20	0.020	0.032
30	0.023	0.035
40	0.026	0.038

多相反应过程反应速率方程式中的表观反应速率常数 k_m 与温度 T 的关系可用 Arrehenius 公式的形式计算，游离氧化钙与游离氧化镁碳化反应的 $\ln k_\mathrm{m}$ 与 $1/T$ 的关系曲线如图 6-21 所示。通过计算得出 C_3S、C_2S 碳化反应的表观活化能为 27.32 kJ/mol、22.19 kJ/mol。可初步判定钢渣中硅酸盐矿物的碳化反应属扩散控制过程。

硅酸盐矿物的碳化反应符合收缩核动力学模型，收缩核动反应模型如图 6-22 所示。碳化前颗粒堆积在一起，由于硅酸盐矿物不与水发生反应，没有水化产物生成，颗粒之间有较大孔隙，且颗粒之间没有黏结力，所以硅酸盐矿物浆体没有强度。加速碳化过程中，CO_2 溶于孔溶液中形成弱酸性环境，同时生成碳酸根离子；硅酸盐矿物颗粒在弱酸性条件下，溶出钙离子，形成低钙富硅的凝胶层，同时 SiO_2 凝胶聚合形成三维网状结构；最后，溶出的钙离子与孔溶液中的碳酸根离子结合形成絮状沉淀，絮状沉淀包裹在颗粒表面，同时填充颗粒之间的孔隙，形成一个致密的碳化产物层。由于碳化产物层的形成阻碍了反应的进一步进行，原硅酸盐矿物颗粒内部会形成一个碳酸化程度较低的中心。硅酸盐矿物碳化反应后形成的三层结构，类似于水泥水化形成的三层结构(未水化水泥，致密的内部 C-S-H 凝胶层，较疏松的外部 C-S-H 凝胶层)。

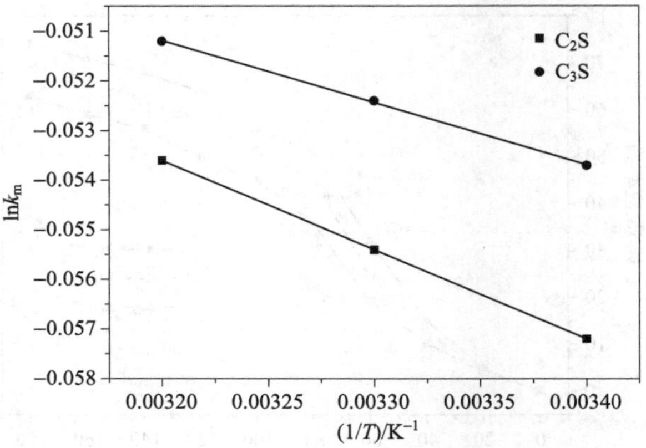

图 6-21　C_3S、C_2S 碳化反应 $\ln k_m$ 与 $1/T$ 的关系曲线

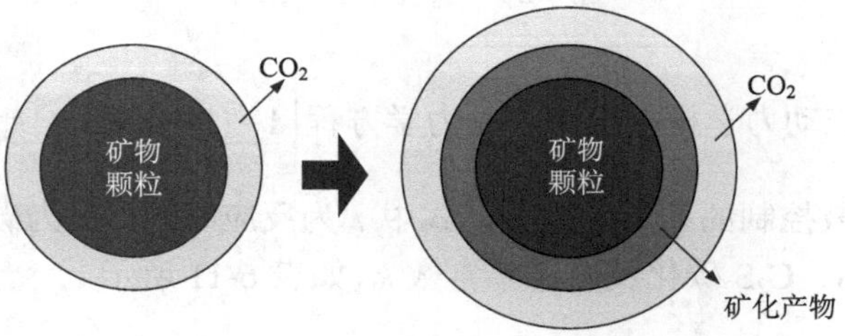

图 6-22　钢渣中硅酸盐矿物的收缩核动反应模型

图 6-23 为不同矿物和钢渣经过 3 h（0.3 MPa、20 ℃、70%RH）矿化养护后的抗压强度。由图中可以看出，矿化 3 h 后 C_2S 的矿化与碳化强度是最高的，其次是 C_3S，两者

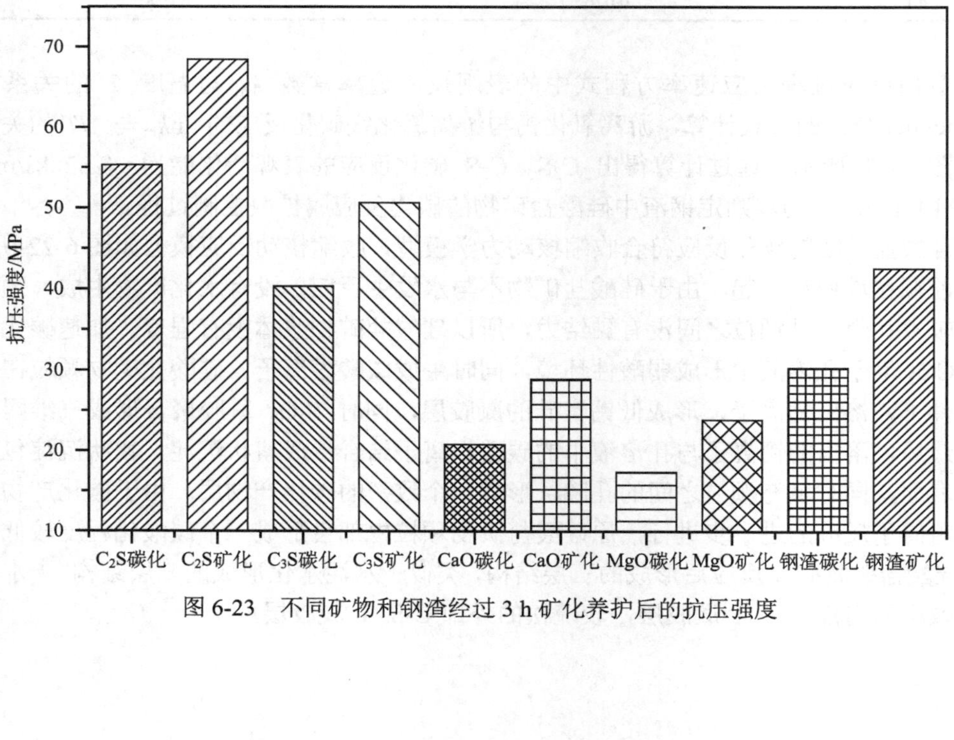

图 6-23　不同矿物和钢渣经过 3 h 矿化养护后的抗压强度

的强度均高于相同养护下的钢渣胶凝材料的强度值。而游离氧化钙和游离氧化镁的强度都相对较低，远低于相同养护下的钢渣胶凝材料的强度值，可以看出矿化钢渣的强度主要贡献来源于钢渣中硅酸盐矿物的矿化。这是由于硅酸盐矿物矿化反应时能在短期内生成大量的形状不规则的 $CaCO_3$ 和高度聚合的 SiO_2 凝胶，填充了颗粒之间的孔隙，这是硅酸盐矿物矿化反应后具有高强度的原因。

为了表征不同矿物矿化对钢渣矿化抗压强度的贡献，根据矿化钢渣各矿化产物的增加量与矿化钢渣强度的提升计算出单个矿物矿化对强度提升的作用(图 6-24)，不同矿物对矿化钢渣强度提升作用差异巨大，由于单位质量 C_2S 反应后强度最大，且钢渣中 C_2S 含量较高，矿化相对于碳化反应量提升较大，C_2S 矿化对强度的贡献率超过 60%；单位质量 C_3S 反应后强度也相对较高，但由于其在钢渣中的含量较低，因此其贡献相对较小。由于游离氧化钙、游离氧化镁在钢渣中的含量较低，且单位质量的比强度较低，因此其对矿化钢渣的强度提升贡献较小，因此对钢渣中硅酸盐矿物的矿化速率提升是矿化钢渣制品强度提升的关键。

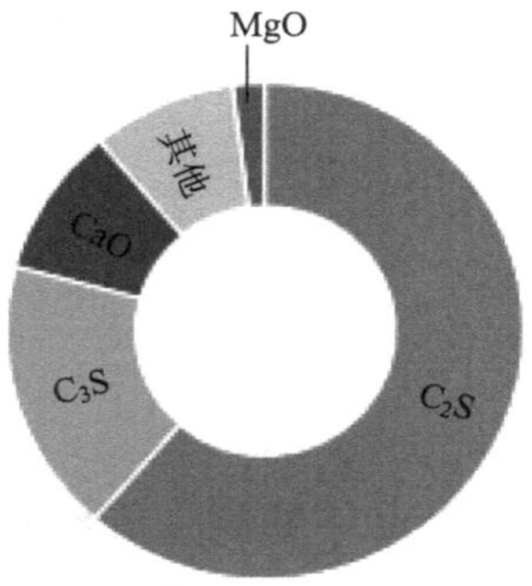

图 6-24　矿物钢渣强度提升贡献比例

6.3.2　微生物对硅酸盐矿物碳化反应的影响

(1) 单一矿化微生物的影响

钢渣中添加 1%～4%的矿化微生物，成型后自然养护(20 ℃、70%RH) 48 h 后进行碳化养护(0.3 MPa、20℃、70%RH)至不同龄期。微生物对 C_2S 和 C_3S 反应率的影响如图 6-25、图 6-26 所示。微生物的加入对 C_2S 和 C_3S 的反应率均有显著的提升，且随着用量的增加，反应率明显增大；矿化 3 h 时添加 4%微生物的钢渣中 C_2S 反应率由 79%提升至 87%；C_3S 反应率由 63%提升至 75%，仍有大量硅酸盐矿物未被反应。

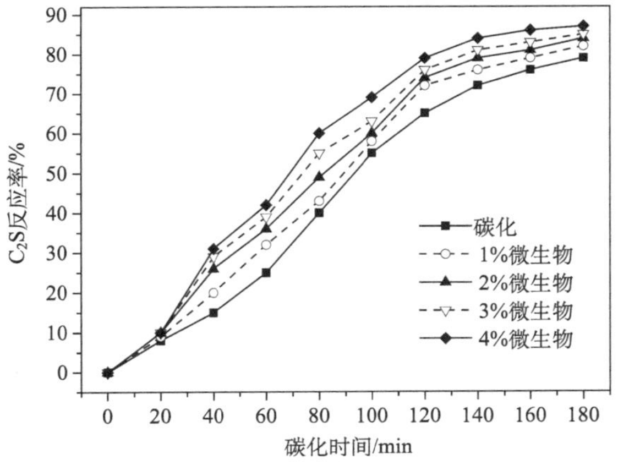

图 6-25　微生物对 C_2S 反应率的影响

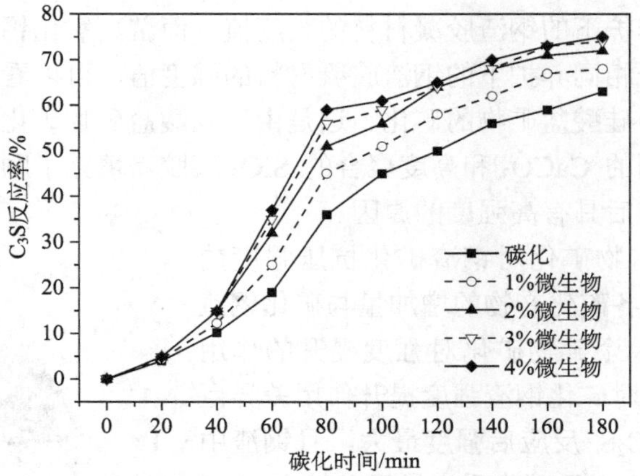

图 6-26 微生物对 C_3S 反应率的影响

硅酸盐矿物碳化过程中 Ca^{2+}向颗粒表面扩散，同时 CO_3^{2-}向颗粒表面扩散进来，在离颗粒表面一定距离的区域内形成液相层。在液相层中离颗粒表面一定距离的区域内产生核晶现象，形成疏松、可透性的固态膜；随着反应的进行，结晶过程的前沿将向颗粒表面移近，固态膜的可透性降低，直到结晶过程发生在颗粒表面，形成钝化膜，使颗粒表面失去活性。由于固态膜的形成，增大了扩散阻力，硅酸盐矿物的碳化过程主要受扩散过程控制。因此，钢渣中硅酸盐矿物的固态膜形成位置远离颗粒表面是提升钢渣中矿物碳化反应速率的关键。

(2)复合微生物的影响

将 5 g 的 C_2S、C_3S 分别加入 200 mL 复合微生物培养液中，然后将其固定在水浴锅中同步加热到目标温度，在 20 ℃、30 ℃、40 ℃反应温度下，记录复合微生物对 C_2S、C_3S 溶解速率随时间的变化规律。不同温度下复合微生物对 C_2S、C_3S 反应率与反应时间的关系如图 6-27 所示。

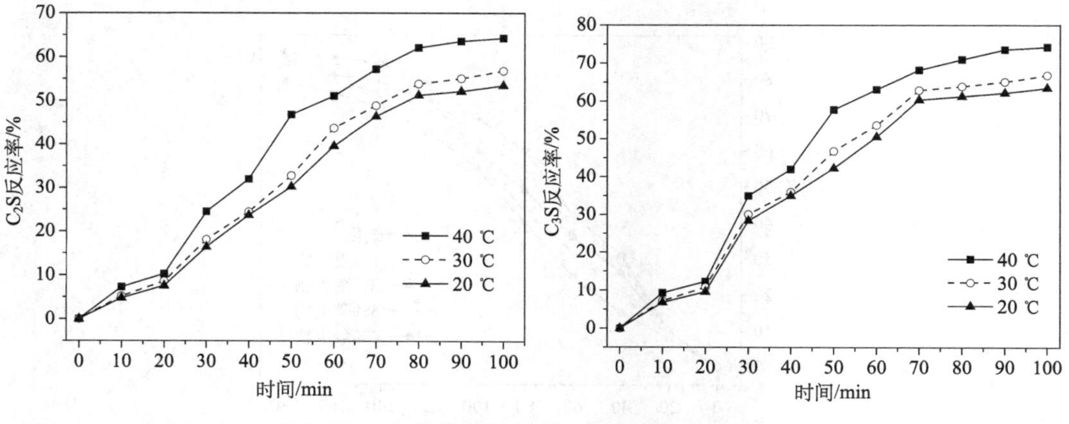

图 6-27 不同温度下复合微生物对 C_2S、C_3S 反应率与反应时间的关系

可以看出，反应 50 min 内 C_2S、C_3S 的反应速率都较快，随着反应时间的增加，反应率逐渐降低，到 80 min 时，C_2S 反应率基本稳定在 63%左右，C_3S 基本稳定在 75%左右。这表明前 60 min 时复合微生物产生的大量 H^+在 C_2S、C_3S 表面快速发生反应。当反应 50 min 后，由于反应体系中 H^+浓度的降低，反应率相应地降低，反应曲线也相应地变得越来越缓慢。根据 C_2S、C_3S 在复合微生物中随时间的反应趋势可看出，随着时间的延长，C_2S、C_3S 转化率逐渐降低，最后趋于稳定。根据查阅文献，选用化学反应控速方程：

$$1-(1-x)\frac{1}{3}=k_m t \tag{6-23}$$

式中，t——反应时间，h；

x——反应率，%；

k_m——反应速率常数。

复合微生物促进 C_2S、C_3S 的碳化反应的反应速率常数如表 6-12 所示。

表 6-12　复合微生物促进 C_2S、C_3S 碳化反应的反应速率常数

温度/℃	C_2S 反应速率常数 k_m	C_3S 反应速率常数 k_m
20	1.02	1.03
30	1.09	1.11
40	1.14	1.18

多相反应过程反应速率方程式中的表观反应速率常数 k_m 与温度 T 的关系可用 Arrehenius 公式的形式表示，如下所示：

$$k_m = Z\exp\left[-E_a/(RT)\right] \tag{6-24}$$

式中，Z——指前因子；

E_a——表观活化能；

R——气体常数。

C_2S、C_3S 在复合微生物作用下转化率的 $\ln k_m$ 与 $1/T$ 的关系曲线如图 6-28 所示。通过计算得出复合微生物作用下 C_2S 反应的表观活化能为 31.21 kJ/mol，通过查阅文献得出 C_2S 水化的表观活化能为 53.14 kJ/mol；复合微生物作用下 C_3S 反应的表观活化能为 23.89 kJ/mol，通过查阅文献得出游离 C_3S 水化的表观活化能为 32.51 kJ/mol，C_2S、C_3S 在复合微生物作用下符合混合控制活化能反应控速的活化能范围，如表 6-13 所示。硅酸盐矿物在复合微生物中，由于大量 H^+在，矿物颗粒参与反应，加速生成的 Ca^{2+}向溶液本体的扩散，在此过程中，固态膜的形成位置会远离硅酸盐矿物颗粒表面，提高硅酸盐矿物的反应速率与反应程度。

表 6-13　复合微生物作用下氧化钙与游离氧化镁反应的表观活化能

反应	C_2S 水化	C_2S+复合微生物	C_3S 水化	C_3S+复合微生物
表观活化能/(kJ/mol)	53.14	31.21	32.51	23.89

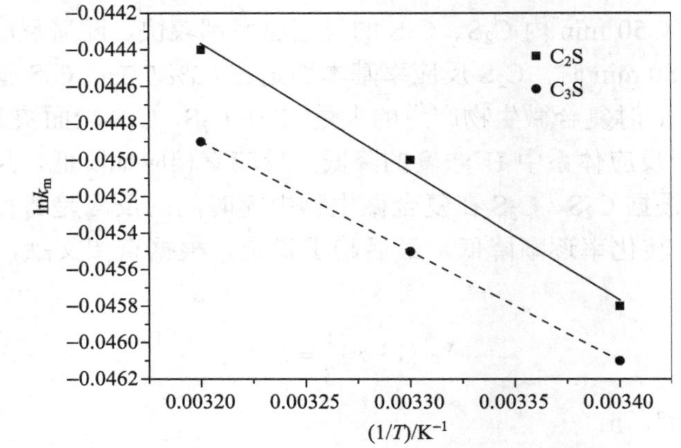

图 6-28　C_2S、C_3S 在复合微生物作用下转化率的 $\ln k_m$ 与 $1/T$ 的关系曲线

6.3.3　复合微生物矿化钢渣制品强度

为了探究微生物矿化对钢渣强度的影响，测定了不同方式处理后钢渣试块的强度。将原料与水混合 4 min，浇铸于尺寸为 40 mm×40 mm×160 mm 的模具中。所有试件在 70% RH、20℃养护 48 h 后，拆模置于不同养护条件下碳化养护，具体配合比与养护条件如表 6-14 所示。

表 6-14　钢渣制品配合比

组别	钢渣/g	矿化微生物/g	复合微生物/g	水胶比	CO_2 压力养护时间
标养组	100	0	0	0.5	大气养护
碳化组	100	0	0	0.5	0.3 MPa、3 h
单一微生物组	100	1	0	0.5	0.3 MPa、3 h
复合微生物矿化组	100	1	1	0.5	0.3 MPa、3 h

图 6-29 为不同钢厂钢渣不同方法处理后的强度变化，图 6-30 为不同细度宝钢钢渣不同方法处理后的强度变化。可以看出，不同钢厂钢渣和不同细度宝钢钢渣碳化养护后钢渣强度显著提升，不同钢厂钢渣由于矿物成分的差异，其矿化后的强度也相差较大，宝钢、马钢与南通永一钢渣中硅酸盐矿物含量较高，其碳化与矿化后强度也相对较高。随着钢渣比表面积的提高，各矿物反应速率随之提升，钢渣强度也随之提高。单一微生物与复合微生物矿化显著提升钢渣的碳化强度，单一微生物矿化钢渣中由于微生物的酶化作用可大幅加速二氧化碳水合反应速率，可使 CO_2 转化为 HCO_3^- 的过程提高 10^7 倍，达到 $1\times10^6 s^{-1}$，比碳化钢渣单一微生物矿化钢渣强度提升 30%，复合微生物矿化钢渣中由于大量 H^+ 存在，加速了各矿物颗粒参与反应的速率，与碳化钢渣相比复合微生物钢渣强度提升 50%。

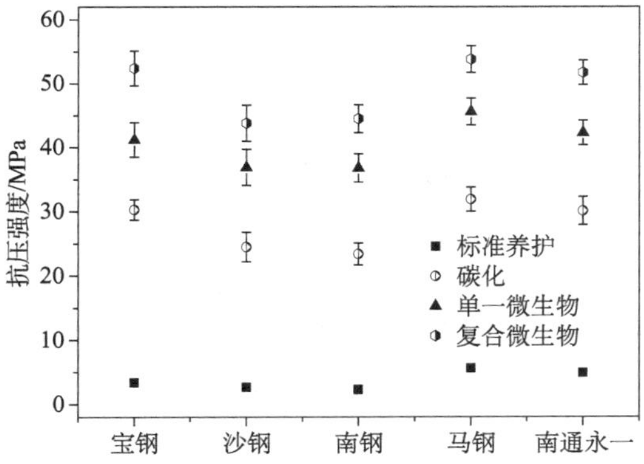

图6-29　不同钢厂钢渣不同方法处理后的强度变化

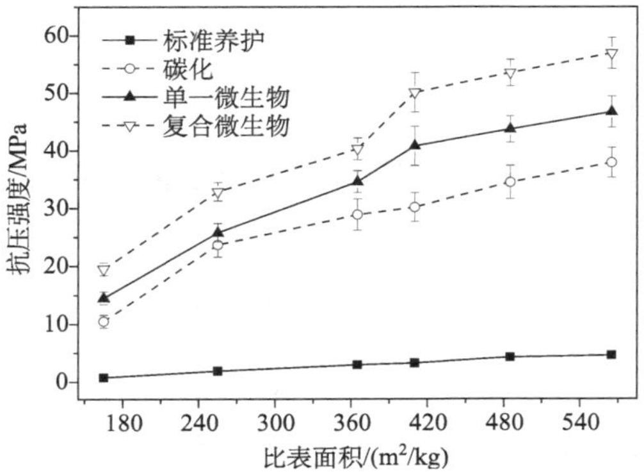

图6-30　不同细度宝钢钢渣不同方法处理后的强度变化

参 考 文 献

[1] Qian C X, Wang J Y, Wang R X, et al. Corrosion protection of cement-based building materials by surface deposition of $CaCO_3$ by *Bacillus pasteurii* [J]. Materials Science and Engineering C, 2009, 29(4): 1273-1280.

[2] Yi H H, Qian C X, Zhan Q W. Microbial-induced synthesis of mineralization products based on the capture of carbon dioxide: Characteristics, interfacial bonding properties[J]. Journal of the Chinese Chemical Society, 2019, 5: 108-116.

第 7 章　微生物-钢渣胶凝材料制品性能与应用

如第 6 章所述，通过采用微生物法可对钢渣中导致稳定性的组分进行高效、稳定转化，并可获得高强度、生态相容等特点。本章分析了微生物-钢渣胶凝材料的微观结构，及其制备建材制品的性能。通过实验室研究确定了其配合比及养护方式，并在实际生产线中投入应用，实现了道路铺装产品的批量化、稳定制备，并成功应用于南京、镇江等地道路铺装工程。

7.1　微生物-钢渣胶凝材料微观结构

7.1.1　微生物-钢渣胶凝材料固相分析

(1)氢氧化钙和碳酸钙含量

所用钢渣为上海宝钢钢铁集团的转炉钢渣，由 X 射线荧光光谱仪(XRF-1800，SHIMADZU)测得的化学成分如表 7-1 所示。钢渣的 XRD 图谱如图 7-1 所示，钢渣中最主要的矿物为可发生矿化反应的 C_2S、f-CaO、f-MgO、C_3A 等矿物及难以矿化的 RO 相、Fe_2O_3 等矿物。使用激光粒度分析仪(NKT6100)分析得到钢渣颗粒的 D10、D50、D90 分别为 3.43 μm、11.45 μm、132.4 μm。表面积测定仪(FBT-8)测得钢渣比表面积为 425.14 m^2/kg。

表 7-1　钢渣化学成分　（单位：%）

组分	CaO	SiO_2	Al_2O_3	MgO	Fe_2O_3	P_2O_5	SO_3	总和
含量	43.5	13.2	9.2	5.6	17.2	7.4	0.4	96.5

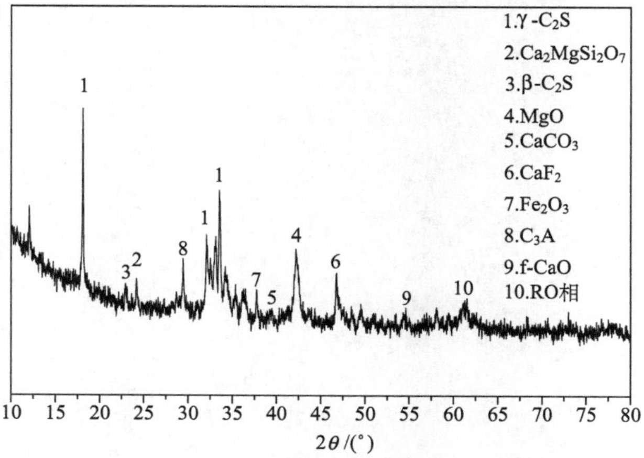

图 7-1　钢渣的 XRD 图谱

使用 QXRD 对钢渣矿物相的具体含量进行分析，各矿物相的具体含量如表 7-2 所示，可以看出，钢渣中具有水化活性的硅酸钙、铁铝酸钙、铝酸钙含量分别为 27.3%、2.7%、5.6%，其中硅酸钙主要以 γ-C_2S、β-C_2S、C_3S 的形式存在，其含量分别为 14.8%、3.6%、8.9%。硅酸二钙在冷却结晶的过程中，当温度降至 500 ℃以下，β-C_2S 转变为 γ-C_2S。

表 7-2　钢渣矿物相含量

组分		含量/%
硅酸钙	C_3S	8.9
	γ-C_2S	14.8
	β-C_2S	3.6
铁铝酸钙	C_4AF	2.7
铝酸钙	C_3A	5.6
氧化镁	MgO	4.8
氧化钙	CaO	5.6
碳酸钙	$CaCO_3$	1.1
三氧化二铁	Fe_2O_3	6.3
无定形	RO 相	35
总量		88.4

在水泥熟料的实际生产中，由于采用了急冷的方法，这种晶格的重排来不及完成，因此硅酸二钙是以非稳态的 β-C_2S 形式存在的。但由于钢渣的冷却速度很慢，利于 C_2S 晶格重排，因此钢渣中 C_2S 的晶形中有一部分 γ-C_2S 生成[1]。硅酸三钙只有在 1250 ℃以上才是稳定的，如果在此温度下缓慢冷却则会分解，在急冷的条件下，其分解速率小到可以忽略不计，因此 C_3S 在水泥熟料中保持介稳状态。在钢渣缓慢冷却的过程中，C_3S 大部分发生分解，因此钢渣中 C_3S 的含量远低于水泥熟料，且钢渣中处于介稳态的 C_3S 所占比重较少。游离氧化钙与游离氧化镁的含量分别为 5.6%、4.8%，同时可以看到，钢渣中有大量的氧化铁存在，其含量为 6.3%，还有一部分氧化铁以 RO 相的固溶体形式存在，RO 相的含量为 35%。RO 相中 MgO、FeO 和 MnO 的结晶状态主要决定于钢渣的碱度，在低碱度的钢渣中，MgO 主要形成钙镁橄榄石[1]，RO 相主要是方铁石；在高碱度钢渣中，MgO 主要与 FeO、MnO 形成固溶体[1]。本实验中使用的钢渣为高碱钢渣，RO 相主要以固溶体的形式存在。

将微生物-钢渣胶凝材料与水在水胶比 0.5 下拌和成型为 40 mm×40 mm×160 mm 试件，在 90% RH、20℃养护 48 h 后拆模，一组试件仍然标准养护，另一组进行碳化养护。为了对比，也采用钢渣粉-熟石灰胶凝材料，在相同水胶比下成型试件，在相同养护方式下养护。测试试件表面和中心位置的物相。由图 7-2 可见，在微生物-钢渣胶凝材料试件中，未见氢氧化钙相，已充分转化为碳酸钙[图 7-2(c)]。而在标准养护试件的表层和中心区都存在未转化的氢氧化钙[图 7-2(a)]，在钢渣粉-熟石灰胶凝材料碳化养护试件中，表层氢氧化钙已全部转化，但中心区仍有氢氧化钙残留[图 7-2(b)]。热重分析得出的试件中心区氢氧化钙、碳酸钙含量的结果也相似，见表 7-3。

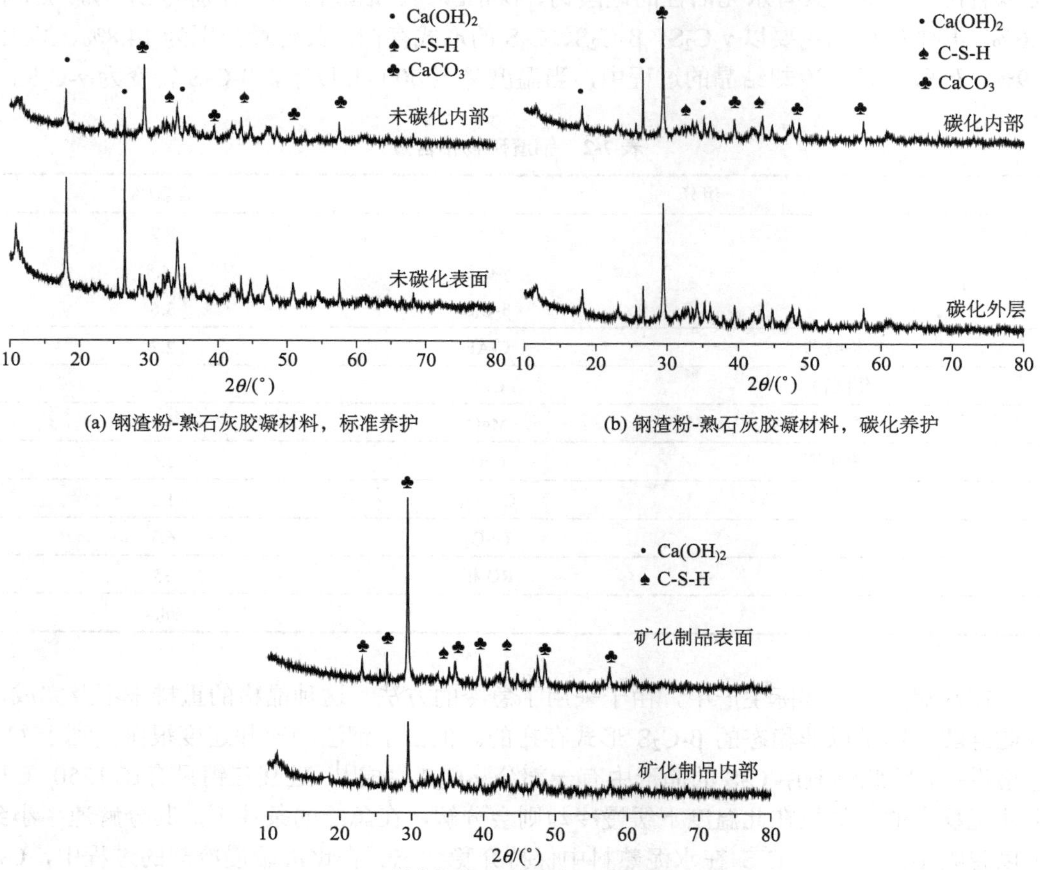

(a) 钢渣粉-熟石灰胶凝材料，标准养护　(b) 钢渣粉-熟石灰胶凝材料，碳化养护

(c) 微生物-钢渣胶凝材料，碳化养护

图 7-2　钢渣胶凝材料试件 XRD 图谱

表 7-3　钢渣胶凝材料试件中心区氢氧化钙、碳酸钙含量的 TGA 分析结果

	标准养护/%	钢渣粉-熟石灰碳化养护/%	微生物-钢渣碳化养护/%
氢氧化钙	13.77	11.10	0
碳酸钙	17.73	21.09	17.52

(2)硬化浆体固相全分析

分别采用 0.17 的水胶比再成型试件，脱模后进行充分碳化养护。图 7-3 为钢渣粉-熟石灰胶凝材料砂浆(简称碳化试件)、微生物-钢渣胶凝材料砂浆(简称矿化试件)试件的 XRD 图谱。由图中可以看出，在两组试样中，可以明显观察到碳酸钙的衍射峰，而未发现 $Ca(OH)_2$ 的衍射峰，表面两体系中的 $Ca(OH)_2$ 已经完全转化。采用 MDI Jade 5.0 对标准图谱进行物相检测，发现反应产物中碳酸钙为方解石型碳酸钙晶体如图 7-4 所示。钢渣中的 RO 相、Fe_2O_3 的特征峰的强度随反应前后变化很小，表明这些成分基本不参

与反应，是钢渣中的惰性组分。而 C_3S、C_2S、$C_{12}A_7$ 和 $Ca_2Al_2Si_3O_{12}$ 的特征峰在反应后有明显的降低。与此同时，两组反应产物中有部分水化碳铝酸盐、水化碳铁酸盐的形成，这些反应的生成有利于提高基体的密实程度。

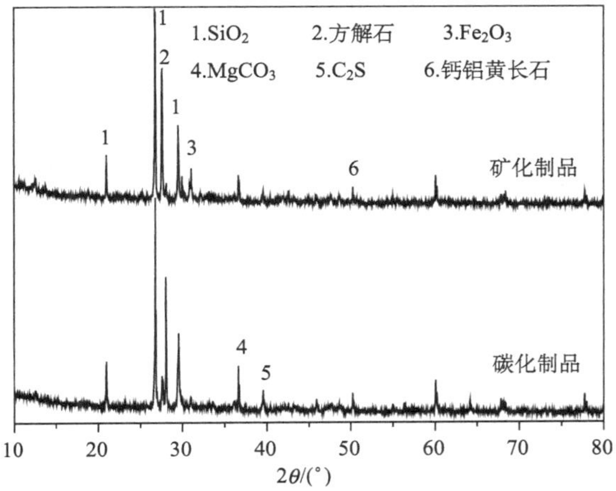

图 7-3　钢渣粉-熟石灰胶凝材料砂浆、微生物-钢渣胶凝材料砂浆试件的 XRD 图谱

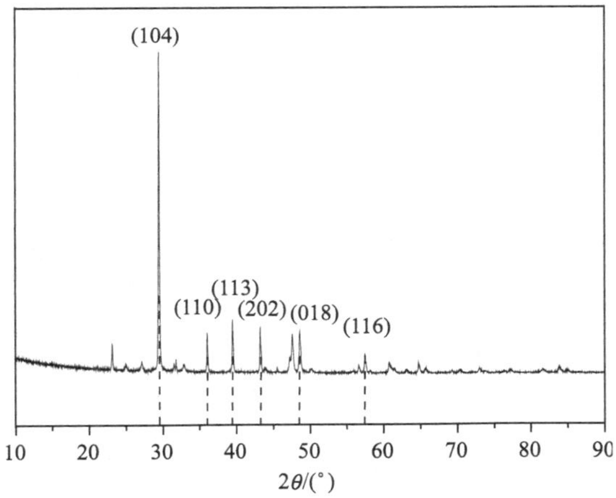

图 7-4　矿化产物方解石衍射特征峰

用 TOPAS 4.0 对 XRD 图谱进行拟合分析，对矿化产物进行定量分析，矿化产物各物相具体含量如表 7-4 所示，可以看出微生物矿化的主要产物为碳酸钙，碳化试件碳酸钙含量为 37.1%，微生物矿化钢渣试件的碳酸钙含量为 42.3%，微生物的矿化作用明显提高了体系中碳酸钙的生成量。与此同时，微生物矿化作用也提高了体系中水化碳铝酸盐的含量，使体系中总的矿化反应产物含量也有明显提升。由表中可以看出，碳化钢渣中总矿化反应产物为 52.7%，微生物矿化试件中总矿化反应产物为 61.5%，微生物的加入，明显提高了矿化反应的程度。矿化反应后，体系中原材料钢渣中仍有部分 C_2S、RO 相，氧化铁等物质未参与反应，可以看出微生物矿化组中钢渣未反应物质有明显的降低。

表 7-4　QXRD 测定碳化钢渣和矿化钢渣试件的固相含量　（单位：%）

	组分	碳化试件	矿化试件
反应产物	$CaCO_3$	37.1	42.3
	$MgCO_3$+ $CaCO_3$	43.4	49.0
	$CaAl_2CO_3(OH)_43H_2O$	3.4	4.9
	$CaAlSi_210(OH)_2$	1.8	2.5
	$Ca_8Al_4O_{14}CO_324H_2O$	4.1	5.1
	总量	52.7	61.5
钢渣未反应物	C_2S	8.3	5.8
	无定形 RO 相	25.1	20.9
	Fe_2O_3	3.1	2.7
	总量	36.5	29.4

7.1.2　浆体孔隙结构

图 7-5 为碳化钢渣的微观形貌，由图中可以看出，碳化后钢渣试件内部有大量胶凝物质生成，反应产物中有少量形状规则的晶体(六角板状或四角板状)生成，这些晶体一般小于 5 μm，且产物之间相堆积，黏结已较为牢固，但可以看到内部仍有较多孔隙存在。图 7-6 为矿化钢渣的微观形貌，由图中可以看出，凝胶量明显增多，浆体的结构更加密实，孔洞明显减少，由于微生物的加入，微生物的矿化作用加速了碳化反应的进行，体系中碳酸钙的含量增加，提高了基体的密实程度。

图 7-5　碳化钢渣的微观形貌

图 7-6　矿化钢渣的微观形貌

图 7-7 为在 SEM 下观察到的微生物矿化钢渣形成的方解石的微观形貌图与 EDS 图谱。可以看出，微生物矿化所形成的方解石晶体形貌是大小不一的球形聚集体，晶体粒径大小分布不均，出现片状或斜方六面体单晶、孪晶和其聚集体。上述现象是由方解石晶体在生长过程中所处的周围环境不同造成的。晶体形貌主要取决于晶体在各个方向的相对生长速率。而生长速率又依赖于表面过程，对于周围环境中外来成分的影响是高度敏感的。晶格的不同部分暴露在外界环境中，使得不同的面具有不同的表面结构。因为不同的面上扭折区、台阶区和螺旋位错的数量都不同，表面黏附和离子结合所需要的能

量也各不相同，因此它们以不同的速率生长。

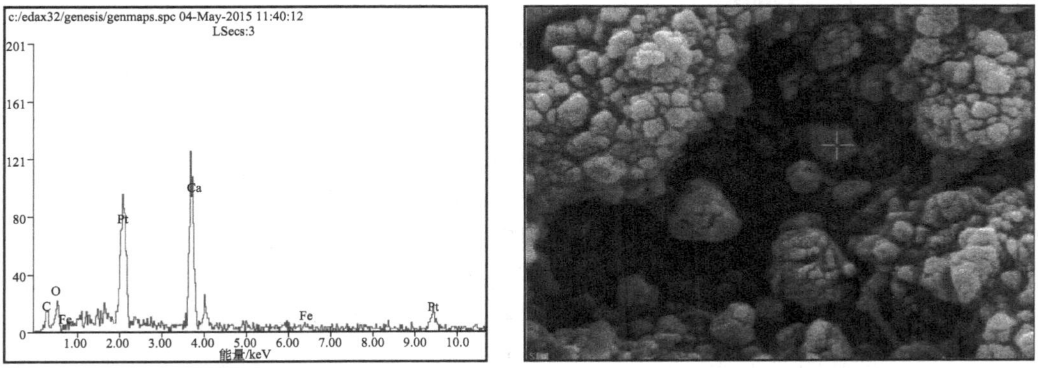

(a) EDS图谱　　(b) 微观形貌图

图 7-7　微生物矿化钢渣形成的方解石的微观形貌图与 EDS 图谱

全自动压汞仪，主要用于分析不可压缩固体的孔尺寸分布、总孔体积、总孔面积、平均孔径尺寸等物理性质，可广泛应用于多孔材料的分析测试。MIP 处理图像如图 7-8 所示。

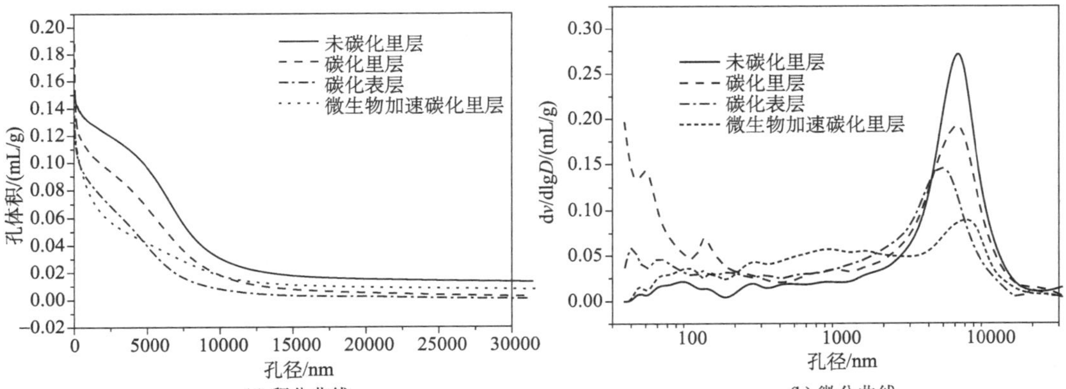

(a) 积分曲线　　(b) 微分曲线

图 7-8　试样孔径分布积分、微分曲线

由试样的孔径分布积分曲线可知，未碳化里层、碳化里层、碳化表层、微生物加速碳化里层的累积进汞量分布为 0.2101 mL/g、0.1935 mL/g、0.1348 mL/g、0.1272 mL/g，孔隙率：未碳化里层＞碳化里层＞碳化表层＞微生物加速碳化里层。

由试样的孔径分布微分曲线可知，4 条曲线都具有一个最高峰，微生物加速碳化里层组试样还单独具有另一个小峰，最高峰所对应的孔径为最可几孔径，即孔隙含量最多时所对应的孔径。未碳化里层、碳化里层、碳化表层、微生物加速碳化里层的最可几孔径的范围分别为 6.76～6.77 μm、6.77～6.78 μm、5.51～5.52 μm、8.33～8.34 μm，可以看出未碳化里层和碳化里层的最可几孔径相差不大，说明碳化对照组里层并未发生明显碳化，碳化表层相对于未碳化里层最几可孔径显著减小，因为碳化后，砖中的氢氧化钙转化为结晶良好的碳酸钙晶体，由于碳酸钙的摩尔体积比氢氧化钙大 11.8%，碳酸钙晶体将逐步充填砖中的孔隙，因此碳化后砖的孔隙率更低，孔径相对较小。但是微生物加速碳化里层的最可几孔径反而比未碳化里层的大，究其原因如下：大部分的钢渣水化产物 C-S-H 凝胶也转化为碳酸钙晶体，而 C-S-H 凝胶为多孔疏松的产物，其孔径相对来说较小，微生物加速碳化后，由于缺少多孔的水化产物，其孔隙的平均孔径相对来说会增大，当增大的幅度大于由于碳酸钙填充而孔隙减小的程度时，其最可几孔径反而比未碳化组大。因此，与普通的体砖相比，钢渣高效固碳砖的干燥收缩显著降低。微生物加速碳化里层组孔径分布微分曲线还存在一个小峰，这个小峰的孔径范围小于未碳化里层的最可几孔径范围，这是由于碳酸钙晶体的大量填充，使得孔隙变得更加小。

为了能够直观地描述试样中心区的孔结构参数，绘制表 7-5，从表中可知，标养组的孔隙率高达 41.08%，碳化组为 38.00%，降低不显著，而微生物矿化组降低到 25.36%。

表 7-5　试件中心区孔结构参数

试样	孔隙率/%	总孔体积/10^{-6} m^3	平均孔径尺寸/nm	中等孔径尺寸/nm	最大孔径尺寸/nm
标养组	41.08	0.2511	1007	6351	6770
碳化组	38.00	0.1935	170	2134	6770
微生物碳化组	25.36	0.1272	458	1871	8335

7.2　微生物-钢渣胶凝材料制品性能

7.2.1　制品配合比

按实际生产需要的配比和试件尺寸成型。采用河砂，堆积密度为 1430 kg/m^3，含泥量小于 2.0%，不含泥块，属于中砂；碎石堆积密度为 1450 kg/m^3，压碎指标为 6.0%，含泥量小于 1%，针片状含量为 5.5%，颗料级配为 5～10 mm。制品配合比如表 7-6 所示。将胶凝材料、石子、砂按照配比称量，放入搅拌机内混合均匀，按照水胶比为 0.13 加水搅拌。制作钢渣制品所用模具尺寸为 200 mm×100 mm×60 mm。将搅拌后的胶砂注入模具中，在振实台上对模具进行振实处理，振实结束后脱模。脱模后钢渣制品送入标准养护室内养护 48 h，养护湿度设定为 90%，然后根据需要进行标准养护或者碳化养护。

表 7-6　钢渣制品配合比（质量）

组别	钢渣粉-石灰	微生物-钢渣	石子	砂	水
碳化组	33.4	—	33.3	33.3	4.34
矿化组	—	33.4	33.3	33.3	4.34

7.2.2　养护制度对钢渣制品性能的影响

标准养护结束后，对不同组别的钢渣制品进行不同条件下的碳化养护，养护制度如表 7-7 所示，碳化养护结束后将钢渣制品取出，对其性能进行分析测试。

表 7-7　钢渣制品养护制度

组别	养护条件	养护时间/h	CO_2浓度/(kg/m^3)
碳化组	自然养护	1、2、3、4	0.36
	0.1 MPa	1、2、3、4	1.8
	0.2 MPa	1、2、3、4	3.6
	0.3 MPa	1、2、3、4	5.4
矿化组	自然养护	1、2、3、4	0.36
	0.1 MPa	1、2、3、4	1.8
	0.2 MPa	1、2、3、4	3.6
	0.3 MPa	1、2、3、4	5.4

图 7-9 为不同养护条件下碳化钢渣砖与微生物矿化砖的抗压强度，CO_2在一定的压力条件下将两组钢渣砖于CO_2浓度为 0.36 kg/m^3、1.8 kg/m^3、3.6 kg/m^3、5.4 kg/m^{3}条件下养护 1 h、2 h、3 h、4 h。由图中可以看出，在CO_2养护环境下，CO_2会逐渐进入试块的内部，与钢渣发生碳化反应，可以看出随着碳化时间的延长、CO_2浓度的提高，碳化钢渣砖的抗压与抗折强度随之增强。钢渣砖强度在养护初期与养护时间呈线性关系，但随着试件内部碳化反应的进行，其表面的密实程度随之提高，外部CO_2进入试件内部变得困难，因此可以看出在养护 3 h 后，强度的增长速率减慢，在CO_2浓度较高的养护条

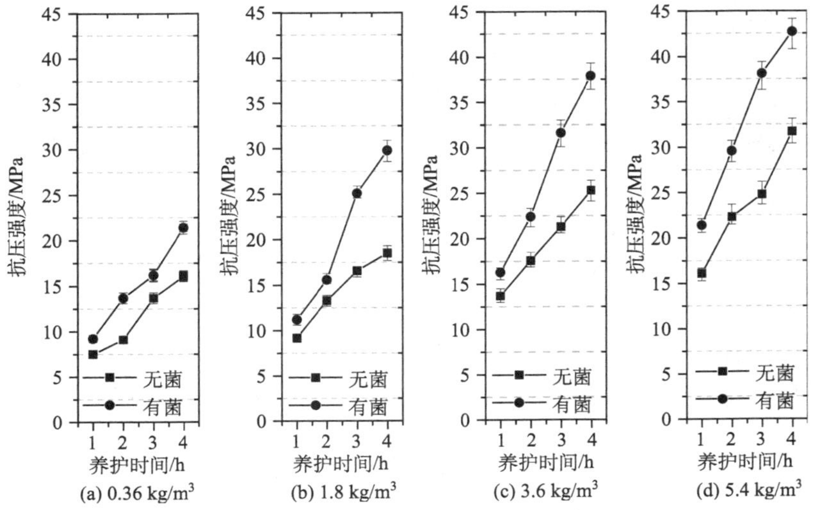

图 7-9　不同养护条件下碳化钢渣砖与微生物矿化砖的抗压强度

件下，养护后期强度增长减慢更为明显，由于在高浓度下试件内部反应速率更快，其外部致密化速度更快。不同养护条件下，微生物加入后都会使钢渣砖强度明显提高，微生物提高了反应体系的固碳速率，反应生成的碳酸钙与水化产物的量也随之提高，这些反应产物能够填充体系中的孔隙，提高密实程度，强度随之提高。在 CO_2 浓度为 5.4 kg/m^3 养护 4 h 后，微生物加速矿化钢渣砖强度可达 42 MPa，而未加入微生物组其强度为 32 MPa，强度提高 30%[2]。

配制 1%浓度的酚酞溶液，取未碳化对照组、碳化对照组、微生物加速碳化组三组试样，分别截取横截面进行酚酞染色实验。根据混凝土碳化实验表明，酚酞遇碱呈红色，即遇 $Ca(OH)_2$ 会显红色，当 $Ca(OH)_2$ 发生碳化，转化为 $CaCO_3$ 后，酚酞呈无色。试样截面染色程度如图 7-10 所示。

图 7-10 从左到右分别为碳化组与未碳化组碳化 4 h 后，不同碳化条件下的碳化深度对比。试样截面的染色程度表明：未碳化对照组试样整个截面都显红色，说明整个截面中的 $Ca(OH)_2$ 未完全发生反应，碳化不完全；随着二氧化碳浓度的提高，碳化深度逐渐提高，在 0.1 MPa 养护条件下，可以看出试件边缘部分呈现无色，说明截面边缘部分碳化完全，生成了 $CaCO_3$，故而无色，但是截面内部未完全碳化，还有残余的 $Ca(OH)_2$，因而显红色。同时可以看出，相同养护条件下，随着微生物的加入，碳化深度明显调高，在 0.3 MPa 养护 8 h 时，微生物矿化钢渣砖试样整个截面都显无色，说明二氧化碳已经完全扩散进入内部与 $Ca(OH)_2$ 碳化完全，全部转化为 $CaCO_3$。酚酞染色实验现象说明：微生物能够显著加速碳化反应，增加碳化深度，使得更多的 $Ca(OH)_2$ 碳化转化为 $CaCO_3$。

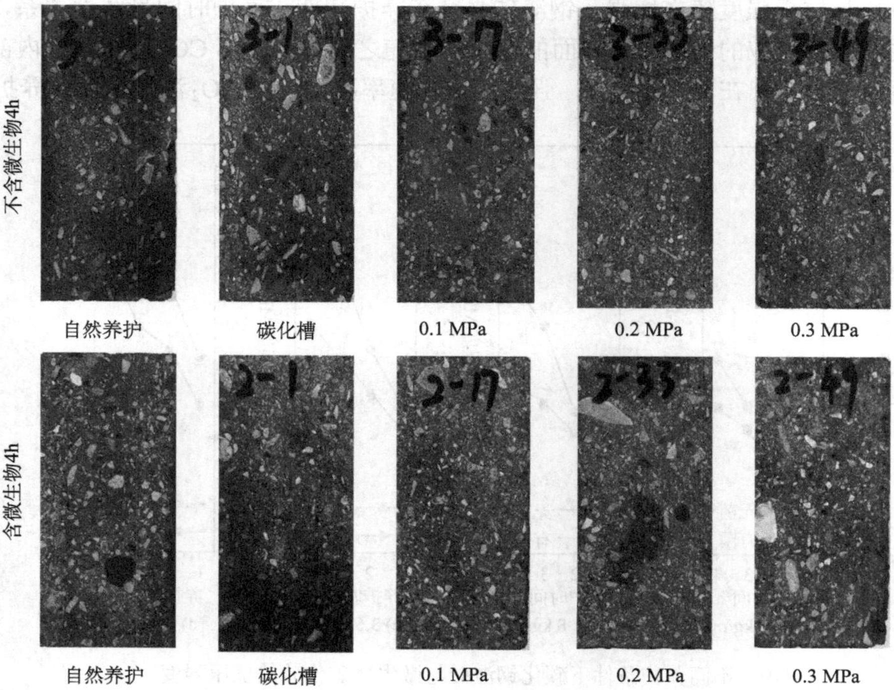

图 7-10　养护制度对钢渣制品碳化深度的影响

使用固液萃取法提取钢渣砖的孔溶液，将钢渣砖放于 65℃烘箱中干燥 24 h 后，取测试区域试样研末，通过 0.08 mm 方孔筛，称取磨细试样 3 g，加入 30 mL 去离子水搅拌 30 min，静置 2 h，使用 pH 计对上层清液测试其 pH，用此结果表征钢渣砖孔溶液的 pH。如图 7-11 所示为钢渣砖碳化与未碳化区的 pH，碳化后钢渣制品内的 pH 低于 10，而未碳化区 pH 为 11.9±0.6。

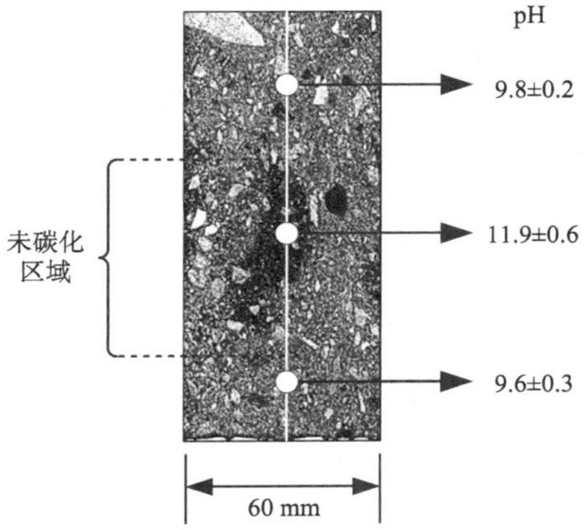

图 7-11　钢渣砖碳化与未碳化区的 pH

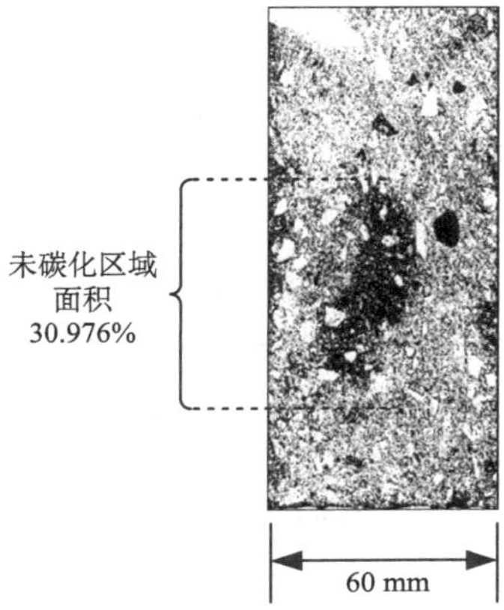

图 7-12　ImageJ 对碳化面积计算

使用 ImageJ 软件将酚酞染色实验后试件照片进行二值化分析并计算其未碳化面积，如图 7-12 所示为计算得到的试件中碳化面积率。

利用 ImageJ 软件对钢渣胶凝材料的碳化面积进行计算，养护条件对钢渣制品碳化面积的影响如图 7-13 所示。自然养护条件下，由于二氧化碳压力较低，气体难以进入密实的制品基体内部，两组制品的碳化面积都相对较低，微生物矿化组略高于碳化组。随着养护压力的提高与时间的延长，两组制品的碳化面积显著提升。在相同的养护条件下，

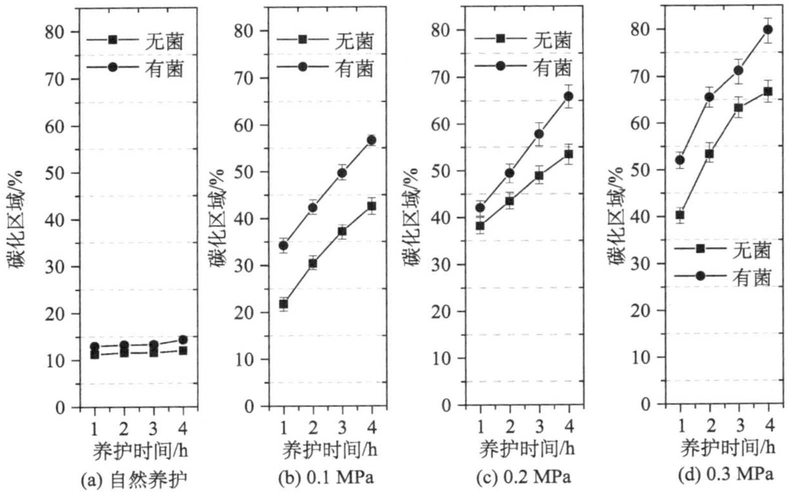

图 7-13　养护条件对钢渣制品碳化面积的影响

含菌钢渣的矿化面积均高于不含菌钢渣，矿化微生物的加入显著提升了钢渣胶凝材料的碳化速率，0.3 MPa 以下 4 h 微生物矿化钢渣制品的碳化面积达到 80.7%，而碳化钢渣的碳化面积仅为 66.7%。结果验证了矿化微生物对钢渣碳化速率的促进作用。

7.2.3　钢渣制品微观结构

X-CT 的空间几何分辨率为 0.25 mm，密度分辨率为 0.5%，可以用来测量大孔的孔隙分布情况。使用 VG Studio Max 2.0 软件中的缺陷分析模块，利用灰度阈值算法，提取孔信息，不同颜色标尺代表孔的大小，其中从蓝色到红色，代表孔的大小从小孔到大孔。图 7-14 为未碳化钢渣、碳化钢渣、微生物矿化钢渣制品的三维立体结构的孔隙特征分布。根据统计灰度分析结果可知，三组制品的孔隙率分别为 12.1%、7.2%、3.1%。从图可以看出：未碳化对照组试样、碳化对照组试样、微生物矿化组试样都是边缘孔隙率小，越往内部孔隙率越大。微生物矿化组试样孔隙分布最均匀，且边缘和内部孔隙差异最小；未碳化对照组试样孔隙分布最不均匀，且边缘和内部孔隙差异最大；碳化对照组试样的孔隙分布、边缘和内部孔隙差异均介于未碳化对照组试样和微生物矿化组试样之间。这也很好地说明了微生物矿化组试样比未碳化对照组试样、碳化对照组试样碳化更加均匀致密的原因所在。未碳化对照组试样、碳化对照组试样的缺陷较大，微生物矿化组试样相对而言缺陷较小。缺陷会很大程度影响试样的强度和稳定性，这也可以说明微生物矿化组试样强度和稳定性都高于未碳化对照组试样、碳化对照组试样的原因所在。

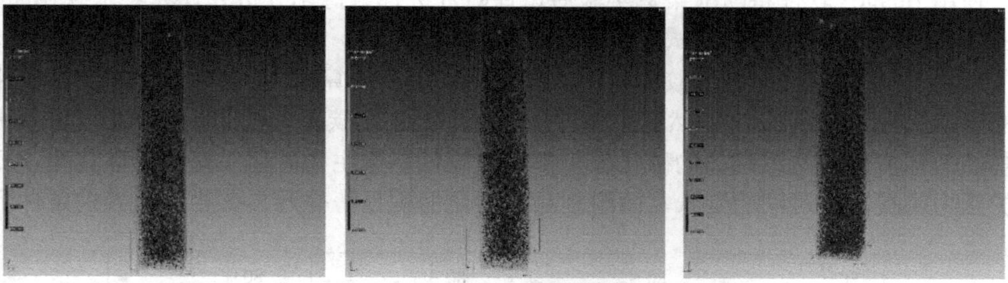

(a) 未碳化钢渣制品　(b) 碳化钢渣制品　(c) 微生物矿化钢渣制品

图 7-14　钢渣制品的三维立体结构的孔隙特征分布

图 7-15 为微生物矿化与碳化钢渣制品的孔径分布曲线，两组试样分别在 5000～6000 nm 和 6000～7000 nm 出现孔隙分布的最高峰，且微生物矿化组对应的峰高明显低于碳化砖对应的峰高，该峰对应试样的最可几孔径，即孔隙含量最多时所对应的孔径。可以看出，微生物的加入降低了试样的最可几孔径。加入微生物后，钢渣制品的矿化速率明显提升，微生物矿化转化为结晶良好的碳酸钙晶体，碳酸钙晶体将逐步充填砖中的孔隙，因此添加微生物后钢渣矿化砖的孔隙率更低，孔径相对较小。

表 7-8 为两组试样的孔结构参数，从表中可以看出，微生物矿化钢渣制品的总孔隙率为 29.98%，碳化钢渣制品的孔隙率为 34.62%，微生物加入后，钢渣制品的孔隙率明显降低，结合 TGA 和 QXRD 的结论可以看出，微生物明显提升了钢渣制品的矿化速率，

矿化产物中碳酸钙与水化产物的含量明显提升，这些矿化产物生成并填充于体系的孔隙中，降低体系的孔隙率。

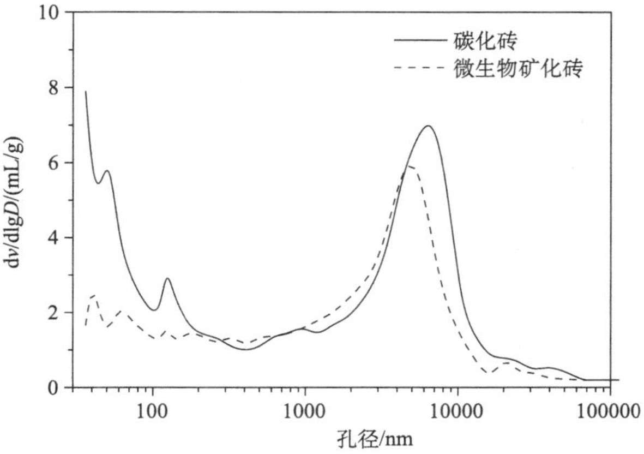

图 7-15 微生物矿化与碳化钢渣制品的孔径分布曲线

表 7-8 钢渣制品孔结构参数

样品	总孔面积/(m^2/g)	平均孔径/nm	孔隙率/%	最大孔径尺寸/nm
碳化钢渣制品	145.36	60.69	34.62	6008
微生物矿化钢渣制品	117.47	32.73	29.98	4890

7.2.4 钢渣制品体积稳定性

为了探究微生物矿化对钢渣体积安定性的影响，测定了 0.3 MPa 压力养护条件下不同矿化时间的钢渣制品经过 3 h 压蒸后的线性膨胀率。压蒸实验按照国家标准《水泥压蒸安定性试验方法》(GB/T 750—1992)进行。通过比长仪测量试样的初始长度，记录样品初始长度 L_1，将试样固定于试样架中，压蒸釜中事先倒入 1000 mL 去离子水，将试样架放入压蒸釜中并密闭，调节好压力计当釜内温度上升到 100 ℃后关闭顶端通气阀，此时釜内压力开始上升，当釜内压力达到 2 MPa，温度达到 215 ℃时，压蒸釜会自动调节加热系统开关，保持釜内压力在 2 MPa 左右。恒压 3 h 后，关闭加热开关，当釜内压力降低到小于 0.05 MPa 时，打开顶端通气阀，放出釜内剩余气体后打开压蒸釜，取出压蒸釜内试样，待试样降到室温后用比长仪测量试样长度 L_2，计算钢渣制品的压蒸线性膨胀率 L_A。

$$L_A = \frac{L_2 - L_1}{L_1} \times 100\% \tag{7-1}$$

式中，L_A——压蒸线性膨胀率；

L_1——试样初始长度；

L_2——压蒸后试样长度。

根据国家标准规定，当普通硅酸盐水泥、掺废物渣硅酸盐水泥压蒸膨胀率超过

0.5%时，试样的安定性不合格；当硅酸盐水泥压蒸膨胀率超过 0.8%时，即试样的安定性不合格。

图 7-16 为 0.3 MPa 压力养护条件下不同矿化时间的钢渣制品经过 3 h 压蒸后的线性膨胀率。由图中可以看出，碳化养护可非常明显地降低钢渣制品的压蒸膨胀率，仅碳化 1 h 后矿化钢渣制品的线性膨胀降低 30%，钢渣制品随着碳化时间的延长，压蒸实验之后得膨胀率逐渐减小，但碳化 4 h 时，碳化钢渣制品的线性膨胀为 0.57%，超过国家标准规定的对水泥制品压蒸膨胀率不超过 0.5%的规定，说明碳化 4 h 并不能完全解决钢渣制品的体积稳定性问题。添加微生物后的矿化钢渣制品的压蒸膨胀率随矿化时间下降得更为明显，不同矿化时间段线性膨胀率均明显低于碳化制品，矿化 3 h 时，矿化钢渣制品的线性膨胀率为 0.45%，符合国家标准对水泥制品压蒸线性膨胀率的要求，矿化 4 h 时，矿化钢渣制品的线性膨胀为 0.24%，明显低于国家标准对水泥制品压蒸线性膨胀率的要求。微生物矿化技术显著提升了钢渣中引起体积稳定性不良的游离氧化钙、游离氧化镁的反应速率。

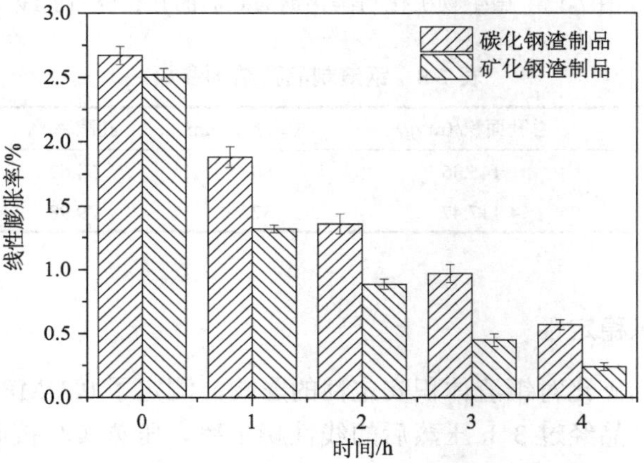

图 7-16　0.3 MPa 压力养护条件下不同矿化时间的钢渣制品 3 h 压蒸后的线性膨胀率

称取 1 g 钢渣样品放入干燥磨口锥形瓶中，加入 25 mL 乙二醇溶液，在 80 ℃水浴中加热并搅拌 30 min，离心分离后取上层液体，向上层清液中加去离子水、盐酸、三乙醇胺、氢氧化钠溶和钙指示剂，用 EDTA(0.015 mol/L)溶液滴定，使溶液由红色变为蓝色。记录消耗的溶液体积，并计算出钢渣中的游离总钙包括游离氧化钙和氢氧化钙的含量。同时称取一定量的钢渣，通过差热分析仪分析，计算钢渣中的氢氧化钙含量。然后，由游离总钙含量减去氢氧化钙含量得到游离氧化钙的含量。

称取 1 g 钢渣样品放入锥形瓶中，加入 25 mL 乙二醇及 10 mL 碘-乙醇催化剂(碘 0.2 g)，将冷凝管与锥形瓶连接，加热至 100 ℃并搅拌，停止加热后待冷凝管液体全部流入锥形瓶内。将锥形瓶中的溶液离心分离，离心后取上层清液倒入锥形瓶，加盐酸酸化，用硫代硫酸钠溶液除去多余的碘-乙醇，然后加入 pH=7 的三乙醇胺、缓冲溶液，加入指示剂 40 mL(酸性铬蓝∶萘酚绿 B=1∶1.4)，用 EDTA(0.015 mol/L)标准液滴定至溶液颜色由紫红色至蓝色，记录消耗的溶液体积。用钙镁总含量减去钙含量便可以得到游离氧化镁的含量。

图 7-17 为 0.3 MPa 二氧化碳压力养护下，碳化钢渣制品与矿化钢渣制品中游离氧化钙反应率随时间的变化，由图中可以看出游离氧化钙的碳化反应率很快，碳化 1 h 时碳化钢渣制品中游离氧化钙反应率为 43%，随着碳化的进行，游离氧化钙反应率逐渐提高，碳化 4 h 的反应率达到 93%，可见游离氧化钙的碳化反应活性相对较高。微生物矿化制品中的游离氧化钙反应率明显高于碳化制品，在矿化 1 h 时的反应率达到 57%，4 h 时的反应率可达到 97%，钢渣中的游离氧化钙基本完全消除。

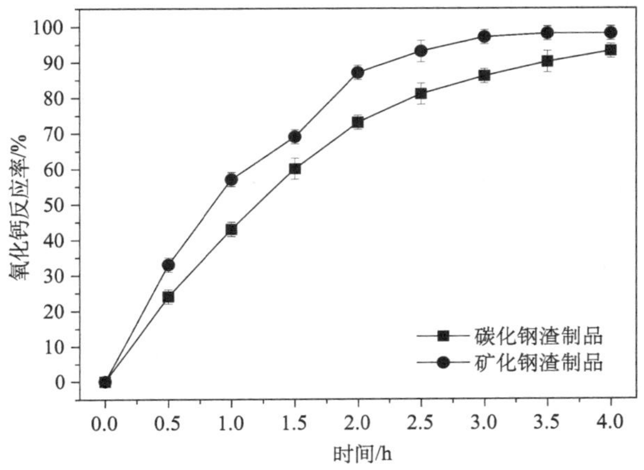

图 7-17　0.3 MPa 二氧化碳压力养护下碳化钢渣制品与矿化钢渣制品中游离氧化钙反应率

图 7-18 为 0.3 MPa 二氧化碳压力养护下，碳化钢渣制品与矿化钢渣制品中游离氧化镁反应率随时间的变化，由图中可以看出游离氧化镁的碳化反应率较游离氧化钙明显减低，碳化 1 h 时碳化钢渣制品中游离氧化镁反应率仅为 30%，碳化 4 h 的反应率为 70%，可见游离氧化镁的碳化反应活性相对较低，碳化 4 h 后仍有大量游离氧化镁未反应，大量

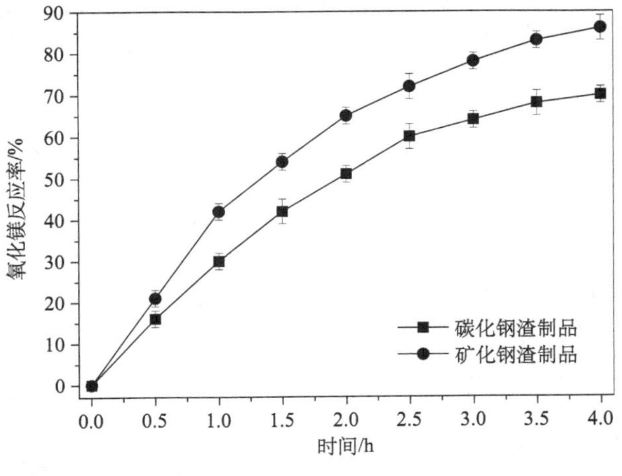

图 7-18　0.3 MPa 二氧化碳压力养护下碳化钢渣制品与矿化钢渣制品中游离氧化镁反应率

未反应游离氧化镁引起碳化钢渣制品的体积稳定性不良问题。微生物矿化制品中的游离氧化镁反应率明显高于碳化制品，且在矿化后期更为明显，4 h 时的反应率可达到 86%，游离氧化镁大部分被消除，矿化钢渣制品体积稳定性显著提升。

7.3　微生物-钢渣胶凝材料产品及工程应用

7.3.1　产品生产

采用某厂混凝土砌块全自动生产线，可年产 64 万 m^2 高强度路面砖、16 万 m^3 的各种砌块系列。采用实验室优化的配合比进行规模化生产。成型机总共设计了 6 个带计量装置的骨料仓，可进行各种骨料的储存与计量；通过可移动的配料计量秤来称量各种骨料，然后通过在水平轨道上滑动的集料斗将其直接倒入搅拌机系统的提升料斗中。钢渣微粉和其他外掺粉状的原料，则用螺旋输送机直接计量喂入搅拌机。按照配合比要求把原材料投入搅拌机并混合均匀后，按照水胶比为 0.13 的比例加水搅拌。搅拌好的浆体通过轨道飞行料斗运送到砌块成型机上方的料仓内。成型机由三个部分机架拼接而成：振动成型台的核心机架、布底料的机架和面层混凝土布料器机架。制作钢渣制品所用的模具尺寸为 200 mm×100 mm×60 mm。将搅拌后的胶砂注入模具中，在振实台上对模具进行振实处理，振实结束后脱模。脱模后钢渣制品被行车送入标准养护室内养护 48 h，养护湿度设定为 90%，标准养护结束后，将钢渣制品放入二氧化碳养护装置中养护，可采用工业二氧化碳或者水泥、发电厂二氧化碳废气，养护完成后产品使用打包机打包。微生物矿化钢渣制品生产设备如图 7-19～图 7-26 所示。

图 7-19　粉料仓

图 7-20　骨料仓

图 7-21　搅拌机

图 7-22　振动台

图 7-23　水平输送系

图 7-24　行车

图 7-25　二氧化碳养护装置

图 7-26　打包机

7.3.2　产品应用

(1) 规模化生产产品性能

所生产的微生物-钢渣制品为 200 mm×100 mm×60 mm 规格的路面砖，经检测抽检(每批次 5 万块)，测其物理力学性能如下(每项试验试样数量为 10 块)：抗压强度平均值为 40.5 MPa、压蒸线性膨胀率为 0.2%、磨坑长度平均值为 30 mm、吸水率平均值为 5.1%、冻融循环后强度损失率平均值为 2.3%，且冻融循环试验后外观合格，以上试验结果均符合国标要求。

(2) 依托工程

南京市某道路提升改造工程(图 7-27)，该工程是南京市新老城区连接重点工程，全长 6 km，铺装微生物矿化路面砖 10000 m^2，于 2016 年 9 月底铺设完成；镇江某道路改造工程(图 7-28)，长 7 km，使用微生物矿化钢渣路面砖 10000 m^2，于 2017 年 10 月底铺设完成；南京市某道路改造工程(图 7-29)，全长 3 km，道路总铺装面积 25000 m^2，于 2016 年 6 月底铺设完成；南京市某道路二期工程(图 7-30)，铺装面积 20000 m^2，于 2017 年 1 月完成；南京市某垂钓园区(图 7-31)，铺装面积约为 20000 m^2，于 2016 年 11 月完成。铺装使用至今未发现体积安定性问题和泛碱现象。

图 7-27　南京市某道路提升改造工程

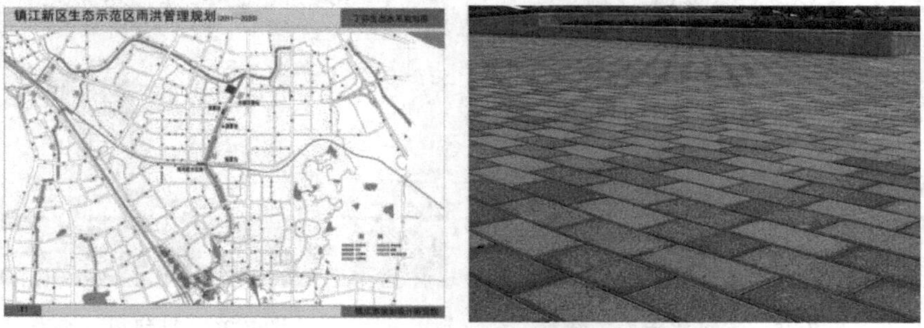

图 7-28　镇江某道路改造工程

图 7-29　南京市某道路改造工程

图 7-30　南京市某道路二期工程

图 7-31　南京市某垂钓园区

(3) 微生物矿化钢渣制品技术经济性与生态性分析

微生物矿化钢渣制品产物稳定、体积稳定性好、强度高、耐久性优良，达到钢渣和工业废气双废综合利用的目的。微生物矿化钢渣路面砖与传统水泥混凝土路面砖的生产成本对比如表 7-9 所示。

表 7-9　微生物矿化钢渣砖与混凝土路面砖生产成本对比

制品种类	微生物矿化钢渣砖			混凝土路面砖		
原材料价格/(元/t)	钢渣	菌粉	集料	水泥	集料	抗泛碱密封剂
	300	50000	80	400	80	20000
养护价格及条件	0.3 元/m^2，2 d 养护加 4 h 矿化，强度即可达到出厂要求			养护 28 d，强度才可达到出厂要求		
铺展材料价格/(元/m^2)	19.13			18.74		

目前微生物矿化钢渣砖的生产成本为 19.13 元/m^2，混凝土路面砖的生产成本为 18.74 元/m^2，微生物矿化钢渣砖略高于混凝土路面砖。但由于微生物矿化钢渣技术符合国家可持续发展的要求，企业利用工业固体废弃物，可申请免除国家各种税收的优惠政策，生产微生物矿化钢渣砖的利润要高于传统的混凝土路面砖。同时，微生物矿化钢渣砖养护 2 d 矿化 4 h 即可达到强度要求出厂，提高产品生产率，降低时间与资金成本，无泛碱现象，耐久性好，资源化利用钢渣代替水泥，降低碳排放，社会环境效益显著。混凝土路面砖养护 28 d 达到强度要求才可出厂，占用养护场地；抗泛碱密封剂效果较差，混凝土路面砖泛碱现象明显。在使用效果、经济性和社会效益方面，微生物矿化钢渣制品优势显著，具有十分广阔的应用前景。

参 考 文 献

[1] Yi H H, Qian C X. The influence of microbial agent on the mineralization rate of steel slag[J]. Advances in Materials Science and Engineering, 2018, 4: 1-10.

[2] Yi H H, Qian C X, Zhan Q W. Influence of curing condition on mechanical properties of bio-mineralization steel slag cementing materials[J]. Science of Advanced Material, 2018,10: 1750-1758.